"十二五"职业教育国家规划教材
经全国职业教育教材审定委员会审定

石油高职高专规划教材

钻井工程

（第二版）

郭　伟　刘桂和　王清江　主编
周金葵　主审

石油工业出版社

内容提要

本书系统地阐述了钻进工具、钻进参数优选、井眼轨迹监测及控制、油气井压力控制、固井技术、特殊钻井工艺技术、钻井事故处理和预防、钻井HSE管理体系等方面的基础知识和钻井工程设计方面的内容。

本书为石油高职高专钻井技术专业、石油工程技术专业和油气开采技术专业的教学用书，也可以供钻井高级工、钻井技师及有关人员培训和参考之用。

图书在版编目(CIP)数据

钻井工程/郭伟，刘桂和，王清江主编. -2版.
北京：石油工业出版社，2015.6（2025.1重印）
石油高职高专规划教材
ISBN 978-7-5183-0704-3

Ⅰ. 钻…
Ⅱ. ①郭…②刘…③王
Ⅲ. 油气钻井-高等职业教育-教材
Ⅳ. TE2

中国版本图书馆CIP数据核字(2015)第080019号

出版发行：石油工业出版社
（北京安定门外安华里2区1号　100011）
网　址：www. petropub. com
编辑部：(010)64523733　图书营销中心：(010)64523633
经　销：全国新华书店
印　刷：北京中石油彩色印刷有限责任公司

2015年6月第2版　2025年1月第12次印刷
787×1092毫米　开本：1/16　印张：22.25
字数：568千字

定价：49.90元

第二版前言

根据教职成司函〔2013〕184号文件精神，石油工业出版社组织申报的《钻井工程(第二版)》教材列入“十二五”职业教育国家规划教材选题。为了更好地提高有关教材编写质量，石油工业出版社组织9所石油高职院校召开了《钻井工程》教材修订大纲研讨会，本书就是依据该修订大纲编写的。全书共分为九章，其中前八章是必讲内容，第九章钻井工程设计作为选讲内容。本次教材修订是在原书的基础上，基于钻井作业工序、工位及核心技能，以“按需、够用”为原则，并结合当前学生的学习能力，对本教材的知识结构与教学内容做适当的调整和补充，力争使修订后的教材知识更加科学准确、结构更加合理、内容更加实用。具体围绕以下几个方面进行修订：

(1)弱化理论，强化实用。针对高职院校教学过程中，在知识的传授与技能的掌握上要坚持以“按需、够用”为原则，理论性不能过于理论化。因此，对第二章的水力参数优化设计部分重新编写，用文字描述的形式进行说明，减少公式，更加直观、易懂；将第五章的井身结构设计调整到第九章钻井工程设计里，作为选讲内容；第三章井眼轨迹的计算方法只描述计算方法，具体计算放在第九章钻井工程设计中；增加了钻井事故处理的经典案例。

(2)部分章节内容进行了调整、增加或重新编写。如增加了刮刀钻头的知识；钻头选型；PDC钻头的应用性；震击器、减震器；井喷的预防措施和控压钻井等内容。

(3)增加了实训操作内容：原书缺少实训内容，导致理论和实训的结合性不强，本次修订时增添了部分实训内容，在学中练、在练中学符合高职教育教学特点，使课堂效果更好。

(4)删除部分过于陈旧的内容。如删除钻柱的工作状态和钻柱的受力分析，井眼轨迹检测仪器的基本类型和原理，以及完井部分等内容。

(5)对教材中出现的错误进行更正。

本书由郭伟、刘桂和、王清江担任主编；韩光明、唐小刚担任副主编。

本书由大庆职业学院郭伟修订绪论和第六章，天津工程职业技术学院刘桂和修订第一章，西南石油大学应用技术学院苗娟修订第二章，渤海石油职业学院王清江修订第三章，天津石油职业技术学院李建铭修订第四章，辽河石油职业技术学院林洪义修订第五章，承德石油高等专科学校韩光明、天津工程职业技术学院王辉修订第七章，承德石油高等专科学校韩光明修订第八章，延安职业技术学院唐小刚修订第九章。本书由大庆职业学院周金葵主审。

由于编者水平有限，书中缺点和不足之处望读者提出宝贵意见。

编者

2014年10月

第一版前言

2005 年 10 月，石油工业出版社组织 8 所石油高职院校从事钻井工程教学的教师，在大庆职业学院讨论并确定了高职高专《钻井工程》教学大纲，本书就是依据该大纲编写的。全书共分为 9 章，其中前 8 章是必讲内容，第九章钻井工程设计作为选讲内容。

本书侧重高技能人才必须掌握的石油钻井工程基本理论和基本知识，整合了部分教学内容，增加了钻井 HSE 管理体系。针对高等职业教育是培养具有一定专业理论知识的高技能人才这一目标，考虑石油钻井行业的特殊性，专业实践操作技能必须在现场通过顶岗实习获得，所以本书必须和《钻井工程实训指导》配合使用。

本书由周金葵、李效新担任主编；马继振、韩永辉、刘桂和担任副主编。

本书由大庆职业学院周金葵编写绪论，天津工程职业技术学院刘桂和编写第一章，克拉玛依职业技术学院马继振编写第二章，渤海石油职业学院王清江、王丽编写第三章，天津石油职业技术学院韩永辉、华北石油管理局第二综合技能鉴定站耿国清编写第四章，辽河石油职业技术学院韩书红、王正东编写第五章，大庆职业学院郭伟编写第六章，松原职业技术学院姚天野、秦兵编写第七章，姚天野编写第八章，山东胜利职业学院李效新编写第九章。本书由大庆石油管理局邹野主审。

由于编者水平有限，书中缺点和不足之处望读者提出宝贵意见。

编者

2006 年 12 月

目　　录

绪　　论

一、国家石油安全与油气钻井

能源是经济社会发展和提高人民生活水平的重要物质基础。能源安全关系国家的经济命脉和民生大计。石油是重要的战略能源和化工原料，事关国家经济、军事安全和国民经济发展。

在世界能源结构中，石油占42%，天然气占24%，煤炭占28%，核能占6%。在我国的能源消费结构中，石油占28.6%，煤炭占59%，天然气占3.8%，水电占5.4%，其他占3.2%。我国的能源消费结构也将逐渐向世界平均水平靠拢，油气所占比例会越来越高。据专家预测，到2020年，中国石油消费量将达$4.5\times10^8\sim6.1\times10^8$t，而国内供应量却只有$1.8\times10^8\sim2\times10^8$t，缺口达$2.7\times10^8\sim4.1\times10^8$t。因此，必须站在战略高度考虑石油问题。依靠我国丰富的油气远景储量，提高自身的原油供应能力，努力减少对原油进口的依赖，避免国际油价大幅度变化对我国经济发展造成的冲击，保证经济发展的稳定与安全是我国今后较长一段时期内的能源发展战略。

油气钻井是油气勘探与油气开发的主要手段。直观了解地下情况、证实已探明的油气储量以及把地下的石油和天然气开采出来，都要通过钻井来实现。钻井工程质量的优劣和钻井速度的快慢，直接关系到钻井成本的高低、油气勘探开发的综合经济效益及石油工业的发展速度。因此，钻井被人们誉为“石油工业的火车头”。为实施“保障未来油气供应”战略措施，就要加大油气勘探与开发的钻井工作量和促进钻井技术进步。

二、油气钻井的发展

（一）世界石油钻井技术的发展

旋转钻井的发展可分为初期阶段、发展阶段、科学化钻井3个阶段。1900—1920年为初期阶段，1920—1950年为发展阶段，1950年至今为科学化钻井阶段。科学化钻井阶段又可分为前期阶段和后期阶段（现代钻井阶段）。

前期阶段（1950—1980年）出现了9项单项技术：

（1）喷射钻井技术；（2）优选参数钻井技术；（3）平衡压力钻井技术；（4）保护油气层技术；（5）深井钻井技术；（6）丛式钻井技术；（7）高效钻井技术；（8）井控技术；（9）洗井液技术。

后期阶段主要有3项大成果：

（1）实现了井下信息实时检测、传输、处理和分析。该项成果使用随钻测量（MWD）、随钻测井（LWD）、随钻地震（SWD）、随钻井下钻井动态数据实时检测和处理技术（DDS）、地质导向技术（GST）及随钻地层评价（FEWD）等随钻测量技术，对地层参数、钻井参数、井眼参数进行实时检测、传输、处理和分析。

（2）开发了井下导向和井下闭环钻井系统。

（3）发展了新钻井技术（水平井钻井技术、多分支井钻井技术、欠平衡压力钻井技术），在此基础上发展了新的小井眼钻井技术和连续油管钻井技术。

(二)新中国石油钻井的发展

我国是世界上最早发现、开采和利用石油与天然气的国家,距今至少有两千多年历史。然而,由于种种历史原因,我国的石油钻井技术未能得到持续发展。新中国成立后,石油工业得到政府高度重视,石油工作者坚持独立自主、自力更生精神,在艰苦创业中形成了一支以“铁人”王进喜为代表的石油钻井队伍。

回顾新中国石油钻井事业,经历了组建、发展和现代化钻井 3 个时期。

1. 组建时期(1949—1958 年)

1949 年,中国只有甘肃玉门老君庙油田凿井部一个钻井机构,全国原油产量只有 12×10^4t,1950 年召开第一次全国石油会议后,开始调配人力、设备和物资,组建钻井机构。到 1957 年,共有钻井队 205 个,钻机 319 台。与 1949 年相比,钻井口数由 9 口增加到 622 口,钻井进尺由 5000m 上升到 52.9×10^4m。这期间相继发现了克拉玛依、冷湖等油田和川南一批气田,石油工业有了显著发展,但还没有根本改变进口石油的局面。

2. 发展时期(1959—1977 年)

1958 年后,随着石油勘探的重点由西向东战略转移,整个钻井形势发生了很大变化。1958—1977 年的 20 年间,钻井队伍经过几次大的组建和补充,不断发展壮大。钻井队由 205 个扩大到 570 个,钻机由 319 台增加到 942 台。这支队伍先后参加了玉门、四川、大庆、胜利、大港、江汉、辽河、吉林、长庆、河南、华北、中原等地区的石油会战。每经过一次大的石油会战,队伍便得到新的发展,作风得到新的锻炼,技术得到新的进步。1971 年,大庆油田 1205 钻井队使用改进后的刮刀钻头,创造了中型钻机年进尺 12.7×10^4m 的新纪录;胜利油田使用聚晶金刚石喷射式刮刀钻头,创出一只钻头最高进尺 3135m 的好成绩。1976 年,大庆油田原油产量突破 5000×10^4t。到 1977 年,全国累计完成定向井 119 口,井深 4000m 以上的井 31 口。

3. 进入现代化钻井的新阶段(1978 年以后)

1978 年,我国石油钻井进入现代化钻井新阶段。现代化钻井技术从推广喷射钻井开始,喷射钻井技术的发展使地层压力预测与监测、平衡压力钻井与井控技术、优选参数钻井技术、钻井液与油气层保护技术、计算机在钻井中的应用技术等相继发展起来。

从 20 世纪 90 年代开始,定向丛式井和水平井技术得到长足发展。胜利油田钻成包括 42 口井的丛式井组。大港油田形成了平台优选、丛式井设计、防碰扫描、综合施工服务等成熟完备的丛式井工艺技术。一个平台最多 21 口井,最深的丛式井组平均井深 5280.5m,最浅的丛式井组平均井深 419m。

水平井钻井技术在整装油田开发、薄油藏、块状底水油藏、特低渗透油藏、老油田剩余油挖潜及相关领域获得广泛应用与大面积推广,其应用技术与欠平衡、分支井钻井技术的集约化与集成化,应用领域向深部地层拓展,大大提高了油气井产量和油藏最终采收率,大幅度地降低了原油生产成本。新疆塔里木油田从 1994 年开始用水平井开发 4 个整装油田,共钻水平井 134 口,取得了良好的经济效益。2002 年 12 月,大庆油田一口水平井钻井时成功穿越 2 个油层,创造了我国水平钻井在 1m 左右的薄油层内穿行 613.7m 的纪录。

新疆钻井研究院定向井公司于 1998 年 9 月在小拐油田钻成了我国第一口双分支试验井。

2004 年 5 月下旬，胜利油田钻井工程技术公司巴州钻井技术分公司，创出了我国分支水平井 5239.88m 的纪录，第一分支造斜点井深 4250m，完钻斜深 5234.55m，水平位移 754.49m；第二分支造斜点井深 4090m，完钻斜深 5239.88m，水平位移 700m。

我国水平井钻井技术近年来发展较快，水平井数量增多。水平井轨道控制技术比较成熟，但水平井井控技术、水平井井壁稳定技术、水平井完井技术、水平井携带岩屑技术（岩屑床问题）、水平井压裂技术等还有许多工作要做。另外，我国目前所钻水平井基本为单一水平井和双台阶水平井，而分支水平井和多分支水平井尚未广泛应用，影响了水平井的经济效益。

复杂地质条件下深井、超深井钻井技术处于世界先进行列。新疆油田在准噶尔盆地、塔西南山前构造带及塔里木地区以研究地层压力预测、井壁稳定为基础，设计合理的井身结构和钻井体系，提高了钻井速度和固井质量，降低了钻井成本，形成了一套适合复杂地质条件的深井、超深井钻井技术。塔深 1 井是中国石油化工集团公司（简称中国石化）西北分公司部署在塔里木盆地的一口预探井。该井于 2005 年 4 月 6 日开钻，2006 年 7 月 27 日完钻，钻探用时 474 天；设计井深 8000m，完钻井深 8408m，是目前中国国内最深的探井。塔深 1 井的顺利完钻不仅标志着我国石油天然气超深井钻探工程技术已处于世界钻井行业的先进水平，同时还创下了 7 项亚洲纪录：(1) $10\frac{3}{4}$in（273.05mm）无节箍套管下入深度 5481m 及固井创亚洲第一纪录；(2) $9\frac{1}{2}$in（241.3mm）钻头钻深 6800m 的亚洲第一纪录；(3) $8\frac{1}{8}$in（206.38mm）套管下入深度 6800m 及固井创亚洲纪录；(4) 完钻 8408m，创亚洲第一深井纪录；(5) 取心深度达 8408m，工具工艺技术创亚洲纪录；(6) 5in（127mm）套管下入深度 8405m 及固井创亚洲之最；(7) 首次使用涡轮钻达 8400m 井深创亚洲纪录。

欠平衡钻井技术近年来有较大发展，四川石油管理局和西南油气田分公司应用了全过程欠平衡钻井技术，但目前井内压力理论计算还达不到钻井技术需要的精度范围。

应该看到，我国石油钻井技术和美国等发达国家相比，还有一定的差距。

三、油气井的分类

按目的不同，油气井可以分为探井、生产井和注水井等。

（一）探井

探井——为了探明经过地球物理勘探证实有希望的地质构造的地下情况，寻找油气田而钻的井。探井一般有 4 大类：

(1) 参数井：了解一个地区（盆地或凹陷）生油岩和储集岩存在和分布情况的井。

(2) 预探井：了解一个圈闭中是否含有油气和储集岩分布情况的井。

(3) 评价井：在预探井发现含油气储集层后，为探明这个圈闭（油气藏）含油气面积和地质储量所钻的井。

(4) 资料井：为获得油气藏油层参数，使用特殊工具钻取岩心进行检测与分析所钻的井。

（二）生产井

生产井——用来采出油气而钻的井。根据开发方案，生产井可分为：

(1) 开发井：油田开发初期布置的第一批用来采出油气的井。

(2) 调整井：在原有井网基础上，为改善油田开发效果，而补充钻的一些零散井或成批成排的加密井。

（三）注水井

注水井——用来向油层内注水的井。根据注水方式，注水井可分为：

（1）正注井：从油管向地层注水的井。

（2）反注井：从套管向地层注水的井。

（四）其他油气井

其他油气井包括：

（1）更新井——为了注采系统完善，需要钻的新井。

（2）观察井——专门用来观察油田地下动态的井。

（3）检查井——为了检查油层开发效果而钻的井。

四、油气钻井的基本过程

油气钻井是一个多学科、多专业、多工种、技术性很强的施工过程。钻一口井包括钻前工程、钻进工程和完井工程3个阶段。

（一）钻前工程

钻前工程是为钻井作业施工所进行的生产技术准备工作，包括钻井设计，测定井位，平整井场，道路施工，打混凝土基础，钻井设备检修，搬迁及安装，敷设水、电、通信线路和安装保温或降温设施等。

（二）钻进工程

钻进工程是钻井的基本施工过程，深井施工时要分多次钻进。钻井时要按工程设计组合钻具，配制钻井液，选择钻井参数。实施钻井施工时，由司钻、副司钻、井架工、内钳工、外钳工、场地工等岗位协作来完成钻进、起下钻、接卸钻杆单根、循环钻井液、取心等具体作业。

（三）完井工程

完井工程是钻井施工的最后阶段，由完井电测、井壁取心、下套管、注水泥、射孔和试油等环节组成。完井工程由钻井队人员和专业队伍交叉进行，共同完成。

钻成一口井的工艺主要包括：选用高效率的钻头和最优的钻井技术参数，以获得理想的钻进速度和最低成本，有效地控制井眼倾斜和方位，合理地控制地层压力，实现平衡压力钻井，加固井壁和保护好油气层，形成油气流的通道等工艺。

五、油气钻井作业岗位及其职责

（一）岗位专责制

岗位专责制是按生产工艺流程、工作场所、设备特点及工作量大小合理划分工作岗位和每个人所担负的任务及责任。

1. 值班干部专责

（1）全面负责当班生产、工程质量、现场管理各项制度、技术措施的全面贯彻执行，确保安全生产，文明施工，优质、高效地完成生产任务。

（2）参加当班的班前班后会。除按本岗项点严格检查外，还要监督各岗位的检查、整改和交接班工作，并根据交接情况进行重点检查，发现问题及时安排整改。

(3)严格按照 HSE 和 ISO 9002 质量体系管理要求，重点检查刹车系统、悬吊系统、钻井液循环系统、井控装置、供电系统、防火等要害部位，发现问题及时安排整改。

(4)积极参与配合搞好现场科学试验和技术攻关项目。

(5)审查当班各种报表和资料，对当班各岗位工作情况写出评语并签字。

(6)按时向上级汇报工作，遇有重大问题及时请示，并严格按上级指示负责处理工作。

2. 专职 HSE 监督职责

(1)按照上级有关 HSE 方面的法律、法规、标准和要求，依据本单位 HSE、质量、设备、技术等方面的管理规定，负责本队施工全过程的 HSE 工作。

(2)负责组织施工作业前的安全分析工作，组织制订安全预防措施，向各班下达安全作业指令，并监督执行。

(3)负责本队一体化管理体系运行工作，编制施工项目作业计划书，会同队长、书记搞好 HSE 周检查工作。

(4)负责本队一体化资料的管理和 HSE 设施的使用管理。

(5)负责对本队施工人员进行 HSE 知识培训及进入施工现场的外来人员的入场教育。

(6)对施工过程中存在的问题和安全隐患，负责监督整改，做到及时、彻底。

(7)按照一体化管理体系文件的要求，按时组织岗位员工进行应急预案的演练。

3. 司钻专责

(1)负责组织本班生产，严格执行各项操作规程、管理制度、技术措施以及 HSE 有关标准要求，做到文明施工，保证安全、优质、高效地完成生产任务。

(2)严格按本岗检查项点逐项、逐点检查交接，不放过一个问题，不漏掉一个隐患。

(3)负责司钻控制台、刹把的操作，严格按生产操作规程、钻井工程质量技术措施和标准化操作要求进行施工，确保井身质量和安全生产。

(4)检查井控设备，确保灵活好用，按时组织防喷演习。

(5)审查本班各种报表、资料并签字。

(6)主持召开班前班后会。严格执行交接班制度，对接班人员提出的问题要认真组织整改，坚持开展班后会讲评。

(7)组织好本班岗位人员为下班生产做好准备工作。

4. 副司钻专责

(1)协助司钻做好本班安全生产和现场管理工作。司钻不在时顶替司钻岗位工作。

(2)负责钻井泵、钻井液高压管汇、封井器、放喷管线、节流管汇、压井管汇、井控房、泵房工具的管理和使用。

(3)认真填写钻井泵运转记录，并负责井控设备的维护保养，填写井控设备活动记录。

(4)负责及时向井内灌注钻井液。

5. 井架工专责

(1)井架工是本班安全员，负责本班安全生产监察工作。坚持班前安全讲评，搞好本班安全生产。副司钻不在时顶替副司钻岗位工作。

(2)在正副司钻的领导下，开好每周的安全活动会，并做好记录。

(3)负责井架固定、井架绷绳、提升系统、悬吊系统、各类绳索的维护保养工作及防碰天车、气动绞车、上扣器、吊环、提升短节、防喷接头、方钻杆旋塞及工具的使用和管理。

(4)负责起下钻时二层平台的操作,平时协助副司钻做好泵房工作。

(5)正常钻进时负责观察井口,并带领钻工搞好井场辅助工作,使清洁卫生规格化。

(6)负责消防设施的检查和管理。

6. 内钳工专责

(1)负责操作液压大钳或内钳。钻进时在钻台做好接单根准备工作,巡回检查设备,搞好钻台清洁。起下钻时负责观察井口、检查钻具和上提单根数。井架工不在时顶替井架工岗位工作。

(2)负责检查管理转盘、绞车传动设备、辅助刹车和钻台设备的各类护罩,按时保养、扭紧,并做好清洁卫生工作,按时填写钻台设备运转记录。

(3)负责井口工具和井口小型机械的保养、检查和管理,达到齐全、清洁、定位摆放。

7. 外钳工专责

(1)负责协助内钳工操作液压大钳或外钳,配合内钳工操作小型机具。起下钻时负责观察井口,协助司钻观察指重表,内钳工不在时顶替内钳工岗位工作。

(2)负责井架底座、钻杆盒、转盘盒、大门坡道的检查、固定、扭紧和清洁卫生工作。

(3)负责钻台手工具检查管理和定位摆放,使用管理好螺纹脂和各种密封脂。

(4)负责底座支架、梯子栏杆的清洁卫生,并保持扭紧、完好,以及水、气、液压管线的管理使用。

8. 场地工专责

(1)场地工负责丈量方入,填写好工程报表、交接班记录,做到齐全、准确、清洁。外钳工不在时顶替外钳工岗位工作。

(2)负责管理好值班房图表用具、场地用具、材料房、材料爬犁、废料堆,做到齐全、清洁、定位摆放。

(3)负责起下钻拉钩子,清洗钻具螺纹,检查钻具水眼和钻具上、下钻台带护丝摘挂绳套工作。

(4)负责清理井口,保证井口达到规定标准。

9. 钻井液工专责

(1)根据钻井液处理方案,做好当班钻井液的管理和正常维护工作,达到性能稳定,符合设计要求。

(2)按规定使用、保养好固控设备及各种钻井液仪器,取全、取准各项钻井液资料,填写钻井液记录。

(3)做好固控设备、化验房、药品房、材料爬犁(房)的卫生规格化工作,负责加重设备、重晶石粉的管理使用,按规定启动振动筛、除砂器、除泥器、除气器、搅拌器等固控设备,做好钻井液的净化工作,并清除积砂。

(4)做好水井管理和井场的环保工作。负责钻井液的回收及污水排放达到环保要求,做到不污染农田及草原。

10. 大班司钻专责

(1)大班司钻是钻台设备管理、操作技术的技术负责人。负责钻井工程操作技术的指导和钻台、泵房设备、电焊机的管理与使用，指导并监督与钻井工程和设备操作有关的措施、制度的贯彻执行。

（2）严格按本岗巡回项点认真进行检查。

（3）负责组织钻台、泵房设备的搬家、安装、校正和试运转工作。消除设备的脏、松、漏、缺，为小班工作创造条件。

（4）参加并组织钻台班工人做好三大检查工作（开钻、打开油层、完井），并负责汇总上报。平时指导和协助小班做好设备维护、保养和设备部件的更换工作。

（5）负责审查钻台、泵房设备运转记录资料及严重机械事故的调查分析和填报工作。

（6）编制所管设备换修及维修计划，并根据各种设备配件材料的使用情况，做好领取计划。

（7）定期上好技术课，搞好岗位练兵和技术培训工作。

（8）负责送井设备的质量验收。

11．大班钻井液工专责

（1）大班钻井液工是钻井液管理的技术负责人，也是工程质量负责人之一，对全井的钻井液管理全权负责，并指导小班泥浆工岗位工作。

（2）根据工程设计，制订全井钻井液处理维护的实施方案及材料使用计划，确保钻井液性能稳定，并符合设计要求。

（3）负责钻井液检测仪器、工具及固控设备、加重设备、土石粉的管理使用。

（4）对新用钻井液处理剂进行测定、试验，对不合格产品、材料拒绝使用，并及时上报处理。

（5）负责钻井液工的岗位培训，定期上好技术课。

（6）负责井场环保工作，做好钻井液的回收及污水排放工作。

（7）负责审查小班的钻井液记录，填写全井的钻井液简史及环保事故报告，并及时上报。

另外，钻井队还有柴油机司机、锅炉工、大班司机等岗位，也有相应的岗位职责。

（二）交接班制度

交接班制是上下班之间交清责任、互相检查、交流经验并保证生产连续进行的一项重要制度。

1．交接班内容

（1）值班干部“十交十不接”：交任务完成情况、工作内容和存在问题，不清不接；交质量要求及措施，不清不接；交井下情况、钻具结构，不清不接；交钻井液性能，不符合设计要求不接；交资料、记录，不全不准不接；交设备运转情况、仪表、仪器，工具不全、不好不接；交安全设施、井控设施及措施，不清不接；交科研攻关内容及措施，不清不接；交上级指示及执行情况，不清不接；交为下班做好生产准备，不好不接。

（2）司钻“九交九不接”：交任务完成情况和存在问题，不清不接；交质量要求和措施，不清不接；交设备运转、保养、资料，不好、不全不接；交井下情况、钻具结构，不清不接；交仪表，不完好、不准、不灵不接；交安全设施，不清不接；交科研攻关内容及措施，不清不接；交井控设施的状态及保养情况，不好不接；交为下班应做好生产准备，不好不接。

（3）副司钻“七交七不接”：交任务完成情况、存在问题，不清不接；交质量要求及措施，不清不接；交设备运转情况、保养及运转记录，不好不接；交工具、仪表、配件，不清不接；交安全设施及措施，不清不接；交井控设备、保养活动记录、储能情况，不好不接；交为下班应做好生产准备、清洁卫生，不好不接。

(4)井架工“四交四不接”：交设备运转及保养记录，不全不接；交井架安全设施及钻台清洁、整齐，不好不接；交材料、配件数量及辅助工作完成情况，不清、不好不接；交为下班应做好的生产准备，不好不接。

(5)内钳工“四交四不接”：交设备运转记录、保养记录、存在问题，不全、不清不接；交工具、材料、零件数量，不清不接；交设备清洁、扭紧及井口小型机械化工具使用情况，不好不接；交为下班应做好生产准备，不好不接。

(6)外钳工“四交四不接”：交钻台底座各部位及封井器的固定，不好不接；交工具齐全、清洁，不好不接；交钻台下清洁卫生，不好不接；交为下班应做好生产准备，不好不接。

(7)场地工“五交五不接”：交钻具、管材、井场工具、值班房内用具及图表，不清不接；交资料记录，不齐全、不准确、不工整、不清洁不接；交井场、值班房清洁卫生及规格化，不好不接；交为下班应做好生产准备，不好不接；交材料区房前踏板定位完好，不好不接。

(8)泥浆工“六交六不接”：交钻井液性能、质量要求和措施执行情况，不清不接；交钻井液记录、设备运转记录，未做到齐全、准确、工整、清洁不接；交钻井液化验房内各种仪器、工具、设施，未做到齐全、完好、清洁不接；交药品房、材料房内的药品及材料数量、定位摆放、卫生规格化，不好不接；交固控设备的扭紧、保养情况，不达到要求不接；交井场环保情况及为下班做好生产准备，不好不接。

2. 交接班方法

(1)接班人员必须提前半小时到井场。接班后停钻 20min 进行保养和检查。

(2)接班人员必须带上工具，按照巡回检查路线详细检查，并按照“三一、四到、对口”交接法进行交接。“三一”就是对重要的设备部件要一点一点地进行交接；对变化的生产数据要一个一个地进行交接；对常用生产工具要一件一件地进行交接；“四到”就是对应该看到的要看到，应该摸到的要摸到，应该听到的要听到，应该闻到的要闻到；“对口”就是在检查中，交班人员同接班人员一道，随时解答接班人员提出的问题，当面对口交接。

(3)接班司钻试车 5min，如无问题，交接班全部结束。

(4)若在交接班中发生争执或短时间内不能整改的问题，要服从值班干部的处理。

3. 交接班讲评

(1)班前会：班前会由司钻主持召开，当班全体人员参加，根据检查情况，对上一个班的工作进行全面讲评。对检查出的问题及整改的内容要一一写在交接班记录上。

司钻根据值班干部的要求，下达生产任务和工作的具体要求，最后安全员讲话。班前会不超过 10min，正点接班。

(2)班后会：班后会由司钻主持召开，当班全体人员参加，总结本班工作。

对做得好的岗位人员提出表扬，对做得差的岗位人员及发生的问题要做好记录，并提出批评。班后会不得超过 20min，如遇重要问题另行开会处理。

(三)巡回检查制

巡回检查制是日常生产中最基本的岗位活动，是保证钻井生产优质、高效施工的重要手段。每个岗位人员都要以高度的主人翁责任感，自觉从严，按巡回检查路线和项点，不放过一个疑问，不漏掉一个隐患，并及时整改或上报。避免发生一切故障和事故，确保钻井生产顺利进行。

每班岗位人员明确规定的巡回检查内容及要求，在岗工作时间要进行三次检查，接班时检查一次，接班后工作6h检查一次，交班前30min检查一次（井架部分白天检查）。

（四）设备维护保养制

钻井设备是完成钻井生产任务的物质基础。每个岗位人员必须严格执行设备操作保养规程和有关设备管理规定，精心维护设备，合理使用设备。提高设备完好率和利用率是岗位人员应尽的职责。

管理设备的副队长是贯彻执行设备维护保养制的负责人，负责监督指导生产班组对钻台、泵房、发电、电控、固控等设备的检查维护保养工作，对处理不了的设备问题负责向上级部门请示汇报。

（五）质量管理制

钻井质量管理制度是以《质量管理体系　基础和术语》（GB/T 19000—2000）中的质量管理和质量保证体系为指南，本着预防为主，防控结合，为油田开发建设负责一辈子的思想，做到在钻井施工中严格执行质量体系文件化程序，确保道道工序质量全优。

为了满足油田对钻井质量提出的更高要求，确保钻井工程质量，把钻井全过程影响质量的主要环节和关键部位，按钻井施工三大工艺流程的208道工序，筛选出重要的控制部位和控制点；把每个控制点落实到岗位，强化施工过程管理，以每个操作人员的工作质量保证钻井工程质量。

（六）安全生产制

安全生产制是保障钻井施工过程中岗位人员安全操作、设备安全运转、不发生各类井下事故和井喷失控事故的重要制度，也是提高钻井队安全管理水平和经济效益的重要保证。

安全生产制是以标准化岗位操作、标准化施工现场、标准化班组为主要内容，按生产工艺过程、施工特点实行分区管理（施工井场分为8个区域、32个控制点），并把每个区域分成若干个控制点，落实到每个岗位分别进行管理。

（七）岗位培训制

岗位培训制是培训岗位人员生产技能和职业道德的一种制度，使岗位人员达到“四懂三会”（懂原理、懂性能、懂结构、懂用途，会使用、会维护、会排除故障），一专多能，做到人人持证上岗，并能掌握各种钻井技术，促进职工素质不断提升。

岗位培训主要有5项内容，即岗前培训、技术等级培训、适应性培训、井控培训、岗位练兵和技术比赛。岗前培训是指先培训后上岗，新人员上岗前必须进行岗前培训并采取签合同方式以老带新，包教包学；技术等级培训是指按照高、中、初三个档次分别培训；适应性培训是指针对新地区、新工艺、新装置和岗位更换开展的岗位技术知识、操作规程为内容进行的培训；井控培训是指按照“井控九项制度”要求，对井架工以上岗位人员，以井控理论与实际操作为内容进行的专业培训，使之做到持证上岗；岗位练兵和技术比赛是指岗位人员结合岗位实际，以提高专业知识和操作技能而进行的专项训练。

（八）成本核算制

成本核算制是经营管理的一项重要制度。加强钻井成本核算，挖掘内部潜力，控制钻井成本，以最小的消耗取得最大的经济效益，是钻井队成本核算的主要目的。

（九）资料管理制

钻井资料管理是钻井工程系统分析、研究、设计和决策的基础工作，钻井队必须按工程设计要求和有关规定，取全、取准第一手资料。资料的录取、记载、统计和传递，要求准确、齐全、及时和清晰。录取资料用的仪器、仪表、计量器具均按计量法实施检定，超检或不合格仪器、仪表、计量器具不准投入使用。严禁编造假资料和影响资料录取的违章操作。

六、石油企业文化及高职人才职业生涯发展

20 世纪 60 年代初，以“铁人”王进喜为代表的老一代中国石油钻井工人，面对种种困难，顶着巨大压力，在极其艰苦的条件下，高速度、高水平拿下了大油田的壮举，在大庆石油会战中形成的“大庆精神”、“铁人精神”已经成为现代石油企业文化的精髓。

个人生涯发展离不开组织的平台，石油钻井行业的特点是劳动强度大，野外作业条件艰苦，协同作业，生产组织严密，安全责任重，技术含量高。石油钻井行业要求从业人员具有高度的责任心和纪律性，有崇高的职业道德和良好的职业操守，认同石油企业的企业文化和“诚信、创新、业绩、和谐、安全”的核心经营理念，继承“爱国、创业、求实、奉献”的企业精神，逐渐养成“三老四严”的行为规范。

七、本课程与其他课程的关系

本课程是钻井技术专业的主要专业课之一。学习本课程之前应掌握必要的普通地质和钻井地质、机械设计与机械加工、电学与电工学以及工程流体力学和钻井液流变学方面的知识。

与本课程相关的专业课有钻井液应用技术、钻井机械、钻井仪表及钻井实习指导等课程和内容。

八、教学内容及教学要求

“钻井工程”课程主要讲授的是石油钻井工艺的基本理论和方法，鉴于钻井专业的特殊性，必须强化钻井现场顶岗实习环节，只有和钻井实习指导课程有机结合，才能实现培养实际操作能力强的高技能专门人才的教学目标。总之，通过本课程的学习要使学生掌握钻井工艺过程及技术措施，了解钻井设计的基本原理和方法、钻井新技术的发展和应用以及钻井过程中常见的事故预防和处理方法。

本课程的具体教学要求是：掌握各种常见井下钻具的合理组合与使用；掌握提高钻进效率、有效地控制井斜及定向钻井方法和工艺，掌握维护井眼系统压力平衡、巩固井壁和保护油气层等方面的主要工艺技术措施和基本原理，能对钻井过程中常见的事故进行初步分析，提出预防和处理意见，了解钻井设计的原理和方法；能顺利查阅石油钻井方面的有关手册及技术资料，能收集、整理、分析本专业范围内的有关资料并具有获得信息的能力；通过理论与实践教学，掌握钻井高级工应具备的理论基础知识和实际操作技能，初步具备钻井队生产的组织管理和经营管理能力。

总之，本课程是一门理论性和实践性都很强的工艺课，在学习过程中，为了配合课堂教学还要进行一系列的实践。随着钻井技术的不断发展，本课程的内容必将日益丰富，由于教学时间有限，在选取教学内容时应坚持少而精的原则，教材中的一些内容可以不在课堂上讲授，而是留给学生在实习中阅读。

第一章 钻进工具

钻头是破碎岩石、形成井眼的主要工具,钻头质量及其与地层的适应性,对提高钻进速度和降低钻井成本起着重要作用。在井眼形成过程中,一方面要提高破碎岩石的效率,另一方面要保证井壁岩层的稳定,这些都与岩石的机械性质有关。

第一节 岩石工程力学性质

岩石是自然界中各种矿物的集合体,岩石的性质取决于造岩矿物的性质、岩石的结构和构造。在外力作用下,岩石从变形到破坏所表现出的性质称为岩石的机械性质,与破岩效率有关的岩石的机械性质有强度、硬度、脆性和塑性等。

一、岩石的机械性质

(一)岩石的强度

在一定条件下,岩石在各种荷载作用下达到破坏时所能承受的最大应力称为岩石的强度。根据外力作用性质不同,有抗压、抗拉、抗剪和抗弯强度,其单位是 MPa。影响岩石强度的因素可以分为自然因素和工艺技术因素两类。

1. 自然因素

影响岩石强度的自然因素包括:岩石的矿物成分(对沉积岩而言还包括胶结物的成分和比例)、矿物颗粒的大小、岩石的密度和孔隙度。

同类岩石,孔隙度增加,密度降低,岩石的强度也随之降低,反之亦然。一般情况下,岩石的孔隙度随着岩石埋藏深度的增加而减小,因此岩石强度通常随埋藏深度的增加而增加。由于沉积岩存在层理,岩石的强度有明显的异向性,岩石的结构及缺陷也对岩石的强度有影响。

2. 工艺技术因素

影响岩石强度的工艺技术因素包括岩石的受载方式和岩石的应力状态。此外,外载作用的速度、液体介质性质等对岩石强度也有影响。

1)简单应力条件下岩石的强度

简单应力条件下岩石的强度是指岩石在单一的外载作用下的强度,包括单轴抗压强度、单轴抗拉强度、抗剪强度及抗弯强度。

大量试验结果表明,在简单应力条件下,对同一岩石加载方式不同,岩石的强度也不同。一般说来,岩石的强度有以下顺序关系(从小到大):抗拉→抗弯→抗剪→抗压。由于层理的影响,在不同方向上的岩石强度是不同的。

2)复杂应力条件下岩石的强度

(1)三轴应力试验。在实际钻井条件下,岩石埋藏在地下,各向受压(围压)处于复杂而不是单一的应力状态下,研究多向应力作用下的岩石强度更有实际意义。三轴应力试验是在三向荷载作用下定量测试岩石机械性质的有效方法。三轴应力试验可以进行三轴压缩试验,也可以进行三轴拉伸试验。前者的施力方案是:$\sigma_1 > \sigma_2 = \sigma_3 = p$;后者的施力方案是:$\sigma_1 < \sigma_2 = \sigma_3 = p$。其

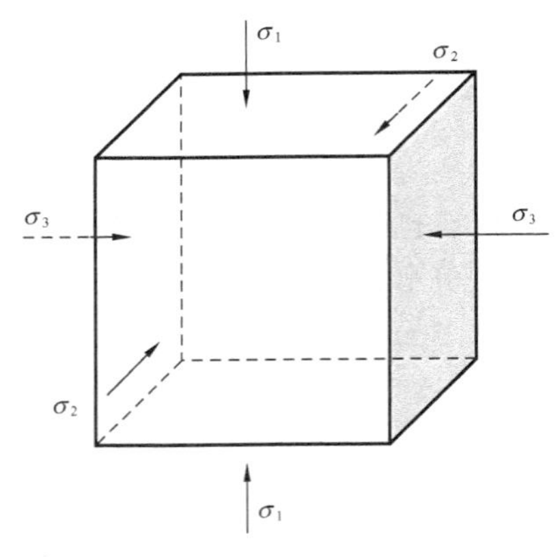

图 1－1 三轴应力试验方案
$p=\sigma_2=\sigma_3$

中，p 通常称为围压，$\sigma_1 \sim \sigma_3$ 为三轴应力，见图 1－1。

(2)三轴应力条件下岩石强度变化的特点。岩石在三轴应力条件下强度明显增加。对于所有岩石，当围压增加时，强度均增大，但所增加的幅度对于不同类型的岩石是不一样的。一般说来，压力对砂岩、花岗岩强度的影响要比石灰岩和大理岩大。

压力对强度的影响程度并不是在所有压力范围内都是一样的。开始增大围压时，岩石的强度增加比较明显；继续增加围压，相应的强度增量就变得越来越小；当围压很高时，有些岩石(如石灰岩)的强度便趋于常量。

(二)岩石的硬度

岩石的硬度是岩石抵抗其他物体表面压入的能力。硬度与抗压强度有关，但又有很大区别，是两个不同的概念。抗压强度是岩石整体破坏时的应力值，而硬度只是岩石表面局部对另一物体压入时抗压入强度，因而不能把岩石的抗压强度作为硬度指标。钻井过程中，破岩工具在井底岩层表面施加荷载，使岩层表面发生局部破碎，岩石的压入硬度在一定程度上能相对反映钻井时岩石抵抗破碎的能力。另外，岩石的硬度和组成岩石的矿物颗粒的硬度也是不同的概念，前者对钻进时岩石破碎速度有影响，而后者对钻进过程中工具磨损有影响。岩石的压入硬度是前苏联史立涅尔提出的，也称史氏硬度。

对于脆性岩石，其硬度为：

$$p_Y = \frac{p}{S} \tag{1-1}$$

式中 p_Y——岩石的硬度，MPa；

p——产生脆性破碎时压头上的荷载，N；

S——压头的底面积，mm^2。

对于塑性岩石，取岩石产生屈服(即从弹性变形开始向塑性变形转化)时的荷载 p_{OY} 代替 p：

$$p_Y = \frac{p_{OY}}{S} \tag{1-2}$$

造岩矿物的成分、颗粒度、孔隙度、胶结物的性质等都影响岩石的硬度。如砂岩的硬度随胶结物的强度增大而增大，硅质胶结物硬度大于铁质胶结物，铁质胶结物硬度大于钙质胶结物，钙质胶结物硬度大于泥质胶结物。

岩石的层理使岩石各方向的硬度不同。垂直层理方向的硬度值最小，平行层理方向的硬度值最大。这一点对掌握井斜规律和定向钻井中利用地层规律造斜有重要意义。

我国按岩石硬度的大小将岩石分为 6 类 12 级，作为选择钻头的主要依据之一(表1－1)。

表 1－1 岩石按硬度分类及级别

硬度的分类	软		中软		中硬		硬		坚硬		极硬	
级别	1	2	3	4	5	6	7	8	9	10	11	12
硬度值，10^2 MPa	≤1	~2.5	~5	~10	~15	~20	~30	~40	~50	~60	~70	>70

（三）岩石的脆性和塑性

物体具有在外力作用下发生变形的能力。在弹性极限内，应力与应变成正比；当外力超过弹性限度后会出现两种情况，一是立即破碎，二是永久变形（塑性变形）。岩石在外力作用下发生塑性变形的性质称为岩石的塑性。而当应力达到弹性极限后即破坏，不呈现永久变形，称为岩石的脆性。通过平底圆柱压模压入法试验，根据变形曲线可以将岩石分为3种典型变形特点，如图1－2所示。

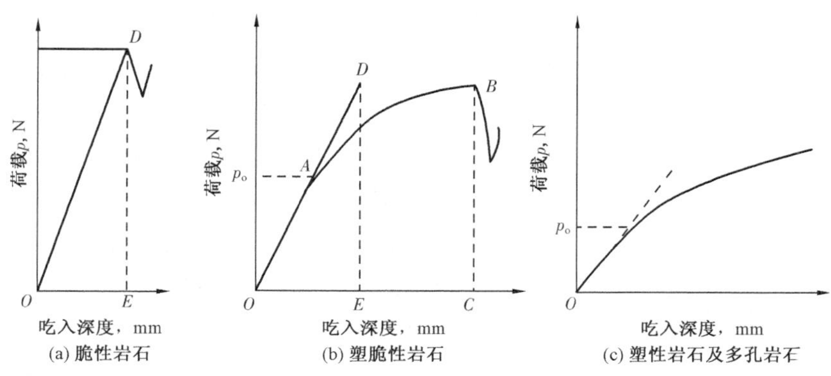

图1－2　平底圆柱压模压入岩石的三种变形曲线

图1－2(a)为脆性岩石，其特点是*OD*段为弹性变形阶段，达到*D*点后即发生脆性破碎；图1－2(b)为塑脆性岩石，其*OA*段为弹性变形阶段，*AB*为塑性变形区，到达*B*点时产生脆性破碎；图1－2(c)为塑性岩石及多孔岩石，施加不大的荷载即产生塑性变形，其后变形随变形时间的延长而增加，无明显的脆性破坏现象。

用岩石的塑性系数作为定量表征岩石塑性及脆性大小的参数。塑性系数为岩石破碎前耗费的总功A_F与岩石破碎前弹性变形功A_E的比值。计算依据如图1－2所示的岩石压入破碎过程中的荷载—吃入深度曲线。因而，对于脆性岩石，破碎前的总功A_F与弹性变形功A_E相等，塑性系数$K_p=1$。对于塑脆性岩石，塑性系数为：

$$K_p=\frac{A_F}{A_E}=\frac{OABC\text{ 的面积}}{ODE\text{ 的面积}} \qquad (1-3)$$

对于塑性岩石，$K_p=\infty$。

根据岩石的塑性系数的大小，将岩石分为3类6级（表1－2）。

表1－2　岩石按塑性系数的分类

类别	脆性	塑脆性				塑　性
		低塑性——→高塑性				
级　别	1	2	3	4	5	6
塑性系数K_p	1	>1～2①	>2～3	>3～4	>4～6	>6～∞

①“>1～2”为原国家标准表示方式，下同。

在三轴应力条件下，随着围压增大，岩石表现出从脆性向塑性转变，围压越大，岩石破碎前所呈现的塑性也越大。一般认为，当岩石的总应变量达到3%～5%时，岩石已经具有塑性或已经由脆性向塑性转变。

对于深井钻井，了解岩石由脆性向塑性转变的压力（或称临界压力）具有重要的实际意义。因为脆性破坏和塑性破坏是两种不同的破坏方式，破碎这两类岩石要使用不同类型的钻头，采用不同的破碎方式以及不同的破碎参数的合理组合，才能取得较好的破岩效果。

（四）钻井条件下影响岩石机械性质的因素

钻井过程中，特别是在油气井较深时，岩石处于高压和多向压缩条件下，岩石的机械性质发生了很大变化。

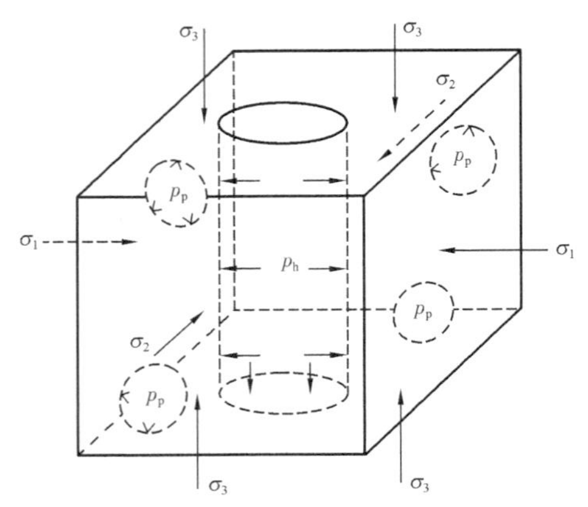

图 1－3　井眼周围地层岩石受力示意图

1. 井底各种压力对岩石性能的影响

井眼周围地层岩石受力情况可用图 1－3 表示。上覆岩层压应力（σ_3）为覆盖在井眼周围地层岩石以上的压力，它来源于上部岩石的重力。岩石内孔隙流体的压力（p_p）、水平地应力（σ_1 及 σ_2），来自垂直方向上的上覆岩层压力 σ_3、地质构造力和钻井液液柱压力 p_h。

1）地应力的影响

理论分析表明，无论是垂直方向上的上覆岩层压力还是水平的地应力（均匀的或非均匀的）都会影响井壁岩石的应力状态，从而影响到井壁的稳定。当井壁岩石的最大和最小主应力的差值越大时，问题表现得越严重。如果井内钻井液密度过小，一些松软岩层就会产生剪切破坏而坍塌或者出现塑性流动使井眼产生缩径。如果井内钻井液密度过大，又会使一些地层造成破裂（压裂）。地层的破裂压力取决于井壁上的应力状态，而这个应力状态又和地应力的大小紧密相关。

2）孔隙流体压力的影响

常规三轴试验表明，如果岩石是干的或不渗透的，或孔隙度小且孔隙中不存在液体或气体时，增大围压会增大岩石的强度，同时也增大岩石的塑性，这种作用称为“各向压缩效应”。如果岩石孔隙中含有流体且具有一定的孔隙压力时，孔隙岩石的强度和塑性取决于“各向压缩效应”。不过，当孔隙液体是惰性的，岩石的渗透率足以保证液体在孔隙中流通，且孔隙空间的形状能使孔隙压力全部传给岩石的固体骨架时，“各向压缩效应”取决于外压与内压之差（即有效应力）。也就是说，孔隙压力的作用降低了岩石的各向压缩效应，岩石的强度取决于有效应力的大小。

岩石的屈服强度随着孔隙压力的减小而增大，当围压一定时，只有当孔隙压力相对较小时，岩石才呈现塑性破坏；增大孔隙压力将使岩石由塑性破坏转变为脆性破坏。因此，在考虑页岩井壁的稳定时，应对孔隙压力给予足够的重视。相反，钻井时孔隙压力有助于岩石破碎，从而提高钻井速度。

3）液柱压力的影响

如果井底岩石属于不渗透、无孔隙液体时，增大钻井液液柱压力 p_h，将增大对岩石的“各向压缩效应”，其结果必然导致岩石的抗压强度（或硬度）和塑性增加。在一定的液柱压力下，岩石从脆性破坏转为塑性破坏。因此，随着井深增加或钻井液密度增大，钻速下降不仅是由于岩石硬度增大，也由于岩石的塑性增加，导致钻头齿破碎岩石的体积减小。

2. 液体介质的影响

钻井时，钻头破碎岩石是在钻井液中进行的，液体介质对岩石强度的影响取决于介质中活性物质的吸附性。几乎所有的岩石都是亲水的，液体介质中含有的电解质和活性剂物质可以被吸附在岩石表面形成吸附层，而被吸附的物质会顺着岩石孔隙或微裂缝侵入井底岩石的深部，产生一个楔压力，从而降低岩石的强度。

二、岩石的研磨性

在用机械方法破碎岩石的过程中，钻头和岩石产生连续的或间断的接触和摩擦，在破碎岩石的同时，工具本身也受到岩石的磨损而逐渐变钝，直至损坏。钻头接触岩石部分的材料一般为钢、硬质合金或金刚石，岩石磨损这些材料的能力称为岩石的研磨性。研究岩石的研磨性对于正确地设计和选择使用钻头，延长钻头寿命，提高钻头进尺，提高钻井速度具有重要意义。

对钻井而言，岩石的研磨性表现在对钻头刃部表面的磨损，即研磨性磨损。它是由钻头工作刃与岩石接触过程中产生的微切削、刻划、擦痕等造成的。这种研磨性磨损除了与摩擦体材料的性质有关，还取决于摩擦的类型和特点、摩擦表面的形状和尺寸（如表面的粗糙度）、摩擦面的温度、摩擦体的相对运动速度、摩擦体间的接触应力、磨损产物的性质及其清除情况、参与摩擦的介质等因素。因此，研磨性磨损是十分复杂的问题，是个研究得十分不够的领域。

关于岩石的研磨性，有各种各样的测量方法，至今尚未有一个统一的测定岩石研磨性的方法，许多结果很难进行比较。

测定岩石研磨性的方法有以下四种：

（1）钻磨法。用金属棒（如铜棒、淬火或未淬火的钢棒）在加压旋转的条件下与岩石相摩擦。在给定的载荷、转速和时间内，按金属棒被磨损掉的质量来衡量岩石研磨性的大小。

（2）磨削法。用硬质材料做成的刀具与岩石试件相对旋转磨削。在给定接触压力、旋转速度（线速度）下，测量固定时间或旋转过的路程内刀具的磨损量以估价岩石的研磨性相对大小。

（3）微钻头钻进法。用与全尺寸钻头形状相似的微型模拟钻头在一定的钻进参数下与岩石钻磨，测量给定时间内钻头切削刃的外形磨损，以比较各类岩石的研磨性。

（4）摩擦磨损法。其实质是确定一个转动的金属圆环在岩石表面上相互摩擦时的磨损量，以此作为度量岩石研磨性的指标。

三、岩石的可钻性

岩石的可钻性是岩石抵抗破碎的能力。可以理解为，在一定钻头规格、类型及钻井工艺条件下，岩石抵抗钻头破碎的能力即为岩石的可钻性。钻头选型、确定钻头工作参数、预测钻头工作指标等，都是以岩石可钻性为基础的。

岩石的可钻性是岩石在钻进过程中显示出的综合性指标，它取决于许多因素，其中包括岩石自身的物理力学性质以及破碎岩石的工艺技术措施。岩石的物理力学性质主要包括岩石的硬度（或强度）、弹性、脆性、塑性、颗粒及颗粒的连接性质；岩石的工艺技术措施包括破岩工具的结构特点、工具对岩石的作用方式、荷载或力的性质、破岩能量的大小、孔隙岩屑的排出情况等。

目前,岩石可钻性的测定和分级方法并不统一。不同部门所用钻井方法不同,测定可钻性的试验方法也不尽相同。原石油工业部于1987年确定了我国石油系统岩石可钻性测定及分类方法,具体方法是在岩石可钻性测定仪(即微钻头钻进实验架)上使用31.75mm(1¼in)直径钻头,钻压为889.66N,转速为55r/min,在岩样上钻3个孔,孔深为2.4mm,取3个孔钻进时间的平均值为岩样的钻时(t_d),可钻性级值$K_d = \log_2 t_d$。

我国将地层可钻性按K_d的整数值分为10级。地层可钻性等级所占比例见表1-3。

表1-3　我国各油田地层可钻性等级所占比例　　单位:%

油田或地区	可钻性级别及所占比例									
	Ⅰ	Ⅱ	Ⅲ	Ⅳ	Ⅴ	Ⅵ	Ⅶ	Ⅷ	Ⅸ	Ⅹ
大港	6.4	16.8	29.2	27.9	14.8	4.24	0.1	—	—	—
胜利	8.0	11.9	18.9	22.1	18.9	12.0	5	2	0.8	0.2
苏北	6.5	7.7	11.9	15.5	17.1	15.5	11.7	7.6	3.9	2.6
西北	0.01	0.3	4.5	15.3	47.5	26.0	5.8	0.4	0.1	—
江汉	2.1	5.1	11.4	18.4	21.7	19.5	12.7	6.2	2.2	—
华北	4.2	6.3	11.2	16.1	18.5	17.2	12.9	7.7	3.8	2.1
大庆	0.6	2.2	6.7	14.0	21.3	22.9	17.6	9.5	3.9	1.3
四川	0.07	0.43	3.9	14.2	28.2	29.9	17.1	6.0	0.9	0.01

第二节　钻　　头

钻头是破碎岩石的主要工具。钻头的质量、钻头与岩性以及与钻井工艺是否适应,直接影响钻井速度、钻井质量和钻井成本。

目前,石油钻井中使用的钻头分为刮刀钻头、牙轮钻头和金刚石钻头。其中牙轮钻头使用较多,而刮刀钻头使用量最小。根据其钻出的井眼内径的大小,现已形成统一的钻头尺寸系列。常见钻头尺寸有:26in,20in,17½in,14¾in,12¼in,10⅝in,9½in,8½in,7⅞in,6½in,5⅞in,4¾in(1in=25.4mm)。

一、刮刀钻头

刮刀钻头是旋转钻井中最早使用的一种钻头,其特点是结构简单、制造方便、适用于较软地层、机械钻速和钻头进尺较高,不适用于硬地层或软硬交错层。

(一)结构

三刮刀钻头由4部分组成(图1-4):上钻头体、下钻头体、硬质合金喷嘴及刀片。

上钻头体位于钻头上部,上端有螺纹用于连接钻柱,下部侧面铣有装焊刀片的槽,一般用35CrMo钢锻造制成。

下钻头体焊在上钻头体的下部,内开3个孔以镶装喷嘴。

喷嘴是用硬质合金压制烧结而成。当高压钻井液通过喷嘴时形成高压射流冲击井底,以

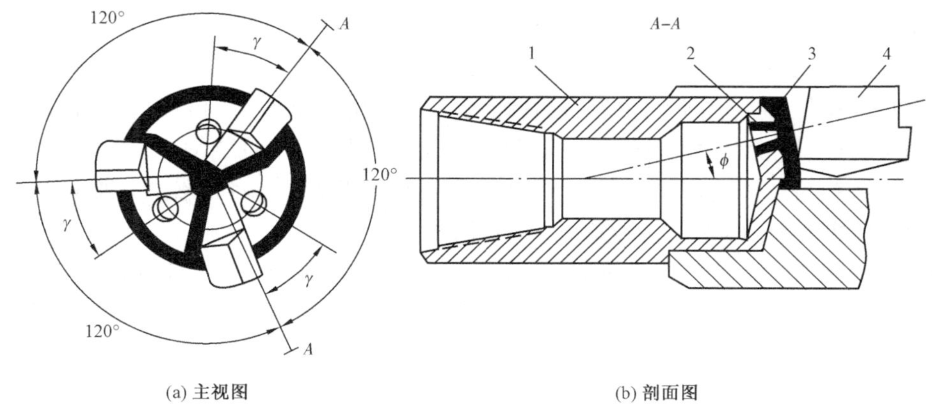

(a) 主视图　　(b) 剖面图

图1－4　三刮刀钻头

1—上钻头体；2—硬质合金喷嘴；3—下钻头体；4—刀片

达到水力破岩和清洗井底的目的。

刀片是刮刀钻头直接破碎岩石的主要部件。刮刀钻头以其刀片数量命名，如常用的是三刮刀钻头。刀片基体由35CrMo钢或35SiMnMoV钢制成，其表面镶焊硬质合金或人造金刚石聚晶以提高其耐磨性。

按照分析，刀翼背部应做成抛物线形状，即刀翼的宽度为钻头直径的一半。刀翼底部有平底、正梯形、反梯形三种形式。但在一定功率的情况下，梯形刮刀钻头机械钻速比平底刮刀钻头要快。刀翼长度不要过长，否则造成射流对井底的冲击力减小，不利于清洗井底和破碎地层，因此我国各油田刀翼的磨损长度一般为50～70mm。

（二）工作原理

刮刀钻头刀片在钻压（W）和扭转力（T）的作用下，一方面做向下的运动，一方面围绕钻头轴线旋转，刀片以正螺旋面吃入并切削底层，井底斜面与水平面的夹角（θ）称为井底角。刮刀钻头主要以剪切和挤压方式破碎地层，主要克服岩石的抗剪强度，所以它比克服岩石的抗压强度的破岩方式要容易得多。

刮刀钻头破碎塑性岩石的机理如图1－5所示。塑性岩石硬度小，在钻压（W）的作用下，刀片容易吃入地层。与此同时，刃前岩石在扭转力（T）的作用下不断产生塑性流动。由于刀片是在W和T的同时作用下（合力R）吃入岩石的，因而吃入深度比W单独作用时深得多。

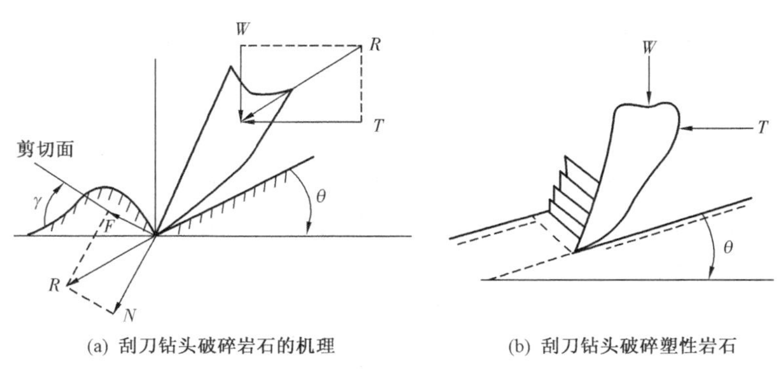

(a) 刮刀钻头破碎岩石的机理　　(b) 刮刀钻头破碎塑性岩石

图1－5　刮刀钻头破碎岩石的机理

刮刀钻头破碎塑脆性岩石的过程如图1-6所示。刀片在 W 和 T 的同时作用下，垂直压强不必大于岩石硬度就可以沿 θ 角吃入岩石，使其产生体积破碎。其过程为：

（1）刀片在钻压 W 作用下吃入岩石，在扭力 T 的作用下挤压刃前岩石，崩落，产生小体积破碎——小剪切，随着接触面积增大，切削阻力增大，如图1-6(a)所示。

（2）刀片继续挤压刃前岩石，当扭力达到岩石的强度极限时，岩石沿剪切面产生大体积破碎——大剪切，切削阻力突然减小，如图1-6(b)所示。

（3）刀片在扭力 T 的作用下向前推进，碰撞刃前岩石，如图1-6(c)所示。

挤压及小剪切、大剪切、碰撞这三个过程反复进行，形成破碎塑脆性岩石的全过程。

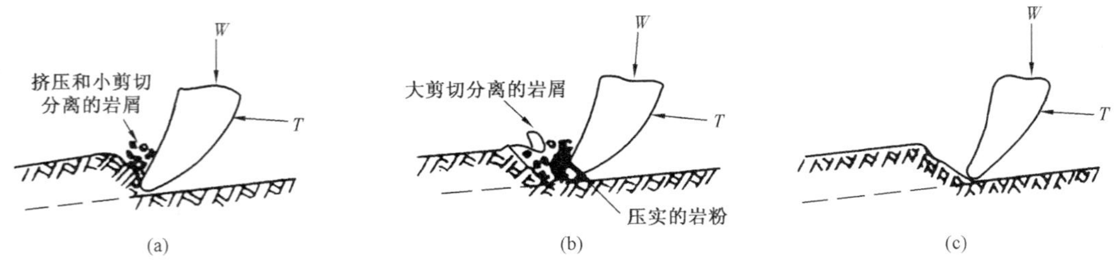

图1-6　刮刀钻头破岩过程

（三）刮刀钻头的合理使用

1. 适用地层

刮刀钻头属于切削型钻头，以切削、刮挤和剪切的方式破碎岩层，适用于松软—软的页岩、泥质砂岩、页岩等塑性和塑脆性地层中钻进。

2. 钻进参数的确定

1）钻压的确定

刮刀钻头具有切削刀片较长的优点，能适应较大的钻压变化范围。在转速一定的条件下，随着钻压的增加机械钻速增加。但考虑到钻具的寿命和刮刀钻头结构易井斜的特点，对于不同尺寸的刮刀钻头，正常钻进一般采用推荐钻压的中间值，最大不超过推荐钻压的最大值。要求做到平稳操作，均匀加压。

2）转速的确定

刮刀钻头没有滚动部件，适用较高的转速。在钻压一定的条件下，转速越高，钻速越快，所以在可能的条件下尽可能提高转速。考虑到对钻具寿命的影响，一般最高转速为180～200r/min。

3）流量的确定

流量的大小必须使钻井液在环空上返时能满足携带岩屑的要求，所以在确定流量时既要考虑优选水力参数、充分利用泵的水功率，又要考虑刮刀钻头钻速快、单位时间内产生岩屑量大、岩屑块比较大的特点。一般 ϕ203mm 钻头流量为 28～25L/s，ϕ220mm 钻头流量为 32～28L/s。

3. 使用注意事项

（1）搬放钻头不能猛烈碰撞，防止把硬质合金和钻头体螺纹台肩碰坏；按设计要求检查、测量钻头外径、高度以及喷嘴尺寸，并做好记录。

(2)新钻头下到井底，以 20～30kN 钻压、60～70r/min 转速钻进 0.5m，钻出与钻头底刃形状相适应的井底后，再逐渐加到规定的钻压和转速钻进。

(3)接单根后下放钻具时，即可开泵，启动转盘，下放钻具到井底，逐渐加压钻进。严禁加压启动转盘，防止蹩断刮刀片。

(4)在钻遇软硬交界面时，为防止井斜和蹩钻，应采用较小钻压钻进，穿过交界面后再加到设计的钻压钻进。

(5)要求操作平稳，均匀送钻，严禁猛放、猛压，防止蹩断刀片和打斜。

4. 起钻原则

(1)机械钻速低于初始钻速的 30%～40% 或低于牙轮钻头的钻速，成本上升时，考虑起钻。

(2)泵压升高或降低 2～3MPa 时，考虑起钻。

(3)蹩跳现象严重、扭矩增大时，考虑起钻。

二、牙轮钻头

牙轮钻头是使用最广泛的一种钻头。牙轮钻头工作时切削齿交替接触井底，破岩扭矩小；切削齿与井底接触面积小，比压高，易于吃入地层；工作刃(切削齿)总长度大，因而相对减少了磨损。牙轮钻头能够适应从软到坚硬的多种地层。

按牙轮数量可分为单牙轮钻头、两牙轮钻头、三牙轮钻头和四牙轮钻头。按切削材质可分为钢齿(铣齿)牙轮钻头和镶齿牙轮钻头。在钻井作业中使用最多、最广泛的是三牙轮钻头。普通三牙轮钻头由钻头体、巴掌(也称牙爪)、牙轮、轴承、水眼(喷嘴)和润滑密封系统等组成。

(一)结构

钻头上部车有螺纹与钻柱连接，下部与带有牙轮轴的 3 个巴掌相连，牙轮装在牙轮轴上，牙轮带有切削齿，用以破碎岩石；每个牙轮与牙轮轴之间装有轴承；水眼(喷嘴)是钻井液的通道，如图 1－7 所示。

图 1－7　牙轮钻头

1. 牙轮及切削齿

牙轮外锥面铣有切削齿(钢齿钻头)或镶装硬质合金齿(镶齿钻头)。根据牙轮外锥面的形状可分为单锥牙轮和复锥牙轮,如图1-8所示。

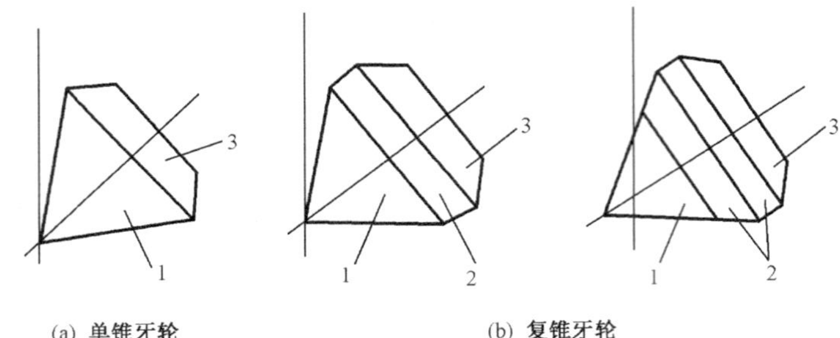

图1-8 牙轮锥形

1—主锥;2—副锥;3—背锥

切削齿是直接破碎岩石的工作刃,对其要求是破岩效率高、寿命长。要满足这两点,必须使切削齿的几何形状合理,材料耐磨并有足够的强度。

1)钢齿牙轮钻头

钢齿牙轮钻头的切削齿是由牙轮坯经铣削加工而成。为了提高切削齿的耐磨性,在切削齿面上常敷焊硬质合金材料。其形状主要是楔形齿,齿的结构参数见图1-9。一般用于软地层的齿高、齿宽、齿距都较大,而硬地层则相反。

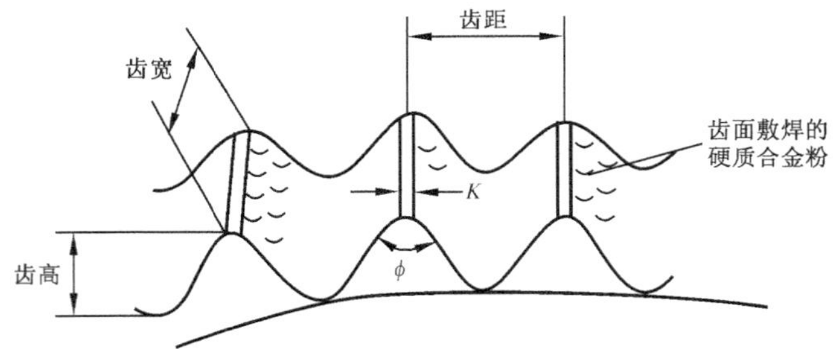

图1-9 钢齿结构示意图

K—齿刃宽;ϕ—齿尖角

用于研磨性较高地层的钻头,为了防止钻头直径磨损,保持钻头规径尺寸,外排齿制成L形、T形或Π形,称为保径齿。为了冷却,在牙轮背锥上开有水槽,在背锥部位也敷焊硬质合金层以达到保径的目的,如图1-10所示。

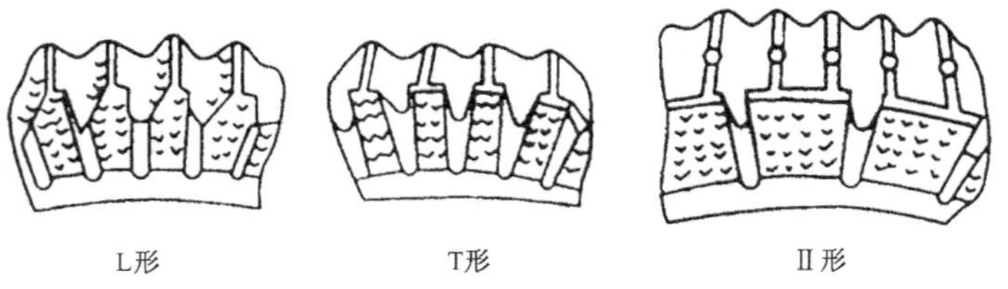

图1-10 钢齿保颈齿类型示意图

2)镶齿牙轮钻头

镶齿牙轮钻头是在牙轮上钻出孔后,将硬质合金材料制成的齿镶入孔中。镶齿的硬度和耐磨性比钢齿高，在硬地层中更显示出其优越性。

硬质合金齿的形状对钻头的机械钻速和进尺有很大影响。齿的体部都是圆柱体，它是镶进壳体孔内的部分，齿形是指露出在牙轮壳体以外部分的形状及高度。确定齿形的主要依据是岩石性质，同时必须考虑齿的材料性质、强度、镶装工艺等。常见齿形如图1－11所示。

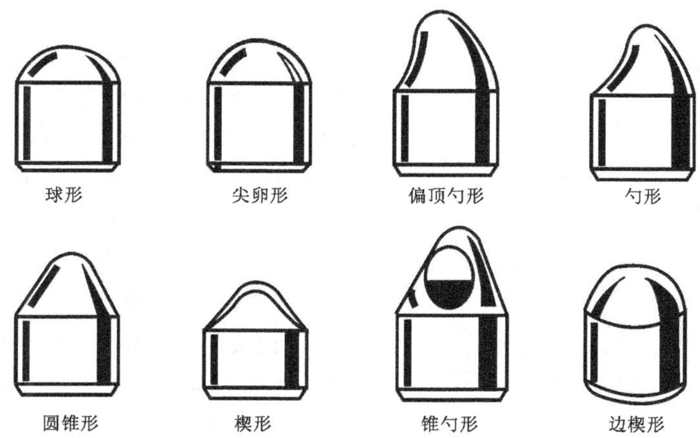

图1－11　硬质合金齿（镶齿）类型示意图

3）牙齿的布齿原则

（1）转一周牙齿全部破碎井底，不留下未被破碎的凸起。

（2）牙轮在重复滚动时应使牙齿不落入别的牙齿的破碎坑内。

（3）牙齿磨损均匀。

（4）软地层：高、大、尖、稀、薄；硬地层：矮、小、钝、密、厚。

2. 轴承

牙轮钻头轴承和切削齿一样，也是决定钻头寿命的一个重要因素。根据轴承副的结构，钻头轴承分为滚动轴承和滑动轴承（指主要轴承即大轴承）两大类。根据轴承密封与否，分为密封和非密封两类。各种轴承结构见图1－12。

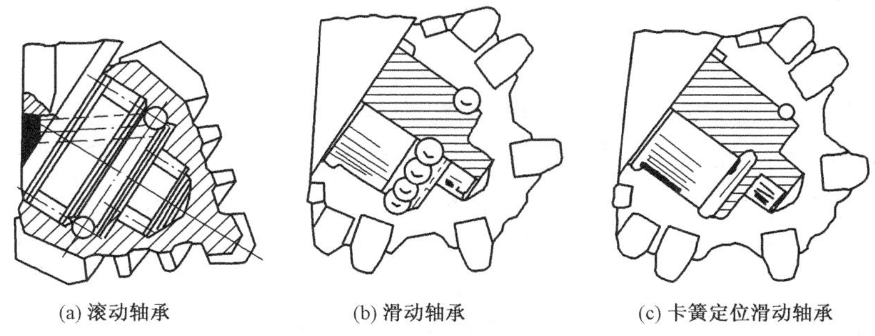

(a) 滚动轴承　(b) 滑动轴承　(c) 卡簧定位滑动轴承

图1－12　轴承结构示意图

对于滚珠轴承、滚柱轴承及滑动轴承，轴承副之间的接触方式分别为点接触、线接触与面接触。后者的承压面积大，荷载分布均匀，吸收震动较好。牙轮钻头的大轴承及小轴承都采用了滚柱轴承或滑动轴承。

中轴承的作用是锁紧牙轮，中轴承如果磨损，则牙轮会从轴颈上分离。即使中轴承磨损后没有达到牙轮从轴颈上分离的程度，中轴承也失去定位作用，牙轮和轴颈之间松动会加剧轴承磨损。一般用滚珠轴承作为中轴承是由于工艺原因，近年来有些钻头用卡簧代替滚珠轴承，见图 1－12(c)，可进一步增加大轴承的面积，同时简化了轴承结构及加工工艺。

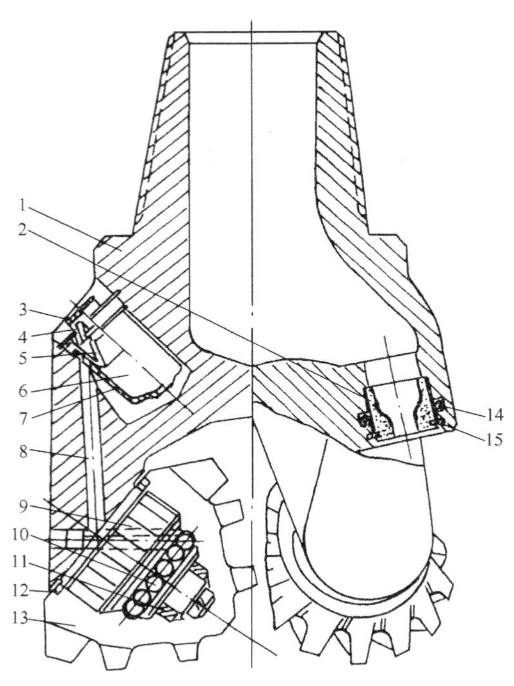

图 1－13　储油密封系统结构图

1—巴掌；2—喷嘴；3—传压孔；4—压盖；5—压力补偿膜；6—储油腔；7—护膜杯；8—长油孔；9—滚柱；10—滚珠；11—衬套；12—密封元件；13—牙轮；14—O 形密封环；15—卡簧挡圈

3. 储油润滑密封系统

牙轮钻头的储油润滑密封系统既能保证轴承得到润滑，又可以有效地防止钻井液（包括钻井液中液相和固相以及夹杂在钻井液中的各种岩屑）进入钻头的轴承内，大幅度地提高了轴承以及钻头的使用寿命。

轴承的储油密封系统结构见图 1－13。

4. 钻头水眼

钻头水眼是钻井液流出的通道。普通钻头（非喷射式）水眼是在钻头体的适当位置开孔并焊上水眼套。喷射式钻头在水眼处装有硬质合金喷嘴，喷嘴是可拆卸的。在钻头使用前选定合适内径的喷嘴安装到钻头上，钻头使用后喷嘴还可卸下重复使用。

（二）工作原理

1. 公转与自转

牙轮钻头工作时，固定在牙轮上的切削齿随钻头一起绕钻头轴线作顺时针方向旋转，称为公转。公转的转速就是转盘或井下动力钻具的旋转速度。

牙轮绕钻头轴线旋转的同时，受井底岩石对切削齿的摩擦阻力作用，使其绕牙轮轴作逆时针方向旋转，称为自转。牙轮自转的转速与公转转速及切削齿对井底的作用有关。

2. 钻头的纵向振动

钻进时，除钻头承受的钻压经切削齿作用在岩石上外，还有一个由于钻头的纵向振动产生的冲击荷载。钻头工作时，牙轮滚动，切削齿与井底是单齿、双齿交替接触。单齿接触井底时牙轮的轴心处于高位 O 点，双齿接触井底时则切削齿的轴心下降至 O_1 点，牙轮在滚动过程中，牙轮中心的位置不断上下交换，使钻头做上下往复运动，这就是钻头的纵向振动（图1－14）。纵向振动与静载压入力一起形成了钻头对地层岩石的冲击、压碎作用，这是牙轮钻头破碎岩石的主要方式。

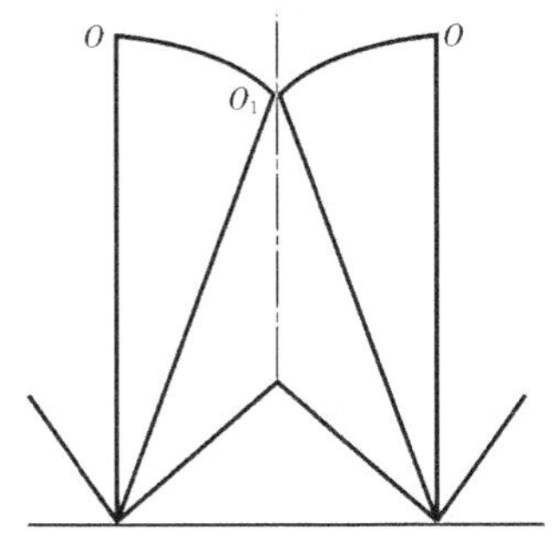

图 1－14　牙轮纵向振动示意图

这种冲击荷载有利于破碎岩石，但是也会使钻头轴承纵向振动而过早损坏，从而会使切削齿特别是硬质合金崩碎，同时也使钻柱处于不利的条件下工作。

3. 滑动与剪切作用

牙轮钻头除对地层岩石产生冲击、压碎作用外，还对地层岩石产生剪切作用。剪切作用主要是由于牙轮在井底滚动的同时还存在切削齿相对井底的滑动作用。滑动作用是通过牙轮形状的超顶、复锥设计，或移轴安装实现的。虽然切削齿的滑动可以剪切井底岩石以提高破碎效率，但也相应地使切削齿磨损加剧。

1）超顶和复锥引起的滑动

如图1－15所示，牙轮锥顶超过钻头轴线，称为超顶。超过的距离 $ob=c$，称为超顶距。

设牙轮上每一点公转及自转转速分别为 ω_b 及 ω_c，由 ω_b 引起的牙轮与地层接触的母线上的任意一点的线速度为 v_{bi}，由 ω_c 引起的线速度为 v_{ci}。在 o 点，$v_{bo}=0$；在 b 点，$v_{cb}=0$。牙轮在井底的运动是复合运动，v_{bi} 和 v_{ci} 是同时进行的，在 o_1 点合成速度 $v_b+v_c=0$，即为纯滚动。其余各点 $v_{bi}\neq v_{ci}$，都有滑动，并且 o_1 点两侧的滑动方向不同，左侧向后，右侧向前。

牙轮超顶产生滑动，滑动速度随超顶距 c 的增加而增加。

复锥牙轮主锥顶与钻头中心重合，而副锥锥顶的延伸线是超顶的。复锥牙轮由于牙轮线速度不再作直线分布，同时由于复锥是超顶的，因而产生滑动，其分析方法同超顶情况。

2）移轴引起的滑动

如图1－16所示，o 点为钻头轴线的水平投影，o' 点为牙轮锥顶，牙轮轴线相对于钻头轴线平移一段距离，这种方式称为移轴，平移的距离 $s=oo'$ 称为偏移值。

由于牙轮的移轴，牙轮做公转时，牙轮与岩石接触母线上任一点都产生垂直于牙轮轴的分速度和沿牙轮轴线方向的分速度，从而产生滑动。

超顶和复锥所引起的切线方向滑动除了可以在切线方向与冲击、压碎作用共同破碎岩石外，还可以剪切同一齿圈相邻切削齿破碎坑之间的岩石；移轴则在轴向产生滑动剪切齿圈之间的岩石。

实际上，对于钻及软到中硬地层的钻头，一般兼有移轴、超顶和复锥结构；一部分中硬地层钻头有超顶和复锥。对于极硬和研磨性很强的地层，所用的钻头结构基本上是纯滚动而无滑动（即单锥、不超顶、不移轴）。即使这样，钻头工作时也会对地层产生剪切作用。

牙轮钻头主要以切削齿对岩石的冲击、压碎和剪切作用来破碎岩石。硬和极硬地层主要靠切削齿对岩石的冲击、压碎作用来破碎岩石；极软和软地层主要靠切削齿对岩石的剪切作用来破碎岩石；中软、中、中硬地层两种作用都有。

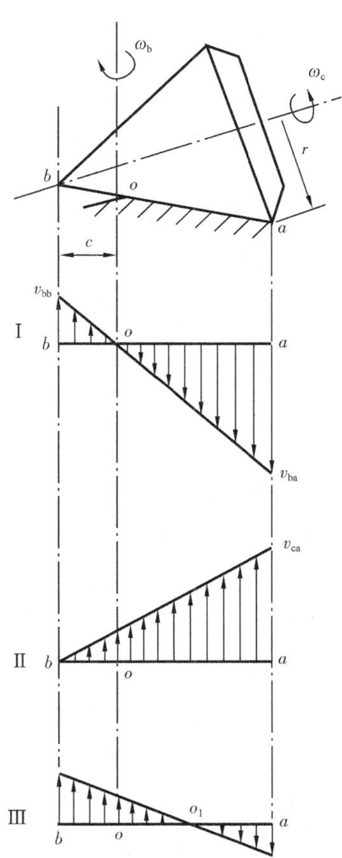

图1－15　超顶产生的滑动

4. 牙轮钻头的自洗

牙轮钻头工作时，特别是在软地层钻进时，切削齿间易积存岩屑产生泥包，从而影响钻进效果。自洗式钻头能很

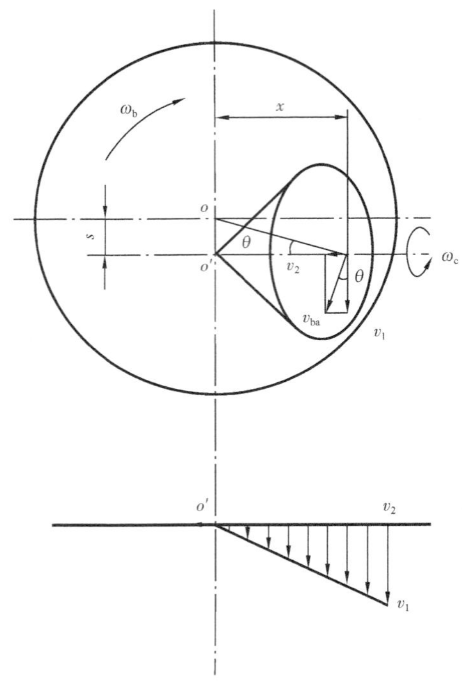

图 1－16　移轴产生的滑动

好地解决这一问题。这类钻头通过牙轮的合理布置，使各切削齿的齿圈互相啮合，一个牙轮的齿圈之间积存的岩屑由另一个牙轮的切削齿剔除，这种方式称为牙轮钻头的自洗。自洗式牙轮钻头的牙轮布置有自洗不移轴及自洗移轴两种方案，如图 1－17 所示。

(三)牙轮钻头选型原则

(1)软地层应选择有移轴、超顶、复锥 3 种结构的牙轮钻头，齿应是高、宽、稀、齿尖角大的铣齿或镶齿。随着岩石硬度增大，选择钻头的上述 3 种结构值应相应减小，齿也应矮、窄、密，齿尖角也要相应减小。

(2)钻研磨性地层，应该选用带保径齿的镶齿钻头。当发现上一个钻头的外排齿磨圆而中间齿磨损较少时，则下一个钻头应该选用有保径齿的镶齿钻头。

(3)在易斜地层钻进时，应选用不移轴或移轴

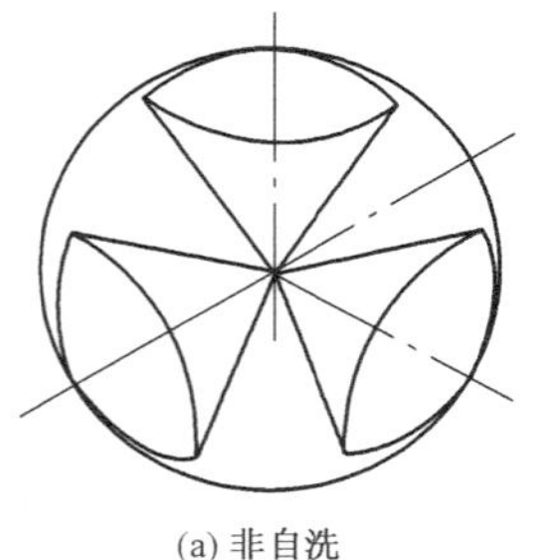

(a) 非自洗

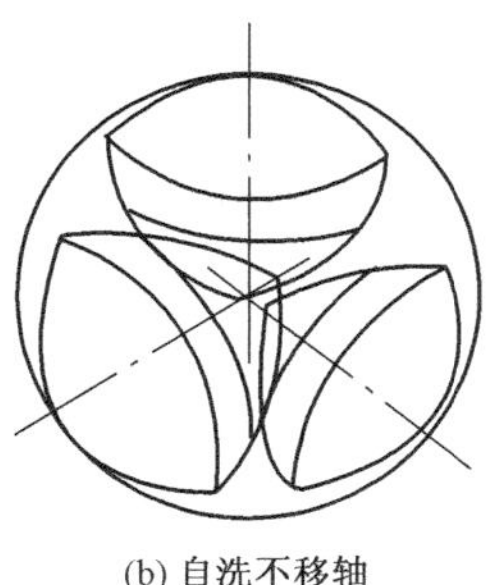

(b) 自洗不移轴

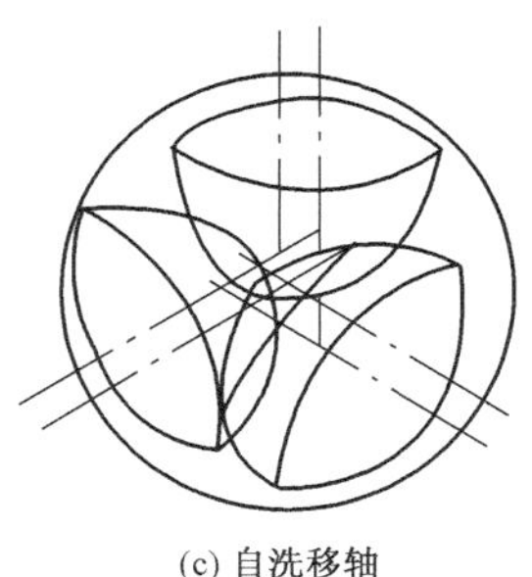

(c) 自洗移轴

图 1－17　牙轮的布置方案

量小、无保径齿并且齿多而短的钻头；同时，在保证移轴小的前提下，所选钻头适应的地层应比所钻地层稍软一些，这样可以在较低的钻压下提高机械钻速。

(4)选用镶硬质合金齿钻头时要注意：所钻地层页岩占多数时，用楔形齿钻头；钻石灰岩地层时，使用抛物体形或双锥形齿钻头；当用高密度钻井液钻井时，使用楔形齿钻头；当所选地层中页岩成分增加或钻井液密度增大时，用偏移值大的钻头；钻石灰岩或砂岩地层，选用偏移值下的钻头；钻硬的研磨性石灰岩、燧石、石英石，用无移轴的球齿钻头。

(5)在软硬交错地层钻进时，一般只按其中较硬的岩石选择钻头类型，这样既在软地层中有较高的机械钻速，也能顺利地钻穿地层。在钻进过程中钻井参数要及时调整，在软地层钻进时，可适当降低钻压并提高转速；在硬地层钻进时可适当提高钻压并降低转速。

(6)浅井段岩石一般较软，同时起下钻所需时间短，应选用能获得较高机械钻速的钻头；深井段地层一般较硬，起下钻时间较长，应选用有较高总进尺的钻头。

(7)在小井眼(井眼直径小于177mm)钻井中常选用单牙轮钻头,单牙轮钻头比同尺寸三牙轮钻头的牙轮、牙齿、轴径、轴承大,强度高,破岩效率高。

(8)按钻头产品目录选择钻头类型。

(9)由于即使是同一种岩性,其机械性能差别也很大,还应收集邻近井相同地层钻过的钻头资料及上一个钻头的磨损分析,结合本井具体情况选择。

(10)钻头的选型应按每米成本最低来考虑。一般以“每米成本”作为评价钻头选型是否合理的标准。

(四)牙轮钻头的分类及型号

1. 国产三牙轮钻头的分类和型号表示法

国产三牙轮钻头分为钢齿钻头及镶齿钻头两大类,共8个系列,见表1-4;钻头的类型与适应地层见表1-5。

表1-4 国产三牙轮钻头系列

类别	系列名称		代号
	全称	简称	
钢齿钻头	普通三牙轮钻头	普通钻头	Y
	喷射式三牙轮钻头	喷射式钻头	P
	滚动密封轴承喷射式三牙轮钻头	密封钻头	MP
	滚动密封轴承保径喷射式三牙轮钻头	密封保径钻头	MPB
	滑动密封轴承喷射式三牙轮钻头	滑动轴承钻头	HP
	滑动密封轴承保径喷射式三牙轮钻头	滑动保径钻头	HPB
镶齿钻头	镶硬质合金齿滚动密封轴承喷射式三牙轮钻头	镶齿密封钻头	XMP
	镶硬质合金齿滑动密封轴承喷射式三牙轮钻头	镶齿滑动轴承钻头	XH

表1-5 国产三牙轮钻头的类型与适应地层

<table>
<tr><td colspan="2">地层性质</td><td>极软</td><td>软</td><td>中软</td><td>中</td><td>中硬</td><td>硬</td><td>极硬</td></tr>
<tr><td rowspan="2">类型</td><td>类型代码</td><td>1</td><td>2</td><td>3</td><td>4</td><td>5</td><td>6</td><td>7</td></tr>
<tr><td>原类型代码</td><td>JR</td><td>R</td><td>ZR</td><td>Z</td><td>ZY</td><td>Y</td><td>JY</td></tr>
<tr><td colspan="2">适用岩石举例</td><td colspan="2">泥岩、石膏、岩盐、软页岩、软石灰岩</td><td>中软页岩、硬石膏、中软石灰岩、中软砂岩</td><td>硬页岩、石灰岩、中软石灰岩、中软砂岩</td><td colspan="2">石英砂岩、花岗岩、硬石灰岩、大理岩</td><td>燧石岩、花岗岩、石英岩、玄武岩、黄铁矿</td></tr>
<tr><td colspan="2">钻头体颜色</td><td>乳白</td><td>黄</td><td>浅蓝</td><td>灰</td><td>墨绿</td><td>红</td><td>褐</td></tr>
</table>

国产牙轮钻头型号表示方法如:用于中硬地层、直径为8½in(215.9mm)的镶齿滑动密封轴承喷射式三牙轮钻头的型号为215.9XHP5。

2. IADC牙轮钻头的分类方法及编号

IADC(国际钻井承包商协会)牙轮钻头分类方法及编号见表1-6。IADC规定,每一类钻头用4位字码进行分类及编号:

第一位字码为系列代号,用数字1~8分别表示8个系列,表示钻头切削齿特征及所适用的地层。

第二位字码为岩性级别代号，用数字 1 ~ 4 分别表示在第一位数码表示的钻头所适用的地层中再次从软到硬分为 4 个等级。

第三位字码为钻头结构特征代号，用数字 1 ~ 9 表示，其中 1 ~ 7 表示钻头轴承及保径特征，8 与 9 留待未来的新结构特征钻头用。

第四位字码为钻头附加结构特征代号，用以表示前面 3 位数字无法表达的特征，用英文字母表示。目前，IADC 已定义了 11 个特征。

表 1 - 6　IADC 牙轮钻头分类方法及编号

第一位字码及适应地层	钢齿钻头			镶齿钻头				
	1	2	3	4	5	6	7	8
	软	中到中硬	硬	软	软到中	中硬	硬	极硬
第二位字码	1 ~ 4	1 ~ 4	1 ~ 4	1 ~ 4	1 ~ 4	1 ~ 4	1 ~ 4	1 ~ 4

第三位字码及结构特征	1	2	3	4	5	6	7
	非密封滚动轴承	空气冷却滚动轴承	滚动轴承保径	密封滚动轴承	密封滚动轴承保径	滑动密封轴承	滑动密封轴承保径

第四位附加结构特征码	A	C	D	E	G	J	R	S	X	Y	Z
	空气冷却	中心喷嘴	定向控制	加长喷嘴	附加保径	喷嘴偏射	加强焊缝	标准钢齿	楔形镶齿	圆锥形镶齿	其他形状镶齿

3. IADC 牙轮钻头型号表示方法

钻头型号由直径代号和钻头分类号两部分组成。

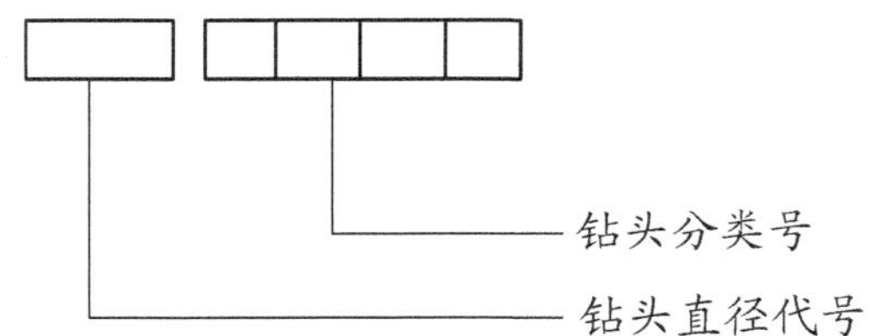

例如，ϕ215.9 - 637E 含义为：直径为 215.9mm，用于钻高抗压强度的中硬第三级地层密封滑动保径镶齿加长喷嘴钻头。

（五）钻头类型的选择

合理选择钻头类型对提高钻速、降低成本非常重要。选择钻头类型要依据钻头的结构特点、岩石性质来确定。一般情况，钻头生产厂家对某类型钻头适应地层范围都有说明，厂家产品说明是选择钻头类型的主要参考。但是，还要结合邻井地质及钻头使用资料综合分析，以直接钻井成本最低为原则来选择。选择钻头时应考虑：

（1）以最好的技术与经济指标为依据，不能单纯看进尺和机械钻速，应在保证井身质量的前提下，达到每米成本最低。

（2）钻研磨性地层应该选用保径齿的镶齿钻头。

（3）软地层应选择有滑动，齿形较大、较尖，齿数较少的钢齿或镶齿钻头，以充分发挥钻头的剪切破岩作用；随着岩石硬度增大，选择钻头的滑动作用应相应减小，切削齿也要减短、加密。

（4）在易斜地层钻进时，应选用不移轴或移轴量小的钻头，所选钻头适应的地层应比所钻地层稍软一些，这样可以在较低的钻压下提高机械钻速。

(5)在软硬交错地层钻进时,宜选用长楔形齿或长锥形齿的镶齿钻头,这样既在软地层中有较高的机械钻速,也能顺利地钻穿硬地层。

(6)深部(3000m 以下)的泥岩、页岩等地层,由于高围压使岩石的硬度、塑性增大,这时应选用中硬地层钻头,并配合使用低固相钻井液效果较好。若选用靠冲击破岩的硬地层钻头,破岩效果差,机械钻速低;若选用软地层钻头,则易断齿,钻头使用寿命短。

(六)牙轮钻头的合理使用

1. 钻头下井操作一般要求

(1)钻头下井前应确认井底干净、无落物。

(2)在钻头螺纹上应涂好螺纹密封脂,用动力大钳紧扣,旋转扭矩与相同尺寸的钻铤接头相同,符合 API RP 7G 推荐值。

(3)上、卸钻头要使用合适的钻头装卸器,上、卸扣时避免损坏喷嘴、钻头体及切削齿。

(4)钻头宜缓慢通过转盘和防喷器。钻头通过井眼中的套管鞋、台阶、狗腿、缩径段时,应放慢下钻速度。

(5)下钻操作要平稳,遇阻时不得猛顿、硬压。

(6)若必须在缩径段扩划眼,应采用低转速、低钻压和尽可能大的流量划眼,缓慢通过缩径井段。

(7)下最后一个单根时,宜缓慢开泵,逐渐加大排量达到实际值,低转速缓慢下放,冲洗井底。

(8)钻头下到井底时,应先轻压磨合 30min 后再逐渐加压钻进,不得加压启动钻头。

2. 钻进和接单根

选择钻进参数要采用五点法(见第九章第三节)或释放钻压法钻速试验。确定钻压和转速,既要根据地层特点保证有效破碎岩石,又要注意钻压与转速对钻头轴承和切削齿的影响,以保证钻头工作寿命。一般钻头生产厂家都给出各类钻头的钻压和转速推荐使用范围;也有的给出钻压和转速乘积的允许值。在确定钻进参数时,钻压取高值,则转速取低值;反之,钻压取低值,则转速可取高值。钻进中加压应均匀,匀速下放钻具,不应出现溜钻。

接单根后,缓慢匀速下放钻头至井底,再提高转速到原选定值,并逐渐加压;不能猛放,以防钻头受损。

3. 起钻

在正常情况下,宜根据邻井资料初步确定新钻头下井的使用时间,再根据以下几种情况决定起钻时间:

(1)岩性无明显变化,钻速不断下降;钻头使用后期,每米钻井成本增加,应及时起钻。

(2)扭矩明显变化,伴有蹩跳现象;钻头轴承损坏,牙轮在井底的滚动发生卡阻现象,应及时起钻,防止掉牙轮。

(3)立管压力明显变化,经确认非地面原因,原因为喷嘴堵或掉,应及时起钻。

4. 钻头使用中复杂情况的分析与处理

(1)轴承严重磨损与损坏。一般认为,钻头起出后牙轮转动基本灵活、间隙不超过 2mm

为正常磨损。但是由于钻头选型不当，钻压、转速过大，或加压不均出现过严重蹩跳，发生过溜钻或顿钻等现象，都会造成轴承严重损坏，结果会导致牙轮卡死、滚动体落井或掉牙轮事故。

牙轮卡死后钻头偏磨，转盘负荷增大，方钻杆周期性蹩跳，动力机声音不正常，停车后转盘倒转，钻速下降。通常情况下，钻头使用后期出现牙轮卡死，要及时起钻换钻头；钻头使用早期出现牙轮卡死，可采取降压减速、划眼循环等措施处理，若不能恢复，也应起钻换钻头。牙轮落井后钻进，会发生严重蹩钻、跳钻，转盘负荷增大，钻速变慢，上提钻柱改变方位所得方入不同，相差一个牙轮高度。若判断牙轮掉井，应立即起钻处理。

(2)钻头泥包。在软地层，由于钻井液性能不好，排量不足，不能及时清除堵塞在切削齿间的岩屑，继续钻进会使切削齿破碎岩石的有效高度减小，牙轮正常转动受到影响，严重时牙轮不能转动，这一现象称为钻头泥包。钻头泥包后，钻速下降，转盘负荷增大，蹩钻，泵压增高，严重时还会堵塞水眼而憋泵；钻柱上提时有不同程度的阻卡现象。为了消除泥包，可采取大排量循环、上下活动钻具划眼和上提一段距离后高速旋转等措施，并根据情况调整钻井液性能；处理无效时，要起钻。起钻时上提速度要慢，防止产生抽汲作用。

(3)切削齿不正常磨损。若钻头选型不当、钻进参数匹配不合理或操作不当，会造成切削齿不正常磨损。比如在研磨性高的硬地层，如果所加钻压过小，不足以使切削齿吃入地层，且转速高，就会造成钢齿钻头切削齿不正常磨损。这时应适当降低转速提高钻压，并可选用镶齿钻头。若钻头外排齿磨圆，而中间齿磨损较少，应选用保径钻头。若镶齿钻头断齿多，说明地层比所用钻头对应的地层硬，钻压、转速过高，也可能井底有金属落物等。造成切削齿不正常磨损原因是多方面的，应结合钻头选型、钻进参数配合及操作等情况全面分析，找出原因，采取有效处理措施。

(七)牙轮钻头磨损分级

对使用过的钻头进行磨损分析评价，以便选择更合适的钻头类型，确定最优的技术措施和最优的起钻时间，这样能最大限度地使用钻头，还可以为改进钻头设计提供依据。可以用字母及数字混合编码来说明切削结构、轴承密封、钻头外径及起钻原因等，如表1－7所示。表1－7钻头直径磨损分级中内排齿是指从钻头中心至2/3钻头半径区域内的齿；外排齿是指钻头外侧1/3钻头半径区域内的齿。

1. 钻头直径磨损

钻头直径磨损以钻头直径直接磨损量表示，单位mm，字母I表示直径无磨损；磨损量在两数值之间时，应取较大数值。

2. 切削齿磨损

对钢齿(或金刚石)钻头，是以旧钻头与新钻头齿高磨损比值8倍的数值作为定级依据分为8级，按式(1－4)计算：

$$C_1 = \frac{8(H_0 - H)}{H_0} \tag{1-4}$$

式中 C_1——齿高磨损比值；

H_0——新钻头钢齿平均高度(或金刚石出露高度)，mm；

H——旧钻头钢齿磨损后平均高度(或金刚石磨损后的高度)，mm。

表 1－7　钻头磨损分级

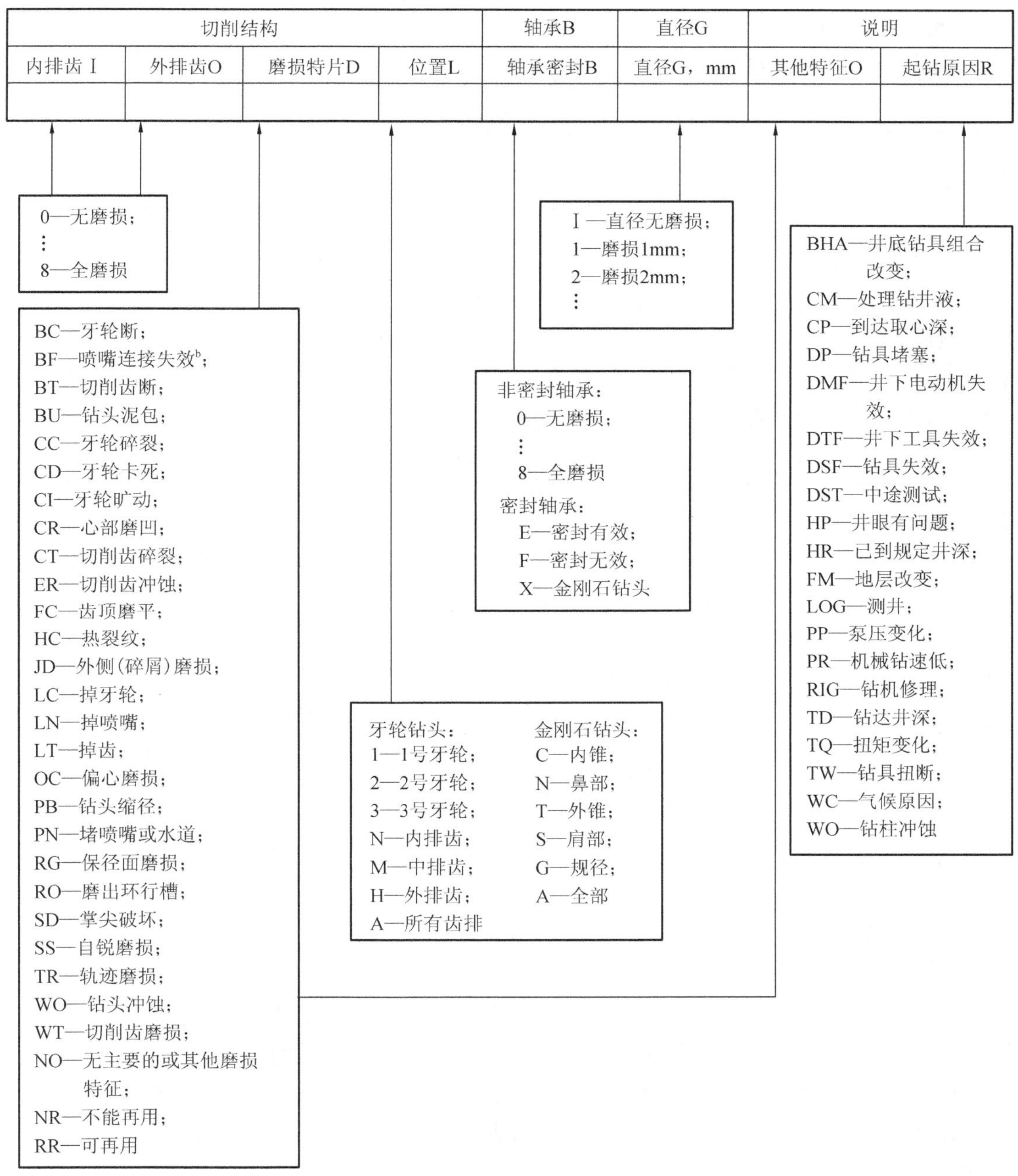

注：b 指金刚石钻头磨损特征

对镶齿钻头是以旧钻头上崩、断和掉的齿数与新钻头总齿数比值 8 倍的数值作为定级依据分为 8 级，按式(1－5)计算：

$$C_2 = \frac{8N}{N_0} \tag{1-5}$$

式中　C_2——旧钻头上崩、断和掉的齿数与新钻头总齿数的比值；

N——旧钻头上崩、断和掉的齿数,个;

N_0——新钻头总齿数,个。

切削齿磨损定级取值见表1-8。

表1-8 切削齿磨损定级

齿磨损比值 C_1 或 C_2	0	0~1	1~2	2~3	3~4	4~5	5~6	6~7	7~8
齿磨损定级	0	1	2	3	4	5	6	7	8

3. 轴承磨损

以钻头已用轴承寿命与新钻头可用轴承寿命比值8倍的数值作为轴承磨损分级依据,0表示新轴承,1表示使用时间达到轴承寿命的1/8,8表示轴承使用寿命已完,见表1-9。对于密封轴承,用字母E和F分别代表密封有效和密封无效。轴承的寿命可用相同或类似地区使用过的同类型钻头的资料统计分析得出。

表1-9 牙轮钻头非密封轴承磨损分级规定

非密封轴承磨损级别	磨损程度	
	按使用时间分级	非密封轴承在现场评价情况
0	新轴承	新钻头
1	0<轴承磨损量≤1/8	转动灵活,轴承不旷动
2	1/8<轴承磨损量≤2/8	转动灵活,轴承基本不旷动
3	2/8<轴承磨损量≤3/8	—
4	3/8<轴承磨损量≤4/8	转动灵活,稍有旷动
5	4/8<轴承磨损量≤5/8	轴向旷动小于1mm,径向旷动小于2mm
6	5/8<轴承磨损量≤6/8	轴向旷动1~2mm,径向旷动2~3mm
7	6/8<轴承磨损量≤7/8	轴向旷动大于2mm,径向旷动大于3mm
8	轴承磨损量≥7/8	轴承完全失效

(八)磨损测定方法

1. 切削齿磨损的测量

应该选择钢齿钻头切削齿磨损最严重的一个牙轮上的某排齿,用精度为0.02mm的深度游标卡尺,将主尺尺头插入切削齿根部,副尺端面贴近齿顶,读出的数值即为齿高(齿高是齿顶相对于齿根处的垂高),并以此排齿高的算术平均值与原新牙轮同排齿高的比值定级。

用肉眼观察、记录镶齿钻头旧钻头上的崩、断、掉的齿数,并以新钻头总齿数的比值作为定级标准。

2. 直径磨损的测量

将钻头工作端面向上,将钻头规套在三牙轮外排齿最大边缘处并保持水平,调节开口大小,使钻头规内径紧贴牙轮,即可读出该钻头直径。以新旧钻头直径之差作为该钻头直径磨损量。

表1-7中磨损特征是指使用后的钻头外观上有明显变化,这些变化又影响钻头的使用性能。用两个字母表示钻头切削结构中磨损特征最严重的一项,用字母或数字来表示主要磨损特征的位置。其他特征用来说明钻头磨损的第二特征。

(九)钻头使用与磨损记录

钻井队要对钻头现场使用情况适时记录,钻头使用与磨损记录内容及格式见表1-10。

表1-10　钻头使用与磨损记录

钻头使用记录								
生产厂商	钻头型号	钻头系列号	IADC 代号	钻头直径 mm(in)	连接螺纹	喷嘴过流面积 mm^2	主要岩性	地层代号
下井深度 m	起钻深度 m	总进尺 m	纯钻时间 h	机械钻速 m/h	钻压 kN	转速 r/min	泵压 MPa	流量 L/s

钻头磨损记录							
切削结构				轴承 B	直径 G	说明	
内排齿 I	外排齿 O	磨损特征 D	位置 L	轴承/密封 B	直径 G	其他特征 O	起钻原因 R

三、金刚石钻头

(一)金刚石钻头的结构

用金刚石材料作为切削刃的钻头称为金刚石钻头。金刚石钻头主要由钢体、胎体、水力结构(包括水眼或喷嘴、水槽亦称流道、排屑槽)、保径、切削刃(齿)五部分组成,见图1-18。

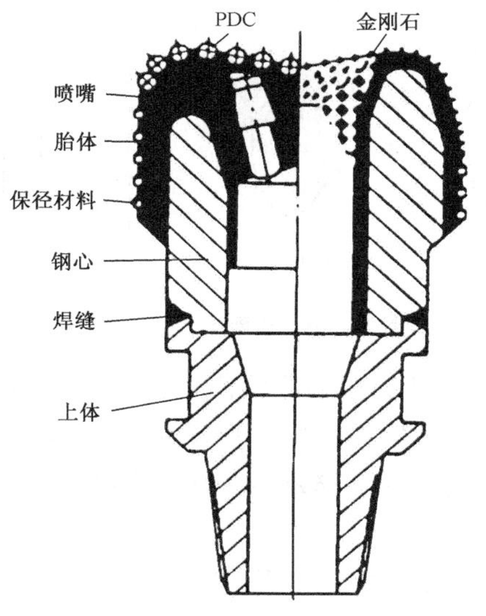

图1-18　金刚石钻头结构

1. 钢体

钢体上部车有螺纹连接钻具,下部与胎体烧结在一起。钢体有一体式的,也有由两部分构成的,即上部为合金钢车有螺纹,下部为低碳钢连接胎体。钢体上下两部分以螺纹连接,然后焊牢。

2. 胎体

胎体是镶嵌金刚石颗粒的基体，是由一定粒度的硬质合金粉加上适当的易熔金属作为黏合剂压制烧结而成。其表面（工作面）镶装有金刚石材料切削齿，并开有水眼和水槽，其侧面为保径部分（镶装保径齿）。在钻进过程中，胎体受力复杂，要求其具有足够的强度和硬度，有一定的韧性和良好的导热性。

3. 金刚石

金刚石钻头的切削刃根据金刚石颗粒镶装在胎体上的形式有表镶式、孕镶式和表孕镶式三种。

钻头用金刚石的粒度根据地层而定，较软地层，粒度较大；较硬地层，粒度较小。

金刚石在钻头工作面上的排布方式有交错排列法（软到中硬地层）、圆周排列法（硬地层）和脊圈排列法（坚硬地层）三种。

金刚石钻头的保径部分在钻进时起到扶正钻头、保证井径不致缩小的作用。采用在钻头侧面镶装金刚石的方法达到保径目的时，金刚石的密度和质量可根据钻头所钻岩石的研磨性和硬度而定。对于硬而研磨性高的地层，保径部位的金刚石的质量应较高，密度也应较大。

（二）金刚石钻头的几何形状

1. 几何形状的工作面

金刚石钻头工作剖面几何形状和工作面积的大小是根据适用不同岩性而设计的，如图1－19所示。

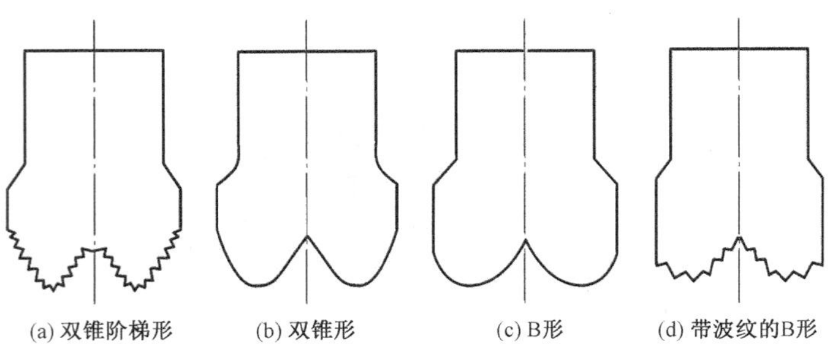

图1－19 金刚石钻头的形状

（1）双锥阶梯形。其特点是钻头顶部形状比较尖锐，工作时顶部金刚石受力比其他部位大。钻头顶部吃入地层后，外锥面阶梯上的金刚石也相应地吃入地层。由于阶梯的存在，增加了岩石的自由面，有利于提高岩石的破碎效率。这种形状的钻头适用于钻软到中硬的地层，如硬石膏、泥岩、砂岩、石灰岩等。

（2）双锥形。其工作面由内锥、外锥和顶部圆弧三部分组成。双锥形剖面钻头适用于较硬的地层，如砂岩、石灰岩、白云岩等地层中的钻进。

（3）B形。上述两种钻头冠部虽不相同，但钻头顶部形状比较尖锐，顶部金刚石所承受的荷载大于其他部位。因而在硬地层中，由于岩石硬度增加，钻进时作用在金刚石上的应力和因钻柱震动所引起的冲击荷载也相应增加。为使钻进时钻头上各部位金刚石受力尽可能均匀，防止局部早期损坏，因而采用B形工作面。其结构特点是顶部较宽也较平缓，适用于硬地层，如硬砂岩及致密的白云岩等地层中的钻进。

(4)带波纹的B形。其外形和B形相同,不同的是内锥和圆弧面上带有螺旋形波纹槽。金刚石就镶在波纹的波峰上,这种钻头适用于石英岩、燧石、火山岩和硬砂岩等坚硬地层。

2. 中心窝的形状

中心窝部分的结构起着扶正钻头和破碎钻头中心所形成的小岩心柱的作用。中心窝结构设计不合理,常造成钻头早期损坏。中心窝附近的金刚石圆周运动的线速度小,主要靠压碎方式破碎岩石,所受垂直方向压力较大。因此,除在中心窝部分要挑选质量好、颗粒较大的金刚石外,还需合适的结构形状。

3. 水力结构

钻头工作时,金刚石切削出的岩屑如不及时清洗就会导致钻头工作面的堵塞而使金刚石端部产生局部高温,进而使金刚石逐渐“烧毁”。因此,金刚石钻头的水力结构必须为每一粒金刚石的冷却、润滑及清洗提供保证条件。

天然金刚石钻头和热稳定聚晶金刚石(TSP)钻头采用水孔—水槽式水力结构,钻井液由水孔中流出经水槽流过钻头工作面,冲洗每一粒金刚石前的岩屑并冷却、润滑每一粒金刚石。水孔和水槽的布置原则是:使金刚石钻头在钻进过程中保证供给钻头工作面足够的水力能量,既能清除岩屑,又能很好地冷却和润滑钻头上的金刚石。用于软到中硬地层的金刚石钻头,由于其工作面小,金刚石颗粒粗而稀,钻进时钻速快,岩屑多而粗,因此水槽应宽而少。而对于硬和坚硬地层,由于钻头工作面大、金刚石颗粒细而密,且出刃低、钻压大,水槽则应多、密、窄。常用的水力结构有以下四类,见图1-20。

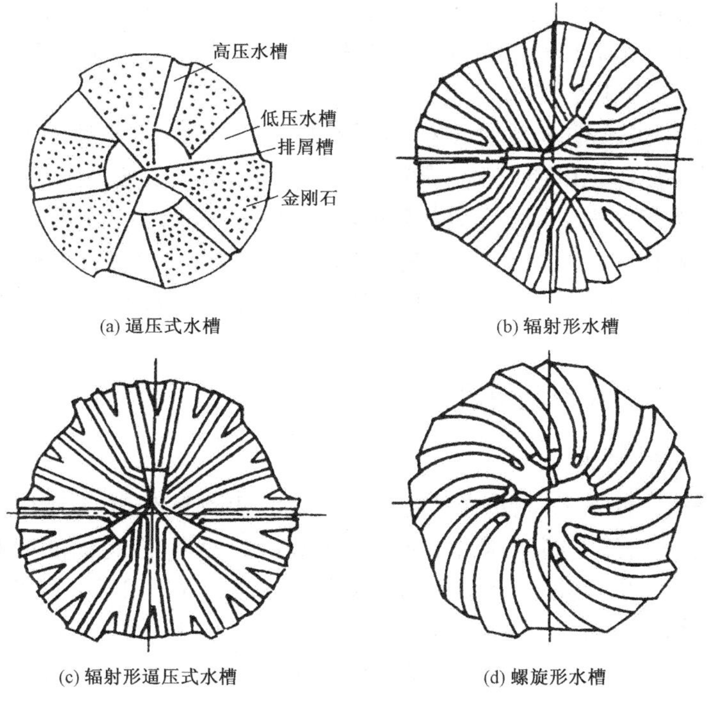

(a) 逼压式水槽　(b) 辐射形水槽

(c) 辐射形逼压式水槽　(d) 螺旋形水槽

图1-20　水槽结构

(1)逼压式水槽。这种水力结构包括高压水槽和低压水槽。高压水槽入口截面面积小于低压水槽,随着水槽向外延伸,高压水槽的截面面积逐渐减小,而低压水槽面积却逐渐扩大。因此,在高、低压水槽间形成一定压差,在此压差作用下,部分钻井液从高压水槽漫过金刚石工作面后进入低压水槽,能有效地清洗、冷却及润滑每一粒金刚石。这种水槽一般用于软地层钻头。

(2)辐射形水槽。这种水槽为放射形且在钻头工作面上均匀分布,金刚石工作面很窄(一般仅放1~2排金刚石),所以钻井液从水孔流出到水槽后能很好地冲洗岩屑,冷却金刚石。这种水槽一般用于软到中硬地层中。

(3)辐射形逼压式水槽。这是上述两种水槽结构的组合,常用于中硬到硬地层钻头和配合井下动力钻具使用的金刚石钻头。

(4)螺旋形水槽。这种水槽为反螺旋流道,在钻头高转速条件下强迫钻井液流过金刚石工作面,达到清除岩屑和冷却金刚石的作用。这种水槽常用在高转速条件下。

(三)金刚石钻头的工作原理

由于岩石机械性质不同,金刚石钻头在不同岩石中的破碎过程也不同。其工作原理可以归纳为以下要点:

(1)在塑性较大地层(或岩石在应力作用下呈塑性)中,钻头上的金刚石主要以剪切方式破碎岩石,压裂、压碎作用为辅。

(2)在塑脆性地层钻进时,金刚石吃入地层并在钻头扭矩的作用下使前方的岩石内部发生破碎或塑性流动,脱离岩石基体,形成岩屑。岩屑的体积大体等于金刚石吃入岩石的位移体积。

(3)在脆性地层中,金刚石钻头破碎岩石的特点主要表现为脆性破碎。在钻压和扭矩的作用下产生的应力可使岩石沿最大剪应力平面开裂,这时岩石的破碎体积远大于金刚石吃入后位移的体积,钻头破岩速度较高。

(4)在坚硬地层(如燧石、硅质白云岩、硅质石灰岩等)中,由于金刚石本身强度的限制,较大粒度金刚石上的钻压不足以使岩石内部产生塑性变形,所以一般均采用细颗粒的金刚石制成孕镶式金刚石钻头来钻进,靠金刚石的棱角实现微切削、刻划等方式来破碎岩石。这时分离出来的岩屑基本上是粒度很细的粉末,钻头的工作效率和寿命均很低,只有提高钻头转速来增加钻进速度。这类地层用镶硬质合金齿的牙轮钻头钻进效果较好,金刚石钻头仅在取心中使用。

(四)金刚石钻头的特点及使用

1. 金刚石钻头的特点

金刚石钻头是一体性钻头,它没有牙轮钻头那样的活动部件,也无结构薄弱环节,因而它可以使用高的转速,适合于和高转速的井下动力钻具一起使用,取得高的效益;金刚石钻头结构设计、制造比较灵活,生产设备简单,因而能满足非标准的异形尺寸井眼的钻井需要;金刚石钻头使用正确时,耐磨且寿命长,适合于深井及研磨性地层使用。

在定向钻井过程中,它可以承受较大的侧向荷载而不发生井下事故,适合于定向钻井;金刚石钻头的钻压低于牙轮钻头,因而在钻压受到限制(如防斜钻进)的情况下应使用金刚石钻头。

在地温较高的情况下，牙轮钻头的轴承密封易失效，使用金刚石钻头则不会出现此问题；在小于165.1mm的井眼钻井中，牙轮钻头的轴承由于空间尺寸的限制，强度受到影响，性能不能保证，而金刚石钻头则不会出现问题，因而小井眼钻井宜使用金刚石钻头。

金刚石钻头由于热稳定性的限制，工作时必须保证充分的清洗与冷却；金刚石钻头抗冲击性荷载性能较差，使用时必须遵照严格的规程；但金刚石钻头价格较高。

2. 金刚石钻头的合理使用

金刚石钻头能满足在中至坚硬地层钻井的需要，要根据地层岩性和不同的钻井方式合理选用钻头型号。研磨性地层应考虑钻头的耐磨性，黏性地层要选择具有最佳清洗和排屑能力、抗泥包的钻头，过渡层和夹层地层要先考虑抗冲击和对夹层的穿透能力，对于易斜层要选择井斜控制能力强的钻头。

从钻进参数方面看，钻井液排量首先要满足环空最低返速要求，同时又要满足钻头清除岩屑和冷却金刚石的需要。金刚石钻头的钻压选择应考虑地层岩性的软硬和井底净化两个因素，一般应控制在380～460kN/mm范围。金刚石钻头的转速应尽可能高些，一般希望在150r/min以上。

使用金刚石钻头应尽量避免划眼，钻头下井前必须清理井底，通过在钻柱下部加扶正器等方式保证钻头旋转中心与井眼轴线重合。

3. 钻头工作时间的确定

正常情况下，金刚石钻头的钻速随金刚石磨损而慢慢下降。当钻速降至某个数值，经成本核算已不能满足经济指标时，应该起钻。如果钻进中出现下列不正常情况时，应起钻。

(1)钻进中钻速突然降低。这种情况表明地层岩性突然变化、钻头泥包或钻头已经损坏。因此，要及时分析钻速变慢的原因，如果是钻头损坏，应该起钻。

(2)泵压和扭矩突然升高。在钻进过程中，如果泵压迅速升高，则可能是金刚石被磨光，胎体磨损，应起钻。

(3)若在某井段内金刚石钻头钻速比牙轮钻头低很多，而且工作几个小时后，经计算不合算，说明金刚石钻头不适合这类地层，应起钻换牙轮钻头。

(五)金刚石钻头的选型

(1)软至中硬和完整均质岩层，一般宜用天然表镶钻头、复合片钻头、聚晶钻头，部分可用烧结体钻头。

(2)硬至坚硬致密的岩层，一般宜用孕镶钻头、尖环槽同心圆或交错尖环槽钻头，或细粒表镶金刚石钻头。

(3)在破碎、软硬互层、裂隙发育或强研磨性岩层，如煤系地层，宜用尖齿型广谱钻头或耐磨性好的、补强电镀孕镶钻头。

(4)根据岩石的研磨性、风化程度和破碎程度选择胎体耐磨性的原则是：

① 强研磨性岩层，选用高耐磨性的胎体；

② 中等研磨性岩层，选用中等耐磨性的胎体；

③ 弱研磨性岩层，选用低耐磨性的胎体；

④ 复杂岩层，研磨性越强、越硬，选用金刚石品级好、粒度相对细一些的金刚石钻头；

⑤ 强研磨性、较破碎的岩层，在保证金刚石包镶良好的条件下，选用金刚石浓度较高的金刚石钻头，反之，均质致密、弱研磨性的岩层，选用金刚石浓度较低的金刚石钻头；

⑥ 岩层软、排粉多,选用复合片钻头或聚晶钻头;

⑦ 易冲蚀的岩矿层取心,应采用底喷式钻头。

四、聚晶金刚石复合片(PDC)钻头

(一)聚晶金刚石复合片

聚晶金刚石复合片钻头是以聚晶金刚石复合片为切削齿,聚晶金刚石复合片是以金刚石粉为原料,加入黏结剂在高温高压下烧结而成。这种复合片为圆片状,金刚石层厚度一般小于1mm,切削岩石时作为工作层,碳化钨基体对聚晶金刚石薄层起支撑作用。两者之间的有机结合,使 PDC 既具有金刚石的硬度和耐磨性,又具有碳化钨的结构强度和抗冲击能力。金刚石复合片分柱式片和片式片。由于聚晶金刚石内晶体间的取向不规则,不存在单晶金刚石所固有的理解面,所以 PDC 的抗磨性及强度高于天然金刚石,且不易破碎。

PDC 的缺点是热稳定性较差。

(二)PDC 钻头的结构

PDC 钻头的结构如图 1－21 所示,分为胎体及钢体两类。胎体钻头的钻头体采用铸造碳化钨粉烧结而成,烧结时在钻头工作面上留下窝槽,再将复合片直接焊接在窝槽上。钢体钻头的钻头体用整块合金钢通过机械加工而成,将复合片焊接在碳化钨材料齿柱上制成切削齿,再将切削齿镶嵌在钻头体上,保径部位也是将金刚石块或其他耐磨性材料镶嵌在钻头体上,为防止冲蚀,可在钻头工作面上喷涂一层耐磨材料。

PDC 钻头工作面的几何形状见图1－22,其对钻头的稳定性、井底清洗、钻头磨损及钻头各部位荷载分布有影响。钻头工作面形状一般包括内锥、顶(鼻)部、侧面、肩部及保径五个基本要素。

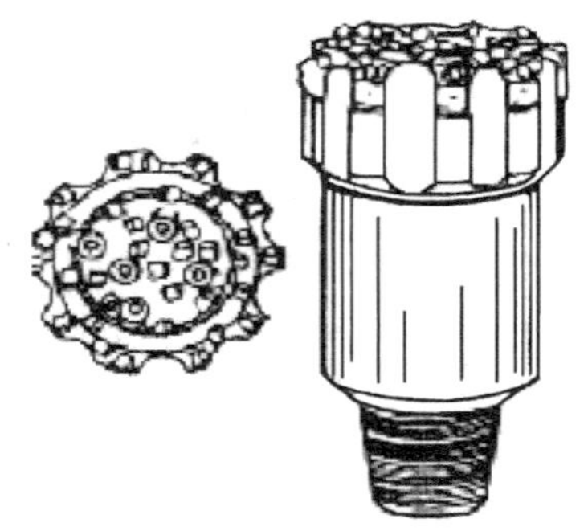

图 1－21　PDC 钻头的结构

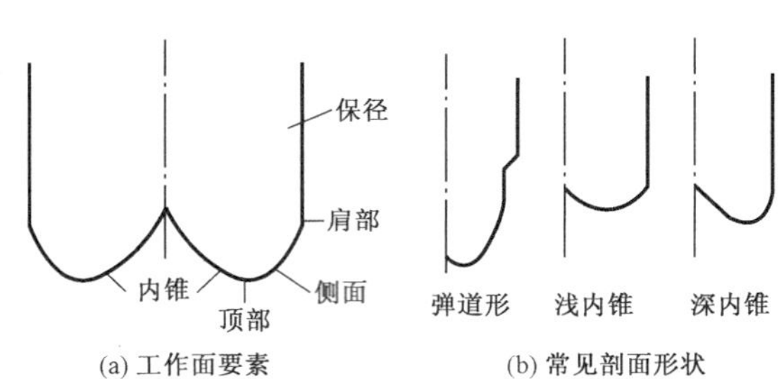

图 1－22　PDC 钻头工作面的几何形状

内锥对钻头起导向和稳定作用,如果需要较高钻速和较好的钻井液流动控制能力,则内锥应为浅内锥,锥角大(110°～160°);如果要求突出钻头稳定性,提高井斜控制能力,则应为深内锥,锥角较小(60°～100°)。钻头顶部是钻头的最低点,钻进中最先吃入地层,由于地层变化而意外受损的可能性最大。如果地层较硬,或存在硬夹层,则应选较大半径、较宽的顶部结构;为了提高钻头吃入地层的能力,应选择较小半径的顶部结构。侧面部分的剖面线有直线和弧线两种,采用直线方式时顶部和外侧部较尖,吃入性好,切削效率高;弧线方式常用在高转速或较高抗磨性的情况下。保径部位除保证钻头直径外还对钻头的稳定性起很大的作用,增长保径可以提高钻头的井斜控制能力;反之,对于造斜用钻头则应缩短保径长度。

PDC 钻头采用水眼或喷嘴供给钻井液，通过切削齿的排列分配钻井液的方式保证切削齿的清洗、冷却和润滑。PDC 钻头有刮刀式、单齿式及组合式三种排列。

钻头布齿密度应视所钻的地层和钻井条件而定。布齿数量越多，各个齿承担的切削荷载越低，钻头寿命越长，但机械钻速也相应降低。地层越硬，切削齿尺寸越小，布齿密度越高。对于深井、海洋钻井、研磨性较强地层用的 PDC 钻头，布齿密度应高一些，切削齿尺寸应小一些。对于软地层、中深井等使用 PDC 钻头，布齿密度应低一些，切削齿尺寸应大一些。

（三）PDC 钻头的工作原理

PDC 钻头实质上就是微型切削片刮刀钻头，因此 PDC 钻头的工作原理与刮刀钻头的工作原理基本相同，钻头在软到中硬地层以剪切方式破碎岩石，采用较小的钻压就能获得较高的机械钻速。由于聚晶金刚石层极薄（1mm 左右）、极硬，且比碳化钨衬底的耐磨性高 100 倍以上，因此在切削岩石过程中刃口能保持自锐。锐利的刃口切入地层后，沿扭矩作用方向移动，剪切岩石，充分利用了岩石剪切强度低的特点。

（四）PDC 钻头的特点和合理使用

1. PDC 钻头的特点

PDC 由许多黏结到一起的小金刚石晶体组成，这些晶体的解理面的方向是杂乱的，从而可以防止因个别金刚石晶体在冲击中被破碎并扩展到整个复合片，使钻头的切削单元具有较长的使用寿命，且 PDC 钻头具有极高的硬度。

PDC 钻头所钻岩性以泥岩和砂岩等均质岩性为宜，通过调整改变复合片直径的大小和钻头工作面的几何形状，可使其具有广泛的地层适用性。

使用 PDC 钻头可获得极高的机械钻速，与牙轮钻头相比，PDC 钻头本身没有活动部件，可防止掉牙轮等井下事故与复杂情况的发生。

2. PDC 钻头的合理使用

PDC 钻头适用于软至中硬的适度研磨性地层，应避免在砾石、燧石及大段不均质地层中使用。在硬而脆的地层，宜选用切削齿出刃小、布齿密度大的钻头类型；在软地层应选用切削齿出刃大、布齿密度小的钻头类型，以增加吃入深度以及有助于井底清洗，防止钻头泥包。当需要钻头长时间在井底工作、使用井底动力钻具、需要较低钻压控制易斜井段及近平衡压力钻进时，使用 PDC 钻头效果较好。

钻头从箱中取出时，小心搬运，下面应放木板或橡胶垫作为垫板；PDC 钻头入井以前，在前一只钻头上安装打捞杯，前一只钻头起出后，检查其外径磨损及其他磨损情况。如果前一只钻头使用情况正常，则 PDC 钻头可以入井；钻头入井前要检查 O 形环及喷嘴，检查切削齿和保径齿有无损坏，保证钻头的清洁和水眼通畅。应使用卸扣板，按相应的螺纹尺寸推算扭矩，上紧钻头。

钻头入井通过已知的缩径井段时要特别小心，特别是在狗腿缩径井段，容易损坏保径齿，应缓慢下放。PDC 钻头不能用来划眼，若下钻时必须划眼，应在划眼井段前开泵，尽可能大排量，转速控制在 60r/min 以下缓慢下放，划眼时最大钻压不得超过 17kN，时间不能超过 2h。

最后 3 个单根应以大排量下放，转速为 40 ~ 60r/min，避免岩屑堵塞钻头水眼，钻头接近井底时，观察转盘扭矩仪和指重表的变化。当钻头接触井底后，再上提 0.3 ~ 0.6m 左右，循环钻井液并缓慢转动 5min，以确保井底清洁。然后使钻头缓慢接触井底，并以低转速、低钻压造型 0.5m 以上。

PDC 钻头钻速快、钻屑多，所以钻头清洗要求比较高。在软地层机械钻速受水力功率影响较大，PDC 钻头可用较低钻压钻进，一般为同尺寸牙轮钻头的 30% 左右。而对转速没有限制，一般情况下转盘钻速为 100 ~ 150r/min 效果较好。

3. PDC 钻头起钻时间的确定

当钻头没有进尺或通过计算每米成本后继续使用已经不经济时，应起钻；当低钻压钻进时井底扭矩很大，并且机械钻速降低或机械钻速突然降低采取措施无效时，应起钻；如果立管压力上升，说明切削结构失效，压力下降说明掉喷嘴或喷嘴冲蚀，这时应起钻。

第三节　钻　　柱

钻柱是钻头以上、水龙头以下部分的钢管柱的总称，包括方钻杆、钻杆、钻铤、各种接头、稳定器、减震器、震击器等井下工具。习惯上又把方钻杆、钻杆及其接头、钻铤称为钻具。

钻柱是钻井的重要工具，它是连通地下与地面的纽带。靠它来传递破碎岩石所需要的能量，给井底施加钻压以及循环钻井液，通过接单根使井不断延伸，并可根据钻柱的长度计算井深。在井下动力钻井时，井下动力钻具是用钻柱送到井底并靠它来承受反扭矩，同时钻头和动力钻具所需要的液体能量也是通过钻柱输送到井底的。另外，可以通过钻柱观察和了解钻头的工作情况、井眼状况及地层情况等；进行取心、挤水泥、打捞井下落物、处理井下事故等特殊作业也离不开钻柱；还可以对地层流体及压力状况进行测试与评价，即钻杆测试，又称中途测试。

随着钻井深度的增加和钻井技术的发展，对钻柱性能的要求越来越高。几千米甚至上万米的钻柱，井下的工作条件十分复杂，它往往是钻井设备与工具中的薄弱环节。钻柱的脱扣、刺漏及扭断事故是常见的钻井事故，并经常导致复杂的井下情况。因此，合理地选择和使用钻柱，正确分析钻柱受力状况，对于快速、优质、安全钻井有着十分重要的意义。

一、钻柱的组成及规范

(一) 方钻杆

方钻杆位于钻柱的最上端，有四方形和六方形两种。钻进时，方钻杆与方补心、转盘补心配合，将地面转盘扭矩传递给钻杆，以带动钻头旋转，并承受钻柱悬重重量。在井底动力钻井中，承受钻柱悬重重量和反扭矩。一般大型钻机使用四方方钻杆，小型钻机使用六方方钻杆。四方方钻杆结构见图 1 - 23。

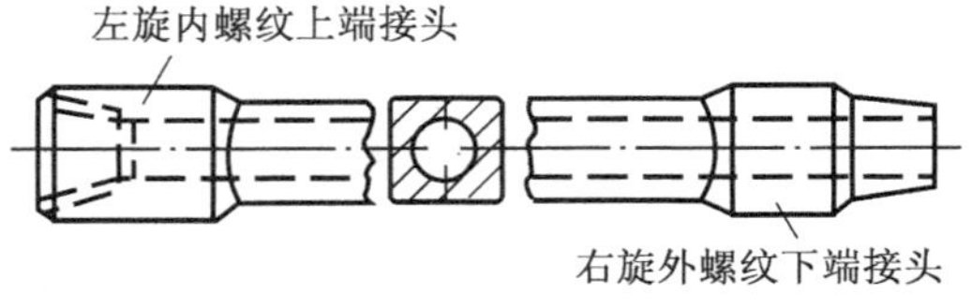

图 1 - 23　四方方钻杆结构示意图

方钻杆的通称尺寸是指其方边宽度，API (美国石油学会) 标准方钻杆长度有 12.19m 和 16.46m 两种，驱动部分长分别为 11.25m 和 15.54m。为了适应钻柱配合的需要，方钻杆也有多种尺寸和接头类型。常用方杆规范见表 1 - 11。方杆的壁厚一般比钻杆厚 3 倍左右，并用高强度合金钢制造，具有较大的抗拉强度及抗扭强度，可以承受整个钻柱的重量和旋转钻柱及钻头所需要的扭矩。国产方钻杆一般用 D55 号和 D75 号钢或更高级的钢制成。API 方钻杆一般用 D 级和 E 级钢制成。

表 1-11　常用方钻杆规范

方钻杆尺寸		下部螺纹		套管最小外径		抗拉屈服强度 kN		抗扭屈服强度 kN		抗弯强度 kN·m	
mm	in	类型	外径 mm	mm	in	下部外螺纹端	驱动部分	下部外螺纹端	驱动部分	驱动部分对角	驱动部分对边
63.50	2½	NC26	85.70	114.30	4½	1850	2420	13.10	20.60	20.45	30.00
76.20	3	NC31	104.80	130.70	5½	2380	3170	19.60	32.60	31.10	49.35
88.90	3½	NC38	120.70	168.30	6⅝	3220	3940	30.80	48.00	48.95	75.00
114.30	4½	NC46	158.80	219.10	8⅝	4680	5820	53.30	83.50	85.40	131.90
114.30	4½	NC50	161.90	219.10	8⅝	6320	5700	77.60	85.30	87.30	133.70
133.40	5¼	5½	177.80	224.50	9⅝	7150	9250	99.00	167.50	170.40	257.80

钻井时，方钻杆上端始终处于转盘面以上，下部则处在转盘面以下。为了防止方钻杆旋转（右旋）时自动卸扣，其上端与水龙头连接为反扣（左旋扣），下端为正扣（右旋扣）。为减轻方钻杆下部接头螺纹（经常拆卸部位）的磨损，常在该部位装一保护接头。

（二）钻杆与钻杆接头

钻杆是钻柱的基本组成部分，位于方钻杆和钻铤之间，其主要作用是传递扭矩和输送钻井液，并靠钻杆的逐渐加长使井眼不断加深。它是用无缝钢管制成，壁厚一般为 9～11mm。

每一根钻杆都包括钻杆本体与钻杆接头两部分。现在使用的钻杆其本体与接头是用摩擦焊对焊在一起，称为对焊钻杆。根据钻杆的机械特性可分为普通钻杆和特种钻杆，根据钻杆的结构分为普通平台肩钻杆（俗称直台肩钻杆）、斜台肩钻杆。普通平台肩钻杆结构见图 1-24，斜台肩钻杆结构见图 1-25。根据工艺要求，钻杆有正扣与反扣两种。一般正常钻井作业使用正扣钻杆，处理井下事故时有时使用反扣钻杆。

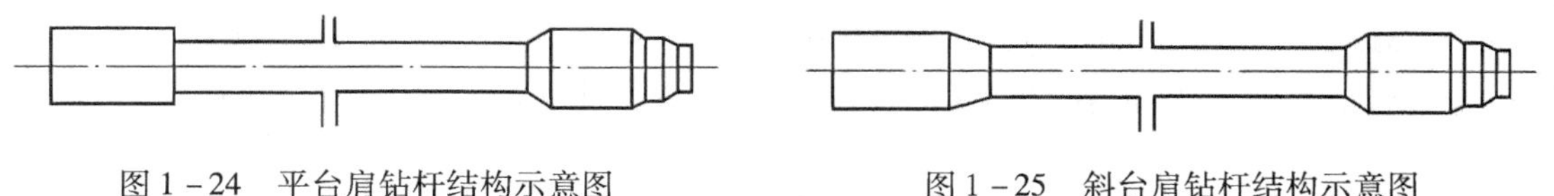

图 1-24　平台肩钻杆结构示意图　　　　图 1-25　斜台肩钻杆结构示意图

1. 普通钻杆的结构与规范

为了增强管体与接头的连接强度，管体两端加厚。钻杆加厚端常用形式有内加厚、外加厚、内外加厚三种，见图 1-26。加厚过渡段一般长 20～60mm，最长 120～130mm。

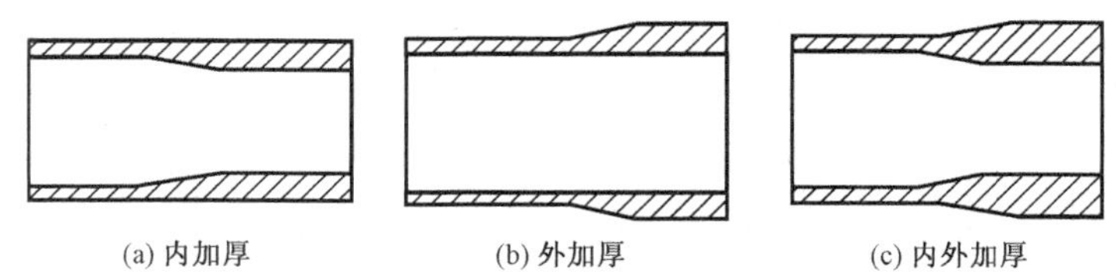

图 1-26　钻杆加厚端示意图

钻杆通称尺寸是指钻杆本体外径。目前石油钻井常用的钻杆有三种：88.9mm（3½in）、114.3mm（4½in）和 127.0mm（5in）。钻杆本体一般长度为 8.23～9.14m。API 对焊钻杆的规范及加厚端尺寸见表 1-12 和表 1-13。

表 1－12　API 对焊钻杆的规范及加厚尺寸(X、G、S 钢级)

钻杆直径 mm(in)	加厚形式	壁厚 mm	内径 mm	加厚尺寸,mm				线密度,kg/m	
				外径	内径	内加厚长	外加厚长	光管质量	公称质量
73.0(2⅞)	内加厚	9.19	54.6	73.0	41.4	88.9	—	14.48	15.51
88.9(3½)		9.35	70.2	88.9	49.2	88.9	—	18.34	19.84
101.6(4)		8.38	84.8	101.6	66.8	88.9	—	19.26	20.88
127.0(5)		7.52	112.0	127.0	90.5	88.9	—	22.15	24.23
60.3(2⅜)	外加厚	7.11	46.1	67.5	39.7	108.0	76.2	9.32	9.92
73.0(2⅞)		9.19	54.6	82.6	49.2	108.0	76.2	14.48	15.51
88.9(3½)		9.35	70.2	101.6	63.5	108.0	76.2	18.34	19.84
88.9(3½)		11.40	66.1	101.6	63.5	108.0	76.2	21.79	23.12
101.6(4)		8.38	84.8	117.5	77.8	108.0	76.2	19.26	20.88
114.3(4½)		8.56	97.2	131.8	90.5	108.0	76.2	22.31	24.76
114.3(4½)		10.92	92.5	131.8	87.3	108.0	76.2	27.84	29.82
127.0(5)		9.19	108.6	146.1	100.0	108.0	76.2	26.71	29.08
127.0(5)		12.70	101.6	149.2	96.9	108.0	76.2	35.79	38.18
88.9(3½)	内外加厚	11.40	66.1	96.0	49.2	108.0	76.2	21.79	23.12
114.3(4½)		8.56	97.2	118.3	73.0	63.5	38.1	22.31	24.76
114.3(4½)		10.92	92.5	121.4	71.5	108.0	76.2	27.84	29.82
127.0(5)		9.18	108.6	131.8	90.5	108.0	76.2	26.71	29.08
127.0(5)		12.70	101.6	131.8	84.2	108.0	76.2	35.79	38.18
139.7(5½)		9.17	121.4	141.3	96.9	108.0	76.2	29.51	32.66
139.7(5½)		10.54	118.6	141.3	96.9	108.0	76.2	33.52	36.84

表 1－13　API 对焊钻杆的规范及加厚尺寸(D、E 钢级)

钻杆直径 mm(in)	加厚形式	壁厚 mm	内径 mm	加厚尺寸,mm				线密度,kg/m	
				外径	内径	内加厚长	外加厚长	光管质量	公称质量
73.0(2⅞)	内加厚	9.19	54.6	73.0	33.3	44.4	—	14.48	15.15
88.9(3½)		6.45	76.0	88.9	57.2	44.4	—	13.12	14.17
88.9(3½)		9.35	70.2	88.9	49.2	44.4	—	18.34	19.84
88.9(3½)		11.40	66.1	88.9	49.2	44.4	—	21.79	23.11
101.6(4)		6.65	88.3	101.6	74.6	44.4	—	15.58	17.67
101.6(4)		8.38	84.8	101.6	69.8	44.4	—	19.26	20.88
114.3(4½)		6.88	100.5	114.3	85.7	44.4	—	18.23	20.51
127.0(5)		7.52	112.0	127.0	95.2	44.4	—	22.15	24.23

续表

钻杆直径 mm(in)	加厚形式	壁厚 mm	内径 mm	加厚尺寸,mm				线密度,kg/m	
				外径	内径	内加厚长	外加厚长	光管质量	公称质量
60.3(2⅜)	外加厚	7.11	46.1	67.5	46.1	—	38.1	9.32	9.92
73.0(2⅞)		9.19	54.6	81.8	54.6	—	38.1	14.48	15.51
88.9(3½)		6.45	76.0	97.1	76	—	38.1	13.12	14.71
88.9(3½)		9.35	70.2	97.1	66.1	57.2	38.1	18.34	19.84
88.9(3½)		11.40	66.1	97.1	66.1	—	38.1	21.79	23.11
101.6(4)		6.65	88.3	114.3	88.3	—	38.1	15.58	17.67
101.6(4)		8.38	84.8	114.3	84.8	—	38.1	19.26	20.88
114.3(4½)		6.88	100.5	127.0	100.5	—	38.1	18.23	20.51
114.3(4½)		8.56	97.2	127.0	97.2	—	38.1	22.31	24.76
114.3(4½)		10.92	92.5	127.0	92.5	—	38.1	27.84	29.83
114.3(4½)	内外加厚	8.56	97.2	118.3	80.2	63.5	38.1	22.3	24.76
114.3(4½)		10.92	92.5	121.4	76.2	57.2	38.1	27.81	29.83
127.0(5)		9.19	106.6	131.8	93.7	57.2	38.1	26.74	29.80
127.0(5)		12.70	101.6	131.8	87.3	57.2	38.1	35.79	38.18
139.7(5½)		9.17	121.4	141.3	101.6	57.2	38.1	29.51	32.66
139.7(5½)		10.54	118.6	141.3	101.6	57.2	38.1	33.57	36.84

2. 钻杆的钢级与强度

钻杆的钢级由钻杆钢材的最小屈服强度决定。API 规定钻杆的刚级有 D、E、95(X)、105(G)、135(S)级共五种,其中 X、G、S 级为高强度钻杆。钻杆的钢级越高,管材的屈服强度越大,钻杆的各种强度(抗拉、抗扭、抗外挤等)也就越大。

在钻柱设计中要依据钻柱所受荷载进行强度校核。

3. 钻杆接头及螺纹

钻杆接头是钻杆的组成部分,分外接头和内接头,焊接在钻杆管体的两端。接头上车有螺纹(粗扣),用以连接各单根钻杆。在钻井过程中,接头处要经常拆卸,接头表面受大钳咬合力作用,所以钻杆接头壁较厚。接头外径大于管体外径,并采用强度更高的合金钢。API 对钻杆接头的类型作了统一的规定,形成了石油工业普遍采用的 API 钻杆接头。

根据钻杆接头与钻杆的配合,接头分为内平(IF)、贯眼(FH)、正规(REG)和数字(NC)四种类型:

(1)内平接头主要用于外加厚钻杆,其特点是钻杆内径与管体加厚处内径、接头内径相等,钻井液流动阻力小,有利于提高钻头水功率。接头外径较大,易磨损。

(2)贯眼接头适用于内加厚钻杆,其特点是接头内径等于管体加厚处内径,小于管体部分内径。钻井液流经这种接头时的阻力大于内平式接头。其外径小于内平式接头。

(3)正规接头适用于内加厚钻杆,这种接头的内径比较小,小于钻杆加厚处的内径,所以正规接头连接的钻杆有三种不同的内径。钻井液流过这种接头时的阻力最大。它的外径最小,强度较大。正规接头常用于小直径钻杆和反扣钻杆以及钻头、打捞工具等。

(4)为了改进旋转台肩式接头螺纹连接的性能,API 采用了数字接头系列,并将逐步取代

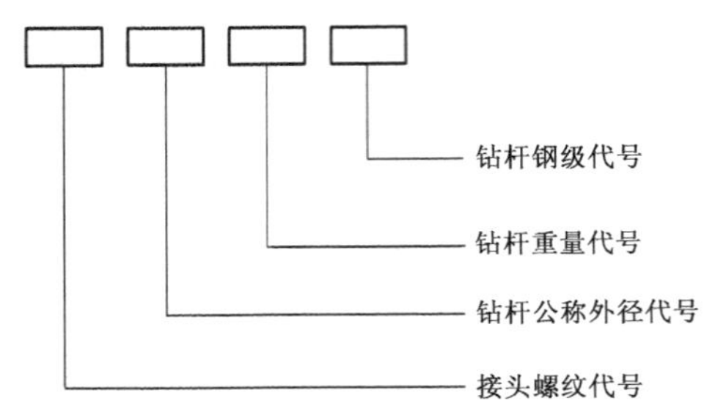

图 1－27　钻杆接头代号

原标准中的内平接头和贯眼接头。

螺纹连接必须满足三个条件，即尺寸相等、螺纹类型相同和内外螺纹相匹配。上述类型的接头均采用 V 形螺纹，但螺纹类型、尺寸等都有很大的差别。不同尺寸钻杆的接头尺寸不同，同一尺寸钻杆的螺纹类型也不尽相同。

完整的钻杆接头代号由四部分组成（图1－27）。对于内平、贯眼、正规接头螺纹，接头螺纹代号用接头所配钻杆通称外径（以 in 为单位）和代表接头类型的符号来表示，而对于数字接头，用 NC 和表示螺纹基面中径尺寸（1/10in）的数字表示，如 NC46 表示螺纹基面中径为 4. 6in 的数字型接头。钻杆公称外径代号、钻杆重量代号见表 1－14。钢级代号则用 D、E、X、G 和 S 来表示。

表 1－14　钻杆接头代号

公称外径代号	外径，mm（in）	钻杆重量代号	名义线密度，kg/m	壁厚，mm
1	60. 3（2⅜）	1	7. 2	4. 83
1	60. 3（2⅜）	2	9. 9①	7. 11
2	73. 0（2⅞）	1	10. 2	5. 51
2	73. 0（2⅞）	2	15. 5①	9. 19
3	88. 9（3½）	1	14. 1	6. 45
3	88. 9（3½）	2	19. 8①	9. 35
3	88. 9（3½）	3	23. 1	11. 40
4	101. 6（4）	1	17. 6	6. 65
4	101. 6（4）	2	20. 8①	8. 38
4	101. 6（4）	3	23. 4	9. 65
5	114. 3（4½）	1	20. 5	6. 88
5	114. 3（4½）	2	24. 7①	8. 56
5	114. 3（4½）	3	29. 8	10. 92
5	114. 3（4½）	4	34. 0	12. 70
5	114. 3（4½）	5	36. 7	13. 97
5	114. 3（4½）	6	38. 0	14. 61
6	127. 0（5）	1	24. 2	7. 52
6	127. 0（5）	2	29. 0①	9. 19
6	127. 0（5）	3	38. 1	12. 70
7	139. 7（5½）	1	28. 6	7. 72
7	139. 7（5½）	2	32. 6①	9. 17
7	139. 7（5½）	3	36. 8	10. 54

① 表示标准线密度。

比如，NC50－62E 表示配外径 5in（127. 0mm）、线密度 29. 0kg/m、E 级钻杆用的数字接头；4IF－42X 表示配外径 4in（101. 6mm）、线密度 20. 8kg/m、X 级钻杆用的内平接头。现场还常用字母

G 代表外螺纹，字母 M 代表内螺纹，对于反扣可在其后加“左”字或字母 C(表示转换接头)。

表 1－15 列出的几种 NC 型接头与内平、贯眼、正规接头有相同的节圆直径、锥度、螺距和螺纹长度，可以互换使用。

表 1－15　接头类型互换对照表

数字型接头	可以互换的 API 标准的接头	数字型接头	可以互换的 API 标准的接头
NC26	2⅜IF(内平)	NC40	4FH(贯眼)
NC31	2⅞IF(内平)	NC46	4IF(内平)
NC38	3½IF(内平)	NC50	4½IF(内平)

4. 钻杆标识

利用涂在钻杆两端接头和钻杆本体上的色带颜色可以识别钻杆的等级，见表 1－16。

表 1－16　色带颜色与钻杆及接头等级

钻杆和接头的分类		接头状况	
等级	条数及颜色	状况	色带颜色
优等	两条白色	报废或进厂修复	红色
二等	一条黄色	现场修复	绿色
三等	一条橘红色	—	—
报废	一条红色	—	—

5. 转换接头(配合接头)

转换接头主要用来连接不同尺寸或不同扣型的钻具，按其外形和使用可分为同径式(A 型)、异径式(B 型)和左旋式(C 型)三种。钻井中常用的转换接头种类见表 1－17。

表 1－17　转换接头的种类

种类	名称	上部连接件	下部连接件	结构形式
1	方钻杆转换(保护)接头	方钻杆	钻杆接头	A 型或 B 型
2	钻杆转换接头	钻杆接头	钻杆接头	A 型或 B 型
3	过渡转换接头	钻杆接头	钻铤	A 型或 B 型
4	钻铤转换接头	钻铤	钻铤	A 型或 B 型
5	钻头转换接头	钻铤	钻头	A 型或 B 型
6	水龙头转换接头	水龙头下接头	方钻杆	C 型
7	打捞工具转换接头	方钻杆	钻杆接头	C 型
		钻杆接头	打捞工具	C 型

转换接头的表示可在两端牙型代号的中间加乘号。如 NC50－G×5½FH－M，表示一端为数字形外接头，另一端为贯眼式内接头。

6. 特种钻杆

1)加重钻杆

加重钻杆是一种和钻杆类似的中等重量钻具，其管壁比钻杆厚，比钻铤薄。管体连接有特别加长的钻杆接头。一般加在钻杆与钻铤之间，防止钻柱界面的突然变化，减少钻杆的疲劳。

用它替代一部分钻铤，在钻深井中可以减少扭矩和提升负荷，增加钻深井的能力。在定向井中使用，可以在较低扭矩的情况下高速钻进，减少了钻柱的磨损和破裂。由于其刚性比钻铤小、与井壁接触面积小，也不容易形成压差卡钻。

为了提高使用寿命，加重钻杆两端超长外加厚接头和中部外加厚部分表面都有硬质合金耐磨带。国产加重钻杆有长度 9.30m 和长度 13.5m 两种，都是用 2CrMo 钢制造。

采用加重钻杆与钻铤同时加压时，为防止疲劳，钻柱转换区的抗弯强度比不应超过 5.5。在钻铤以上接 15 ~ 21 根加重钻杆将会在很大程度上降低过渡带的疲劳损坏。

2）铝合金钻杆

铝合金钻杆的主要优点是重量轻，它使钻机的钻深能力得到提高。在机械性能上，铝合金钻杆韧性大、弹性好，提升时与井壁摩擦力小。由于这种钻杆的绕性好，具有很好的抗疲劳性能，其疲劳寿命比磨损寿命长。所以，当它旋转通过狗腿井段时，其损坏相对较小。因此，在弯曲井段或在大斜度井、水平井中使用比较有利。铝合金钻杆还未列入 API 标准。

3）高韧性钻杆

高韧性钻杆的特点是独特的化学成分和特殊的淬火—回火热处理，在一般环境中其屈服强度高，更适合低温环境及酸性环境钻探的需要。

（三）钻铤

1. 钻铤的结构

钻铤处在钻柱的最下部，是下部钻具组合的主要部分，见图 1 – 28。其特点是壁厚（一般为 38 ~ 53mm，相当于钻杆壁的 4 ~ 6 倍），具有较大的重力和刚度。钻铤的作用是给钻头施加钻压，同时使下部钻柱组合有较大的刚度，从而使钻头工作平稳，有利于控制井斜。

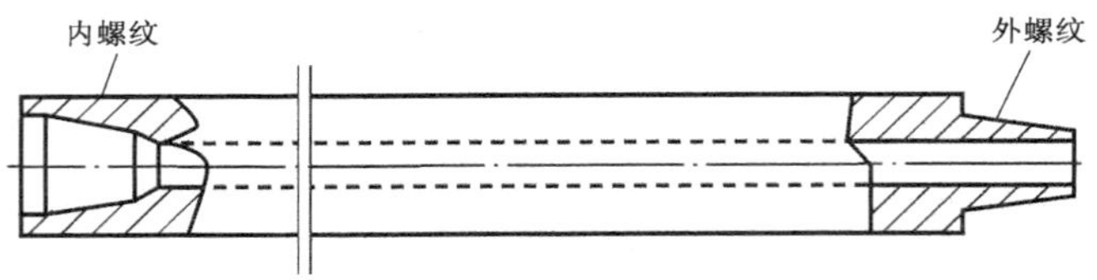

图 1 – 28　钻铤结构示意图

2. 钻铤的种类与规范

钻铤的种类有普通圆钻铤、螺旋钻铤、偏重钻铤、方钻铤等，最常用的是普通圆钻铤和螺旋钻铤。

图 1 – 29　螺旋钻铤

螺旋钻铤上有浅而宽的螺旋槽，可减少其与井壁接触面积的 40% ~ 50%，而其重力只减少 7% ~ 10%；接触面积少，可减少发生压差卡钻的可能性，见图 1 – 29。

偏重钻铤就是在普通钻铤上的一侧钻一排盲孔，造成一边重一边轻。当钻具旋转时就产生一个朝向重边的离心力，且转速越高，离心力越大。钻具每钻一圈就产生一次钟摆力和离心力的重合，对井壁形成较大的冲击纠斜力，使井斜角减小。用这种偏重钻铤可以组成钟摆钻具进行纠斜。

钻铤的通称尺寸指外径，钻铤的连接螺纹（外螺纹、内螺纹）是在钻铤两端管体上直接车制的，不另加接头。钻铤有许多种规格，API 标准钻铤规范见表 1－18。

表 1－18 API 标准钻铤规范

钻铤型号	外径		内径		长度		重力	上扣扭矩	
	mm	in	mm	in	m	ft	N/m	最小 kN·m	最大 kN·m
NC 23－31	79.40	3⅛	31.80	2¼	9.1	30	321	4.45	4.90
NC26－35(2⅞IF)	88.90	3½	38.10	1⅓	9.1	30	394	6.25	6.90
NC31－41(2⅞IF)	104.80	4⅛	50.80	2	9.1	30	511	9.00	9.90
NC35－47	120.70	4¾	50.80	2	9.1	30	730	12.50	13.50
NC38－50(3½IF)	127.00	5	57.20	2¼	9.1	30	774	17.50	19.00
NC44－60	152.40	6	57.20	2¼	9.1	30	1212	31650	35.00
NC44－62	158.80	6¼	57.20	2¼	9.1/9.2	30/31	1328	31.50	35.00
NC44－62(4IF)	158.80	6¼	71.40	2$^{13}/_{16}$	9.1/9.2	30/31	1212	30.00	33.00
NC46－65(4IF)	165.10	6½	57.20	2	9.1/9.2	30/31	1445	38.00	42.00
NC46－65(4IF)	165.10	6½	71.40	2$^{13}/_{16}$	9.1/9.2	30/31	1328	30.00	33.00
NC46－67(4IF)	171.50	6¾	57.20	2¼	9.1/9.2	30/31	1577	38.00	42.00
NC50－70(4½)	177.80	7	57.20	2¼	9.1/9.2	30/31	1708	51.50	56.50
NC50－70(4½)	177.80	7	71.40	2$^{13}/_{16}$	9.1/9.2	30/31	1606	43.50	48600
NC50－72(4½)	184.20	7¼	71.40	2$^{13}/_{16}$	9.1/9.2	30/31	1737	43.50	48.00
NC56－77	196.90	7¾	71.40	2$^{13}/_{16}$	9.1/9.2	30/31	2029	65.00	71.50
NC56－80	203.20	8	71.40	2$^{13}/_{16}$	9.1/9.2	30/31	2190	65.00	71.50
6⅝REC	209.60	8	71.40	2$^{13}/_{16}$	9.1/9.2	30/31	2336	72.00	79.00
NC61－90	228.60	9	71.40	2$^{13}/_{16}$	9.1/9.2	30/31	2847	92.00	101.00
7⅝REC	241.30	9½	76.20	3	9.1/9.2	30/31	3153	119.50	—
NC70－100	254.00	10	76.20	3	9.1/9.2	30/31	3548	142.50	156.50
NC70－110	279.40	11	76.20	3	9.1/92	30/31	4365	194.00	214.50

此外还有无磁钻铤和柔性钻铤。无磁钻铤主要应用于定向井及水平井钻井，其作用是消除磁干扰对测量仪器的影响。柔性钻铤用于钻大曲率水平井，是由数根短钻铤靠特殊切口连接而成。这些切口使柔性钻铤能朝任意方向产生很小的弯曲，并能承受拉伸荷载、压缩荷载和扭矩，其内部装有一根高压橡胶软管防止钻井液从切口漏出并形成可靠的钻井液通道。

（四）稳定器（扶正器）

在钻铤柱的适当位置安装一定数量的稳定器，组成各种类型的下部钻具组合，可以满足钻直井时防止井斜的要求，钻定向井时可起到控制井眼轨迹的作用。此外，稳定器的使用还可以提高钻头工作的稳定性，从而延长使用寿命，这对金刚石钻头尤为重要。

有多种类型的钻具稳定器，以适应不同地层和工艺要求，如表 1－19 所示。

表 1-19　稳定器的基本形式

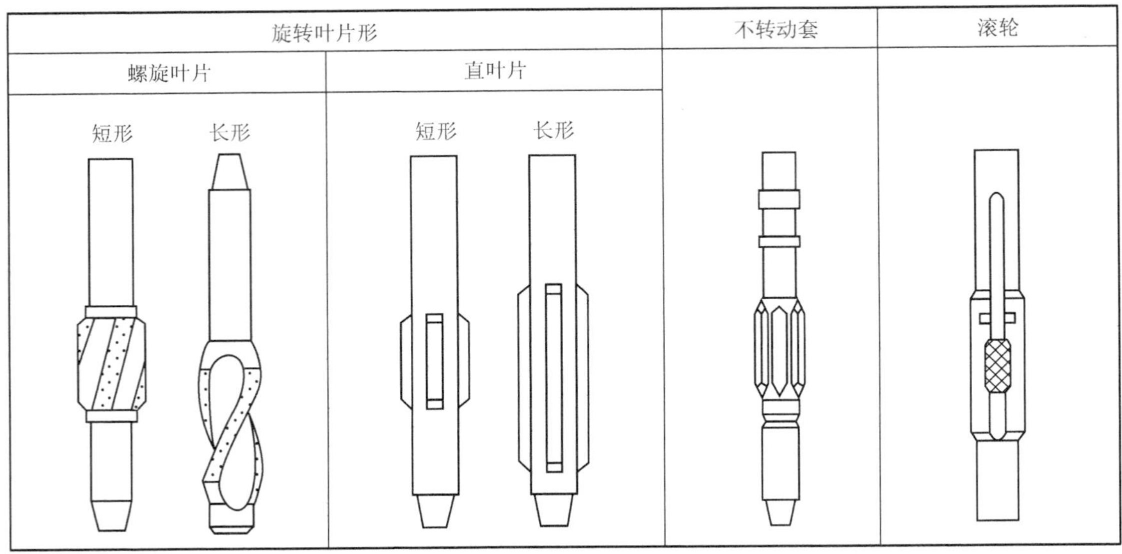

1. 整体螺旋稳定器

整体螺旋稳定器的稳定片是螺旋形的，有三螺旋和四螺旋两种，其旋向均为右旋，以保证旋转时有良好的钻井液通道。这类稳定器与井壁接触面积大，支撑能力强，适应性好，在井下工作憋劲小，比较安全，应用普遍。

2. 整体直棱稳定器

整体直棱稳定器常分为三棱和四棱两种。

3. 可换套稳定器

可换套稳定器的特点是可根据井眼尺寸和磨损情况，随时更换不同尺寸的稳定棱。

4. 滚轮稳定器

滚轮稳定器的稳定部件是滚轮，可分为三滚轮和六滚轮两类，其特点是与井壁摩擦阻力小，耐磨性强。

稳定器两端的外径应与所用钻铤外径一致，两端的牙形为钻杆接头螺纹，各种尺寸稳定器的两端连接螺纹尺寸和类型见表 1-20。

表 1-20　稳定器连接螺纹

稳定器两端外径 mm(in)	两端连接螺纹的尺寸和类型			
	钻柱型稳定器		井底型稳定器	
	上端	下端	上端	下端
121(4¾)	NC35 内螺纹	NC35 外螺纹	NC35 内螺纹	3½REG 内螺纹
159(6¼)	NC44 内螺纹	NC44 外螺纹	NC44 内螺纹	4½REG 内螺纹
	NC46 内螺纹	NC46 外螺纹	NC46 内螺纹	4½REG 内螺纹
178(7)	NC50 内螺纹	NC50 外螺纹	NC50 内螺纹	4½REG 内螺纹
203(8)	NC56 内螺纹	NC56 外螺纹	NC56 内螺纹	6⅝REG 内螺纹
229(9)	NC61 内螺纹	NC61 外螺纹	NC61 内螺纹	7⅝REG 内或外螺纹

此外，在下部钻具组合中常装有减震器，用于吸收井下钻具的纵向振动和扭转振动。在深井、海上钻井，尤其是在定向钻井中，时常在下部组合中安放随钻震击器，以便一旦下部组合或钻头被卡，即可操纵震击器，通过向上或向下的振击作用解卡。在下部组合或钻柱中还可装置随钻测量（MWD）工具，钻柱测试工具和打捞篮、扩眼器等特殊工具进行随钻测量、地层测试、打捞、扩眼等特殊作业。

（五）钻具组合

合理的钻具组合能有效地控制井斜、保证井身质量，使钻头工作稳定，减少钻具事故，延长钻具的使用寿命，是确保优质、快速钻井的重要条件。

一口井的钻具尺寸选择，首先取决于钻头的尺寸和钻机的提升能力，同时还要考虑每个地区的特点，如地质条件、井身结构、钻具供应情况以及防斜要求等。

钻具组合应尽量简单，一般要遵循以下原则：

（1）方钻杆由于受到拉力与扭矩最大，应尽量选用大尺寸的方钻杆。一般应使下接头的外径与相接的钻杆接头的外径相近，以便其受力合理，操作方便。

（2）钻杆应尽量选用大尺寸钻杆。大尺寸钻杆的强度高，钻杆事故少；钻杆内径大，钻井液流动阻力小，有利于充分发挥水功率的作用。一般情况使用一种规范的钻杆，但随井深增加，钻杆重量加大，可下深度减少，可在下部选用小尺寸的钻杆。采用两种及两种以上尺寸钻杆的钻柱称为复合钻柱，应该根据受力情况，把壁厚或强度高的钻杆放在上面。

（3）钻铤尺寸应选用与钻杆接头尺寸相近，以防止截面突变。

一般常用钻具尺寸的配合关系见表1－21。

表1－21　常用钻具尺寸配合关系　　单位：mm

钻头尺寸	地层	钻铤		钻杆	方钻杆
		外径	内径		
149.2～155.6	软	104.8	50.8	73.0	76.2
	硬	120.6	50.8	88.9或73.0	88.9
215.9～222.2	软	158.8，165.1	71.4	114.3或127	108.0或133.4
	硬	171.4，177.8	57.2		
311.1		203.2，228.2，254.0	71.4或76.2	127或139.7	133.4或152.4
444.5～660.4		203.2，228.2，254.0，279.4	71.4或76.2	127或139.7	133.4或152.4

将选配好的方钻杆、钻杆和钻铤等连接起来组成钻柱。连接的条件是：尺寸相等、螺纹类型相同、外螺纹与内螺纹配合。若不符合其中之一，必须通过转换接头才能连接。每一口井的钻具组合都应绘制示意图，如图1－30所示。绘制钻具组合示意图时，每一种工具都应用标准的图形符号。

（六）震击器

钻具遇卡后，上提下放活动钻具，虽然有时也施加大能量，但是这种能量的传递是柔性的、渐进式的，而震击解卡工具施于卡点的能量则是突然的，就像锤子敲击钉子一样，瞬时作用在单位面积上的能量是很大的。震击解卡工具的特点就在于它以高速度来获得较大的动能去克服卡持钻具的能量。震击解卡工具以其结构来说，基本上有液压式和机械式两种，它们的共同特点是：

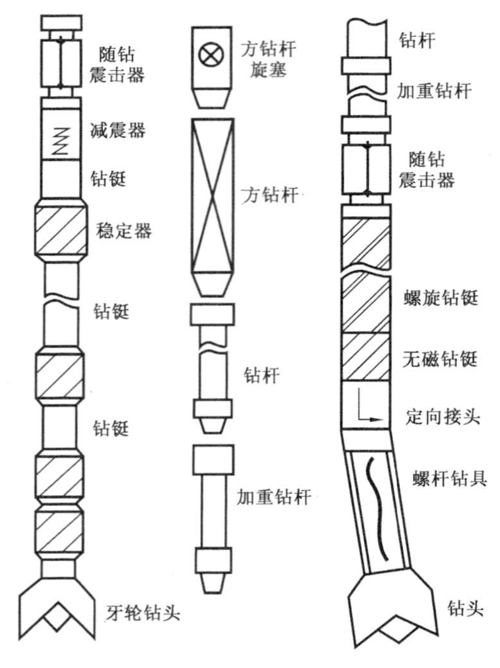

图 1－30　钻具组合类型示意图

(1)必须能循环钻井液,中心要有循环钻井液的通道;

(2)必须能传递扭矩,心轴与外筒之间不能有周向运动;

(3)必须有高强度的密封,内液不能外泄,外液不能内渗;

(4)要有储能机构,能把钻具伸长或压缩的弹性能积蓄起来,然后突然释放,产生高速运动;

(5)要有震击耦,即一个撞击体和一个承击体组成一对相互矛盾的耦合体;

(6)要有连接机构,因为它是连接在钻柱中间进行工作的,所以上下部都要有和钻柱相连的螺纹。

1. 分类及结构

(1)按震击器作用效果分类:

① 上击类:对被卡钻具施以向上的震击力;

② 下击类:对被卡钻具施以向下的震击力;

③ 上、下震击器结合类:对被卡钻具施以向上或向下的震击力。

(2)按震击器作用原理分类可分为机械式、液压式、液压—机械式三种。

由于震击器种类很多,各部零件结构也有差异,但总的设计思路都是为了实现以上六项功能。震击作用是在相对运动中产生的,所以它必然有一个固定件和一个活动件,固定件和下部钻柱连接,处于相对固定状态,活动件和上部钻柱连接,随自由钻柱的拉、压而做上、下运动,其蓄能、释放、加速、撞击的过程,都是利用钻柱的上提下放来完成。现以随钻震击器为例加以讲述。

随钻震击器是连接在钻柱中随钻具进行井下作业的工具,在作业中发生卡钻事故时,能及时启动震击器进行连续震动,使之解卡。它是减少深井、复杂井、定向井和水平井卡钻事故的重要工具。它是采用液压工作原理进行工作的。

随钻震击器的结构如图 1－31 所示。它的活塞主要由两部分组成,一部分是固定在延长心轴上的活塞体,它和心轴之间用油封密封,但和缸套之间不密封,而且留有较大的环形间隙,另一部分是套在延长心轴上可以上下游动的锥形活塞,外径和缸套内壁密封,内径和延长心轴不密封,和心轴之间留有旁通孔,它的上限受旁通孔上台肩的限制,下限受固定活塞的限制,因此只能在短范围内游动。当心轴下行时,锥形活塞被液压油推动上行,离开固定活塞体,此时上下油腔的通道开放,液压油可以无阻地由下油腔流向上油腔,震击器复位,直到心轴接头下台肩碰到刮子体的上端面为止,如图1－31(a)所示。当心轴向上运动时,锥形活塞下行,与固定活塞的上端面结合,上下油腔的通路被隔绝,液压油只能从锥体底面的小油槽通过很少一部分,因而使上油腔的液压油受压,钻具伸长而积蓄能量,如图 1－31(b)所示。当锥形活塞到达卸载腔时,密封失效,液压油无阻地流向下油腔,在钻具弹性能的驱动下,心轴高速上行,延长心轴的顶面撞击到花键筒的下台肩上,就产生了猛烈的震击力,如图 1－31(c)所示。

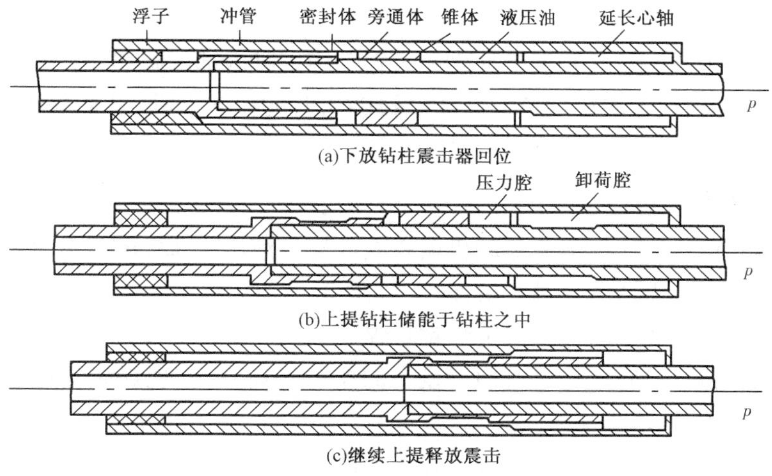

图1－31 随钻震击器的结构

心轴和外筒长度都增加不少，其目的都是为了加强密封结构，以适应井下长时间的高温高压工作环境。

随钻震击器在下井以前必须使心轴呈完全拉开状态，为了防止震击器在地面关闭，配置了一套卡箍，卡在心轴的露出段，在工具与钻柱连接好之后方能拆除。但一定要保存好，在工具起出井口之后还要卡上去。

2. 随钻震击器的使用

(1)震击器一定要装在钻柱中和点以上，震击器下面的钻铤在钻井液中的重量要大于预定的钻压，使震击器经常处于受拉状态。

(2)如果上、下震击器一同下井，则震击器一定要接在下击器以上。

(3)震击器以上的钻铤和工具的外径都不应大于震击器的外径，而下部的钻铤和工具的外径不应小于震击器外径，以防震击器及其以上钻具被卡。

(4)在较直的井眼中，上、下震击器可以连接为一体接于主钻铤之上，其上再接3～4根钻铤，在斜井或弯曲井眼中，在下击器与主钻铤之间接1～3根加重钻杆，再在下击器与震击器之间接2～5根加重钻杆，以减少钻柱刚度。

3. 震击器的简易维护保养

(1)震击器从钻柱上卸开后，应立即排净内部钻井液，特别是冲管及冲管壳体周围的钻井液，要放干净。并将心轴密封面清洗干净，涂上黄油，以防生锈，再用防护套加以保护以防碰撞。

(2)外、内连接螺纹都要清洗干净，涂好润滑脂，以防腐蚀，要平放在支架上，不许和地面接触。

(3)新随钻震击器下井连续工作约500h，或正常维修后的震击器下井连续工作约300h，或完成一次钻具组合任务，起钻后原则上应强制拆检维修，否则不得下井使用。

(4)随钻震击器累计下井工作约1500h或服役2年后，建议整机报废，或加强监控在一般钻井工况下使用，严禁超期、过度服役。

（七）减震器

减震器是钻井作业所需的井下工具之一。它利用工具内部的减震元件吸收或减小钻井过程中钻头的冲击负荷、钻柱的震动负荷以及旋转破岩时的扭转负荷，从而保护钻头和钻具，达到降低钻井成本，提高钻井工作效率的目的。

1. 类型及结构

常见的减震器包括液压式减震器和机械式减震器。液压式减震器又分为液压减震器和双向减震器。现以双向减震器为例进行讲述。

双向减震器是一种能同时减缓或消除钻柱纵向和周向振动的双向减震器。它能保持正常的钻压和扭矩，从而减少钻头、钻具及地面设备的振动破坏，可实现提高钻速和降低钻井成本的目的。

双向减震器主要由一种可压缩的液体弹簧和活塞换向机构等组成。钻具的纵向振动和冲击载荷通过液压活塞作用在液体弹簧上，当载荷增大时液体弹簧吸收能量，从而可使钻压保持不变。扭矩传递是通过心轴和活塞间的左旋大螺旋驱动装置，从活塞外花键到花键外筒内花键，并通过油缸和下接头传递到钻头上的。

2. 减震器的使用

1）安放位置

当使用塔式钻具钻进时，直接接于钻头之上；当使用钻头上稳定器时，安放在钻头上稳定器与钻铤之间；当取心钻进时，安放在取心筒之上；当定向井稳斜钻进时，可连接在第一只稳定器上部；在一般钻井条件下，该减振器不受钻压、转速、泵压和井内油气介质等条件的限制。但是，在钻进时应根据具体情况优选钻压和扭矩，实现钻井参数的最优配合；该减震器下井使用时，要求井下情况正常，钻井液性能良好；该减震器用于钻进硬地层、砾石层及软硬夹层时，效果会更为明显；该减震器只适用于牙轮钻头和研磨性取心钻头，不适用于刮刀钻头。

2）下钻

该减震器出厂或大修后，必须经地面台架试验合格方能下井使用；确定减震器的安放位置，备好配合接头；下井前检查油塞是否松动或漏油；在钻台上用 1 ~3 根钻铤加压测量该减震器心轴的工作行程 S 值的变化情况，并做好记录；下井前若发现不正常情况，应及时向技术人员反映，以便进行现场维护或返厂修理，严防发生井下事故。

3）钻进

钻进过程中，应详细记录钻进参数和分析井下情况；要求操作平稳，严禁溜钻、顿钻。若发生严重顿钻、溜钻等异常情况，应及时起钻检查。

4）起钻

减震器每次起出井口时，都要认真清洗。检查油塞是否松动或脱落，各部螺纹有无刺扣、粘扣、断裂等现象；在钻台上用下井时同样的方法测量 S 值的变化，若 S 值比下井前小 25mm 以上，则说明液压密封出现漏失，应立即检修；在正常使用情况下，减震器在井下钻进 400h 后应进行检修；减震器在送修理前，必须卸松外部各连接螺纹，但螺纹端面间距离不得超过 0.2mm，以防漏油；每次起钻时应同时检查钻铤及其他下井钻具的使用情况，分析减震效果。

3. 减震器的维护保养

1）长期存放

在拆卸检查及场地摆放时，用3～4根木方或钢管把减震器垫平，若较长时间不用时，应将裸露在外面的螺纹、伸缩颈镀铬表面、油堵部位清洗干净涂上防蚀脂，两端戴上护丝或包好，严禁露天长期存放以防锈蚀。

2）正常的维护保养

减震器上、下钻台或搬运时两端必须戴好护丝，吊、放要平稳。

3）注意事项

下井前使用大钳紧扣时严禁钳牙咬住油堵及螺纹连接位置，以防损坏油堵或螺纹。卡瓦和安全卡瓦不要卡在心轴伸缩颈部位；井底有落物或打捞作业时严禁使用该减震器；减震器检修时硅油应回收，经过滤后方可使用。

二、钻柱的工作状态及受力分析

（一）钻柱的工作状态

在钻井过程中，钻柱主要是在起下钻和正常钻进这两种条件下工作。在起下钻时，整个钻柱被悬挂起来，在自重力的作用下，钻柱处于受拉伸的直线稳定状态。实际上，井眼并非是完全竖直的，钻柱将随井眼倾斜和弯曲。

在正常钻进时，部分钻柱（主要是钻铤）的重力作为钻压施加在钻头上，使得上部钻柱受拉伸而下部钻柱受压缩。在钻压小和直井条件下，钻柱也是直的，但当压力达到钻柱的临界压力值时，下部钻柱将失去直线稳定状态而发生弯曲并与井壁接触于某个点（称为“切点”），这是钻柱的第一次弯曲。如果继续增大钻压，则会出现钻柱的第二次弯曲或更多次弯曲（图1－32）。目前，旋转钻井所用钻压一般都超过了常用钻铤的临界压力值，如果不采取措施，下部钻柱将不可避免地发生弯曲。

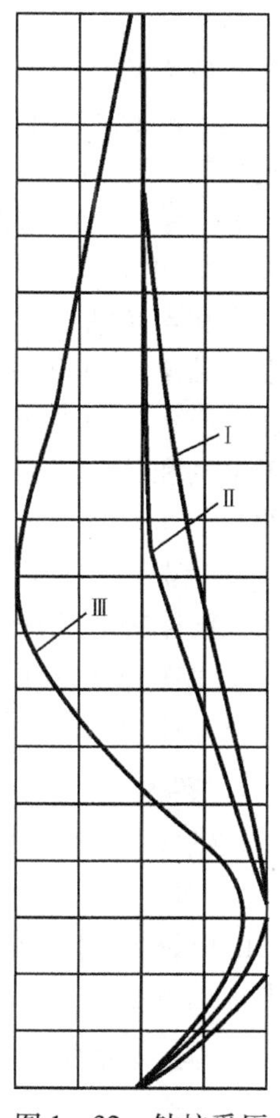

图1－32 钻柱受压弯曲示意图

在转盘钻井中，整个钻柱处于不停旋转的状态。作用在钻柱上的力，除拉力和压力外，还有由于旋转产生的离心力。离心力的作用有可能加剧下部钻柱的弯曲变形。钻柱上部的受拉伸部分，由于离心力的作用也可能呈现弯曲状态。在钻进过程中，通过钻柱将转盘扭矩转递给钻头。在扭矩的作用下，钻柱不可能呈平面弯曲状态，而是呈空间螺旋形弯曲状态。

根据井下钻柱的实际磨损情况和工作情况来分析，钻柱在井眼内的旋转运动形式可能是自转，钻柱像一根柔性轴，围绕自身轴线旋转；也可能是公转，钻柱像一个刚体，围绕着井眼轴线旋转并沿着井壁滑动；或者是公转与自转的结合及整个钻柱或部分钻柱做无规则的旋转摆动。

从理论上讲，如果钻柱的刚度在各个方向上是均匀一致的，那么钻柱是哪种运动形式取决于外界阻力(如钻井液阻力、井壁摩擦力等)的大小,但总以消耗能量最小的运动形式出现。因此,一般认为弯曲钻柱旋转的主要形式是自转,但也可能产生公转或两种运动形式的结合,既有自转,也有公转。

在钻柱自转的情况下,离心力的总和等于零,对钻柱弯曲没有影响。这样,钻柱弯曲就可以简化成不旋转钻柱弯曲的问题。

在井下动力钻井时,钻头破碎岩石的旋转扭矩来自井下动力钻具,其上部钻柱一般是不旋转的,故不存在离心力的作用。另外,可用水力荷载给钻头加压,这就使得钻柱受力情况变得比较简单。

(二)钻柱的受力分析

钻柱在井下受到多种荷载(轴向拉力及压力、扭矩、弯曲力矩、离心力、外挤压等)作用。在不同的工作状态下,不同部位钻柱的受力情况是不同的。

1. 轴向拉力和压力

钻柱受到的轴向荷载有自重产生的拉力、钻井液生产的浮力和施加钻压产生的压力。

(1)钻柱在垂直井眼中悬挂时,在井眼内没有钻井液的情况下,处于悬挂状态的钻柱仅受到自重力的作用,由上而下处于受拉伸状态。最下端拉力为零,井口处拉力最大。

当井眼内充满钻井液时,钻柱除了受自重力的作用外,还受到钻井液的浮力作用,使钻柱的轴向拉力减小。

(2)正常钻进时,下放钻柱,把部分钻柱的重力加到钻头上,使钻柱的轴向拉力减小一个相应数值,而且下部钻柱受到压应力的作用。上部钻柱受拉力作用,井口处最大,向下逐渐减小。下部钻柱受压力作用,井底处最大。在某一深度,既不受拉,也不受压,轴向力等于零,该点称为中和点。

中和点是钻柱受拉与受压的分界点,在钻柱设计中,希望中和点始终落在刚度大、抗弯能力强的钻铤上,而不是落在强度较弱的钻杆上,使钻杆一直处于受拉伸的直线稳定状态,以免钻杆受压弯曲和受交变应力的作用。因此,设计的钻铤长度不能小于中和点高度。应当指出,由于钻头和钻柱的运动很复杂,加之地层和操作等因素,钻柱的中和点的位置是在不断上下变化的。

(3)起下钻时,作用在钻柱上部的轴向力,除了钻柱的重力(浮重)外,还有井壁及钻井液对钻柱的摩擦力和提升或下放速度变化所产生的动载。

以上对钻柱轴向力的分析假设井眼是垂直的,在倾斜或弯曲的井眼中,钻柱的自重力、钻井液液柱压力的影响以及摩擦阻力等都比较复杂,这部分内容可参阅有关文献。

2. 扭矩

在钻井过程中,转盘通过钻柱带动钻头旋转,破碎岩石,并克服钻柱与井壁和钻井液的摩擦阻力,使钻柱承受扭矩作用。钻柱承受的扭矩在井口处最大,向下随着能量的消耗逐渐减小,在井底处最小。在井下动力钻井中,钻柱承受的扭矩为动力钻具的反扭矩,在井底处最大,向上逐渐减小。

3. 弯曲力矩

在正常钻进中,由于下部钻柱受压或由于离心力、井眼弯曲等影响,都会使钻柱发生弯曲,于是产生弯曲力矩,在钻柱内产生弯曲应力。在弯曲状态下,钻柱绕自身轴线旋转,则会产生交变弯曲应力。最大弯曲应力发生在挠度最大处。

4. 离心力

当钻柱绕井眼轴线公转时,将产生离心力。离心力将引起钻柱弯曲,使弯曲应力增加。

5. 纵向振动

钻进时,由于地层软硬不均、井底不平,特别是牙轮钻头转动时会引起钻柱的纵向振动,使中和点上下移动,产生交变的轴向应力。纵向振动与钻头结构、所钻地层性质、泵排量不均匀、钻压及转速等因素有关。当纵向振动的周期和钻柱本身固有的振动周期相同时(或成倍数),就会产生共振现象,振幅急剧增大,称为“跳钻”,跳钻会引起钻柱的疲劳破坏和钻头事故。

6. 扭转振动和横向摆振

钻柱的旋转还会使钻具产生扭转振动和横向摆振。这种由于钻头结构、地层岩性、钻压和转速等因素的影响使钻头受力不均引起的扭转振动称为“蹩钻”,表现为转盘转速忽快忽慢、声响时高时低、钻柱扭转剧烈振动。使用刮刀钻头钻进软硬交错地层时就容易引起蹩钻。在某一临界转速下,钻柱将出现横向摆振,引起钻柱严重偏磨和弯曲疲劳损坏。

7. 动荷载

起下钻过程中,由于钻柱运动速度的突然变化,会引起钻柱的纵向动载,在钻柱中产生纵向瞬时交变压力。动载的大小与操作有关。

8. 外挤压力

进行钻杆测试(DST)时,一般都在钻柱底部装一封隔器,用以封隔下部地层和管外环空。钻杆下入井内时控制阀是关闭的,因此钻井液不能进入钻杆内,封隔器压紧后打开控制阀,地层流体才能进入钻柱内。打开控制阀之前,钻柱承受来自于钻井液的静液压力作用。

由以上分析可知,转盘钻井时钻柱的受力情况是比较复杂的。这些荷载就性质来讲,可分为不变的和交变的两大类。在整个钻柱长度内,荷载作用的特点是在井口处主要受不变荷载(拉应力)的作用,而靠近井底则主要是交变荷载(拉、压、弯曲应力等),这种交变荷载的作用正是钻柱疲劳破损的主要原因。

钻柱在井下受力严重的部位,一是钻进时,下部钻柱同时受到轴向压力、扭矩和弯曲力矩的联合作用,弯曲钻柱存在着剧烈的交变应力循环,常常导致钻柱的疲劳破坏。钻头突然遇阻、遇卡会使钻柱受到的扭矩大大增加。钻进时,井口处钻柱所受到拉力、扭矩都最大。

二是起下钻时,井口处钻柱受到最大轴向拉力。如果猛提猛刹,会因动载使井口处钻柱承受更大的轴向拉力。

三是由于地层岩性变化、钻头的冲击和纵向振动等因素的存在,使得钻压大小不均匀,因而使中和点附近的钻柱受拉压交变荷载的作用,容易产生疲劳破坏。

三、钻柱的疲劳破坏与腐蚀

材料长期受交变荷载的作用,将发生疲劳破坏。钢材的疲劳破坏是逐渐发展而成的。开始时,钢材内部晶体中的原子沿晶体的滑移面发生微观屈服,在应力的交替作用下产生热能,使其结合强度降低而形成微裂纹。这种破坏是由于在交变应力作用下裂纹不断张开和闭合,裂缝面互相摩擦,不断扩大,发生损坏,因此断裂面具有无光泽细颗粒表面的特征。

(一)钻柱的疲劳破坏类型

现场大量资料说明,疲劳破坏是钻柱破坏最常见的形式之一。其破坏的表现形式有以下几种:

(1)大多数钻杆的破坏发生在距接头 1.2m 以内的地方。

(2)钻杆的破坏常与钻杆内表面有严重的腐蚀斑痕有关。

(3)从钻杆的外表面开始发生的破坏,一般与钻杆表面的伤痕有关。

(4)由于钻铤本体的厚度大,因而钻铤的破坏通常发生在螺纹连接处。

分析钻杆的疲劳破坏原因,可分为以下三种基本类型。

1. 纯疲劳破坏

钻杆在没有任何明显的其他原因下而发生的疲劳破坏,称为纯疲劳破坏。

一般钻杆在工作时承受拉伸、压缩、扭转与弯曲交变应力的同时作用,其中拉伸与弯曲的交替是最危险的应力,易于导致钻杆疲劳。钻柱下部受压部分的钻铤长度不够长时,钻杆受压更易发生弯曲,在扭转条件下,钻杆易于疲劳破坏;在定向井或井斜大的井段迫使钻杆弯曲,特别在“狗腿”井段中,钻杆疲劳破坏的危险性更大;在海洋钻井中,由于钻井船或钻井平台随波浪起伏摇摆也会造成钻柱弯曲,导致疲劳破坏。

2. 伤痕疲劳破坏

钻杆在弯曲状态下自转时,每边都要经受拉伸和压缩的交替作用,如果钻杆表面存在缺陷,这一缺陷将不断地开启与关闭,使缺陷逐渐扩大,缺陷除了具有初始变形之外,还会产生应力集中。所以,钻杆表面的各种缺陷都会影响钻杆的疲劳极限。当缺陷底部的应力达到一定程度时,缺陷将逐渐扩大,最后剩下的实体材料不足以承受整个负荷而发生破坏。

钻井中造成钻杆伤痕的主要原因有:钻杆上打的钢印,电弧烧焊,大钳、卡瓦的咬伤和其他刻痕等。如果伤痕位于离接头 0.5m 以内处,就可能成为疲劳破坏的核心。周向尖锐的伤痕使应力集中反映敏感,导致钻杆破坏。

3. 腐蚀疲劳破坏

钻杆长期在腐蚀介质中工作时,由于腐蚀造成截面积减小或形成小的腐蚀坑,产生应力集中而引起的钻杆破坏,称为腐蚀疲劳破坏。通过大量现场资料说明,腐蚀疲劳破坏是目前造成钻杆早期破坏最常见的一种。

通常,腐蚀可分为化学腐蚀和电化学腐蚀两大类。

钻杆表面与腐蚀介质产生化学反应而引起的腐蚀,称为化学腐蚀。在金属与腐蚀介质的化学反应中将产生另一种可以脱落的产物,因而使管材截面积减小,管壁变薄,使钻杆的承载能力降低,导致钻杆的疲劳破坏。

电化学腐蚀是指金属与电介质溶液接触,产生电化学作用引起的腐蚀。由于在钻井液中存在电解质物质,电离出的离子与钻杆发生电化学反应,形成微电池。反应过程中,在铁离子被带走的部位形成电化学腐蚀疤痕,引起应力集中,最后导致疲劳破坏。实际上,化学腐蚀和电化学腐蚀往往是交织在一起的,这就会加剧疲劳破坏的发生。

影响化学腐蚀的因素很多,但最重要的是温度和钻井液的 pH 值。温度升高,化学反应和电化学反应的速度加快,从而使腐蚀速度加快。pH 值是控制腐蚀疲劳的主要因素,当 pH 值从中性变为酸性时,腐蚀速度会迅速增大;而 pH 值从中性变为碱性时,腐蚀速度会缓慢降低。一般认为,钻井液的 pH 值低于 9.5 会降低钻柱的疲劳寿命。

(二)钻铤的疲劳破坏

与钻杆的疲劳破坏不一样,由于钻铤本体的刚度比接头处大,接头处强度较弱且应力集中，因此大部分钻铤破坏发生在接头处。

当钻铤受到弯曲力矩作用时，在外螺纹根部和内螺纹底部会出现应力集中，在弯曲交变应力作用下，在应力集中区的螺纹根部易发生断裂；上扣时没上紧，台肩面没有密合，或由于弯曲力矩使台肩面分离，外螺纹受不到台肩面的支撑，会在外螺纹根部出现应力集中，同时也由于螺纹的切口效应，此处容易产生疲劳破坏；螺纹部分的密封是靠台肩面来实现的，如果紧扣扭矩不够，在台肩面之间就可能发生钻井液泄漏，造成螺纹严重冲蚀，甚至被刺穿导致疲劳破坏。

（三）钻柱疲劳破坏的预防

（1）如果已知或怀疑井下存在有严重狗腿，应尽量把狗腿破坏掉，以减少钻柱的弯曲。

（2）应根据预计最大钻压合理确定钻铤长度，使钻铤在钻井液中的重量大于最大钻压，保证钻杆始终处于拉伸状态。

（3）尽可能降低钻杆工作的应力，并采用减震器以降低交变应力的最大值。

（4）在钻柱的繁重工作段和弯曲井段采用厚壁钻杆以延长整个钻柱的使用寿命。

（5）控制钻井液对钻杆的腐蚀性，可在钻杆内壁涂以塑料树脂等保护层。

（6）经常检查起下钻工具，如吊钳、卡瓦等，使其工作状态保持完好，防止在钻杆上造成伤痕。

（7）定期检查钻杆，发现有裂纹及壁厚变薄等情况时应及时修复或更换。

（8）存放钻杆时，应用淡水充分清洗钻杆及接头的内外表面，以清除各种盐类及其他腐蚀物质，并用防锈化合物涂抹螺纹和接头台肩部分。

（9）为了防止钻铤螺纹部分的疲劳破坏，应使外、内螺纹之间有一个适当的强度比值，在钻铤的适当部位加工应力减轻槽，以减轻应力集中，延长钻铤的使用寿命。

（10）上扣时必须上紧，使台肩面受到充分的弹性压缩。这样，当钻铤在井眼内受到弯曲时，台肩面就不会分离，并可避免发生钻井液泄漏。

（四）硫化氢对钻柱的危害

金属管材在含硫化氢的液体介质中工作一段时间后突然出现裂缝，发生严重的脆性破坏。这种破坏是由于氢渗（氢原子渗入）作用和腐蚀作用的结果。由于硫化氢在这种破坏中起主要作用，所以称为硫化氢应力破坏，也称为“氢脆”。

钻井过程中，硫化氢会因各种原因渗入钻井液。例如，所钻地层含硫流体的侵入，某些含硫原油或水被用于钻井液系统，某些钻井液处理剂在高温时的热分解等。

硫化氢与水生成弱酸，像其他酸类一样能与钻柱材料发生反应而腐蚀钻柱。这种腐蚀既可使钻柱截面积变小、强度降低，也可能产生点腐蚀，在钻柱表面形成腐蚀小坑或裂缝，从而造成应力集中，导致钻柱的疲劳破坏。更主要的是，由于在腐蚀过程中不断产生氢，而钻井液中的硫化氢将会使氢原子形成氢分子的速度减慢，使部分氢原子进入钢材晶格内部结合成分子，因而产生很大的内应力，结果使金属脆化或发生破裂。

1. 影响氢脆破坏的有关因素

（1）钢材的强度越大，硬度越高，越容易发生氢脆破坏。

（2）硫化氢的含量越大，原子氢的浓度越高，氢脆破坏越严重。

（3）钻井液的 pH 值对硫化氢含量的影响比较大。试验证明，pH 值在 6 ~ 10 范围内，钻井液中硫化氢的含量随 pH 值的增加而减小。所以可以适当提高钻井液的 pH 值而降低由硫化氢引起的氢脆破坏。

（4）钻柱所受荷载越大，应力越高，越容易发生氢脆破坏。

(5)温度升高会引起腐蚀速度和扩散速度增加。

2. 防止硫化氢破坏的措施

在钻井过程中,硫化氢对钻具的破坏是非常严重的,通常采取以下措施来防止或减轻硫化氢的破坏。

(1)采用抗氢脆的钢材。

(2)尽量防止硫化氢侵入钻井液。如保持一定的钻井液密度,以防止地层流体侵入钻井液。

(3)根据井下可能遇到的温度,避免使用在此温度下可能分解的钻井液处理剂。尽量不使用含硫原油及含有硫化物的钻井液添加剂。

(4)如果不能防止硫化氢侵入,则应采取措施控制腐蚀速度。如保持钻井液具有较高的pH值,在钻具内壁涂以塑料保护膜,在钻井液中加入缓蚀剂等可不同程度地控制硫化氢的腐蚀速度。

以上方法可以获得不同程度的效果,但采用这些方法有可能影响钻井液的其他性能,所以应全面考虑,调整好钻井液性能。

四、钻具的使用与管理

(1)钻具应分类组合,成套使用,实行租用制度。钻井技术人员对到井钻具要严格进行验收、检查,对照送料单,认真清点、核对,并按规格做好记录。如果实物与料单不符在送料单上注明并加盖钻井队公章。

(2)钻具要储存在管架台上,管架台要垫离地面0.3m以上,防止水、湿气、泥土的锈蚀。钻具与其他各种管材必须分类排放。

(3)架存不许超过3层,层与层之间应均匀衬以垫木或垫杠三根,防止钻具产生弯曲。两端悬空长度不得超过2m,钻铤、方钻杆的悬空长度不得超过1m。全部内螺纹接头对齐。

(4)钻具应按钢级、壁厚分类,直径不一致的钻具也要分别存放。每根钻杆在适当部位打上钢印(包括钢级、壁厚、编号),并登记卡片两张,一张存档,一张随钻杆转运。

(5)对长期存放的钻具,要定期检查其内外表面的腐蚀情况,并进行防腐工作。

(6)钻具上面不得堆放重物及酸、碱等化学药品。

(7)不得在钻具上面进行电焊、气焊作业,不能用钻杆与钻具管架做电焊时的搭铁线。

(8)凡是检查出有问题的钻具,要与完好钻具分别存放,避免混入好钻具中,并且要涂红漆或黄漆,在有问题的地方标注明显的记号。

(9)在管具车间内存放,要取掉钻杆上的皎皮护箍,否则,它会在钻杆本体上造成环状腐蚀槽。

(10)在转运、回收、装卸及运输钻具过程中,不得在地面拖拉和碰撞。在转运方钻杆时,短途使用专用架;长途运输则必须把方钻杆装在套管内,两端固定牢靠。

(11)钻具卸入钻井场地后,详细检查钢号(没有钢号者要补打钢号)、壁厚、内外螺纹接头水眼直径(注意:有些规范相同的钻杆,其接头水眼并不一样,更有甚者,一根钻杆的内外螺纹接头,其水眼直径也不一样)、丈量长度、内外径(钻铤、扶正器、接头及打捞工具等要准确测量各部位尺寸,记录清晰并画出结构草图),做好详细记录;应用清水清洗钻具内外表面、接头台肩及内外螺纹,检查钻具表面有无麻坑、横向刻痕和裂纹,防腐层是否损坏,接头台肩是否平整,宽度是否磨薄,螺纹是否磨尖、变形及损伤,钻具是否弯曲,接头是否偏磨。发现以上情况,应将该钻具降级使用,或送管子站进行修理。特别是方钻杆保护接头更要注意,因为它要和每个钻杆内螺纹接头连接,该接头若有损伤,会造成许多钻杆内螺纹接头的损伤或出现钻具事故;经检查完好无损的钻具要在接头螺纹及台肩上涂上防锈油,并戴好螺纹保护器。

(12)新车扣的钻铤、接头螺纹,要坚持磨合到光滑无毛刺才能下井(螺纹表面已磷化的螺纹则不需磨合)。

(13)钻具上下钻台,内外螺纹必须戴好螺纹保护器,并且要平稳起下,不许碰撞钻杆两端的接头。

(14)内螺纹内必须涂标准螺纹脂。

(15)采用双吊卡进行起下钻和接单根等工作。

(16)空吊卡、钻具立柱或单根均不许撞击井口钻具的内螺纹接头台肩。

(17)上卸螺纹时,内外螺纹接头必须对中,绝不允许大钳咬钻杆本体,当有摇摆和阻卡现象时,不能快速旋扣。当发现有错扣现象时,必须卸开重上,不能用大钳硬上。严禁磨扣、跳扣,不许用转盘绷扣。

(18)上扣时,必须按标准扭矩紧扣,不能过松也不能过紧。

(19)鼠洞接单根时必须按标准扭矩紧扣。

(20)钻铤的提升短节扣必须用双钳按标准扭矩上紧,防止下边上扣时,上边倒扣,使钻铤掉入井中。

(21)卸扣时,大钩弹簧要承受一定的拉力,保证被卸开的螺纹不受压力,防止磨扣,同时也要防止钻具立柱在弹簧力的作用下跳击井口的内螺纹接头。

(22)在任何情况下,都不允许超过钻具的屈服强度提拉或扭转。

(23)使用高矿化度钻井液时,应加防腐剂,以保护钻具。

(24)含硫化氢井钻井液的 pH 值应维持在 9.5 以上并使用 E 级钢以下的钻杆、接头,这样可以减少硫化氢腐蚀破坏。

(25)井下温度超过 148℃时,在钻井液处理剂和螺纹脂中要避免含有硫的成分。

(26)进行钻杆测试时,钻杆在硫化氢环境中暴露的时间不得超过 1h,可以泵入抑制缓蚀剂。

(27)在腐蚀性的作业环境中,最好使用有内涂层的钻杆,并要定期检查内涂层剥蚀情况。可以用测厚仪测量钻杆不同部位的壁厚,推知内涂层的好坏状态。使用内涂层钻杆时应注意:避免尖硬撬杠等工具插到管内移动钻杆,应使用端部光滑或包有塑料的工具;尽可能限制钢丝绳等工具在钻杆内作业,不得不进行时,应使其通过速度不超过 30m/min;通过钻杆水眼的仪器及工具表面应光滑无棱角。

(28)钻进中要优选钻井参数,如果蹩跳现象严重,要及时调整钻井参数,避免在严重蹩跳中钻进,并随时掌握泵压变化,正确判断井下情况,以防钻具事故发生。

(29)要执行定期探伤制度。钻具的暗伤,特别是螺纹部分的暗伤,用肉眼是难以检查出来的,必须用超声波或磁粉进行探伤。钻铤和各种连接接头的螺纹,每运转 200～300h 应探伤一次,这是经验做法,各地区可以根据自己的实际情况,确定合理的探伤时间。

(30)使用钻具要实行定期上下倒换制度,抽上加下或抽下加上均可,倒换钻杆时要成组倒换。目的是改变钻具的受力情况,使每个立柱轮流在不同的井深承受大小不同的负荷,以延长钻具的使用寿命。

(31)起钻时钻杆应定期错扣检查,执行错扣检查制度。如果是 3 个单根组成 1 个立柱的话,每起一趟钻,错卸一个单根螺纹,三趟钻即可错卸完。错扣检查的目的是:

① 检查接头螺纹及台肩的完好程度,如发现螺纹内没有螺纹脂或者是充满了钻井液,肯

定是台肩密封失去效用,应详细检查螺纹及台肩有无损伤。

② 经常错卸螺纹可以防止螺纹难卸、粘扣。

③ 钻铤立柱按规定时间将所有的螺纹卸开,并清洗、检查。

(32)起下钻时,井架工检查钻具,内钳工检查钻具内螺纹,外钳工检查钻具外螺纹,内外钳工共同检查钻具有无损伤、刺漏、刺裂、接头偏磨、弯曲等情况。发现不合格钻具,应立即更换,并做好记录。

(33)甩钻杆时必须卸成单根。拉下钻台的打捞工具、配合接头、钻铤提升短节和其他工具均应卸开。

(34)钻井队不得对钻具进行割、焊,如遇粘扣无法卸开等特殊情况时需请示公司主管,同意后方可切割。

【实训】　钻杆、钻铤、接头的检查、丈量及维护保养

一、方钻杆

(一)方钻杆摆放、保养、检查

(1)搬家倒运方钻杆时,应将方钻杆装入保护管内(套管或鼠洞管)并固牢,用吊车平吊于专用平板车或管子拖车上运输,防止弯曲和碰撞受损。

(2)拉运到井场的方钻杆,应用吊车平吊,慢慢放下,禁止用滚杠卸车,防止摔弯和碰伤棱边。

(3)方钻杆应平放在垫杠上,并将方钻杆上端(内螺纹反扣端)朝向钻台摆直。因方钻杆较长,垫杠不得少于2~3根,两端悬空不得超过1m,并单层摆放,其上不得堆压任何重物。

(4)拉运上钻台的方钻杆,内外螺纹应戴护丝,以防碰伤螺纹。

(5)卸下方钻杆时,必须放入鼠洞管内,以防碰伤螺纹。下钻台用大钩和高悬猫头相配合,并用高悬猫头绳(绷绳)抬吊,慢慢放于井场垫杠上,不得采用一头拖吊的方式绷于井场,严防碰伤螺纹及台肩。

(6)方钻杆上、卸水龙头时,中间一定要垫支柱,防止蹩弯或自身压弯。

(7)每钻完一口井应检查方钻杆的螺纹及管体,并将螺纹上涂抹螺纹脂,戴上护丝。

(二)方钻杆丈量

丈量方钻杆时,一般都是指丈量方钻杆的使用长度,因为方钻杆方部末端上部的接头体部位无法进入转盘小方补心内,因此,在计算井深丈量方钻杆时,应从外螺纹大端台肩开始至方部末端为止,绝不能量至内螺纹顶端面,否则井深出现误差。图1-33为方钻杆使用长度丈量。图中L_0为方钻杆的使用长度。

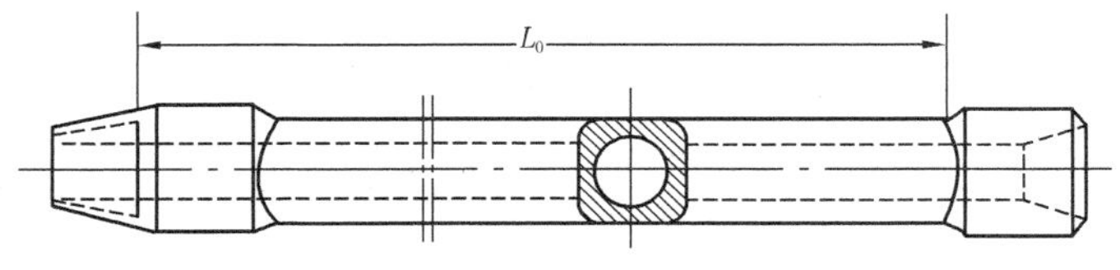

图1-33　方钻杆使用长度丈量

二、钻杆

(一)钻杆摆放、保养、检查

(1)拉运到井场上的钻杆内外表面不得有裂缝、折叠、离层和结疤存在,缺陷应完全消除。如果井场没有能力消除上述缺陷,应拉回管子站进行处理,消除后,壁厚不能超过负偏差。

(2)搬运钻杆时,应将钻杆螺纹刷净,然后涂抹螺纹脂,并戴上护丝。

(3)钻杆倒运吊上架子车时,内螺纹一端应指向车头并相互靠齐,然后用钢丝绳绑结实,防止运输过程中摆动、散架。卸车时,用两根爬杆搭于车厢板上,用棕绳兜住钻杆,慢慢向下滚向场地。如因条件许可需短距离拖拉时,必须将钻杆内外螺纹戴上护丝,方可用爬犁拖拉。

(4)钻杆摆放于场地上时,必须下加垫杠,垫杠高度一致,垫杠间距 4 ~ 5m,钻杆内螺纹端应朝向钻台并相互平行排成一条线,内螺纹端悬空长度不得大于 2m。

(5)钻杆应按级别、规范分别摆放在垫杠上,若需几层堆放时,每层中间应加两根垫杠,同层垫杠高度应一致,并与下层垫杠对齐,但钻杆排放最多不得超过 3 层。

(6)每钻完一口井后,由井队和管子站派专人仔细检查钻杆的螺纹及管体的情况,将好、坏钻具分别用油漆注明并分别摆放,以便管子站回收。完好钻具应将螺纹涂上润滑油脂,无论好坏钻具都不得浸泡在水和钻井液中。

(7)凡是成套钻具,无论好坏都不移作它用(如做垫杠、接管线)。钻具收发由专人负责,未经场地管理人员同意,任何人不得乱动场地钻具。

(8)钻杆下井前首先要丈量长度,同时按顺序将钻杆单根并根据二层台高度选配成立柱,按下井顺序编号排放整齐,用油漆将长度及顺序标在钻杆管体上,并按上下将其钻杆单根长度记在钻具记录本上。

(9)钻杆入井前首先应摘去护丝,检查台肩及螺纹有无损伤,若在有效螺纹段内磨秃、粘扣或碰伤 3 扣以上,或发生断扣(伤痕深度大于 1/2 扣深),要重新车扣。若接头螺纹台肩不平,垂直偏差超过 0. 15mm,要重新车修,不得入井,如螺纹完好,应清洗后涂抹螺纹脂。

(10)钻杆上、下钻台要戴好护丝。

(11)不允许在钻杆上对其他物件进行氧焊或电焊操作,严防损伤管体或接头。

(12)不许将撬杠插入钻杆内螺纹接头内上抬或进行其他作业,防止损伤内螺纹接头螺纹。若需插入撬杠上抬钻杆,必须事先将内螺纹护丝戴上,方可进行上抬作业。

(13)每打完一口井必须检查钻杆本体,检查方法:分别从钻杆两端,配合滚动,平视钻杆是否弯曲,同时观察钻杆本体是否有明显伤痕。

(14)每打完一口井必须检查螺纹,方法是将螺纹清洗后,转动钻杆观察内外螺纹,同时观察钻杆水眼是否畅通、清洁。

(二)钻杆的丈量

钻杆丈量方法如图 1 – 34 所示。

三、钻铤

(一)钻铤摆放、保养、检查

(1)凡井场钻铤应按级别、规范分别摆放在两根垫杠上面,不得直接放在泥地上或浸泡在泥水中。

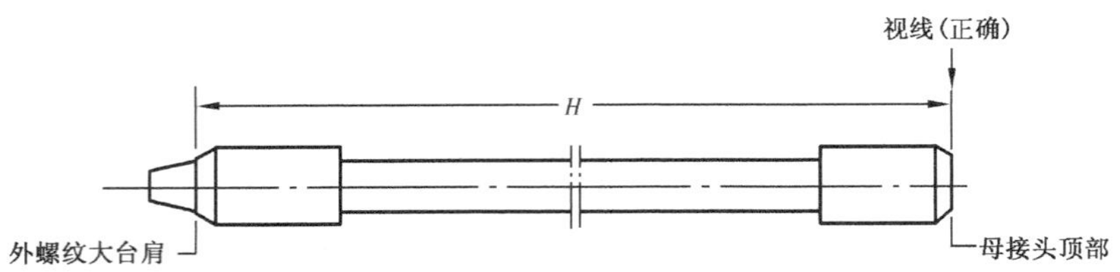

图 1-34　钻杆丈量

(2)摆放时,钻铤内螺纹端朝向钻台排成一条线,并且一律单层排放。

(3)拉钻铤上钻台必须接上提升短节,内螺纹端上提升短节时,首先要将内螺纹用钢丝刷刷干净,然后涂抹螺纹脂。外螺纹端要戴好护丝,严防碰伤螺纹及其台肩。

(4)拉运到井场的新钻铤,在场地上应用相配合的接头"三上三卸"进行磨扣,以消除加工毛刺。

(5)每打完一口井,应对钻铤粗扣采用永久磁铁探伤法检验一次,若发现粗螺纹裂纹的长度大于 3mm,就应采取赶扣的方法进行修复。

(6)每打完一口井,发现螺纹断扣,要重新车扣;螺纹部分有 3 扣以上粘扣或碰伤(在圆周方向大于 10mm,伤痕深度大于 1/2 扣深)的要重新修扣;在有效螺纹段内,磨秃 3 扣以上要重新车扣,否则不得重新下入井内。凡发现有上述问题的钻铤,必须用白漆标上记号,以便处理。

(二)钻铤丈量

钻铤丈量方法如图 1-35 所示。

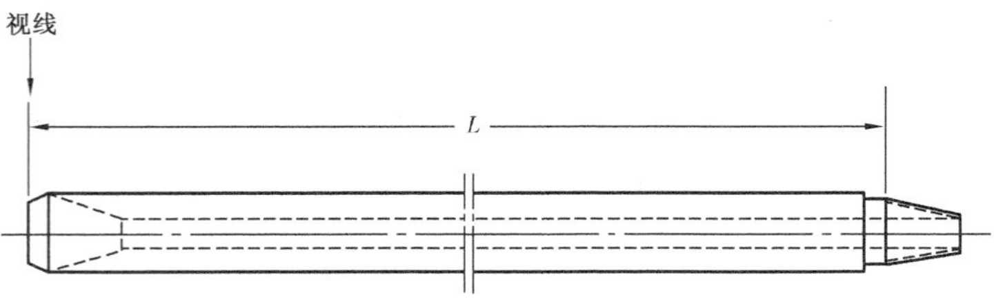

图 1-35　钻铤长度丈量

四、接头

现场上测量接头(图 1-36)的长度一般用 1~2m 的钢卷尺,1 人进行测量。测量接头长度时,应将接头平放于垫板上。

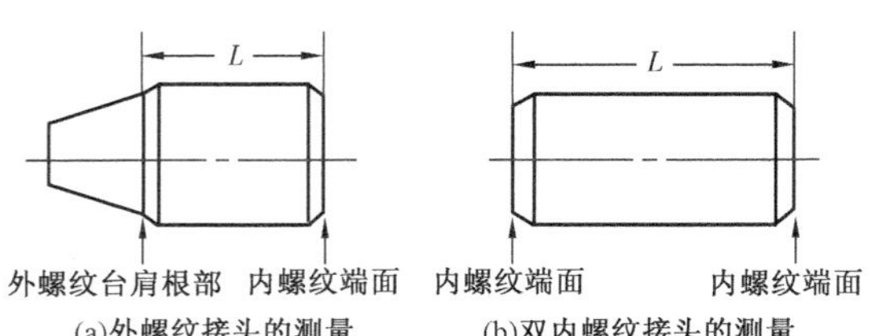

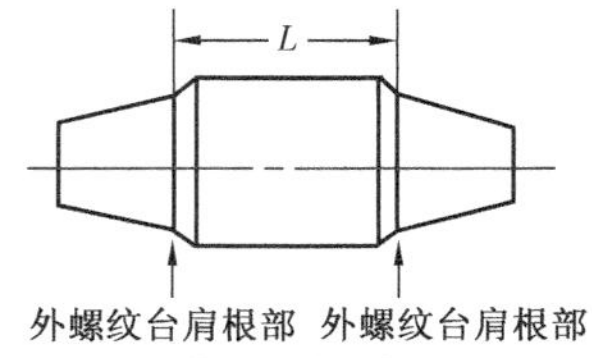

图 1-36　接头测量

第二章　钻进参数优选

在钻井过程中，钻进速度（简称钻速）、成本和质量受多种因素的影响和制约，包括可控因素和不可控因素。可控因素是指通过一定的设备和技术手段可进行人为调节的因素，如钻头类型、钻井液类型和性能、钻压、转速、泵压、排量等；不可控因素是指客观存在的因素，如所钻的地质条件、岩性、井深、钻机设备等。

第一节　机械破岩参数优选

钻进参数优选是指在充分认识钻井的客观规律、分析和处理大量钻井数据和资料的基础上，用最优化数学理论建立钻井模型，科学合理地选择钻进参数（可控因素），从而使钻进过程中达到最优的技术经济指标的工艺技术。

一、影响钻进速度的主要因素

（一）钻压对钻速的影响

钻压的大小决定了牙齿吃入岩石的深度和岩石破碎体积的大小，钻压是影响钻速的最直接和最显著的因素之一。在其他钻进条件不变的情况下，钻压与钻速的关系如图 2－1 所示。

钻压在较大的范围内与钻速是近似线性关系的。在 A 点之前，钻压太低，钻速很慢。在 B 点之后，钻压过大，岩屑量过多，甚至牙齿完全吃入地层，井底净化条件难以改善，钻头磨损也会加剧；钻压增大，钻速改进效果并不明显，甚至效果变差。因而，实际应用中以图 2－1 中的直线段为依据建立钻压与钻速的定量关系：

$$v_{pe} \propto (W - M_0) \qquad (2-1)$$

式中　v_{pe}——机械钻速，m/h；

W——钻压，kN；

M_0——门限钻压，kN。

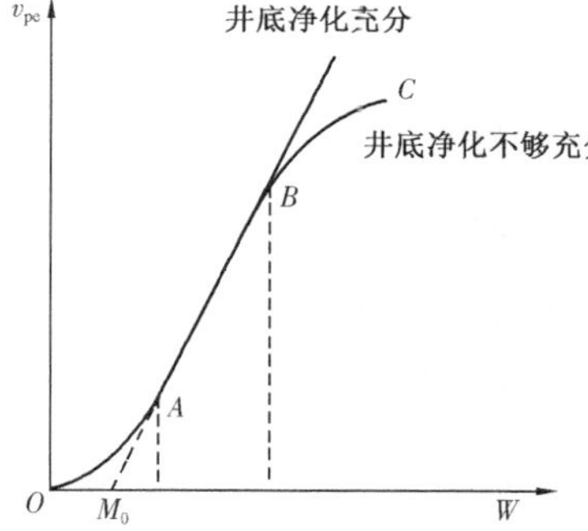

图 2－1　钻压与钻速的关系曲线

门限钻压是 AB 线在钻压轴上的截距，相当于牙齿开始压入地层的钻压，其值的大小主要取决于岩石性质，并具有较强的地区性，不同地区的门限钻压不可以相互引用。

（二）转速对钻速的影响

在软地层，钻速与转速成正比；在硬地层，转速增大后钻速的增长变慢，是以指数关系变化的。其原因是转速提高后，钻头工作刃与岩石接触时间缩短，每次接触时的岩石破碎深度减少。在钻压和其他钻井参数保持不变的条件下，转速与钻速的关系曲线如图 2－2 所示，其数学表达式为：

$$v_{pe} \propto n_r^{\lambda} \qquad (2-2)$$

式中　v_{pe}——钻速,m/h;

n_r——转速,r/min;

λ——转速指数,0.4～1.0。

(三)牙齿磨损对钻速的影响

钻进过程中,钻头在破碎地层岩石的同时,其牙齿也受到地层的磨损。随着钻头牙齿的磨损,钻头工作效率将明显下降,钻进速度也将随之降低。若钻压、转速保持不变,则钻速与牙齿磨损关系曲线如图2－3所示。其数学表达式为:

$$v_{pe} \propto \frac{1}{1 + C_2 h_f} \tag{2-3}$$

式中,C_2称为牙齿磨损系数,与钻头齿形结构和岩石性质有关,它的数值需由现场数据统计得到;h_f为牙齿磨损量,以牙齿的相对磨损高度表示,即磨损掉的高度与原始高度之比,新钻头时$h_f=0$,牙齿全部磨损时$h_f=1$。

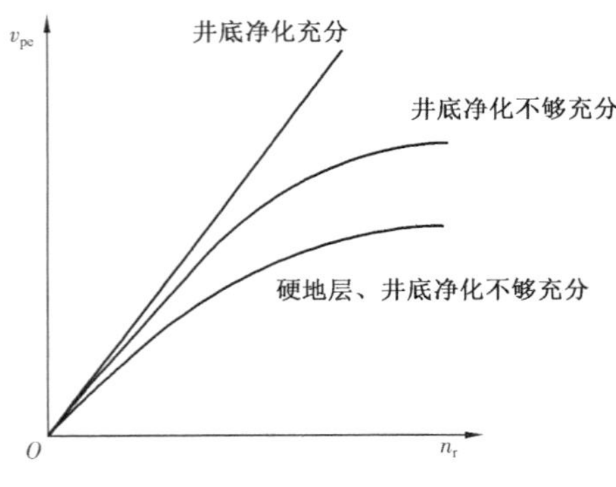

图2－2　转速与钻速的关系曲线

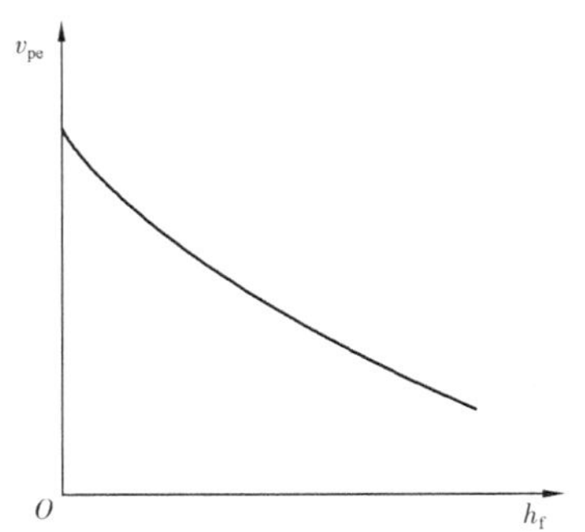

图2－3　牙齿磨损与钻速的关系曲线

(四)水力因素对钻速的影响

在钻进过程中,及时有效地把钻头破岩产生的岩屑清离井底,避免岩屑的重复破碎,是提高钻速的一项重要手段。井眼净化是通过钻头喷嘴所产生的钻井液射流对井底的冲洗来完成的。表征钻头及射流水力特性的参数统称为水力因素。水力因素的总体指标通常用井底单位面积上的平均水功率(称为比水功率)来表示。井底比水功率与钻速的关系曲线如图2－4所示。一定的钻速,意味着单位时间内钻出一定量的岩屑,需要一定的水力功率才能完全清除,低于这个水功率值,井底净化就不完善,实际钻速比净化完善时的钻速低。水力净化能力通常用水力净化系数C_H表示,其含义为实际钻速与净化完善时的钻速之比,即:

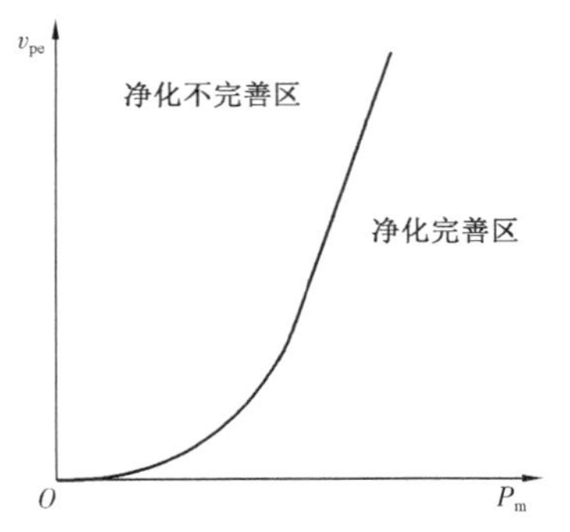

图2－4　井底比水功率与钻速的关系曲线

$$C_H = \frac{v_{pe}}{v_{pej}} = \frac{P_m}{P_{mj}} \tag{2-4}$$

式中 C_H——水力净化系数；

v_{pej}——净化完善时的钻速，m/h；

P_m——实际比水功率，kW/cm^2；

P_{mj}——净化完善时所需要的比水功率，kW/cm^2。

应注意，式(2-4)中的 C_H 值应小于或等于1，即当实际水功率大于净化所需的水功率时，仍取 $C_H=1$。其理由是，井底已经达到完全净化后，再提高水功率也不会由于井底净化原因而进一步提高钻速。

水力因素对钻速的影响还表现为另外一种形式，就是水力能量的破岩作用。当水力功率超过井底净化所需的水功率后，机械钻速仍有可能增加。水力破岩作用对钻速的影响主要表现为钻压与钻速关系中的门限钻压降低。

(五)压差对钻速的影响

压差是指井底压力与地层压力的差值。井底压差将使岩石强度增强并对岩屑产生压持效应，从而影响钻头破岩效率，使钻速降低。压差对钻速的影响关系可用式(2-5)来表示。

$$v_m = C_p \cdot v_o \tag{2-5}$$

式中，C_p 称为压差影响系数，其取值范围为 $0 < C_p \leqslant 1$。压差越大，则 C_p 值越小，实际钻速就越低。当压差趋于0时，C_p 趋于1，此时钻进速度为最高值，这也说明了平衡压力钻井能提高钻速。

(六)钻井液性能对钻速的影响

钻井液性能对钻速的影响规律比较复杂，其复杂性不仅在于表征钻井液性能的各参数对钻速都有不同程度的影响，而且几乎不可能在改变钻井液某一性能参数时不影响其他性能参数的变化。因此，要单独评价钻井液某一性能对钻速的影响相当困难。

1. 钻井液密度对钻速的影响

钻井液密度对钻速的影响主要表现为井内液柱压力与地层孔隙压力之间的压差对钻速的影响。压差增加，钻速明显下降。其主要原因是井底压差对刚破碎的岩屑有压持作用，阻碍井底岩屑的及时清除，影响钻头的破岩效率。

2. 钻井液黏度对钻速的影响

在一定的地面功率条件下，钻井液黏度的增大，将会增大钻柱内和环空的压降，使井底压差增大，并使井底钻头获得的水功率降低，从而使钻速减小。

3. 钻井液固相含量及其分散性对钻速的影响

钻井液固相含量、固相的类型及颗粒大小对钻速有很大影响。图2-5是固相含量对钻井指标的影响曲线。由此图可见，钻井液固相含量对钻速和钻头消耗量都有严重的影响。因此，应严格控制固相含量。一般应采用固相含量低于4%的低固相钻井液。

固体颗粒的大小和分散度也对钻速有影响。试验证明，钻井液内小于1μm的胶体颗粒越多，它对钻速的影响就越大。图2-6是固体颗粒分散性对钻速影响的对比曲线。由此图可见，固相含量相同时，分散性钻井液比不分散性钻井液的钻速低。固相含量越少，两者的差别越大。为了提高钻速，应尽量采用低固相、不分散钻井液。

（七）钻速方程

在以上分析各因素对钻速影响规律的基础上，可以把各影响因素归纳在一起，建立钻速与钻压、转速、牙齿磨损、压差和水力因素之间的综合关系式：

$$v_{pe} \propto (W - M_0) n_r^{\lambda} \frac{1}{1 + C_2 h_f} C_p C_H \tag{2-6}$$

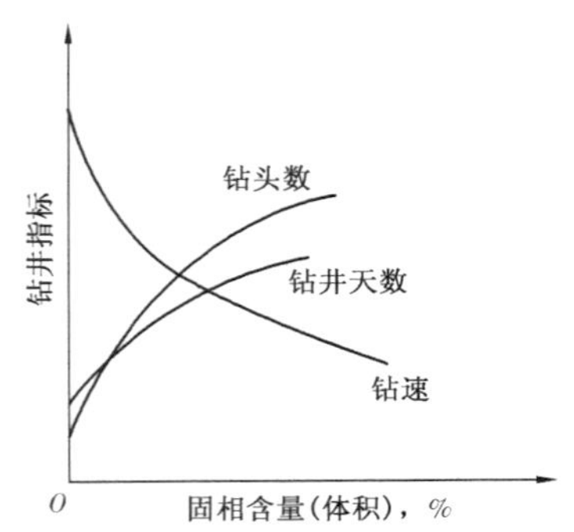

图 2-5 固相含量对钻井指标的影响

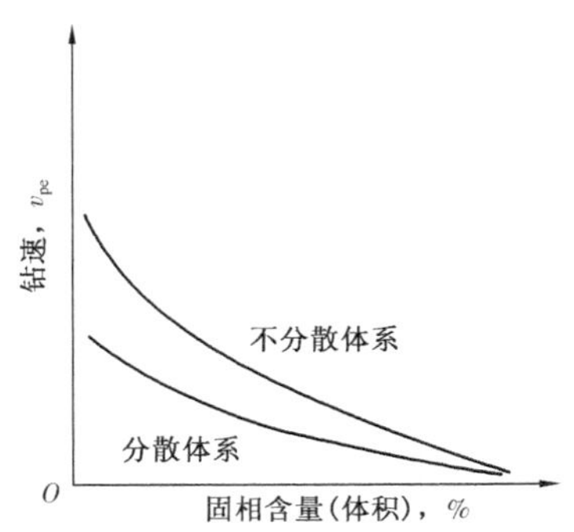

图 2-6 固体颗粒分散性对钻速的影响

引入一个比例系数 K_R，可将式（2-6）写成等式形式的钻速方程：

$$v_{pe} = K_R(W - M_0) n_r^{\lambda} \frac{1}{1 + C_2 h_f} C_p C_H \tag{2-7}$$

式中，K_R、λ、C_2、C_H、C_p、h_f为常量。

式（2-7）称为修正的杨格模式。式中的比例系数通称为地层可钻性系数。实际上 K_R值包含了除钻压、转速、牙齿磨损、压差和水力因素以外其他因素对钻速的影响，它与地层岩石的机械性质、钻头类型以及钻井液性能等因素有关。在岩石特性、钻头类型、钻井液性能和水力参数一定时，式（2-7）中的 K_R、λ、C_2、M_0都是固定不变的常量，可通过现场的钻进试验和钻头资料确定。

二、钻头磨损

钻进过程中，钻头在破碎岩石的同时，本身也在逐渐地磨损、失效。分析研究影响钻头磨损的因素以及钻头的磨损规律，对钻进参数优选，使钻进过程中达到最优的技术经济指标具有重要意义。牙轮钻头磨损形式主要是钻头牙齿的磨损、钻头轴承的磨损和钻头直径的磨损。

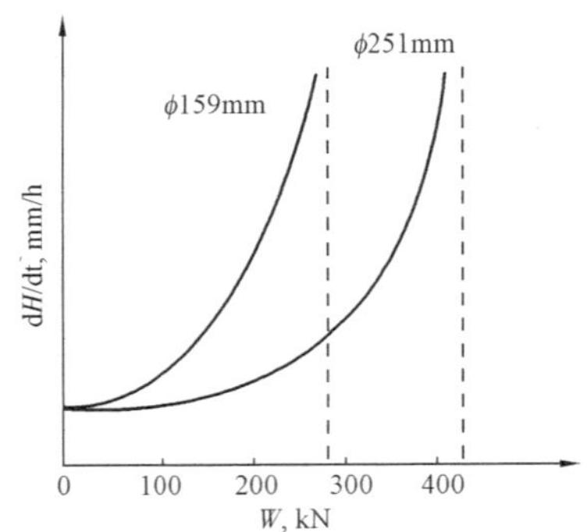

图 2-7 不同直径的钻头牙齿磨损速度与钻压的关系曲线

（一）钻头牙齿的磨损

钻头牙齿的磨损主要与钻压、转速、地层以及牙齿自身的状况等因素有关。

1. 钻压对牙齿磨损速度的影响

不同直径的钻头牙齿磨损速度与钻压的关系曲线如图 2-7 所示，其关系式为：

$$\frac{dH}{dt} \propto \frac{1}{Z_2 - Z_1 W} \tag{2-8}$$

式中，Z_1与Z_2为钻压影响系数，其值与牙轮钻头尺寸有关。当钻压等于Z_2/Z_1时，牙齿的磨损速度无限大，说明Z_2/Z_1的值是该尺寸钻头的极限钻压。

2. 转速对牙齿磨损速度的影响

钻压一定时，增大转速，牙齿的磨损速度也将加快。转速与牙齿磨损速度的关系如图2－8所示。其关系表达式为：

$$\frac{dH}{dt} \propto (a_1 n_r + a_2 n_r^3) \tag{2-9}$$

式中，a_1，a_2为钻头类型决定的系数。

3. 牙齿磨损状况对牙齿磨损速度的影响

钻头牙齿都是顶面积小，底面积大的梯形、锥形或球形齿。牙齿的工作面积随着齿高的磨损将不断增加，因此当各种钻进参数不变时，牙齿的磨损速度也将随着齿高的磨损而下降，齿高磨损量与牙齿磨损速度的关系如图2－9所示。其关系表达式为：

$$\frac{dH}{dt} \propto \frac{1}{1 + C_1 H} \tag{2-10}$$

式中，C_1称为牙齿磨损减慢系数，与钻头类型有关。C_1的物理意义是当牙齿全部磨损时，牙齿磨损速度相对于新钻头磨损速度的倍数。

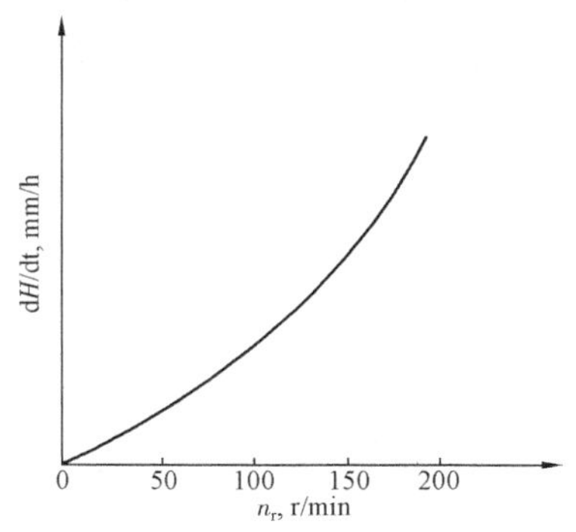

图2－8　转速与牙齿磨损速度的关系

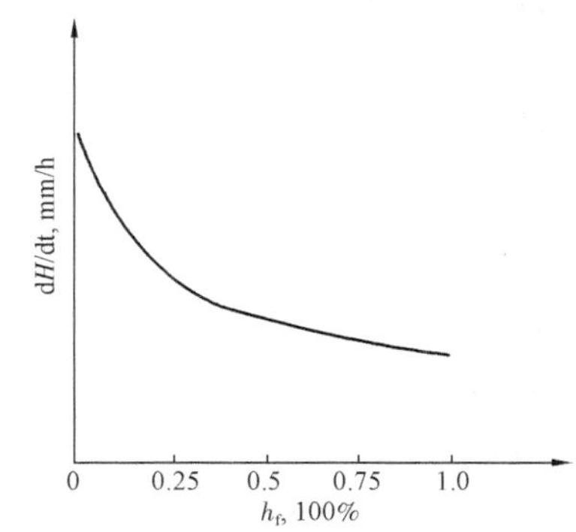

图2－9　齿高磨损量与牙齿磨损速度的关系

根据上述各关系式可建立牙齿磨损速度与各影响因素的综合关系式：

$$\frac{dH}{dt} \propto \frac{a_1 n_R + a_2 n_R^3}{(Z_2 - Z_1 W)(1 + C_1 H)} \tag{2-11}$$

在式(2－11)中，引入一个比例系数A_f，可将式(2－11)写成等式形式的牙齿磨损速度方程：

$$\frac{dH}{dt} = \frac{A_f(a_1 n_r + a_2 n_r^3)}{(Z_2 - Z_1 W)(1 + C_1 H)} \tag{2-12}$$

式中，A_f为地层研磨性系数，需要根据现场钻头资料统计计算确定。

（二）钻头轴承的磨损

牙轮钻头轴承的磨损量用 b_f 表示。新钻头时，$b_f=0$；轴承全部磨损时，$b_f=1$。钻头轴承的磨损速度主要受到钻压、转速等因素的影响，研究表明，轴承的磨损速度与钻压的 1.5 次幂呈正比关系，与转速呈线性关系。轴承的磨损速度方程可表示为：

$$\frac{\mathrm{d}B}{\mathrm{d}t}=\frac{1}{b}W^{1.5}n_r \tag{2-13}$$

式中，b 为轴承工作系数，与钻头类型及钻井液性能有关，应由现场实际资料确定。

（三）钻头直径的磨损

钻头直径磨损以钻头直径直接磨损量表示，单位 mm。中国石油天然气行业标准《钻头使用基本规则和磨损评定方法》（SY/T 5415—2003）规定，钻头直径的磨损用字母及数字混合编码来表示。I 表示直径无磨损，1 表示磨损 1mm，2 表示磨损 2mm，以此类推；磨损量在两数值之间时，应取较大数值。钻头直径的磨损主要受钻压、转速、地层等因素的影响，当直径磨损到一定数值时，要及时更换钻头，以免产生缩径。

三、建立目标函数

机械破岩参数优选的目的是寻求一定的钻压、转速参数配合，使钻进过程达到最佳的技术经济效果。首先需要确定一个衡量钻进技术经济效果的标准，并将各参数对钻进过程影响的基本规律与这一标准结合起来，建立钻进目标函数。然后，运用最优化数学理论，在各种约束条件下，寻求目标函数的极值点。满足极值点条件的参数组合，即为钻进过程的最优机械破岩参数。衡量钻井整体技术经济效果的标准有多种类型。目前，一般都以单位进尺成本作为标准。其表达式为：

$$C_u=\frac{C_b+C_r(t+t_r)}{F_b} \tag{2-14}$$

式中 C_u——钻井直接成本，元/m；

C_b——钻头成本，元/只；

C_r——钻机作业费，元/h；

t——钻头工作时间，h；

t_r——起下钻、接单根时间，h；

F_b——单只钻头总进尺，m。

式（2-14）中钻头进尺和钻头工作时间与钻进过程中所采用的各参数有关。

描述钻进过程基本规律的钻速方程和钻头磨损方程，是在一定条件下通过试验和数学分析处理得到的。方程中的地层可钻性系数（K_R）、门限钻压（M_0）、转速指数（λ）、牙齿磨损系数（C_2）、岩石研磨性系数（A_f）和轴承工作系数（b）与钻井的实际条件和环境有密切关系，可以根据实际钻井资料分析确定。含有 5 个变量（W、n_r、h_f、C_H、C_p）的目标函数为：

$$C_u=\frac{C_r\left[\dfrac{t_E A_f(a_1 n_r+a_2 n_r^3)}{(Z_2-Z_1 W)}+h_f+\dfrac{C_1}{2}h_f^2\right]}{C_p C_H K_R(W-M_0)n_r^{\lambda}\left[\dfrac{C_1}{C_2}h_f+\dfrac{C_2-C_1}{C_2}\ln(1+C_2 h_f)\right]} \tag{2-15}$$

其中
$$t_E = \frac{C_b}{C_r} + t_t$$

式中，t_E 为钻头与起下钻成本的折算时间。当钻头成本与钻机作业费一定时，它仅与起下钻时间有关，而与各钻进参数无关。

四、优选钻进参数

钻进过程中的机械破岩参数主要包括钻压和转速。机械破岩钻进参数优选的目的是寻求一定的钻压和转速参数配合，使钻进过程达到最佳的技术经济效果。钻进参数优选的目的是确定使进尺成本最低的各有关参数。

（一）目标函数的极值条件和约束条件

在钻进目标函数中包括 5 个变量，即 W、n_r、h_f、C_H、C_p。由 C_p和 C_H在函数表达式中所处的位置可以发现，为使钻进成本最低，C_p和 C_H的值应尽量增大。但按这两个系数的定义，其最大值只能取 1。故在钻井实践中，为使成本最低，C_p和 C_H的值应尽量等于 1。

在确定了 C_p和 C_H的最优取值以后，式(2－15)中 W、n_r、h_f3 个变量在实际工况限制下所确定的取值范围，即为目标函数的约束条件，归纳起来可用以下 4 组不等式描述：

$$\begin{cases} 0 \leqslant h_f \leqslant 1 \\ 0 \leqslant b_f \leqslant 1 \\ M_0 < W < Z_2/Z_1 \qquad (M_0 > 0) \\ 0 < W < Z_2/Z_1 \qquad (M_0 < 0) \\ n_r > 0 \end{cases} \tag{2-16}$$

凡不能同时满足以上约束条件的钻进参数组合，都是不可行的。另外，在以上 4 组不等式中，有关轴承磨损量的不等式似乎不直接与目标函数有关，但对于同一个钻头，其工作寿命同时是轴承磨损量和牙齿磨损量的函数。轴承磨损的约束条件可由相对应的牙齿磨损量表示。令轴承的最后磨损量为 b_f，由牙齿磨损方程式(2－12)和轴承磨损方程式(2－13)可得牙齿最终磨损量 h_f和轴承最终磨损量 b_f时的钻头工作时间 t_{bf}分别为：

$$t_{bf} = \frac{(Z_2 - Z_1 W)}{A_f(a_1 n_r + a_2 n_r^3)}\left(h_f + \frac{C_1}{2}h_f^2\right)$$

$$t_{bf} = \frac{b b_f}{n_r W^{1.5}}$$

对同一个钻头，牙齿和轴承的工作时间相同。因此，由以上两式可得：

$$b_f = \frac{(Z_2 - Z_1 W) n_r W^{1.5}}{A_f(a_1 n_r + a_2 n_r^3) b}\left(h_f + \frac{C_1}{2}h_f^2\right) \tag{2-17}$$

（二）钻头最优磨损量、最优钻压和最优钻速

目标函数、极值条件和约束条件确定后，就可以通过最优化数学方法，求解出在约束条件

限定范围内，使钻头钻井成本最低的一组最优钻压、最优转速和最优钻头磨损量组合。但由于其数学推导和计算过程十分复杂，这里从略，需要时可查阅有关参考书。

1. 钻头最优磨损量

对于一只在一定钻压、转速条件下工作的钻头，钻头磨损到什么程度时起钻，钻井成本最低，这就是求最优磨损量的问题。钻进成本函数要受式(2－16)和式(2－17)的限制，凡超出约束范围的最优磨损量是不可取的，这时只能用钻头牙齿或轴承的极限磨损量作为最优磨损量。

2. 最优转速和最优钻压

优选最优转速和钻压时，最大钻压 W_{max} 或最大转速 N_{max} 不得超过钻头厂家推荐值(W_{ra} 或 n_{ra})。最优钻压 W_{pot} 与最优转速 N_{pot} 的乘积应小于钻头厂家推荐的钻压与转速乘积的允许值，即($W_{pot}N_{pot}$) < ($W_{ra}n_{ra}$)。

在 $W—n_r—h_f$ 三维约束条件范围内，任取一对钻压和磨损量的值，都可以找到一个使钻进成本最低的转速，此转速即为所取钻压和磨损量时的最优转速。

与最优转速的特点相似，在 $W—n_r—h_f$ 三维约束条件范围内，任取一对转速和磨损量值，都可以求得一个使钻进成本最低的最优钻压。所确定的钻压还应符合井眼轨迹控制的要求。

计算机技术的广泛应用，为钻井设计和钻进参数优选提供了现代化手段。在实际工作中，一般都是根据邻井或同一口井上一个钻头的资料，先确定牙齿或轴承的合理磨损量，然后根据钻机设备条件确定转速的允许范围，最后应用计算机程序求出不同钻压、转速配合时的钻进成本，优选最优钻压、转速配合。

第二节　水力参数优化设计

钻井水力参数设计是国外 20 世纪 60 年代钻井技术革命的一项重要成果，是快速钻井技术发展的里程碑。由于这种钻井方式具有高泵压、钻头喷嘴喷射速度高的特点，故称为高压喷射钻井技术。

喷射钻井技术是以大功率钻井泵、高性能喷射式钻头、优质钻井液和完善的钻井液固相控制为保证，应用钻井水力学研究成果，充分利用钻井液通过喷射式钻头喷嘴所形成的高速射流的水力作用，达到提高机械钻速的钻井工艺技术。其要点就是合理地使用机泵条件，优化水力参数，充分发挥水力能量，以达到提高钻速、保护油气层、降低钻井成本目的的钻井技术。

我国喷射钻井技术始于 20 世纪 60 年代。1978 年以来，各油田开展喷射钻井技术，取得了明显效果。

我国喷射钻井技术发展可归结为三个阶段，其特点和参数见表 2－1。

表 2－1　我国喷射钻井技术三个阶段的特点和参数(216mm 井眼)

阶段	泵压 MPa	喷速 m/s	钻压 kN	排量 L/s	喷嘴直径 mm×只	机械钻速 m/h	钻 1 口 3100m 井时间 d
一	10～12	95～105	130～140	36～32	11×3	6	32
二	14～15	125	150～160	28～26	10×3	10	23
三	18～20	145～165	180～200	24～20	9×3	14	14.5

一、喷射钻井技术的工作原理

(一)喷射钻井技术的特点

喷射钻井技术的实质,就是在一定的机泵条件、钻具结构、井身结构等条件下,按井段优选排量和喷嘴直径,在较高的泵压下,使钻井泵的水功率充分发挥和合理分配,即钻头压力降或钻头水功率占总泵压或泵功率的一半以上。

喷射钻井技术与普通钻井技术相比,有"三大"(钻头水功率大、喷速大、射流冲击力大)、"三小"(排量小、喷嘴直径小、上返流速小)、"三高"(钻头压降高、泵压高、泵水功率高)、"两合理"(压力分配比和水功率分配比合理)的特点。

喷射钻井技术的基本衡量指标是:泵压要大于 20MPa;喷嘴直径要小于 12mm;喷速要大于 100m/s;上返流速为:上部井段小于 1.2m/s,下部井段小于 1.0m/s。一般喷射钻井技术的泵压为 20 ~25MPa。

(二)影响井底净化的主要因素

在钻进过程中,及时把钻头破碎的岩屑携带到地面是安全、快速钻进的重要条件之一。否则,钻头将重复破碎这些岩屑,会造成钻头磨损加剧,钻头齿泥包,机械钻速下降,钻井液密度、黏度升高,液柱压力增大,使井底岩石的抗压强度和围压增加,钻头破岩效率降低;还容易引发钻井事故,从而使钻井成本增加。

1. 井眼净化过程

将岩屑携带出井眼要经过两个过程,第一个过程是使岩屑离开井底进入环形空间;第二个过程是依靠钻井液上返将岩屑带到地面。多年研究和理论分析表明,第二个过程比较容易实现,而实现第一个过程却很不容易。

2. 压持效应

岩屑压持效应分静压持效应和动压持效应。静压持效应由井底过大的正压差产生,使井底岩屑难以离开井底进入环形空间上返。动压持效应是指钻井液循环时,由钻井液液柱压力和流动阻力产生的井底回压联合作用,造成井底流场不好,有涡流、流动"死区",使不少岩屑滞留在井底流场而不能进入环形空间。压持效应是造成重复破碎、影响机械钻速的主要原因。

解决静压持效应的办法一是降低井底过大的正压差;二是增大对井底的水力作用,造成井底动压力不均,使井底岩屑易被冲离井底。

(三)射流的结构和特性

喷射钻井与普通钻井的区别主要在于钻头喷嘴,钻井液在高压作用下,由钻头喷嘴喷出,产生一束高速射流,正是这束射流的水力作用使钻井速度大幅度提高。

按射流流体与周围流体介质的关系可分为淹没射流(射流流体的密度小于或等于周围流体的密度)和非淹没射流(射流流体的密度大于周围流体的密度);按射流的动力和扩展是否受到边界限制可分为自由射流(不受固体壁限制)和非自由射流(受固体壁限制)。喷射钻井的射流属淹没非自由射流。

1. 淹没非自由射流的结构与形状

钻井液由喷嘴喷出,呈锥形扩展,锥形面称为边界层,它将射流和周围介质分开。钻井液

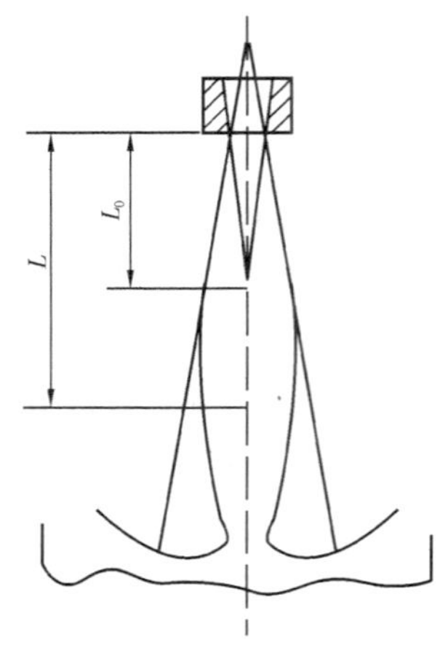

图 2－10　淹没非自由射流结构

流经喷嘴之后，射流直径和水力参数都发生了变化。其原因是由于射流在介质中受到了黏滞性和紊动性的影响，彼此之间进行了能量交换。结果使射流截面积增大，速度降低。在边界层，流速更小，甚至接近零。

由于受到井底和井壁的限制，射流射到井底后，形成扩散的上返液流。受返回液流的影响，井底附近的射流边界被迫压缩，由向外扩张变为逐渐向中心收缩，在接近井底处收缩成最小，形状如"梭"。淹没非自由射流结构如图 2－10 所示。

射流的扩散角表示射流的密集程度，它越小则射流密集性越高，能量越集中，射程越远。对于喷射钻井来说，扩散角越小越好。

2. 射流的速度分布

射流在喷嘴出口断面各点上的喷射速度是相同的，出口后受井筒内淹没钻井液和返回钻井液的巨大阻力，使射流的速度分布发生变化。

(1) 射流出口后，在一段长度内，中心部分的射流速度始终保持出口时的速度，称为等速核，长度用 L_0表示。该段射流称为初始段，超过初始段以后的部分称为基本段(L)。

(2) 在初始段，从等速核边界向外，速度很快降低，到射流边界时速度为零。

(3) 在基本段内，射流中心受到淹没钻井液和上返钻井液流的影响最小，所以速度最高。在任一截面上，轴线上速度最高，自中心向外速度很快降低，到射流边界速度为零。

(4) 从射流轴线上看，在初始段的轴线上，速度始终等于出口喷速。而基本段轴线上的速度随距喷嘴出口距离的增加而迅速降低。

等速核是射流能量最集中的部分，对喷射钻井来说，它越长越好。由于钻头结构上的原因，喷嘴距井底总是有一定的距离。当喷射距离一定时，等速核越长，则能量最集中的部分越接近井底，对井底的清洗效果和水力破岩作用就越好。

3. 射流的动压力分布

具有一定密度和速度的液体，在射流前进方向遇到障碍时，将会对障碍物作用一个冲击压力，这个压力就是射流的动压力。根据水力学原理，射流任一点的动压力与射流的速度和射流液体的密度有关，射流速度越高则动压力就越大。射流动力压力的分布规律与射流速度分布规律类似。

(四) 射流对井底的净化作用

1. 射流的冲击压力作用

射流的冲击压力在井底是极不均匀的。在射流冲击面积内动压力高，非冲击面积区域动压力低；在冲击面积内，中心处动压力高，冲击面积边缘动压力低；钻头的旋转又使井底本来就不均匀的动压力更不均匀。由于射流在井底极不均匀的动压力，使井底岩屑受力不均，产生翻转作用，克服了岩屑压持效应而跳离井底。

射流的冲击压力越大，井底的动压力就越不均匀，井底岩屑受到的力矩作用就越大，射流冲击面积内的井底岩屑越易被冲离井底，如图 2－11 和图 2－12 所示。

2. 漫流的横推作用

在井底只有部分面积承受较大的冲击压力作用，分布在其余面积上的井底岩屑靠射流在井底产生的漫流清除。

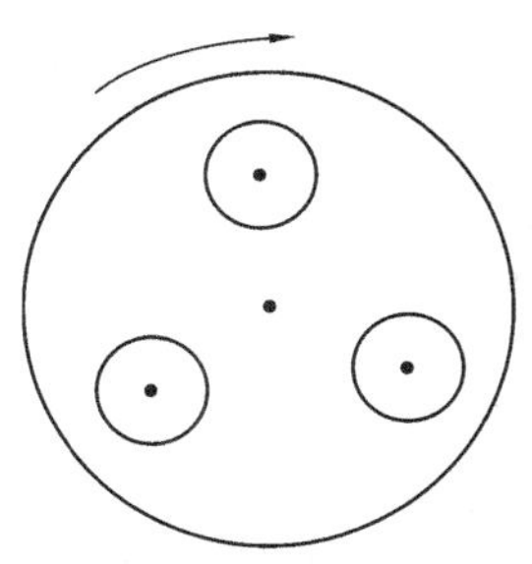

图 2－11　射流冲击面积

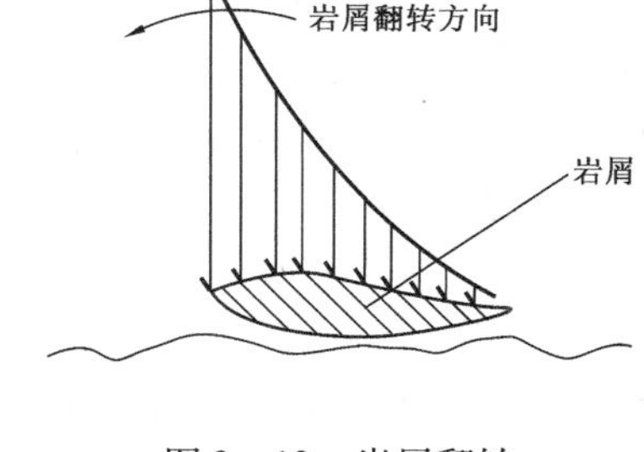

图 2－12　岩屑翻转

射流冲击井底后，钻井液便从冲击中心向四周以很高的流速横向流动，这就是所谓的漫流。漫流是一种平行于井底并对井底遮盖很好的液流层。漫流速度纵向分布如图 2－13 所示。

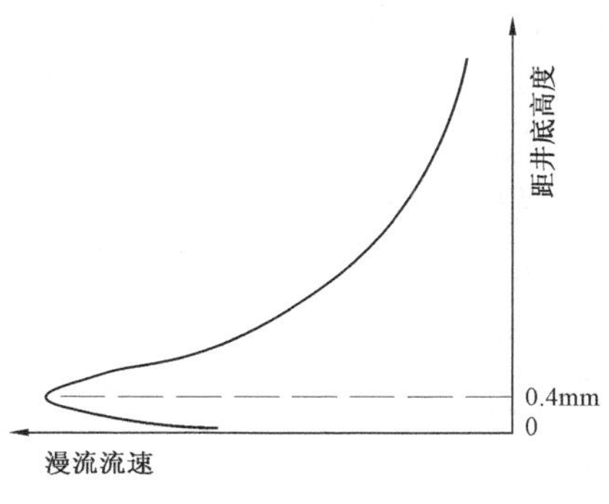

图 2－13　漫流速度纵向分布

具有很高速度的井底漫流，将产生一个很大的横向推力，从而使岩屑迅速离开井底，这就是漫流对井底的净化机理。由于漫流几乎布满整个井底，所以井底的净化在很大程度上是依靠漫流来完成的。

实践证明，漫流流速与射流喷速和射流流量有紧密关系，可以通过增大喷速和减少喷距来提高漫流流速。

（五）射流的破岩作用

高压射流除了具有对井底的净化作用外，射流的破岩作用也是喷射钻井提高机械钻速的原因。

1. 射流的直接水力破岩作用

喷射钻井实践证明，当钻井液射流的水功率足够大时，高压、高速的钻井液射流同样可以把井底岩石破碎。在岩石强度较低的地层钻进时，射流的冲击压力超过地层岩石的破碎压力，射流就能直接破碎岩石，这在软地层和浅层钻进中效果特别明显。

2. 射流的辅助破岩作用

在岩石强度较高的地层钻进，钻头破碎井底岩石时，其下面的基岩会出现微裂缝，高压射流流体挤入基岩微裂缝形成水楔使裂缝扩大，从而使岩石强度降低，提高钻头的破碎效率。

二、喷射钻井的水力参数

为了实现喷射钻井技术，在钻井的设计与施工中，要对射流进行定量设计和计算。

（一）喷射钻井的射流水力参数

射流水力参数包括钻井液从钻头喷出时的喷射速度、水力冲击力和射流水功率。

从衡量射流对井底的清洗效果和水力破岩的作用来看，应该计算射流到达井底时的水力参数。但是，在同一个截面上，射流速度分布和动压力分布是不均匀的，并且沿着射流轴线方向变化。所以,在工程上选择钻头各喷嘴射流出口的总断面(即当量钻头喷嘴直径 d_{en} 的面积)进行水力参数计算,即计算钻头各喷嘴射流出口总的断面处的喷速、冲击力和水功率。

1. 钻头喷射速度

钻头喷嘴出口处的射流速度称为钻头喷射速度,其表达式为:

$$v_j = \frac{10Q}{A_{no}} \tag{2-18}$$

如果三等径喷嘴,则 $A_{no} = \frac{3\pi}{4}d_n^2$;如果各喷嘴直径不同,使用当量钻头喷嘴直径,即:

$$d_{en} = \sqrt{d_1^2 + d_2^2 + \cdots + d_n^2}$$

式中 v_j——钻头喷射速度,m/s;

Q——通过钻头喷嘴的钻井液流量(钻井泵排量),L/s;

A_{no}——钻头喷嘴出口截面积,cm^2;

d_n——喷嘴直径,cm;

d_{en}——当量钻头喷嘴直径,cm。

2. 钻头射流冲击力

水力冲击力(F_j)是指当量喷嘴出口面积上射流总作用力的大小。根据动量原理,其表达式为:

$$F_j t = mv_j$$

$$F_j = \frac{mv_j}{t} = \rho_m Q v_j = \frac{10\rho_m Q^2}{A_{no}}$$

或

$$F_j = \frac{\rho_m Q^2}{100A_{no}} \tag{2-19}$$

式中 F_j——钻头喷嘴的射流冲击力,kN;

ρ_m——钻井液密度,g/cm^3。

3. 射流水功率

射流冲离井底岩屑清洗井底和破碎井底岩石是要消耗能量的,其实质上就是射流不断对井底做功的过程。单位时间内射流做功越多,清洗井底效果越好,破碎井底岩石效率越高。根据水力学原理,钻头当量喷嘴的射流水功率表达式为:

$$P_{bj} = \frac{0.05\rho_m Q^3}{A_{no}^2} \tag{2-20}$$

式中 P_{bj}——钻头当量喷嘴的射流水功率,kW。

(二)喷射钻井的钻头水力参数

当钻井液射流通过钻头喷嘴以后,由于喷嘴对钻井液流动有阻力,要损耗一部分能量,钻头水力参数既能反映射流的能量,也能反映喷嘴损耗的能量。钻头水力参数包括钻头压力降和钻头水功率。

1. 钻头压力降

钻头压力降是钻井液流过钻头喷嘴以后钻井液压力降低的值。如图 2－14 所示，钻井液流入喷嘴的断面为 1—1，流出喷嘴的断面为 2—2，在进、出断面上钻井液的压力和速度分别为 p_1、v_1 和 p_2、v_2，喷嘴高度为 H；根据水力学原理，进出断面的能量方程为：

$$H + \frac{p_1}{\rho_m g} + \frac{v_1^2}{2g} = \frac{p_2}{\rho_m g} + \frac{v_2^2}{2g} + h$$

式中，h 是钻井液流过喷嘴后的水头损失，以速度水头表示，g 为重力加速度，则：

$$h = \xi \frac{v_2^2}{2g}$$

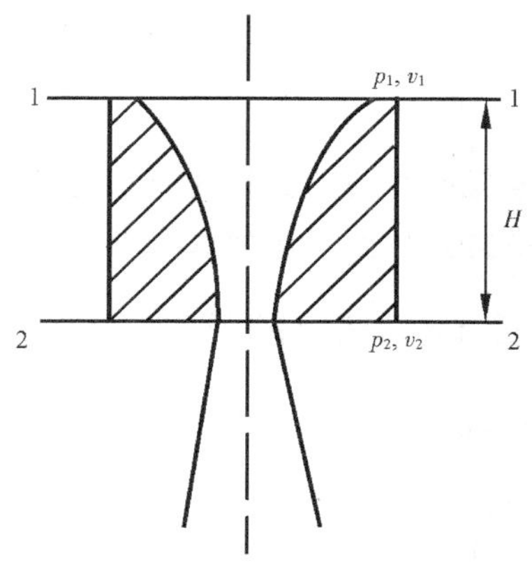

图 2－14　钻头压力降公式推导图

式中　ξ——喷嘴的阻力系数。

由于 H 很小可忽略不计。v_2 就是当量喷嘴的射流流速 v_j，在喷射钻井中 v_2 远远大于 v_1，所以 v_1 可忽略不计。经整理后得：

$$\Delta p_b = \frac{0.05\rho_m Q^2}{C^2 A_{no}^2} \tag{2-21}$$

式中　Δp_b——钻头压降，MPa；

C——喷嘴流量系数，其值小于 1。

2. 钻头水功率

钻头水功率是指钻井液流过钻头时所消耗的水功率。钻头水功率的大部分变成射流水力参数，少部分则用于克服喷嘴阻力而做功。钻头水功率表达式为：

$$P_{bh} = \frac{0.05\rho_m Q^3}{C^2 A_{no}^2} \tag{2-22}$$

式中　P_{bh}——钻头水功率，kW。

3. 钻头水力参数与射流水力参数的关系

钻头水力参数与射流水力参数是两个不同的概念，后者是由前者转换而来的，在数值上两者也不相等。将式(2－22)与式(2－20)进行比较，可以得出：

$$P_{bj} = C^2 P_{bh} \tag{2-23}$$

钻头水力参数与射流水力参数之间相差一个系数。事实上 C^2 表示了喷嘴的能量转换效率。喷嘴的转换效率以 η_b 表示：

$$\eta_b = \frac{P_{bj}}{P_{bh}} = C^2 \tag{2-24}$$

钻头射流的另外两个参数，也可以用钻头水力参数来表示：

$$v_j = 20C\sqrt{\frac{5\Delta p_b}{\rho_m}} \tag{2-25}$$

$$F_j = 0.2A_{no}C^2\Delta p_b \tag{2-26}$$

从钻头水力参数和射流水力参数的关系可以看出，要提高射流水力参数，必须提高钻头水力参数并选用能量转换效率高的喷嘴。

三、喷射钻头的喷嘴

(一)喷嘴结构及其水力特性

喷射钻头的喷嘴是形成高速射流的关键元件。喷嘴结构是否合理，直接影响射流的质量，从而也决定了水力功率的利用率和喷射钻头的工作效率。

喷嘴的水力特性是指它形成的射流扩散角的大小、等速核长度以及流量系数的大小。从提高射流对井底的水力作用、改善井底净化条件出发，要求喷嘴具有较高的流量系数、较长的等速核和较小的射流扩散角。影响喷嘴射流水力特性的主要因素是喷嘴的结构。

1. 喷嘴的流量系数

喷嘴的流量系数的物理意义是实际流量与理论流量的比值。C 值越大，实际流量越接近理论流量，说明喷嘴阻力越小，损失的能量越小。由于实际流量总小于理论流量，所以 C 值总是小于 1 的。

2. 喷嘴结构对射流的影响

喷嘴结构主要包括喷嘴的流道形状、喷嘴高度和喷嘴直径。表 2－2 列举几种高效能喷嘴的水力特性与直角进口的喷嘴水力特性比较。

表 2－2　喷嘴水力特性比较

喷嘴形状	流量系数	射流扩散角,(°)	等速核长
直角进口喷嘴	0.663	—	—
椭圆形进口喷嘴	0.985	12	$5.4d_0$
圆弧形进口喷嘴	0.978	15	$4.8d_0$
双圆弧形进口喷嘴	0.96～0.98	—	$5.8d_0$
锥形流道喷嘴	0.963	8	$4.8d_0$
流线型喷嘴	0.972	8	$5.9d_0$
等变速型喷嘴	0.98	8	$5.9d_0$

3. 喷嘴的选用

喷嘴主要根据喷嘴的水力特性来选择，一般选择流量系数高、等速核长、喷嘴直径小的喷嘴，并且流道阻力小、流形好，对射流喷速有加速作用的高效喷嘴。

(二)喷嘴的布置

喷嘴的布置主要包括喷嘴的数量、位置、方向、尺寸匹配和喷距等几个方面。只要喷嘴布置合理，将会使液流形成一个良好的井底流场，从而有利于净化井底、提高钻速。

所谓井底流场是指钻头螺纹平面到井底之间的空间内钻井液的流动状态及其规律。井底流场的液流由喷嘴的下行射流、井底漫流和牙爪与井壁间的上返液流三部分组成。这三部分液流统称为井底水力冲洗系统。

试验研究表明，当喷嘴的数量及其布置方案不同时，所产生的井底流场也不同，岩屑在井底的运移方向、路线和距离也不相同，好的喷嘴布置方案应在井底产生一个好的井底流场，以便能够及时有效地净化井底。

1. 喷嘴出口距井底的高度

由前面分析可知，从理论上讲喷嘴出口距井底的距离一般应不大于等速核长度。另外，从尽量减少射流功率损耗的角度来看，也应尽量降低喷距。由于喷嘴加长，使流道形状设计、制造都比较困难，喷嘴材料的耐冲蚀问题也不好解决，因而缩短喷距受到一定限制。

2. 喷嘴的数量

实践证明，喷嘴数量减少，井底高压力区的压力增加，而低压力区的压力降低，使井底压力梯度增大，从而改善了井底的清洗条件，即射流水力参数随喷嘴数量的减少而提高。现场使用 2 个喷嘴比 3 个喷嘴对井底的净化效果要好，钻速提高明显。这是因为 3 个对称喷嘴所形成的三股射流在井底存在着严重干扰，使井底的漫流方向紊乱，速度降低，从而削弱了漫流的清岩能力。另外，由于三股射流的对称分布，在钻头腔体中心会造成“死区”，在井底流场部位会出现局部旋涡和回流现象，使部分已经离开井底的岩屑又返回井底，造成重复破碎。这不仅降低了井底的净化效率，而且也造成了钻头水力功率的无益损耗。

3. 喷嘴的布置

不对称井底流场不仅能使射流在井底的压力梯度增大，漫流的横扫作用增强，而且还能减少射流之间的相互干扰，减少以至消除井底流场的局部旋涡和回流现象，从而提高井底的净化效率和钻头水功率的利用率。与等径对称分布的喷嘴相比，喷嘴的不等径及非对称分布突出表现为钻速提高和钻头进尺增加。喷嘴的布置可分为以下三种：

(1)组合喷嘴：如三不等径喷嘴；两等径喷嘴(堵死 1 个喷嘴或用投球动态堵上 1 个喷嘴)；两不等径喷嘴。

(2)斜喷嘴：喷嘴的轴线与钻头中心线不在同一个铅垂面内，它不仅具有喷射角，还有超前角，使射流方向指向钻头旋转方向。这种钻头从净化效果来看，有其特殊的优越性。

(3)反喷嘴：将 1 个喷嘴反向安装，利用向上的射流在反喷嘴周围形成低压区，产生抽吸作用，将岩屑抽离井底。但这种反喷嘴的射流方向不易掌握，反喷嘴轴线与钻头轴线夹角过大会冲蚀井壁，夹角过小又会冲蚀钻铤或转换接头。这种喷嘴用得不多。

四、水力功率的传递

钻头水力参数——钻头压力降和钻头水功率是来自地面钻井泵的泵压和泵功率，靠循环钻井液来传递，任何能量在传递过程中都有损耗。

(一)水力功率传递的基本关系式

钻井液循环系统总体上可分为地面管汇、钻柱内、钻头喷嘴和环形空间四部分。泵压传递的基本关系式为：

$$p_p = \Delta p_g + \Delta p_{si} + \Delta p_a + \Delta p_b \tag{2-27}$$

式中　p_p——钻井泵压力，MPa；

Δp_g——地面管汇压耗,MPa;

Δp_{si}——钻柱内压耗,MPa;

Δp_a——环空压耗,MPa;

Δp_b——钻头压降,MPa。

根据水力学原理,水功率是压力和排量的乘积,钻井泵功率可用式(2-28)计算:

$$P_{po} = p_p Q \tag{2-28}$$

式中 P_{po}——钻井泵输出水功率,kW;

Q——钻井泵排量,L/s。

由于整个循环系统是单一管路,系统各处的流量相等。因此,泵水功率传递的基本关系式为:

$$P_{po} = P_g + P_{si} + P_a + P_{bh} \tag{2-29}$$

式中 P_g——地面管汇损耗水功率,kW;

P_{si}——钻柱内损耗水功率,kW;

P_a——环空损耗水功率,kW;

P_{bh}——钻头水功率,kW。

水力参数优选就是希望获得较高的钻头压力降和钻头水功率。因此,在泵压或泵水功率一定的条件下,要提高钻头压力降或钻头水功率,就必须降低地面管汇、钻柱内和环形空间这三部分的压力损耗(循环系统压耗)。

(二)循环系统压耗的计算

循环系统压耗的计算与钻井液的流变性、钻井液的流动状态以及循环系统的几何形状有关。钻井液是非牛顿流体,其循环系统各部分的几何形状不同,在同一排量下,各部分流态也不相同。而且,钻井过程中钻柱在井内是旋转的,钻井液在钻柱内和环空的流动并不是纯粹的轴向流动。所以,循环系统压耗的计算是一个非常复杂的问题。钻井液管内流动总是紊流,环空流动则可能是层流也可能是紊流,但考虑到循环系统压耗的主要组成部分是管内压耗,而环空压耗在数值上较小,整个循环系统全部按照紊流状态计算,在工程上是可以保证足够精度的。

在工程计算上进行了以下假设:(1)钻井液为宾汉流体;(2)钻井液循环系统各部分的流动均为等温紊流流动;(3)钻柱处于与井眼同心的位置;(4)不考虑钻柱旋转;(5)井眼为已知直径的圆形井眼;(6)钻井液是不可压缩的。

1. 压耗计算的基本公式

在以上假设条件下,根据水力学的基本方程,钻井液管内流动的沿程水头损失可表示为:

$$h = \frac{p_1 - p_2}{\rho_m g} = \xi \frac{v^2}{2g}$$

钻井液在循环管路中的流动压耗为:

$$\Delta p_L = p_1 - p_2 = \xi \frac{\rho_m v^2}{2}$$

实践证明，ξ 与管路长度 L 成正比，与管路的水力半径 r_w 成反比，与管壁的摩阻系数 f 成正比。于是可得：

$$\Delta p_L = \frac{f\rho_m L v^2}{2r_w} \tag{2-30}$$

根据水力半径的定义，水力半径等于过流截面积除以湿周。因而，对管内流，$r_w = d_i/4$；对环空流，$r_w = (d_h - d_p)/4$。循环系统管内流动和环空流动的压耗计算公式为：

对于管内流
$$\Delta p_L = \frac{0.2f\rho_m L v^2}{d_i} \tag{2-31}$$

对于环空流
$$\Delta p_L = \frac{0.2f\rho_m L v^2}{d_h - d_p} \tag{2-32}$$

式中 Δp_L——钻井液在管路压耗，MPa；

f——管路的水力摩阻系数；

L——管路长度，m；

d_i——管路内径，cm；

d_h——井眼直径，cm；

d_p——钻柱外径，cm；

v——管路平均流速，m/s。

2. 摩阻系数的确定

式(2-31)和式(2-32)中钻井液的密度、平均流速以及管路的几何尺寸都是容易确定的参数，而水力摩阻系数与流体的流型、流态、管壁粗糙度以及流体雷诺数等因素有关。通常由试验测定或根据由试验所得的经验公式进行计算。不同钻井管路条件下的摩阻系数计算式分别如下所示。

对于内平钻杆内部和钻铤内部：

$$f = 0.0265 \times \left(\frac{\mu_{pv}}{\rho_m d_i v}\right) \tag{2-33}$$

对于贯眼接头的钻杆内部：

$$f = 0.0295 \times \left(\frac{\mu_{pv}}{\rho_m d_i v}\right) \tag{2-33}$$

对于环形空间：

$$f = 0.0295 \times \left[\frac{\mu_{pv}}{\rho_m (d_h - d_p) v}\right] \tag{2-35}$$

式中 μ_{pv}——宾汉流体塑性黏度，Pa · s。

3. 循环系统压耗的计算公式

根据循环系统的实际情况，可导出循环系统各部分的压耗计算公式。

地面管汇压耗为：

$$\Delta p_g = 0.51655\rho_m^{0.8}\mu_{pv}^{0.2}\left(\frac{L_1}{d_1^{4.8}} + \frac{L_2}{d_2^{4.8}} + \frac{L_3}{d_3^{4.8}} + \frac{L_4}{d_4^{4.8}}\right)Q^{1.8} \tag{2-36}$$

钻杆内外压耗为：

$$\Delta p_p = \left[\frac{B}{d_{pi}^{4.8}} + \frac{0.57503}{(d_h - d_p)^3(d_h + d_p)^{1.8}}\right]\rho_m^{0.8}\mu_{pv}^{0.2}L_pQ^{1.8} \tag{2-37}$$

钻铤内外压耗为：

$$\Delta p_c = \left[\frac{0.51655}{d_{ci}^{4.8}} + \frac{0.57503}{(d_h - d_c)^3(d_h + d_c)^{1.8}}\right]\rho_m^{0.8}\mu_{pv}^{0.2}L_cQ^{1.8} \tag{2-38}$$

式中 Δp_c——钻铤内外压耗，MPa；

L_1, L_2, L_3, L_4——地面高压管线、立管、水龙带（包括水龙头在内）、方钻杆的长度，m；

L_p——钻杆的总长度，m；

L_c——钻铤的总长度，m；

d_1, d_2, d_3, d_4——地面高压管线、立管、水龙带（包括水龙头在内）、方钻杆的内径，cm；

d_{pi}——钻杆的内径，cm；

d_{ci}——钻铤的内径，cm；

d_c——钻铤的外径，cm；

B——常数，内平钻杆为 0.51655，贯眼钻杆为 0.57503。

在式（2-36）、式（2-37）和式（2-38）中，分别令 K_g, K_p, K_c 为地面管汇、钻杆内外和钻铤内外的压耗系数，即：

$$K_g = 0.51655\rho_m^{0.8}\mu_{pv}^{0.2}\left(\frac{L_1}{d_1^{4.8}} + \frac{L_2}{d_2^{4.8}} + \frac{L_3}{d_3^{4.8}} + \frac{L_4}{d_4^{4.8}}\right) \tag{2-39}$$

$$K_p = \left[\frac{B}{d_{pi}^{4.8}} + \frac{0.57503}{(d_h - d_p)^3(d_h + d_p)^{1.8}}\right]\rho_m^{0.8}\mu_{pv}^{0.2}L_p \tag{2-40}$$

$$K_c = \left[\frac{0.51655}{d_{ci}^{4.8}} + \frac{0.57503}{(d_h - d_c)^3(d_h + d_c)^{1.8}}\right]\rho_m^{0.8}\mu_{pv}^{0.2}L_c \tag{2-41}$$

设井深为 D，单位为 m，并令：

$$m = \left[\frac{B}{d_{pi}^{4.8}} + \frac{0.57503}{(d_h - d_p)^3(d_h + d_p)^{1.8}}\right]\rho_m^{0.8}\mu_{pv}^{0.2} \tag{2-42}$$

$$n = K_g + K_c - mL_c \tag{2-43}$$

则循环系统压耗为：

$$\Delta p_L = (K_g + K_p + K_c)Q^{1.8} = K_LQ^{1.8} = (n + mD)Q^{1.8} \tag{2-44}$$

式中，m 和 n 都是与井深无关的压耗系数，可以计算求出，也可以通过现场实际测得。

（三）提高钻头水力参数的途径

从前面所述的水功率传递关系可知，地面机泵提供的钻井液压力和水功率主要消耗在钻头和循环系统两部分。因而，提高钻头水力参数的问题，也就是采取怎样的手段使地面机泵提供的能量尽量多地传递给钻头，尽量少地消耗在循环系统的问题。

仿照式(2－44)的形式，可以将式(2－21)改写为：

$$\Delta p_{\mathrm{b}} = \frac{0.05\rho_{\mathrm{m}} Q^2}{C^2 A_{\mathrm{no}}^2} = K_{\mathrm{b}} Q^2 \tag{2-45}$$

式中　K_{b}——钻头压降系数。

根据泵压和泵功率的传递关系，可以得到：

$$p_{\mathrm{p}} = \Delta p_{\mathrm{b}} + \Delta p_{\mathrm{L}} = \Delta p_{\mathrm{b}} + K_{\mathrm{L}} Q^{1.8}$$

$$\Delta p_{\mathrm{b}} = p_{\mathrm{p}} - K_{\mathrm{L}} Q^{1.8} \tag{2-46}$$

$$P_{\mathrm{po}} = P_{\mathrm{bh}} + P_{\mathrm{L}} = P_{\mathrm{bh}} + K_{\mathrm{L}} Q^{2.8}$$

$$P_{\mathrm{bh}} = P_{\mathrm{po}} - K_{\mathrm{L}} Q^{2.8} \tag{2-47}$$

从式(2－46)和式(2－47)可以看得出，提高钻头水力参数的主要途径一是提高泵压和泵的水功率，在许可的条件下设计、制造和使用高泵压、大水功率的钻井泵。二是降低循环系统压耗系数、降低钻井液的密度和黏度、增大管路的内径。三是增大钻头压降系数，可通过增大钻井液密度、减少喷嘴流量系数和喷嘴直径来实现。但实际上增大钻井液密度和减少喷嘴流量系数是不可取的。唯一有效的办法就是降低喷嘴直径，缩小喷嘴直径对提高钻头压降系统的效果非常明显。四是优选排量，在喷射钻井技术中，存在着一个最优排量。在最优排量下，钻头水力参数才能达到最大，小于或大于这个最优排量，都会使钻头水力参数降低。

(四)钻井泵的工作特性

选用大水功率、高泵压的钻井泵是提高钻头水力参数的基础，但若使用不当，也不能充分发挥其优势。

每一种钻井泵都有一个最大输出水功率，即泵的额定水功率，用 P_{r}表示。如 3NB－1300 型泵的额定水功率为 820kW(1100hp)。每一种钻井泵都有几种直径不同的缸套，每种缸套都有一定的允许压力，称为使用该缸套时的额定泵压(该缸套的最高泵压)，用 p_{r}表示。在额定泵功率和每种缸套额定泵压时的排量，称为泵在该缸套的额定排量(该缸套的最大排量)，用 Q_{r}表示。在每种缸套的额定排量时的泵冲数为该缸套的额定泵冲数(该缸套的最大泵冲数)，用 n 表示，单位是冲/min。钻井现场常用的是 3NB－1300 型钻井泵，该泵的性能参数如表 2－3 所示。

表 2－3　3NB－1300 型钻井泵性能表

缸套直径，mm	额定泵冲数，冲/min	额定泵排量，L/s	额定泵压，MPa
130	140	23.6	34.3
140	140	27.4	30.4
150	140	31.4	27.3
160	140	35.7	24.0
170	140	40.4	21.3

钻井泵的额定水功率、额定泵压、额定排量的关系为：

$$P_r = p_r Q_r$$

式中 P_r——钻井泵的额定水功率，kW；

p_r——钻井泵某缸套的额定泵压，MPa；

Q_r——钻井泵某缸套的额定排量，L/s。

3NB－1300 型钻井泵的泵压和泵功率的分配关系如图 2－15 所示。

图中 Q_{max}和 Q_{min}分别为最大缸套(170mm)和最小缸套(130mm)的额定排量。当井深为 D_1时，采用 Q_{min}，此时的循环系统压耗为 p_{11}，泵压的剩余部分为钻头喷嘴可能得到的压力降。对应的阴影部分面积为钻头喷嘴可能得到的钻头水力功率。如果采用最大缸套的额定排量 Q_{max}，则循环系统的压耗为 p'_{11}，泵压的剩余部分为钻头喷嘴可能得到的压力降。对应的阴影部分面积为钻头喷嘴可能得到的钻头水力功率。从图中可以看得出，当采用 Q_{max}时，循环系统的水功率损耗较大，钻头喷嘴可能得到的水力功率较小，泵功率的利用率低。而当采用 Q_{min}时，泵功率的利用率就高多了。由此可以看出，排量大了不利于泵功率的充分发挥。

可将钻井泵的工作状态分为三种，如图 2－16 所示。

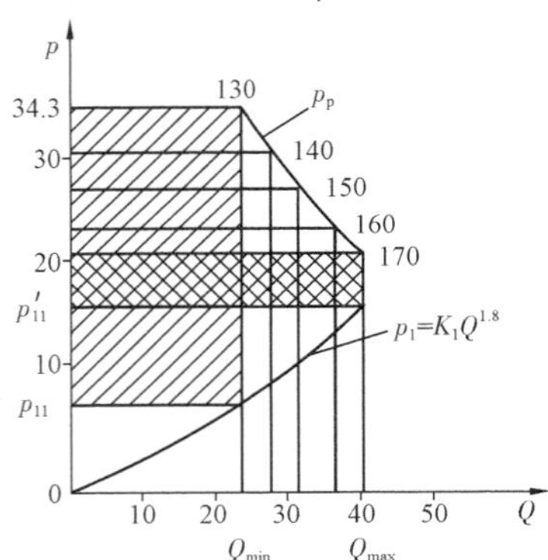

图 2－15　3NB－1300 型钻井泵泵压和泵功率的分配关系

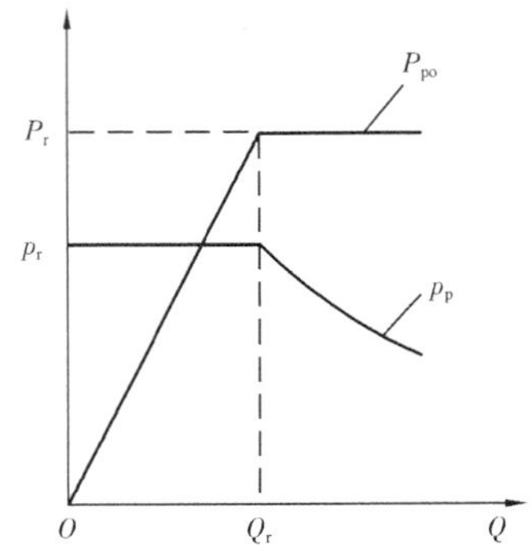

图 2－16　钻井泵的工作状态

1. 等泵压工作状态

当 $Q < Q_r$时，可用调节泵冲数的办法来调节排量。由于泵压受到缸套允许压力的限制，即 p_p最大只能等于 p_r。所以，随着排量 Q 的减少，泵水力功率 $P_{po} = p_r Q$ 将下降，即 P_{po}与 Q 成正比关系。当 $Q = 0$ 时，$P_{po} = 0$。这种工作状态称为等泵压工作状态，也称额定泵压工作状态。

2. 等功率工作状态

当 $Q > Q_r$(一般钻井泵的排量很少超过额定排量，可用提高动力机的转速调节泵冲数的办法来调节排量，$Q > Q_r$也可能出现)时。与 $Q < Q_r$情况相反，由于受到泵的额定水功率限制，即 P_{po}最大只能等于 P_r。所以，随着排量 Q 的增大，泵水力功率 $P_{po} = p_p Q = P_r$不变，而 $p_p < p_r$，$p_p = P_r / Q$ 不断减少，即 p_p与 Q 成反比关系。这种工作状态称为等功率工作状态，也称额定泵功率工作状态。

3. 等功率等泵压工作状态(也称点工作状态)

当 $Q=Q_r$ 时，$p_p=p_r$，$P_{po}=P_r=p_rQ_r$。此时泵的泵压和泵的水功率等于泵的额定泵压和额定水功率，同时达到最大。

由以上分析可知：

(1)使用高泵压、大功率钻井泵是提高钻头水力参数的前提。实际工作中，在满足携带岩屑对排量要求的情况下，应尽可能选用额定泵压较高的小尺寸缸套。

(2)当泵和缸套已确定时，只有在泵的点工作状态时，泵的效率才能达到最大。所以从获得高泵压和高功率的角度来讲，选择排量时应尽可能选用缸套的额定排量。

(3)在泵的等功率工作状态下，泵只能保持最大水力功率，不可能保持缸套的额定泵压。在等泵压工作状态下，泵只能保持缸套的额定泵压，不可能达到泵的额定功率。

五、喷射钻井的工作方式

在射流喷速、射流冲击力、射流水功率、钻头压降和钻头水功率中，由于钻头水功率和射流水功率之间仅差一个系数 C^2(能量转换效率)，本质上是一个参数。因此，在实际工作中只计算钻头水功率，而不计算射流水功率。将所剩下的 4 个水力参数与地面机泵的工作参数以及循环系统的损耗联系起来，其计算公式可转换为：

$$\Delta p_b = p_p - K_L Q^{1.8}$$

$$v_j = K_v \sqrt{p_p - K_L Q^{1.8}}$$

$$F_j = K_F Q \sqrt{p_p - K_L Q^{1.8}}$$

$$P_{bh} = Q(p_p - K_L Q^{1.8})$$

其中

$$K_v = 10C\sqrt{\frac{20}{\rho_m}}$$

$$K_F = \frac{C\sqrt{20\rho_m}}{100}$$

式中 p_p，Δp_b——泵压和钻头压降，MPa；

v_j——射流喷速，m/s；

ρ_m——钻井液密度，g/cm^3；

Q——钻井液排量，L/s；

P_{bh}——钻头水功率，kW；

F_j——射流冲击力；kN；

C——喷嘴流量系数。

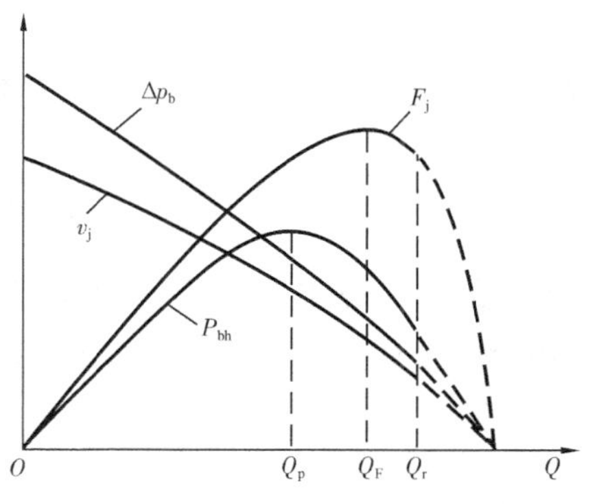

图 2-17　喷钻水力参数随排量的变化的关系曲线

以上 4 个公式表明了 4 个水力参数随排量变化的情况。各个水力参数随排量变化的关系曲线如图 2-17 所示。Δp_b 和 v_j 随着 Q 的增加，一直是下降的。F_j 和 P_{bh} 则随 Q 的增大开始上升，然后又下降，各有一个最高点,但这两个最高点不重合。

从提高喷射钻井效率出发,提出了三种工作方式,即最大射流喷速工作方式(v_{jmax}),最大钻头水功率工作方式(P_{bhmax}),最大射流冲击力工作方式(F_{jmax})。三种工作方式观点各不相同。P_{bhmax}方式认为,清洗井底是对岩屑做功,水功率越大,钻速提高得越多;F_{jmax}认为,射流冲击力是清洗井底和提高钻速的主要因素,应以冲击力达到最大为标准;v_{jmax}方式实际上是提高射流动压力,从而增大井底的压力梯度。目前,钻井现场常用的是最大钻头水功率工作方式和最大射流冲击力工作方式。

(一)最大钻头水功率工作方式

1. 获得最大钻头水功率的条件

当钻井泵处在额定泵功率状态时,泵功率 $P_{bh}=P_r$。由水功率的传递关系可得钻头水功率的表达式为:

$$P_{bh}=P_{po}-\Delta P_L=P_r-K_LQ^{2.8} \tag{2-48}$$

由式(2-48)可知,随着 Q 的增加,P_{bh}总是减小;随着 Q 的减小,P_{bh}总是增大。所以在额定泵功率工作状态下,获得 P_{bhmax}的条件应是 Q 尽可能小。由于在额定泵功率工作状态下 Q 不可能比 Q_r更小,所以实际获得 P_{bhmax}的条件是 $Q_{opt}=Q_r$。Q_{opt}为最优排量。

当钻井泵处在额定泵压工作状态时,$p_p=p_r$,则钻头水功率可表示为:

$$P_{bh}=P_{po}-\Delta P_L=p_rQ-K_LQ^{2.8}$$

经数学推导,钻头水功率达到最大的条件是:

$$\Delta p_L=\frac{p_r}{2.8}=0.357p_r \tag{2-49}$$

$$\Delta p_{bh}=0.643p_r \tag{2-50}$$

因为 $P=pQ$,把 Δp_b、Δp_L代入此式得:

$$P_L=0.357P_{po}$$

$$P_{bh}=0.643P_{po}$$

求得钻头水功率达到最大时的最优排量为:

$$Q_{opt}=\left(\frac{p_r}{2.8K_L}\right)^{\frac{1}{1.8}}=\left[\frac{p_r}{2.8\times(n+mD)}\right]^{\frac{1}{1.8}} \tag{2-51}$$

2. 钻头水功率随排量和井深的变化规律

由整个循环系统的水功率分配关系,有:

$$P_{bh}=P_{po}-\Delta P_L=P_{po}-K_LQ^{2.8}=P_{po}-(n+mD)Q^{2.8}$$

当 $Q>Q_r$时:

$$P_{bh}=P_r-(n+mD)Q^{2.8} \tag{2-52}$$

当 $Q < Q_r$ 时：

$$P_{bh} = p_r Q - (n + mD) Q^{2.8} \tag{2-53}$$

对不同的井深，分别按式（2－52）和式（2－53）作钻头水功率 P_{bh} 随 Q 变化的关系曲线，可得到不同井深和排量下钻头水功率的变化规律，如图2－18所示。其中，$D_1 < D_2 < D_c < D_4 < D_a$。由图中可以看出，当井深 $D \leqslant D_c$ 时，钻头水功率最高时的排量为额定排量，即此时泵处于额定功率工作状态。当井深 $D > D_c$ 时，钻头水功率最高时的排量为式（2－51）所表示的最优排量，此时泵处于额定泵压工作状态。当井深 $D \geqslant D_a$ 时，获得最大钻头水功率时的排量小于携带岩屑所需要的排量 Q_a，此时，只能用携带岩屑所需的最小排量 Q_a 继续钻进。由此可以看出，井深 D_c 和 D_a 在选择排量时具有非常特殊的意义。通常将井深 D_c 和 D_a 分别称为第一临界井深和第二临界井深。

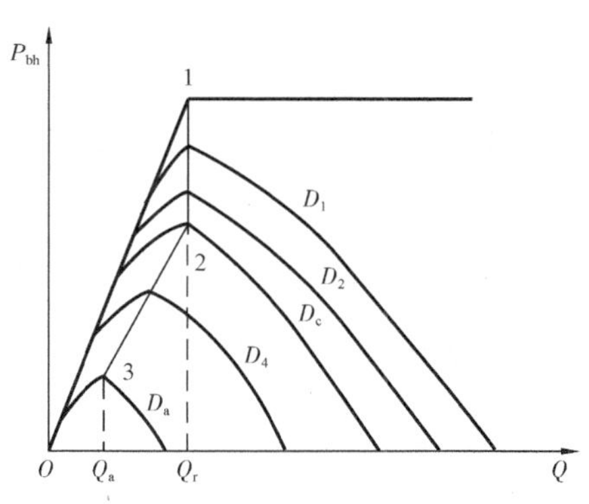

图2－18　钻头水功率随排量和井深的变化规律

3. 临界井深

第一临界井深 D_c。当 $D = D_c$ 时，最优排量 $Q_{opt} = Q_r$，$p_p = p_r$，同时还应满足式（2－51），则其计算式为：

$$D_c = \frac{p_r}{2.8 m Q_r^{1.8}} - \frac{n}{m} \tag{2-54}$$

第二临界井深 D_a。当 $D = D_a$ 时，最优排量 $Q_{opt} = Q_a$，$p_p = p_r$，同时还应满足式（2－51），则其计算式为：

$$D_a = \frac{p_r}{2.8 m Q_a^{1.8}} - \frac{n}{m} \tag{2-55}$$

由式（2－55）可知，当井身结构、钻具结构和钻井液性能一定时（此时 m 和 n 一定），对于一定的缸套（即一定的 Q_r 和 p_r），就对应着一个临界井深。若更换缸套，临界井深也随之改变。

4. 最优排量和最优喷嘴直径

从钻头水功率随排量的变化曲线中可以看出：

（1）当 $D \leqslant D_c$ 时，最优排量 $Q_{opt} = Q_r$。

（2）当 $D_c < D < D_a$ 时，最优排量为：

$$Q_{opt} = \left(\frac{p_r}{2.8 K_L}\right)^{\frac{1}{1.8}} = \left[\frac{p_r}{2.8(n + mD)}\right]^{\frac{1}{1.8}}$$

（3）当 $D \geqslant D_a$ 时，最优排量 $Q_{opt} = Q_a$。

以上所说的最大钻头水功率只是在最优排量条件下钻头能获得的水功率。然而，钻头实际上是否能得到这样大的水功率，还要取决于所选择的喷嘴直径是否合适，也就是说存在着一个最优喷嘴直径。只有使用最优喷嘴直径，才能使钻头获得可能得到的钻头水功率。

当最优排量确定后，最优喷嘴直径（d_{eopt}）取决于最大钻头水功率条件下的钻头压降 Δp_{bh}。由式（2－21）得：

$$d_{eopt} = \left(\frac{0.081\rho_m Q_r^2}{C^2 \Delta p_{bh}}\right)^{\frac{1}{4}}$$

（1）当 $D \leqslant D_c$ 时，则最优喷嘴直径为：

$$d_{eopt} = \left\{\frac{0.081\rho_m Q_r^2}{C^2[p_r - (n + mD)Q_r^{1.8}]}\right\}^{\frac{1}{4}} \tag{2-56}$$

（2）当 $D_c < D < D_a$ 时，因为 $\Delta p_{bh} = 0.643 p_r$，则最优喷嘴直径为：

$$d_{eopt} = \left(\frac{0.126\rho_m Q_{opt}^2}{C^2 p_r}\right)^{\frac{1}{4}} \tag{2-57}$$

（3）当 $D \geqslant D_a$ 时，则最优喷嘴直径为：

$$d_{eopt} = \left\{\frac{0.081\rho_m Q_a^2}{C^2[p_r - (n + mD)Q_a^{1.8}]}\right\}^{\frac{1}{4}} \tag{2-58}$$

由以上各式可以看出，当 $D \leqslant D_c$ 时，喷嘴直径应随井深增加而逐渐放大；当 $D_c < D < D_a$ 时，喷嘴直径应随井深增加而逐渐减小；而当 $D \geqslant D_a$ 时，喷嘴直径应随井深增加而逐渐放大。

5. P_{bhmax} 方式的工作程序

（1）根据携带岩屑所需的最小排量及钻井设备和循环系统管线实际的承压能力，选择比携带岩屑所需的最小排量略大的额定排量的缸套直径和额定泵压。用 p_r、Q_r 钻至第一个临界井深 D_c，按 $\Delta p_{bh} = p_r - \Delta p_L$ 确定钻头压降，由钻头压降确定喷嘴直径。喷嘴直径随井深变化规律由小逐渐变大。

（2）当钻至 D_c 时，循环系统压耗达到该缸套的额定泵压的 35.7%。由 D_c 开始，用最优排量钻进（$Q_{opt} < Q_r$）。在保持泵压为额定泵压 p_r 的条件下，逐渐减小排量，同时逐渐缩小喷嘴直径，以保持钻头压降占泵压的 64.3%。

（3）当钻至第二个临界井深 D_a 时，因为排量不能小于携带岩屑所需的最小排量 Q_a，只能用 Q_a 钻至完钻。为了保证实际泵压不超过额定泵压 p_r，应使喷嘴直径随井深逐渐放大。

需要说明的是，最优排量和最优喷嘴直径是随井深变化的参数。随着井深的增加，实际排量和喷嘴直径不可能连续变化。在设计中，确定排量和喷嘴直径的做法是：根据钻头预计钻达的井深作为计算井深，计算出最优排量和最优喷嘴直径。这样，只有钻达计算井深时，才能获得最大钻头水功率，即钻头压降和泵压之比是 0.643 的关系。而在这之前，是达不到其最大值的。

（二）最大射流冲击力工作方式

1. 获得最大射流冲击力的条件

射流冲击力的计算式为：

$$F_j = K_F Q\sqrt{p_p - K_L Q^{1.8}} = K_F\sqrt{p_p Q^2 - K_L Q^{3.8}} \tag{2-59}$$

当钻井泵处在额定泵功率状态时，泵功率 $P_{po}=P_r$，可得射流冲击力的表达式为：

$$F_j = K_F\sqrt{P_rQ - K_LQ^{3.8}} \tag{2-60}$$

经数学推导，则射流冲击力达到最大的条件是：

$$P_r = 3.8K_LQ^{2.8} = 3.8\Delta p_LQ = 3.8P_L$$

$$P_L = \frac{P_r}{3.8} = 0.263P_r \tag{2-61}$$

$$P_{bh} = 0.737P_r \tag{2-62}$$

因为 $P=pQ$，把 Δp_{bh}和 Δp_L代入此式得：

$$\Delta p_L = 0.263p_p$$

$$\Delta p_{bh} = 0.737p_p$$

求得射流冲击力达到最大时的最优排量为：

$$Q_{opt} = \left(\frac{p_r}{1.9K_L}\right)^{\frac{1}{1.8}} = \left[\frac{p_r}{1.9\times(n+mD)}\right]^{\frac{1}{1.8}} \tag{2-63}$$

这是在理论上额定功率状态下获得最大射流冲击力的条件。但在实际工作中，要求$Q>Q_r$是不合适的，对泵的工件不利。因此在额定泵功率状态下，获得最大射流冲击力(F_{jmax})的条件应是 Q 尽可能小。由于在额定泵功率工作状态下，Q 不可能比 Q_r更小，所以实际获得 F_{jmax}的条件是 $Q_{opt}=Q_r$。

当钻井泵处在额定泵压工作状态时，$p_p=p_r$，则射流冲击力可表示为：

$$F_j = K_FQ\sqrt{p_r - K_LQ^{1.8}} = K_F\sqrt{p_rQ^2 - K_LQ^{3.8}} \tag{2-64}$$

则射流冲击力达到最大的条件是：

$$\Delta p_L = \frac{1}{1.9}p_r = 0.526p_r$$

$$\Delta p_b = 0.474p_r \tag{2-65}$$

同理

$$P_L = 0.526P_{po}$$

$$P_{bh} = 0.474P_{po}$$

求得射流冲击力达到最大时的最优排量为：

$$Q_{opt} = \left(\frac{p_r}{1.9K_L}\right)^{\frac{1}{1.8}} = \left[\frac{p_r}{1.9\times(n+mD)}\right]^{\frac{1}{1.8}} \tag{2-66}$$

2. 射流冲击力随排量和井深的变化规律

将 $K_L=n+mD$ 代入式(2-60)和式(2-64)。

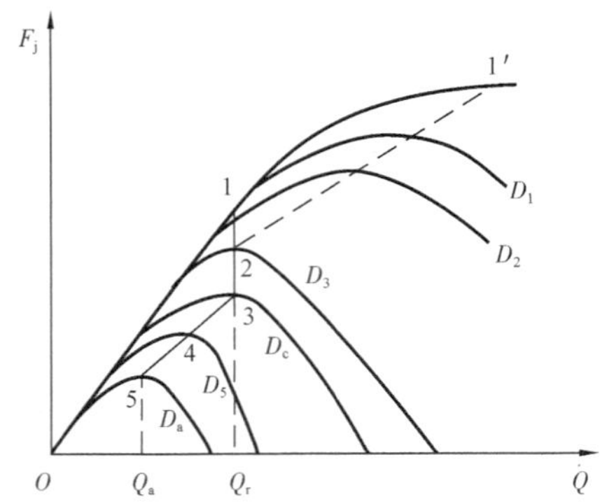

图 2－19　射流冲击力随排量和井深的变化规律

当 $Q>Q_r$时：

$$F_j = K_F\sqrt{p_r Q-(n+mD)Q^{3.8}} \quad (2-67)$$

当 $Q<Q_r$时：

$$F_j = K_F\sqrt{p_r Q^2-(n+mD)Q^{3.8}} \quad (2-68)$$

对不同的井深，分别按式（2－67）和式（2－68）作射流冲击力 F_j随 Q 变化的关系曲线，可得到不同井深和排量下射流冲击力的变化规律，如图 2－19 所示。由图中可以看出，从理论上推出的获得最大射流冲击力工作路线为 1′→2→3→4→5。由于 1′→2 段 $Q>Q_r$，这对泵的工作不利，所以实际工作中取 1→2→3→4→5 这条路线。从图中同样可以看出，井深 D_c和 D_a在选择排量时具有非常特殊的意义。

3. 临界井深

第一临界井深 D_c计算式为：

$$D_c = \frac{p_r}{1.9mQ_r^{1.8}} - \frac{n}{m} \quad (2-69)$$

第二临界井深 D_a计算式为：

$$D_a = \frac{p_r}{1.9mQ_a^{1.8}} - \frac{n}{m} \quad (2-70)$$

4. 最优排量和最优喷嘴直径

与最大钻头水功率工作方式确定最优喷嘴直径的方法相同，也是根据获得最大射流冲击力时的最优排量以及应获得的钻头压降计算喷嘴直径。

（1）当 $D \leqslant D_c$时，最优排量 $Q_{opt}=Q_r$，则最优喷嘴直径为：

$$d_{eopt} = \left\{\frac{0.081\rho_m Q_r^2}{C^2[p_r-(n+mD)Q_r^{1.8}]}\right\}^{\frac{1}{4}} \quad (2-71)$$

（2）当 $D_c<D<D_a$时，最优排量为：

$$Q_{opt} = \left(\frac{p_r}{1.9K_L}\right)^{\frac{1}{1.8}} = \left[\frac{p_r}{1.9(n+mD)}\right]^{\frac{1}{1.8}}$$

因为 $\Delta p_b=0.474p_r$，则最优喷嘴直径为：

$$d_{eopt} = \left(\frac{0.171\rho_m Q_{opt}^2}{C^2 p_r}\right)^{\frac{1}{4}} \quad (2-72)$$

（3）当 $D \geqslant D_a$时，最优排量 $Q_{opt}=Q_a$，则最优喷嘴直径为：

$$d_{eopt} = \left\{\frac{0.081\rho_m Q_a^2}{C^2[p_r-(n+mD)Q_a^{1.8}]}\right\}^{\frac{1}{4}} \quad (2-73)$$

由以上各式可以看出，当 $D \leqslant D_c$ 时，喷嘴直径应随井深增加而逐渐放大；当 $D_c < D < D_a$ 时，喷嘴直径应随井深增加而逐渐减小；而当 $D \geqslant D_a$ 时，喷嘴直径应随井深增加而逐渐放大。

5. F_{jmax} 方式的工作程序

（1）根据携带岩屑所需的最小排量、钻井设备和循环系统管线的实际承压能力，选择比携带岩屑所需的最小排量略大的额定排量的缸套直径和额定泵压。用 p_r 和 Q_r 钻至第一个临界井深 D_c，按 $\Delta p_b = p_r - \Delta p_L$ 确定钻头压降，由钻头压降确定喷嘴直径。喷嘴直径随井深变化规律由小逐渐变大。

（2）当钻至 D_c 时，循环系统压耗达到该缸套的额定泵压的 52.6%。由 D_c 开始，用最优排量钻进（$Q_{opt} < Q_r$）。在保持泵压为额定泵压 p_r 的条件下，逐渐减小排量，同时逐渐缩小喷嘴直径，以保持钻头压降占泵压的 47.4%。

（3）当钻至第二个临界井深 D_a 时，因为排量不能小于携带岩屑所需的最小排量 Q_a，只能用 Q_a 钻至完钻。为了保证实际泵压不超过额定泵压 p_r，应使喷嘴直径随井深逐渐放大。

六、水力参数优化设计

水力参数优化设计是指在一口井施工之前，根据水力参数优化的目标，对钻进每一井段时所采取的钻井泵工作参数（排量、泵压、泵功率等）、钻头和射流水力参数（喷速、射流冲击力、钻头水功率等）进行设计和安排。分析钻井过程中与水力因素有关的变量可以看出，当地面机泵设备、钻具结构、井身结构、钻井液性能和钻头类型确定以后，真正对水力参数大小有影响的可控制参数就是钻井液排量和喷嘴直径。因此，水力参数优化设计的主要任务也就是确定钻井液排量和选择喷嘴直径。

进行水力参数优化设计，要进行以下四个方面的工作。

（一）确定最小排量 Q_a

最小排量是指钻井液携带岩屑所需的最小排量 Q_a。只要确定了携带岩屑所需的最小钻井液环空返速，也就确定了最小排量。确定环空最小返速的方法有经验法和经验公式计算法。通常使用的经验公式为：

$$v_a = \frac{18.24}{\rho_m d_h} \tag{2-74}$$

式中 d_h——井径，cm；

v_a——钻井液环空最小返速，m/s；

ρ_m——钻井液密度，g/cm³。

实质上，最小环空返速与钻井液的环空携带岩屑的能力有关。钻井液的环空携带岩屑的能力通常用岩屑举升效率（或称为岩屑运载比）来表示，即岩屑在环空的实际上返速度与钻井液在环空的上返速度之比：

$$K_{rc} = \frac{v_{rc}}{v_a} \tag{2-75}$$

式中　K_{rc}——岩屑举升效率；

v_{rc}——岩屑在环空的实际上返速度，m/s。

在工程上为了保持钻进过程中产生的岩屑量与井口返出量相平衡，一般要求 $K_{rc} \geqslant 0.5$。因此，在用经验公式确定了钻井液最小环空返速后，还要对岩屑举升效率进行计算，确保 $K_{rc} \geqslant 0.5$。

为了计算 K_{rc}，需要求出岩屑的实际上返速度 v_{rc}。设岩屑在钻井液中的下滑速度为 v_{rc1}，则 $v_{rc} = v_a - v_{rc1}$，岩屑的下滑速度与钻井液的性能有关，其计算公式为：

$$v_{rc1} = \frac{0.0707 d_{rc}(\rho_{rc} - \rho_m)^{2/3}}{(\rho_m \mu_e)^{1/3}} \tag{2-76}$$

式中　v_{rc1}——岩屑在钻井液中的下滑速度，m/s；

d_{rc}——岩屑直径，cm；

ρ_{rc}，ρ_m——岩屑和钻井液的密度，g/cm^3；

μ_e——钻井液有效黏度，Pa·s。

若求出的 K_{rc} 小于 0.5，则需要适当调整钻井液性能或适当调整最小钻井液环空返速的值，以确保 $K_{rc} \geqslant 0.5$。

最小返速确定以后，则携带岩屑的最小排量计算式为

$$Q_a = \frac{\pi}{40}(d_h^2 - d_p^2) v_a \tag{2-77}$$

式中　Q_a——携带岩屑的最小排量，L/s；

d_p——钻杆外径，cm。

(二)计算各井段循环压耗系数

将全井分为若干个井段(每个井段的长度一般以所用钻头进尺为准)，用每个井段最下端处的井深作为计算井深。根据前面所述的公式，分别计算 K_g、K_p、K_{rc}、m、n，最后计算出各井段的循环系统压耗系数 $K_L = mD + n$。

(三)选择缸套直径和确定最高泵压

钻井泵的每一级缸套都有一个额定排量和额定泵压，在选缸套的额定排量大于携带岩屑所需要的最小排量的前提下，尽量选用小尺寸缸套。需要注意的是，应根据所选缸套的额定泵压和整个循环系统(包括地面管汇、水龙带、水龙头等)耐压能力的最小值，确定钻井过程中钻井泵的最大许用压力。

(四)排量、喷嘴直径及各项水力参数的计算和确定

在确定排量之前先要选择喷射钻井的工作方式，然后计算临界井深，最后计算各井段的所用排量和喷嘴直径等水力参数(最优排量、最优喷嘴直径、射流喷速、射流冲击力、射流水功率、钻头压降、钻头水功率)。

第三章　井眼轨迹监测及控制

石油钻探施工，就是按照一定的目的和要求，有控制地使井眼轨迹沿着井眼轨道顺利钻达预定的井下目标。井眼轨迹是指一口井实际钻成后的井眼轴线的形状；井眼轨道则是指一口井开钻之前，预先设计的井眼轴线的形状。无论是设计轨道还是实钻井眼轨迹都是一条连续光滑的空间曲线，如何准确、直观地描述出井眼轨迹的空间形态，同时又能体现出钻井施工的特点，是实现定向钻井施工的基础。井口与设计目标在一条铅垂线上的井称为直井，设计目标与井口不在一条铅垂线上的井称为定向井。无论是钻直井还是钻定向井，井眼轨迹监测及控制都是石油钻井施工的关键工艺技术，而井眼轴线的几何参数、方位参数又是井眼轨道设计、轨迹检测、轨迹计算及轨迹控制的重要依据。

第一节　井眼轨迹的基本概念

描述井眼轴线的形状及方位的参数可分为两大类，一类是监测参数，另一类是计算参数。

一、井眼轨迹的监测参数

由监测仪器在井眼轨迹每个测点上测得的井深、井斜角、井斜方位角统称为监测参数，也称为井身测量参数或井身基本参数。

钻井中，实际钻出的井眼轴线是一条空间曲线，为了了解这条空间曲线的形状，就必须进行井眼轨迹的测量，这种轨迹测量，在钻井工程术语中称为测斜。目前，测斜的方法还做不到连续测量井眼轨迹，只是一个点一个点地测，被测的点称为测点，测点的标志是该点所在的井深。井深小的测点称为上测点；井深大的则称为下测点；两测点之间的长度称为测段。测斜仪器在每个测点上所测的参数有三个，即该点处的井深、井斜角和井斜方位角。

（一）测量井深

测量井深即测深，是指从井口（通常以转盘面为基准）至测点的井眼长度，也称为斜深。测深既是测点的基本参数之一，又是表明测点位置的标志，常以字母 L 表示。

井深的增量为井段，以 ΔL 表示。两测点之间的井段称为测段。一个测段的两个测点中，井深小的称为上测点，井深大的称为下测点。

（二）井斜角

过井眼轴线上某测点做井眼轴线的切线，该切线向井眼前进方向的部分称为井眼方向线。井眼方向线与铅垂线之间的夹角就是井斜角。井斜角表示了井眼轨迹在该测点处倾斜的大小。

井斜角常以希腊字母 α 表示，单位为度（°）。一个测段内井斜角的增量总是下测点井斜角减去上测点井斜角，以 $\Delta\alpha$ 表示。如图 3－1 所示，A 点的井斜角为 α_A，B 点的井斜角为 α_B，AB 井段的井斜角增量为：

$$\Delta\alpha = \alpha_B - \alpha_A \tag{3-1}$$

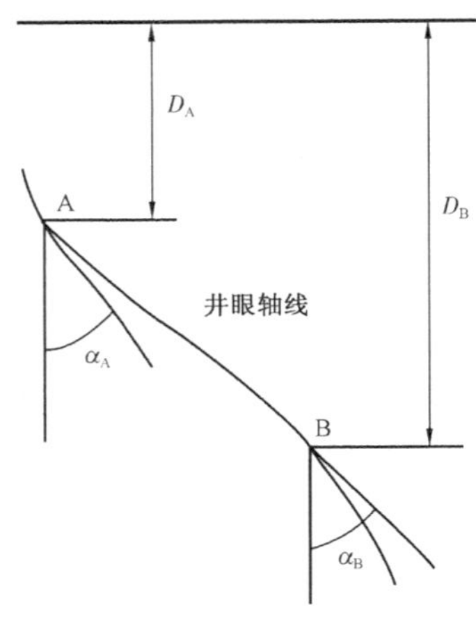

图 3－1　井斜角示意图

D_A,D_B—分别为 A、B 点的垂深

(三)井斜方位角

某测点处的井眼方向线投到水平面上,称为井眼方位线,或井斜方位线。以正北方位线为始边,顺时针方向旋转到井眼方位线上所转过的角度,即井斜方位角,如图 3－2 所示。正北方位线是指地理子午线沿正北方向延伸的线段。

注意“方位”与“方向”的区别。方位线是水平面的矢量,而方向线则是空间的矢量。只要讲到方位、方位线、方位角,都是在某个水平面上;而方向和方向线则是在三维空间内(当然也可能在水平面上)。井眼方向线是指井眼沿轴线上某一点处井眼前进的方向线。该点的井眼方位线则是指该点井眼方向线在水平面上的投影。

井斜方位角常以字母 ϕ 表示,单位为度(°)。井斜方位角的增量是下测点的井斜方位角减去上测点的井斜方位角,以 $\Delta\phi$ 表示。井斜方位角的值可以在 0°～360°范围内变化。如图 3－2 所示,A 点的井斜方位角为 ϕ_A,B 点的井斜方位角为 ϕ_B,AB 井段的井斜方位角增量为:

$$\Delta\phi = \phi_B - \phi_A \tag{3-2}$$

井斜方位角还有另一种表示方式,称为“象限角”,如图 3－3 所示。它是指井斜方位线与正北方位线或正南方位线之间的夹角。象限角在 0°～90°之间变化,书写时需要注明所在的象限,如 N67.5°W。E、W、S、N 分别表示东、西、南、北。

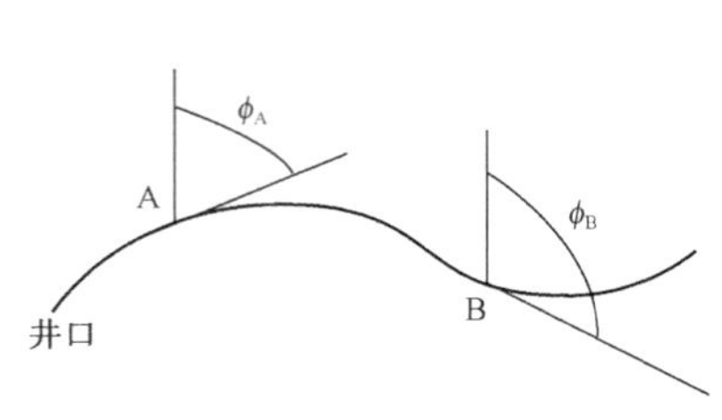

图 3－2　井斜方位角示意图

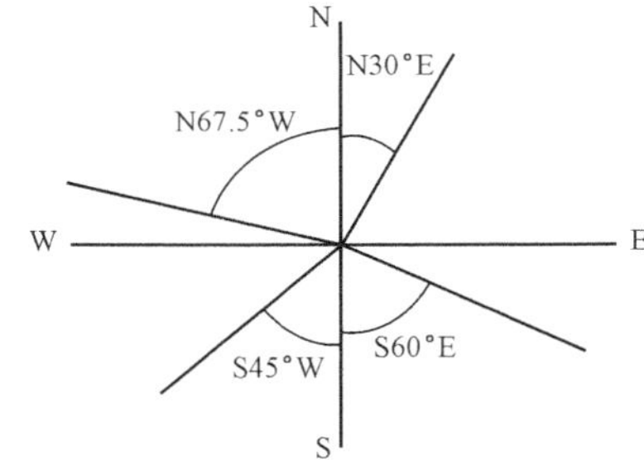

图 3－3　象限角示意图

(四)磁方位换算

磁性测斜仪测得的井斜方位角称为磁方位角,它是以磁北方位线为基准的。而地质、工程所设计的方位均为地理方位(正北方位)。由于大地磁场随着地理位置和时间在不断变化,磁北方位与正北方位并不重合,所以需要对所测得的磁性方位进行换算。这种换算称为磁方位换算。

磁北方位与正北方位的夹角,称为磁偏角。磁偏角又分为东磁偏角和西磁偏角。东磁偏角是指磁北方位线在正北方位线的东面,西磁偏角是指磁北方位线在正北方位线的西面,如图 3－4 所示。磁方位角并不是真方位角,这就需要经过换算求得真方位角。

换算的方法如下:

（1）井斜方位角的值在0°～360°范围内变化时：

$$真方位角 = 磁方位角 + 东磁偏角 \quad (3-3)$$

$$真方位角 = 磁方位角 - 西磁偏角 \quad (3-4)$$

（2）使用象限角进行井斜方位角换算时，必须记住东磁偏角和西磁偏角分别在各个象限里，是"加上"还是"减去"，如图3－5所示，不可混淆。

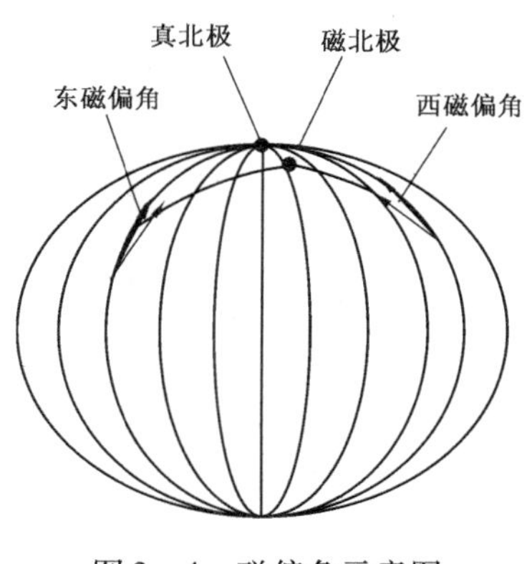

图3－4　磁偏角示意图

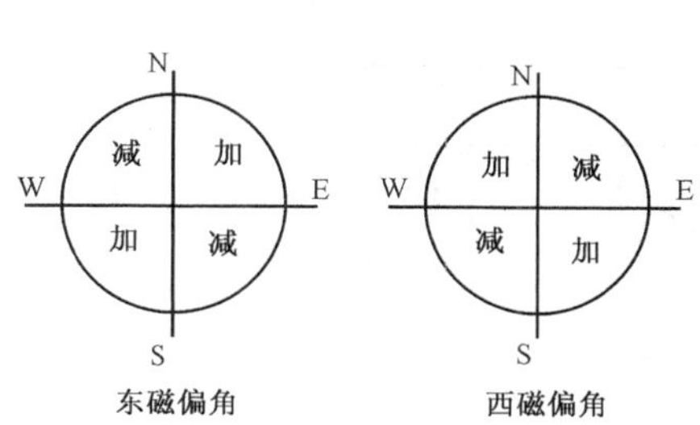

图3－5　象限角的校正

二、井眼轨迹的计算参数

根据监测参数计算出来的其他井眼轴线的几何、方位参数统称为计算参数，这些参数可用于描述井眼轨迹的形状和位置，也可用于井眼轨迹绘图。

（一）垂直井深（垂深）

垂直井深是指井眼轨迹上某点至井口所在水平面的距离。垂深的增量简称为垂增。垂深常以字母 D 表示，垂增以 ΔD 表示。如图3－1所示，A和B两点的垂深分别为 D_A、D_B，AB井段的垂增为：

$$\Delta D_{AB} = D_B - D_A \quad (3-5)$$

（二）水平投影长度

水平投影长度简称平长，是指井眼轨迹上某点至井口的长度在水平面上的投影长度。水平投影长度的增量称为平增。平长以字母 S 表示，平增以 ΔS 表示。在水平投影图上可以反映其真实形状，平长和平增在图3－6中是指曲线的长度，其中N为纵坐标，E为横坐标。在垂直剖面图上可以反映其真实值，如图3－10所示。

（三）水平位移

水平位移简称平移，是指轨迹上某点至井口所在铅垂线的距离，或指轨迹上某点至井口的距离在水平面上的投影，此投影线称为平移方位线。水平位移常以字母 C 表示，如图3－7所示。A和B两点的水平位移分别为 C_A 和 C_B，水平位移又称为闭合距。

水平位移和水平投影长度是完全不同的概念。在实钻的井眼轨迹上，二者的区别是明显的，但在二维设计轨迹上二者是相同的。

（四）平移方位角

平移方位角是指平移方位线所在的方位角，即以正北方位为始边顺时针转至平移方位线上所转过的角度，常以字母 θ 表示，如图 3－7 所示。A 和 B 两量点的平移方位角分别为 θ_A 和 θ_B。A 点的视平移为 V_A。

在国外将平移方位角称为闭合方位角，而我国油田现场常特指完钻时的平移方位角为闭合方位角。

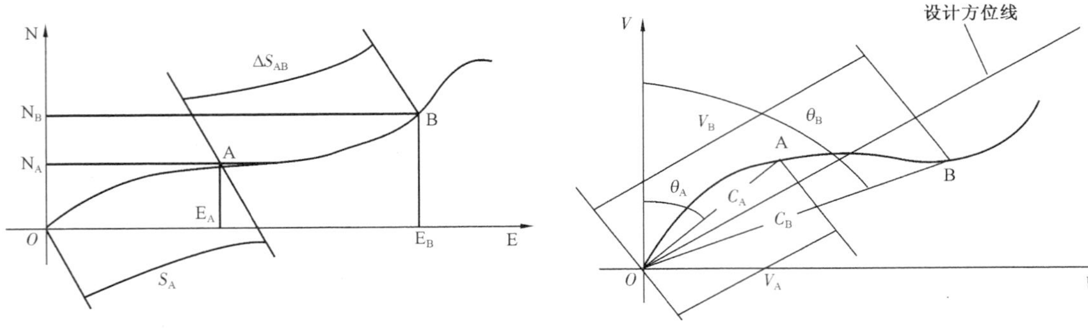

图 3－6　水平投影长度和水平坐标

图 3－7　平移与视平移示意图

（五）N 坐标和 E 坐标

N 坐标和 E 坐标是指轨迹上某点在以井口为原点的水平面坐标系里的坐标值。此水平面坐标系有两个坐标轴，一是南北坐标轴，以正北方向为正方向；二是东西坐标轴，以正东方向为正方向。如图 3－6 所示，A 和 B 两点的水平坐标分别为 N_A、E_A 和 N_B、E_B。水平坐标可以有增量，用 ΔN 和 ΔE 表示。

（六）视平移

视平移亦称投影位移，是水平位移在设计方位线上的投影长度。视平移以字母 V 表示。如图 3－7 所示，A 和 B 两点的视平移分别为 V_A 和 V_B。显然，当实钻轨迹与设计轨迹偏差很大甚至背道而驰时，视平移可能成为负值。

（七）井斜变化率

单位长度井段内井斜角的变化值称为井斜变化率。通常以两测点间井斜角的变化量与两测点间井段长度的比值表示，其单位一般为（°）/10m、（°）/25m、（°）/30m、（°）/100m。常用单位为（°）/30m。

井斜变化率的计算公式如下：

$$k_\alpha = \frac{\Delta\alpha}{\Delta L} \tag{3-6}$$

式中　k_α——每米井斜角变化率，（°）/m；

$\Delta\alpha$——两测点间的井斜角绝对变化值，（°）；

ΔL——两测点间井段长度，m。

显然，用式（3－6）求得的值是该测段的平均井斜变化率。

（八）方位变化率

单位长度井段内方位的变化值称为方位变化率。通常以两测点方位角的变化量与两测点间井段长度的比值表示。常用单位有(°)/10m、(°)/25m、(°)/30m、(°)/100m。

其计算公式如下：

$$k_{\phi} = \frac{\Delta\phi}{\Delta L} \tag{3-7}$$

式中 k_{ϕ}——每米方位变化率，(°)/m；

$\Delta\phi$——两测点间方位变化值；即下测点减去上测点方位角的差值，(°)；

ΔL——两测点间井段长度，m。

显然，用式(3-7)求得的值是该测段的平均井斜方位变化率。

（九）井眼曲率

井眼曲率是指井眼轨迹曲线的曲率。随着井深增加，井斜角和方位角的变化实质上反映的是井眼前进方向的变化。沿着井眼前进方向上两个点方向变化的角度，称为两点间的全角变化值或“狗腿角”，用 ε 表示，如图 3-8 所示。它既反映井斜角的变化，又反映了井斜方位角的变化。

显然，在井段长度不变的情况下，“狗腿角”越大则表示井眼前进方向变化得越快，井眼弯曲越厉害。为了表示井眼前进方向变化的快慢或弯曲程度，引出了井眼曲率的概念。井眼曲率也称为全角变化率，又称狗腿严重度（简称为狗腿度），是指单位长度井段内“狗腿角”的大小：

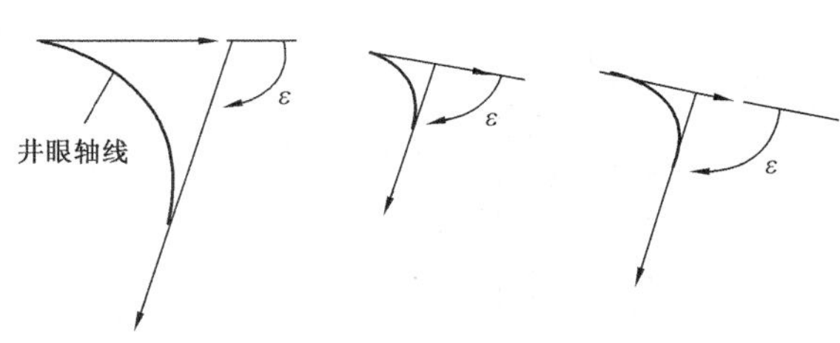

图 3-8 狗腿角示意图

$$k = \frac{\varepsilon}{\Delta L} \tag{3-8}$$

式中 k——井眼曲率，(°)/m；

ε——该测段的狗腿角，(°)；

ΔL——该测段的长度，m。

计算 ε 的常用方法有以下两种。

(1)假设测段是空间曲线，则：

$$\varepsilon = \sqrt{\Delta\alpha^2 + \Delta\phi^2 \sin^2\alpha_c} \tag{3-9}$$

$$\alpha_c = \frac{\alpha_A - \alpha_B}{2}$$

式中 α_c——该测段的平均井斜角；

α_A，α_B——上、下两个测点的井斜角，(°)。

(2)假设测段是平面曲线，则：

$$\cos\varepsilon = \cos\alpha_A \cos\alpha_B + \sin\alpha_A \sin\alpha_B \cos\Delta\phi \tag{3-10}$$

注意：

(1)井眼曲率并不表示井斜的程度。井眼曲率大并不表示井斜得严重(也许井斜角并不很大)，而是反映井眼方向变化的剧烈程度，即井眼弯曲程度。井眼曲率的重要性是每个钻井工作者必须了解的。

(2)一般计算过程：先由式(3-9)或式(3-10)求出 ε，再由式(3-8)求 k。

三、井眼轨迹的图示表示方法

在描述井眼轨迹空间曲线时，即可以用一个空间坐标系，也可以用平面坐标系来描述。目前，常用的井眼轨迹描述方法有三种，即柱面图表示法、投影图表示法和三维坐标图示法。

(一)柱面图表示法

因为实钻井眼是一条空间曲线，因此，可以设想经过这条曲线上的每一个点做一条铅垂线，所有这些铅垂线就构成了一个曲柱面，如图3-9所示。柱面图表示法包括两张图，一张是垂直剖面图，一张是水平投影图，如图3-10所示。水平投影图是曲柱面与水平面的相交线，垂直剖面图是将曲柱面展平到平面上的井眼轴线。

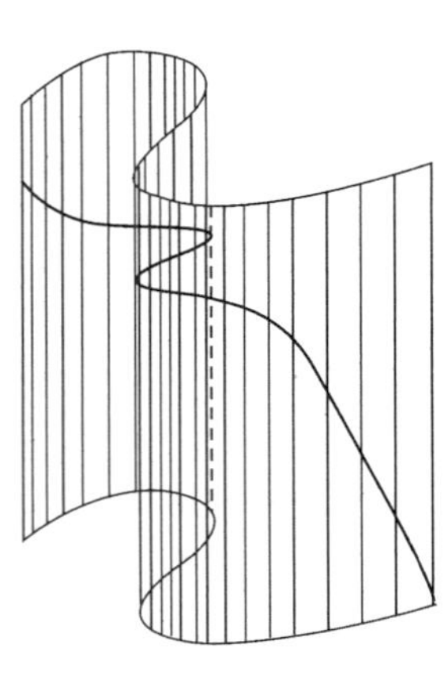

图3-9　曲柱面图

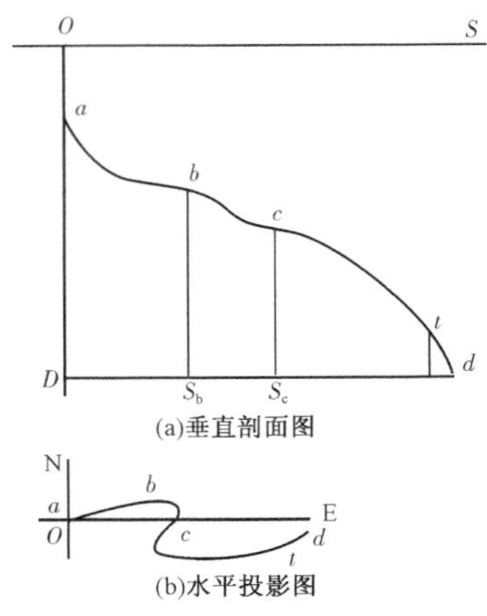

图3-10　柱面图表示法

a—造斜点；*b*—稳斜点；*c*—降斜点；*t*—目标点；*d*—目标终点

柱面图表示法有以下优点：

(1)不管井眼形状如何复杂，井眼轴线在空间如何变化，根据这两张图，既可了解它的空间形状，又可想象将垂直剖面图按照水平投影图的形状进行弯曲，恢复井眼轴线在空间的柱面形状。

(2)这两张图可以反映出井身参数的真实值。例如：井深和井斜角的真实值可以在垂直剖面图上反映出来；井斜方位角的真实值可以在水平投影图上表示出来。这个优点具有非常重要的意义。

(3)这两张图的作图过程非常容易。直接利用测斜资料算出每个测点的坐标位置，即可完成作图，甚至可以利用测斜资料不经过计算而直接做出图。

我国油田现场多用此法。

(二)投影图表示法

投影图表示法相当于机械制图中的视图表示法。其包括两张图，一张水平投影图，相当于俯视图；一张垂直投影图，相当于侧视图，如图 3－11 所示。其投影面选在原设计方位线所在的铅垂平面上（横坐标视平移 V，纵坐标垂直井深 D）。

投影图主要用于指导施工。因为从图上可以直接看出是需要增斜还是降斜，是需要增方位还是减方位。而且，根据这两张图，可以想象出井眼轴线的空间形状。但它的缺点是垂直投影图不能反映出井身参数的真实值。

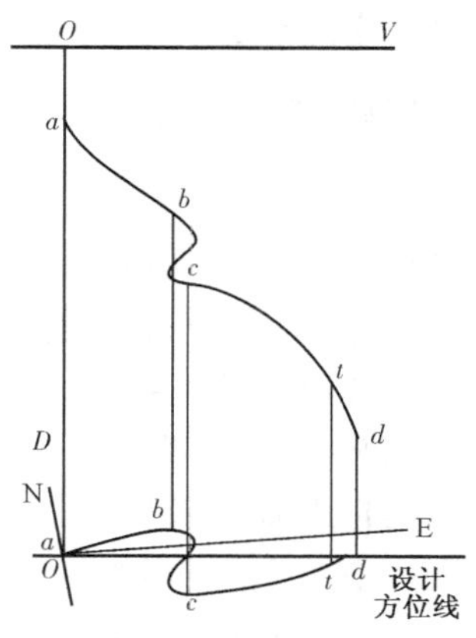

图 3－11　投影图表示法

（三）三维坐标图示法

三维坐标图示法相当于工程制图中的轴侧图。本来轴侧图会给人以明显的立体感，可以直接看出物体的空间形状。可是，对于井眼轴线来说，轴侧图却不能给人以立体感。因为井眼轴线的特点是形状复杂，在空间是随时变化的，结构简单，只是一条曲线，无法给人以立体感，所以需要采用辅助平面来增强立体感，如图 3－12 所示。此法只在特殊时候采用。

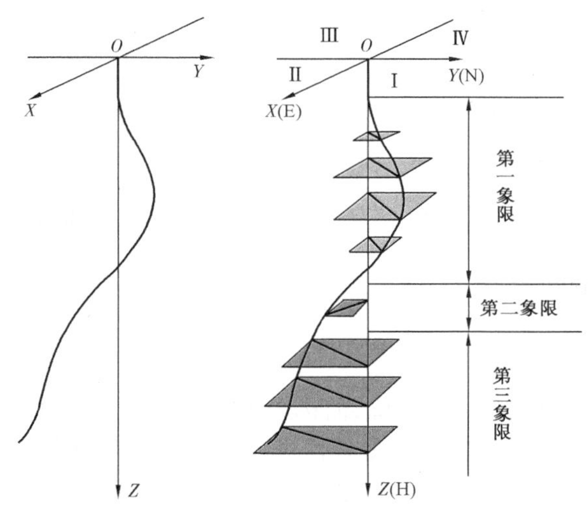

图 3－12　三维坐标图示法

第二节　井眼轨迹的监测及计算

在钻进施工中，跟踪监测井眼轨迹参数的实际情况是实施井眼轨迹控制的依据。目前，用于井眼轨迹监测的仪器基本满足了钻井工艺的要求。

一、监测仪器的基本类型

监测仪器的基本用途：监测井眼轨迹的几何参数（井深、井斜角、井斜方位角）、定向参数（工具面角）、地质参数（自然伽马、电阻率、岩石密度、中子空隙度等）和钻井工艺参数（钻压、转速、泵压等）等，为井眼轨迹控制提供依据。

监测仪器有以下五种分类。

(一)按测量用途分类

监测仪器按测量用途可分为测井斜的仪器和测井斜方位的仪器。

(二)按测量原理分类

(1)液面原理仪器:虹吸测斜仪、氢氟酸测斜仪。

(2)重力原理仪器:罗盘+重锤+照相(单点、多点)测斜仪;罗盘+重锤+打孔装置测斜仪;重力加速度计测斜仪。

(3)磁北极原理仪器:磁罗盘+照相(单点、多点)测斜仪、磁通门测斜仪。

(4)陀螺原理仪器:自由陀螺(找北陀螺)测斜仪。

(1)、(2)均属于测井斜仪器,(3)、(4)属于测方位仪器。

(三)按测量仪器是否在线分类

(1)离线测量仪器(间断测量仪器):如虹吸测斜仪、单点照相仪、多点照相仪、电子(单)多点测斜仪等。

(2)在线测量仪器(随钻测量仪器):如MWD、LWD等。

(四)按信号传输方式分类

(1)有线测量仪器:如SWD;

(2)无线测量仪器:如MWD、LWD。

(五)按一次能测量的测点数分类

监测仪器按一次能测量的测点数可分为单点测斜仪、多点测斜仪和无数点测斜仪。

二、常用监测仪器简介

(一)随钻测量仪器

随钻测量(Measurement While Drilling,简称MWD)的英文从字面上的意思来看,就是随着钻井进程的进行,井眼不断地延伸,在井眼延伸过程中实时测量和传输井下的各种参数,钻井工程人员利用这些参数对钻进的全过程以及井下地质情况进行分析,从而对钻进过程进行有效控制。

1. 测量内容

MWD可用于实时测量井眼轨迹的几何参数(井斜角、井斜方位角)、定向参数(工具面角)、钻井工艺参数(钻压、转速、泵压等)及地层的物理性质(电阻率、伽马射线)等参数。

2. MWD的结构

MWD的结构由以下三部分构成:

(1)井下测量部分,包括测量各种参数的传感器的仪器。

(2)信号传输部分,包括编码器、传输部分和动力部分。

(3)地面接收部分,包括译码器、计算机、显示器、存储器和打印机等。

在这三部分中,难度最大的是传输部分。

3. MWD的类型

随钻测量技术根据信号传输途径的不同可以分为有线随钻测量和无线随钻测量两种类型。

1)有线随钻测斜仪

有线随钻测斜仪(Steering Survey Tool,简称SST)主要包括井下测斜仪、保护筒总成、地面接收器(计算机)、电源接口箱、司钻显示器、信号传输电缆及其密封装置等。

(1)用途。

有线随钻测斜仪与无磁钻铤、定向弯接头、钻井液马达(或定向直接头)、弯外壳马达配合使用,可进行定向造斜、增斜和扭方位作业中的随钻测量工作。

(2)结构(以DOT为例)。

DOT是有线随钻测斜仪中比较有代表性的仪器,它主要由井下测量仪器总成、数据监控设备、信号传输电缆及电缆密封装置三部分组成,如图3-13所示。

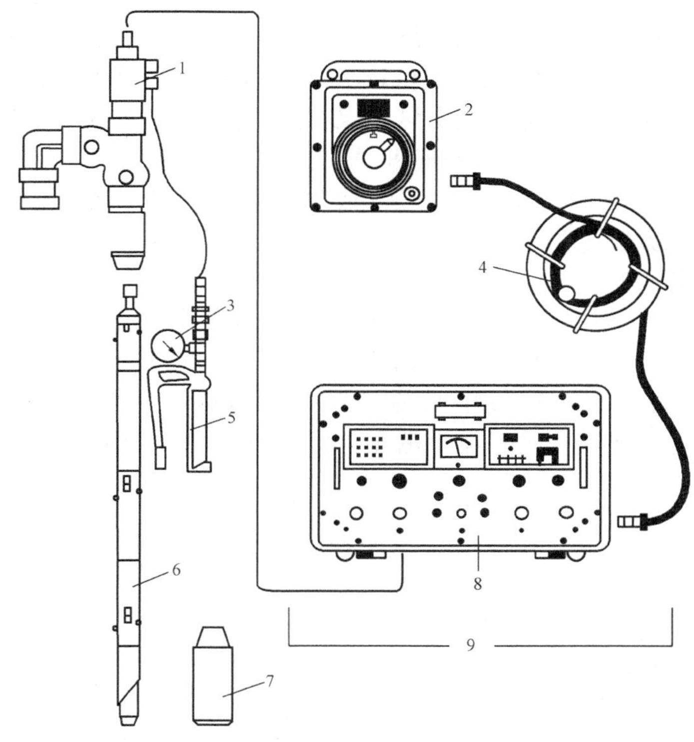

图3-13 DOT有线随钻测斜仪

1—旋转接头总成;2—司钻读出器;3—压力表;4—电缆滚筒总成(盘缆器);5—密封手压泵;6—井下测量仪器总成;7—斜口管鞋定向接头;8—监控箱;9—数据监控设备

井下测量仪器总成由探管总成和外筒总成(图3-14)组成。探管是测量井眼轨迹各参数的心脏,它主要由磁通门(磁力计)、重力加速计等测量元件和电子线路组成。

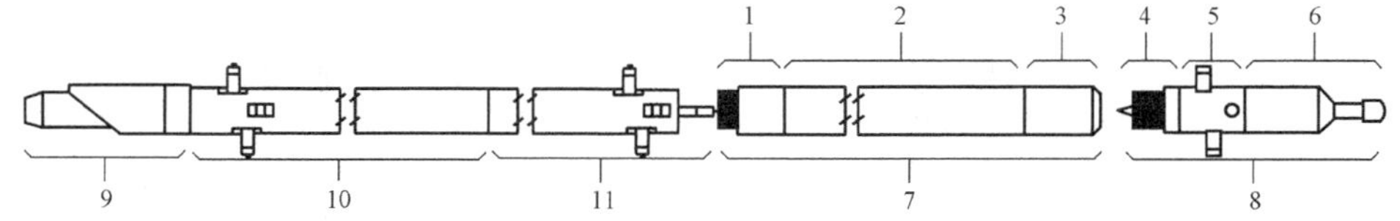

图3-14 DOT井下测量仪器外筒总成

1—下堵头总成;2—压力筒(外筒);3—上堵头总成;4—绳帽体连接插头;5—绳帽体扶正器接头;6—电缆绳帽体;7—探管总成;8—绳帽(扶正器)总成;9—定向鞋总成;10—下加长杆;11—上加长杆

数据监控设备由控制箱、司钻读出器和盘缆器总成组成。

控制箱是 DOT 随钻测斜仪的控制中心，它可以为井下仪器和地面仪表提供电源，显示监控仪器的工作状况，随时指示仪器出现的各种故障，选择仪器的工作方式，测取所需要的井眼轨迹参数。

司钻读出器安装在司钻操作台附近，给司钻连续直观地提供由控制箱输出的井斜角、井斜方位角和工具面角，以便司钻根据井眼轨迹控制的要求合理选择钻井参数。

盘缆器总成由电缆绞盘和电缆组成，主要用于控制箱与司钻读出器的连接和信息传输。

信号传输电缆及密封装置由电缆和电缆绞车、旁通接头总成（或高压循环旋转接头总成）和液压管线及手压泵三部分组成。

电缆和电缆绞车的作用是连接井下测量仪器和地面计算机，将地面控制箱提供的电源输送给井下测量仪器，把井下仪器所测量的数据信号传输给地面监控处理设备。

旁通接头总成如图 3－15 所示，主要由接头体、电缆密封总成和电缆卡子组成。其特点是：结构简单，使用方便；使用旁通接头定向、扭方位时，中途不需要起下电缆。但由于旁通接头以上的电缆在井口以下的钻杆环形空间里，井口作业时应特别注意，不要挤坏电缆和防止电缆打扭。旁通接头应配合缺口补心一起使用（或改造补心、切割一条槽），以便裸露在环空的电缆能通过转盘面。旁通接头应尽量接在极浅的井段，通常井深在 200m 以内。

高压循环接头总成如图 3－16 所示，主要由循环头、密封头和手压泵（图 3－17）组成。其特点是：高压循环头直接和水龙带连接，不用水龙头；电缆从高压循环头的顶端密封头进入钻杆，电缆不易损坏；在每次接单根时，必须把井下仪器提到井口最上面的一根钻杆（或工作立柱）里，接完单根后，再下放仪器到井底座键，用手压泵打压以密封电缆，压力一般为 6.89～12.51MPa（1000～1800lbf/in^2），最后卡上电缆卡子（井深 2000m 内也可不用卡子）。

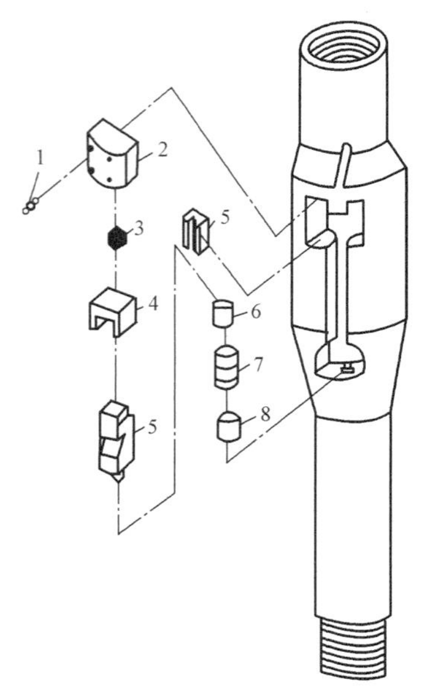

图 3－15 旁通接头总成

1—螺帽；2—电缆卡子；3—密封插口螺帽；4—密封总成；5—电缆入口；6—补心；7—密封填料；8—补心

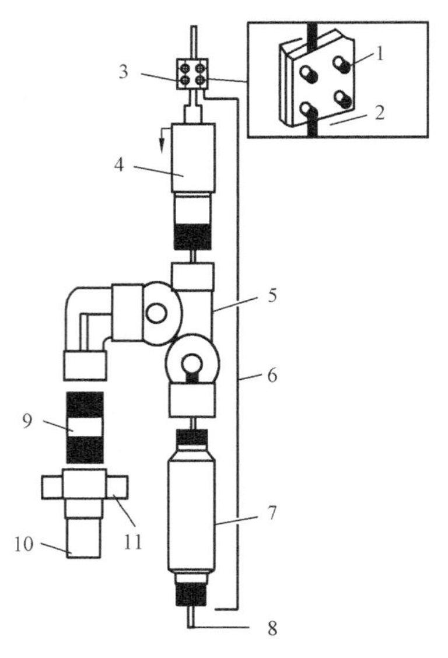

图 3－16 高压循环接头总成

1—长螺帽；2—电缆；3—电缆卡子；4—液压密封头；5—循环头；6—水龙头总成；7—钻杆异径接头；8—电缆；9—水龙带活接头；10—水龙带；11—活接头

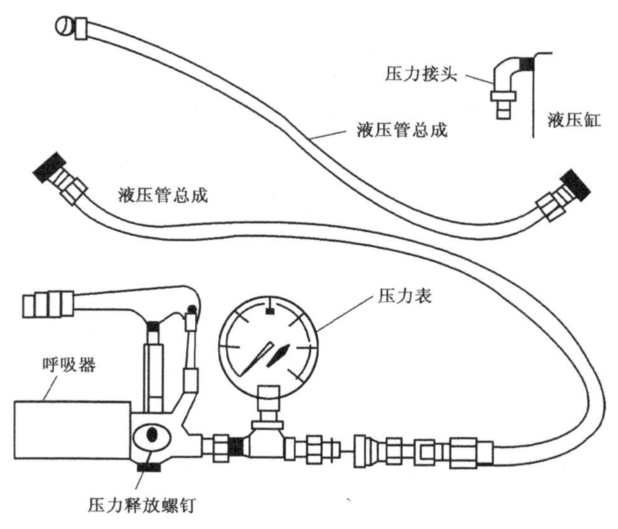

图 3－17　液压管线及手压泵

(3)SST 的工作原理。

探管通电以后,探管中的三轴加速度计和三轴磁通门及其他测量原器件,测量出井下重力的三个矢量($\boldsymbol{G}_X$、$\boldsymbol{G}_Y$、$\boldsymbol{G}_Z$)、三个磁通门参数(B_X、B_Y、B_Z),这些参数经过计算处理转换为井眼轨迹参数,再通过电子仪器把井下的井眼轨迹参数转变成电信号,经 A/D 转换,以数字编码的形式通过单芯电缆送到地面控制箱。地面控制箱接收来自探管的编码信息,并将其放大、译码、处理,分别以数字形式直观地显示在面板显示屏上,并传输给司钻控制台附近的司钻读出器和输入打印机,把测量结果打印出来。

(4)SST 的主要技术指标。

测量参数:井斜角、井斜方位角、磁性工具面角、高边工具面角、磁倾角、磁场强度、探管的工作温度等。

测量范围:井斜角 0°～90°;井斜方位角 0°～360°;工具面角 0°～360°。

测量精度:井斜角 ±0.5°;井斜方位角 ±2°;工具面角 ±2°。

外筒直径:45.0mm。

最高工作温度:121℃。

最大耐压:176MPa。

输入电源:AC 220V ±10V;60Hz。

有线随钻测斜仪技术规格见表 3－1。

表 3－1　有线随钻测斜仪技术规格

仪器名称		DOT	SST	DDS	DEVELCO	国产 45 型
测量范围	井斜角,(°)	0～180	0～180	0～180	0～180	0～180
	井斜方位角,(°)	0～360	0～360	0～360	0～360	0～360
	工具面角,(°)	0～360	0～360	0～360	0～360	0～360
测量精度	井斜角,(°)	±0.5	±0.5	±0.5	±0.5	±0.5
	井斜方位角,(°)	±2	±2	±1	±2	±2
	工具面角,(°)	±2	±2	±1	±2	±2

续表

仪器名称		DOT	SST	DDS	DEVELCO	国产45型
地面仪器	数据显示	发光二极管	发光二极管	计算机显示	发光二极管	计算机显示
	报警显示	监示器灯和监示器数据显示	错误代码和蜂鸣器	数据显示黑框	显示错误	显示错误
	工作温度,℃	0~50	-18~50	0~55	0~50	0~50
	工作电压,V	220	110	220	90~130	220
井下探管	探管外径,mm	45.0	44.5	44.5	44.5	44.5
	最大耐压,MPa	176	120	84	176	84
	最大耐温,℃	121	125	125	200	120
特点		操作方便,维修较为困难	操作、维修比较方便	连接繁杂,维修方便	使用方便,维修较困难	使用、维修方便,高温情况下可靠性差

(5)使用及维护保养。

① 无磁钻铤长度应根据地区、井斜角和井斜方位角的不同,按要求选配。

② 最小钻具内径必须大于仪器外筒直径,使仪器能安全下入。无磁钻铤内径应满足仪器对循环的要求。

③ 斜口管鞋与定向键必须相匹配,且能满足循环要求。

④ 使用循环头电缆密封装置,吊环长度不小于3.65m。

⑤ 井眼必须畅通,钻井液性能良好,含砂量低。

⑥ 仪器下井前必须对仪器各部分进行全面系统的检查。

⑦ 下放仪器时,注意控制箱上的探管温度显示。DOT探管温度不超过121℃,如果探管温度超过上述值,则应停止下放仪器,循环钻井液降温,若无效应起出仪器。

⑧ 井斜角大于6°时采用高边工作方式,小于6°时采用磁性工具面工作方式。工作方式一旦确定,仪器工作过程中不得随意改变。

(6)有线随钻测斜仪器存在的缺陷。

有线随钻测量系统由于在测量过程中是靠电缆把井底测量信息传到地面的,因此在施工作业中需要电缆绞车,需要特殊的井口密封工具,工序繁琐,操作复杂,工作强度相对较大;接单根时需要把电缆和井底工具起出地面,钻井实效低;有时井斜角较大时,工具下放比较困难,需采用特殊井下接头才能完成。以上的不方便都是由于测量中使用了电缆作为传输媒介,为了克服这些不便,井下测量开始采用无线随钻测量的方法。

2)无线随钻测斜仪

无线随钻测斜系统是由井下随钻测量仪器总成、地面接收仪表及计算机监控软件系统组成。通过井内钻井液的压力脉冲来传递井下探测仪器测取的井眼轨迹参数的编码数据,由地面接收压力传感器测量此脉冲,然后由地面计算机进行解码处理,以数字形式显示和打印出来,可定量地指导现场施工。

无线随钻测斜系统克服了有线随钻测量的缺点,但由于信号的传输是靠压力脉冲来实现的,使信号的传输速度较慢,在传输过程中会受到较大的外界干扰。

无线随钻测斜系统的优点是可以对井眼轨迹进行实时监测、实时调整，控制更加精确，从而使井眼更加光滑。同时，简化了施工程序，可以大量节约定向、造斜工作的时间。当需要改变方位时，使用 MWD 系统可以通过转动转盘来调整，操作方便、快捷，使井斜方位控制更加容易。施工中可随时活动钻具，转动转盘，在测斜时不需要长时间停泵，不用卸方钻杆，降低了黏附卡钻事故的发生几率。由于不使用电缆绞车，不会发生断钢丝绳和井口密封失效等事故，进一步提高了钻井速度，缩短了钻井周期。如果在大斜度定向井、水平井、绕障井、防碰技术中使用 MWD 系统，则更能体现出其优势。

MWD 随钻测斜仪是通过钻井液的压力脉冲传递井下仪器测取的参数，取消了有线随钻仪的起下电缆作业，大大缩短了测斜时间，而且还可用于旋转钻井。国外生产的 MWD 随钻测斜仪种类较多，仪器规格见表 3－2。

表 3－2 国外 MWD 仪器规格

公司	TELEO	SPERRYSON	CEOLIN	SMTTH	EASTMAN
仪器精度(°)	井斜角 ±0.25 井斜方位角 ±1.5 工具面角 ±3.0	井斜角 ±0.2 井斜方位角 ±1.5 工具面角 ±2.8	井斜角 ±0.1 井斜方位角 ±1.0 工具面角 ±1.0	井斜角 ±0.2 井斜方位角 ±1.0 工具面角 ±1.0	井斜角 ±0.2 井斜方位角 ±2 工具面角 ±2
脉冲方式	正脉冲	负脉冲	正脉冲	正脉冲	负脉冲
能否回收	不可回收	不可回收	不可回收	可回收	不可回收
耐温，℃	125	125	150	125	125
耐压，MPa	105	105	105	140	140
对钻井液的要求	含砂：<1% 排量：12.6～69.3L/s 黏度：无限制	含砂：<2% 排量：9.45～75.6L/s 黏度：50mPa·s	含砂：<1% 排量：5～69.3L/s 黏度：50mPa·s	含砂：<1% 排量：5～50L/s 黏度：无限制	含砂：<1% 排量：不限 黏度：50mPa·s
测量内容	定向参数	定向参数	定向参数	定向参数	定向参数
电源	发电机	发电机	电池	电池	电池
仪器总长 m	D：10.4 DG：11	D：4.92 DG：7.13	5.64	14.6(包括钻铤)	5.5
钻铤规格 in	特殊钻铤 63/4、73/4、 81/4、91/2	标准钻铤 43/4～91/2	标准钻铤 43/4～91/2	标准钻铤 43/4～91/2	标准钻铤 63/4、73/4、 8、9、91/2

下面仅以美国东方人克里斯坦森公司生产的 ACCUTRAK－MWD 仪器为例进行介绍。

(1)用途。

用于定向井、大斜度井、水平井及导向钻井井眼轨迹控制。

(2)结构。

ACCUTRAK－MWD 随钻测斜仪采用负压脉冲方法，由电池组给数据测量和数据传输提供动力,其结构可分为井下仪器总成、地面接收仪表及数据处理系统两大部分。

ACCUTRAK－MWD 井下仪器总成,如图 3－18 所示,由顶部短节、电子信息处理器、测量传感器、泄压阀总成、井下压力传感器、电池组和底部短节组成。各种仪器装在无磁外筒中,仪器整体设计成环柱形,中间水眼直径为 51mm,外径与钻铤外径相同,有 ϕ171.5、ϕ196.9、ϕ203.2、ϕ228.6 和 ϕ241.3 等规格,适用于各种同尺寸的井眼。

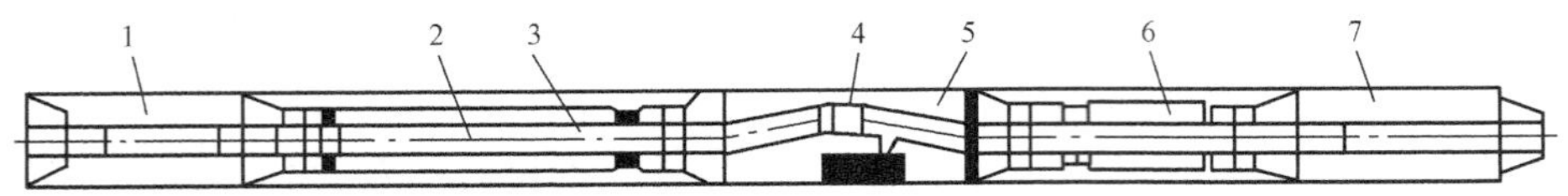

图 3－18　MWD 井下仪器总成

1—顶部短节;2—电子信息处理器;3—测量传感器;4—泄压阀总成;
5—井下压力传感器;6—电池组;7—底部短节

ACCU－TRAK－MWD 的地面接收仪表及数据处理系统可将钻井液遥控信息传送到井下仪器,同时又可接收、译码、处理并显示来自井下仪器的遥测信息。

(3)ACCUTRAK－MWD 的工作原理。

地面询问阀按指令程序进行开或关,在钻柱内产生压力脉冲。井下压力传感器将压力脉冲信号转变为电信号,电子信息处理器的中心处理装置接收到这些电信号后将其译码,并按既定程序向测量传感器提供电力(来自电池组)。测量传感器瞬时升温,立即将反映井斜角和井斜方位的电压信号传输给模拟电路,模拟电路通过信号连乘器运算,按要求传输给测量传感器的中心处理装置(SSCPU),SSCPU 经进一步处理将数据信号输入电子信息处理器的中心处理装置(TCPU),TCPU 将井斜角和井斜方位资料转变为数据群。定向模式的数据是一系列被校正的工具面角测量值。

泄压阀中的阀门在平时是堵住的,立管压力正常。在 TCPU 的指令下打开阀门,将井内与环空连通(相当于循环短路),压力突然降低,发出一个负脉冲信号。TCPU 不断按照井眼轨迹参数的大小发出一系列的指令,泄压阀中的阀门就连续按照一定规律进行开启与关闭,从而使立管压力形成压力升降的脉冲,将数据群以钻井液脉冲形式发送到地面。

地面压力传感器接收到钻井液脉冲并将它们转化为二进制数字信号,数字接收装置接收到这些二进制数字信号后又将它们转换成与之当量的十进制数值,这些数值显示在数字接收装置的面板上,这样从井下发送的数据就都被记录在记录仪上了。

(4)MWD 随钻测量仪器的规格。

MWD 随钻测量仪器的测量范围及测量精度见表 3－3,井下仪器规格和工作参数见表 3－4。

表 3－3　测量范围及精度　　(°)

项目	测量范围	测量精度
井斜角	0～180	0.2
井斜方位角	0～360	2.0*
工具面角(重力)	0～360	1.0*
工具面角(磁力)	0～360	2.0*

注:* 为井斜角在 3.5°以上。

表3-4　井下仪器规格和工作参数

工作参数	仪器规格				
外径,mm	171.45	196.85	203.20	228.60	241.30
内径,mm	51	51	51	51	51
重量,kg	770	1065	1100	1474	1550
最高工温度,℃	125	125	125	125	125
最高静压力,MPa	137.94	137.94	137.94	137.94	137.93
最高钻井液密度,g/cm^3	2.28	2.28	2.28	2.28	2.28
最高钻井液黏度,mPa·s	50	50	50	50	50
最高工作扭矩,N·m	33895.45	61011.81	62367.63	88128.17	93551.44

(5)无线随钻测斜仪的使用要求。

① 井底最高静液柱压力不得大于140MPa,立管最高压力要小于31MPa,最低压力要大于4MPa。

② 仪器最高工作温度不得超过125℃,最低工作温度不得低于-55℃。

③ 使用转盘钻进时,转盘转速应低于170r/min。

④ 仪器工作扭矩和螺纹上紧扭矩不得超过仪器的许用值。

⑤ 划眼期间,一定要卸下MWD。因为划眼会因仪器受到剧烈震动而损坏机械部件和电子元件。

⑥ 钻井液性能必须满足MWD的使用要求,测量期间若要调整钻井液性能,应征求MWD服务工程师的意见。

⑦ MWD随钻仪测量期间,应保持钻井泵正常工作,上水良好,泵及地面管线无刺漏现象。

⑧ 钻具内径尽量保持一致。上紧钻具,防止钻具刺漏。

⑨ 仪器入井前必须对MWD系统作全面的检查。

(二)无线随钻测井仪器(Logging While Drilling,简称LWD)

LWD是20世纪90年代以后,国际上广泛应用于石油钻探领域的仪器。它是在MWD的基础上发展起来的一种代表钻井和勘探水平的先进装备。可对井眼轨迹参数实现实时地动态监测、传输;同时,可完成对地层地解释和油气层地评价。被广泛应用于薄油层水平井的地质导向钻井中,如图3-19所示。

下面以Sperry-sun公司生产的LWD为例来介绍该系统。

1. LWD的用途

1)随钻地质测井

LWD可以在钻进作业进行的同时,实时地测取地质参数,并按照用户的需要,绘制出各种类型的测井曲线,提供给地质人员作为地质分析的依据。由于是实时测量,地层暴露时间短,因此,测井曲线是在钻井液轻微侵入地层的环境下获得的。与电缆测井相比,测得的数据更接近地层的真实情况,可以获得储层油藏物性的原始资料。

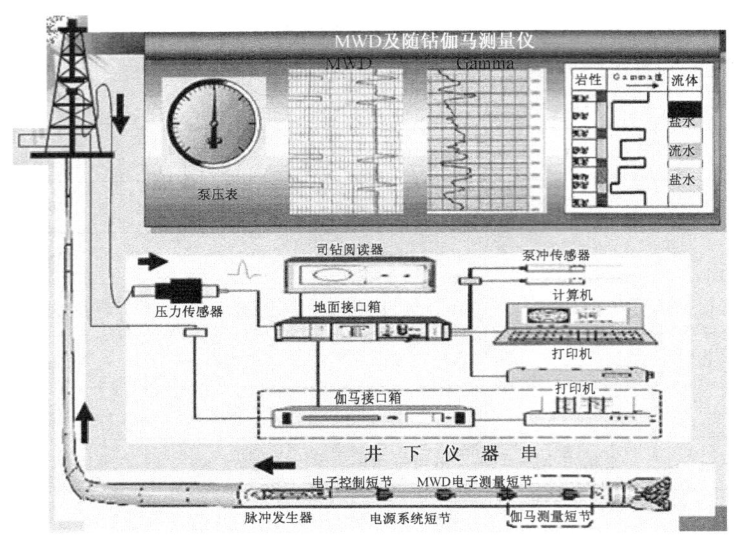

图 3－19　MWD 及随钻伽马测量仪示意图

2)地质导向

LWD 提供的实时地质参数数据,可以帮助施工作业人员随时监控地质参数的变化情况,对将要出现的地层变化做出准确判断。因此,在水平井的钻井过程中,利用 LWD 的地质参数和定向参数的配合,可实现地质导向,准确地控制井眼轨迹穿行于储层中,有利于产油最佳位置的确定,有效地回避油/气和油/水界面。利用这一技术可以大幅度提高单井产量和储层采收率。

3)风险回避

通过对地质参数变化的综合分析,能够辅助预测出各种风险因素,如异常地层压力、岩性变化等。此外,如果在 LWD 中附加上 DDS(钻柱振动传感器),就可以及时地探测到钻柱的剧烈振动。因此,现场人员可以根据实际情况,分析发生风险的可能性,提前采取措施,控制风险的发生或减少损失。

4)提高钻井效率

LWD 测量的实时性,使得现场工作人员可以随时监控井眼轨迹的走向和相应的地质参数变化。因此,可以根据需要和现场情况,及时采取相应的措施,有效地控制井眼轨迹的延伸方向,从而可以显著提高钻井效率,缩短钻井周期,从整体上降低钻井成本。

2. LWD 测量数据的采集

井下各传感器测得的地质参数数据,传输到井下数据处理短节——HCIM,由其储存和控制数据的实时传输,同时部分传感器具备独立存储数据的能力。当仪器由井下起出后可进行所有地质参数测量数据的提取和处理。

3. LWD 的地层评价传感器

1)地层电阻率传感器(EWR－Prase4)

Sperry－sun 公司生产的 EWR－Prase4 多种探测深度电磁波电阻率传感器采用独有的四相位测量技术,具有高精度、高灵敏度和可靠性好的特点。仪器由四个发射器和两个接收器组成,通过测量每一组传感器和接收器之间的相位差和波幅衰减,可以绘制出四条不同的探测深度(极浅、浅、深、极深)的电阻率曲线。通过相位差和对应的波幅衰减组合可以用来评价地层的渗透性,地层真电阻率的计算,地层标志的识别,地层岩性的变化,地层油、气、水的含量等(包括取心层的选择,套管鞋位置的选择和造鞋点位置的选择)。

2)地层自然伽马传感器(DGR)

DGR 传感器采用双向伽马测量技术,即包含有两组伽马射线探测器(盖革—米勒计数器)。每一组由 8 根长 22.9mm(9in)的盖革—米勒计数管组成。两组探测器用捕获的地层自然伽马射线来计数,地层中的放射性元素主要有钾、钍和铀。钾和钍存在于页岩和黏土矿物(伊利石、高岭石和蒙脱石)中。传感器将伽马的原始记数转换成 API 标准计数,经过平均计算后组合成伽马测井曲线,使测量更加精确。同时,这种结构在有一组探测器失效的情况下,仍可以保证获得可靠的伽马计数。伽马测井曲线可以帮助现场工作人员区分泥岩和砂岩地层,并划分岩性界面。

3)地层岩石密度传感器(SLD)

SLD 密度传感器采用铯 - 137(Cs137)作为密度源。远、近两个低密度窗(探测器的)允许地层反射回来的伽马射线进入,并引发内部闪烁计数器进行伽马计数。为减少射线在通过环空时的衰减,SLD 传感器采用了独特的“扶正器增益”技术,即将密度源和接收器安放在扶正器的扶正片上。由于扶正片更加贴近井壁,减少了射线经过的环空距离,因此,可以有效地增加探测深度和精度。从每一个探测器中获得的在不同能窗范围内的计数,计算出各自的密度值和光电值,采用“脊—肋”校正技术,对远、近两个探测器测取的密度值进行校正,组合成最终的岩石密度曲线。由于采用了“扶正器增益”和“脊—肋”校验两项技术,传感器的探测深度得到了明显增加,SLD 可以探测到井壁径向 50.8 ~ 101.6mm 处的地层情况。

4)补偿中子孔隙度传感器(CNP)

Sperry - sun 的 CNP 中子孔隙度传感器,采用镅 - 241 铍(Am - 241Be)作为中子源,放射性活度为 3ci(111GBq)。镅 241 在衰变中产生 α 射线,用 α 射线去轰击铍,发生核反应产生平均能量为 4MeV 的中子。在沉积岩所有元素中氢对中子的弹性散射截面最大,每次弹性散射的能量损失也最大,并且其他元素与氢相比相差极为悬殊。氢含量高则岩石对中子的减速快,反之则慢。经弹性散射减速为热中子被岩石原子核俘获,放出中子伽马射线,所以中子伽马射线的强度取决于地层的含氢量。与伽马传感器类似,这种结构可以保证仪器的工作可靠性,在其中一组计数管失效的情况下,仍可以获得可靠的伽马计数。CNP 传感器在探测地层、捕获中子后,释放出伽马射线,并通过计算得到孔隙度曲线。经过与岩石密度曲线的对比,可以帮助区分油、气界面。

4. LWD 数据的传输

LWD 的信号传输系统主要由钻井液脉冲信号发生器组成。在钻井作业的同时,井下传感器测得的地质参数数据,由脉冲发生器以脉冲信号的形式通过钻井液传输至地面,由地面接收装置接收,处理成数字信号进行解码。

5. 地面计算机数据处理系统(INSITE)

INSITE 系统是哈利伯顿(HALLIBURTON)公司最新研制的一种网络化、集成化和模块化的现场数据处理软件,具有现场数据采集和数据库管理功能。INSITE 系统选择 WINDOWS NT 作为操作平台,有很强的适应性和可移植性。适用于对 HALLIBURTON 公司所提供的现场技术服务，进行数据的实时采集、记录和管理。它允许运行多计算机系统，可以将实时数据在局域网的多个终端上同时加以显示，并允许扩展新的功能。

三、井眼轨迹的计算方法

井眼轨迹的测斜计算是非常必要的。当有了测斜计算结果后，首先根据此结果，可以知道实钻井眼的形状；将其与原设计的井眼形状进行对比，可以知道实钻井眼轨迹是否符合设计要求，从而可以指导钻进施工；将计算结果绘图，还可及时预测井眼轨迹发展的趋势，并制定相应的井眼轨迹控制技术措施。井眼轨迹的测斜计算结果是井眼轨迹的重要数据，也是一口井的最重要数据之一，对钻井、采油、修井、油气层开发，都有重要的意义。

(1)井眼轨迹的测斜计算依据是井斜角 α，井斜方位角 ϕ 和井深 L。

(2)测斜计算的内容主要有测段计算和测点计算。

(3)测斜计算的顺序是先算出每个测段的坐标增量，然后累加求得测点的坐标值。具体的计算是从第一个测段开始，逐段向下进行的。

(一)我国钻井行业标准化委员会对测斜计算数据的相关规定

在进行井眼轨迹的测斜计算之前，对测斜计算数据作如下规定：

(1)测点自上而下编号，$i=1,2,3,\cdots$。

(2)测段自上而下编号，$i=1,2,3,\cdots$。第 i 个测段是指第 $i-1$ 个测点与第 i 个测点之间所夹的测段。

(3)井口为计算始点，直井钻机 $\alpha_0=0$，$\phi_0=\phi_1$；斜直井钻机 α_0 等于钻机导斜角，ϕ_0 等于钻机导斜方位。

(4)井斜方位角应进行磁偏角及子午线收敛角校正。

(5)当测点的井斜角为零时，该测点井斜方位角的取值与该测段另一测点的井斜方位角相等。

(6)用于计算全井轨迹的计算数据必须是多点测斜仪测得的数据。

(7)当 $|\phi_i-\phi_{i-1}|<180°$ 时，$\Delta\phi=\phi_i-\phi_{i-1}$。当 $|\phi_i-\phi_{i-1}|>180°$ 时，$\Delta\phi=\phi_i-\phi_{i-1}-\sin(\phi_i-\phi_{i-1})\times360$。

当 $|\phi_i-\phi_{i-1}|=180°$ 时，$\Delta\phi$ 的正负号按上测段方位变化趋势选取。

(二)井眼轨迹计算

1. 测段数据的计算

测段数据的计算内容主要包括 ΔD、ΔL_p、ΔN、ΔE 和井眼曲率 K，共计五项计算。

2. 测点数据的计算

测点数据的计算内容主要包括：D、L_p、N、E、V、S 和 θ，共计七项计算。

3. 入靶数据的计算

根据选定的轨迹计算方法，用插值法计算入靶点 e 的数据。

1)水平靶的靶心距

水平靶的靶心距(J)计算式为：

$$J=\sqrt{(N_t-N_e)^2+(E_t-E_e)^2} \tag{3-11}$$

2）铅垂靶的纵偏移和横偏移

铅垂靶的纵偏移（H）和横偏移（W）的计算式为：

$$H = D_t - D_e$$

$$W = (N_t - N_e)\sin\phi_t - (E_t - E_e)\cos\phi_t \tag{3-12}$$

式中，下角 t 表示靶点，e 表示入靶点。

4. 计算结果输出

计算结果按表 3－5 和表 3－6 中的格式输出，水平井设计与实钻井深结构示意图见图 3－20，实钻轨迹图见图 3－21。

5. 测斜计算结果的常规绘图

二维定向井轨迹可根据表 3－5 中的数据绘出垂直投影图和水平投影图，如图 3－22 所示。垂直投影图的两个坐标是 D 和 V；根据计算数据绘制三维定向井轨迹，垂直投影图的两个坐标是 D 和 S。

表 3－5　×××井井眼轨迹计算数据表

计算方法：平均角法

井号：×××　　井队：×××　　垂深：1250m　　磁偏角：－4.5°　　靶半径：30m

序号	井深 m	井斜 (°)	磁方位 (°)	真方位 (°)	垂深 m	南北	东西	位移	闭合方位 (°)	全角变化率 (°)/25m
1	200	0.00	328.00	323.5	200.00	0.00	0.00	0.00	—	—
2	535	0.70	328.00	323.5	534.99	1.65	－1.22	2.05	323.50	0.05
3	940	0.14	238.00	233.5	939.98	2.08	－4.15	4.65	296.64	0.05
4	1384	0.55	206.00	201.5	1383.97	－0.04	－5.78	5.78	296.63	0.03
5	1858	0.45	356.00	351.5	1857.96	0.43	－9.89	9.90	272.50	0.07
6	2170	0.48	187.00	182.5	2169.95	0.30	－12.42	12.42	271.38	0.11
7	2542	1.04	186.00	181.5	2541.91	－4.63	－12.59	13.42	249.80	0.04
8	2852	3.42	218.00	213.5	2851.68	－16.14	－16.22	22.88	225.15	0.22
9	2938	2.66	216.00	211.5	2937.56	－19.98	－18.67	27.35	223.05	0.22
10	3063	1.36	214.00	209.5	3062.48	－23.76	－20.89	31.64	221.33	0.26
11	3200	0.18	189.00	184.5	3199.46	－26.24	－21.65	34.02	219.53	0.13

表 3－6　××井中靶数据表

井号：××　　井队：××

序号	靶位	斜深，m	垂深，m	井斜，(°)	闭合方位，(°)	水平位移，m	与设计靶点比较
1	靶 A	4728.08	4579.52	90.8	96.09	268.93	水平逆时偏 2.06；垂直上偏 1.02
2	靶 B	5095.00	4578.98	90.9	98.05	635.44	水平顺时偏 18.79；垂直上偏 1.56

注：除××水平井外，邻井均为直井。

避水高度为 12.02～12.56m，避水程度为 80.78%～84.41%，较预测避水程度（68.80%）高得多，因此本井中靶效果比较理想。

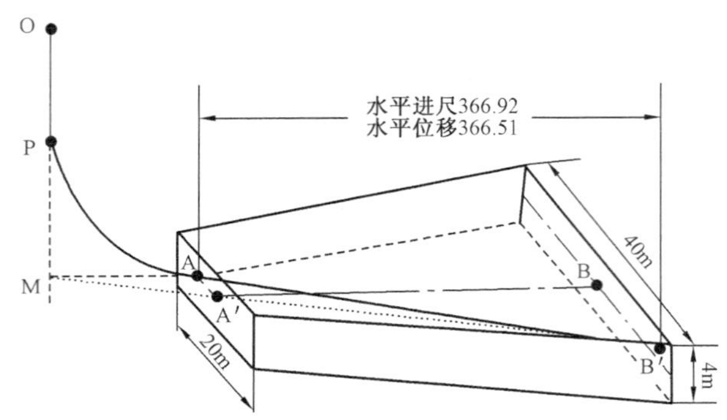

图 3－20　××水平井设计与实钻井深结构示意图

A、B—设计水平靶点；P—造斜点；OP—直井段；
A′B′—实钻水平靶点；M—井位的投影点

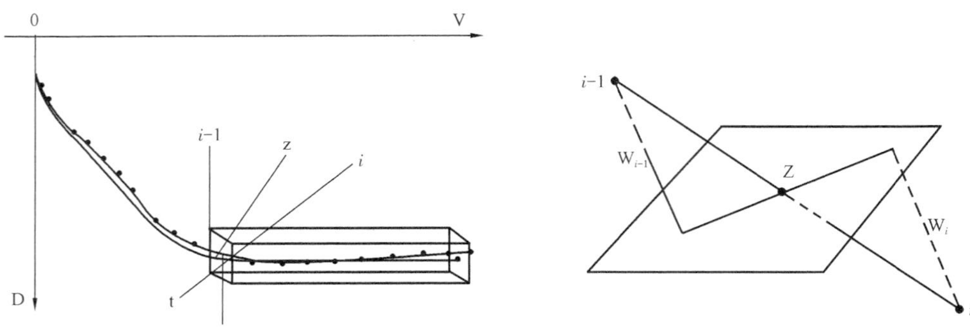

图 3－21　实钻轨迹图

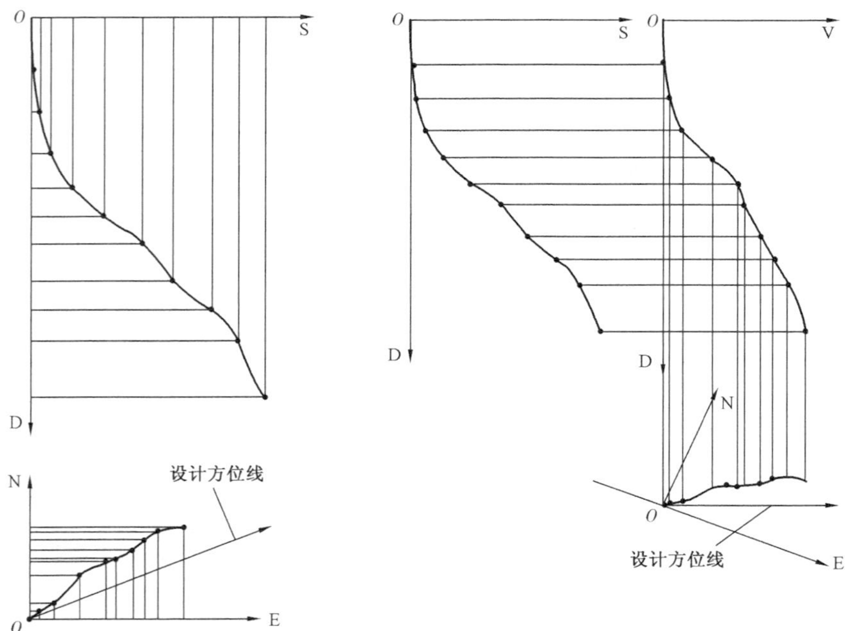

图 3－22　用坐标法作垂直剖面图

在定向井钻井过程中，要适时绘制井眼轴线水平投影图与垂直剖面，掌握井底位置和井眼前进的方向，以便及时采取调整措施。

第三节　直井钻井技术

钻井作业不但要求钻速快，而且要求井身质量好。井身质量的好坏是油气井完井质量的前提和基础。它直接关系到油气田的勘探和开发工作是否成功。如何控制井眼轨迹与井眼轨道近似重合在一条铅垂线上的钻井技术称为直井技术。一般来说，实钻轨迹总是偏离设计轨道的，超出允许范围的井斜会造成多方面的危害。

一、井斜的危害

(一)对勘探开发的影响

对于勘探工作来说，井斜大了会使井深发生误差，使所得的地质资料不真实；同时，由于井底远离设计井位，会错过油气层，造成勘探工作的失误，这对断块小油气田显得格外重要；如果井斜过大，也会打乱油气田开发的布井方案。

(二)对钻井施工的影响

如果井斜过大，恶化了钻柱工作条件，钻柱易发生疲劳破坏；易造成井壁坍塌及键槽卡钻等事故；井斜过大，造成下套管困难，套管下入后不易居中，会直接影响固井质量，往往造成固井窜槽和管外冒油、冒气。

(三)对采油工艺的影响

井斜过大会直接影响分层开采及分层注水工作的正常进行，如下封隔器困难、封隔器密封不好等；抽油井常引起油管和抽油杆的磨损和折断，甚至造成严重的井下事故。

二、井斜的原因及规律

钻井实践表明，影响井斜的原因是多方面的，如地质因素、钻具结构、钻进技术措施、操作技术以及设备安装质量等。

(一)地质因素对井斜的影响

影响井斜的地层因素包括地层倾角、层状结构、各向异性、岩性软硬交替及断层等。其中起主要作用的是地层倾角，其他因素对井斜的作用都与地层倾角紧密相连。当地层倾角小时一般沿上倾方向偏斜；当地层倾角大于60°时，井眼将向下倾方向偏斜；在45°~60°时是不稳定区，有时向上倾斜、有时向下倾斜。

1. 倾斜层状地层对井斜的影响

钻头在倾斜的层状地层中钻进时，当钻至每个层面交界处时，此处岩层不能长时间支持所加的钻压而趋向沿垂直层面发生破碎。在井眼上倾一侧的小斜台很容易被钻掉。相反，在井眼下倾一侧却残留一个小斜台，它就向小变向器的作用一样，对钻头施加一个横向力，把钻头推向上倾的一侧，从而引起井斜，如图3-23所示。此外，还会减少井眼的有效尺寸，可能引起以后其他事故的发生。

2. 地层各向异性

由于岩层的成层状况、层理、节理、纹理以及岩石的成分、结构、胶结物、颗粒大小等因素造成岩层在不同方向上的强度不同，称为地层各向异性。一般来说，垂直地层层面的强度较小，钻进时钻头将沿着这个破碎阻力最小的方向倾斜。图 3 - 24 表示钻头在不同方向上的破碎速度（即可钻性）不同。图 3 - 24（a）由于地层水平，井眼不发生倾斜。图 3 - 24（b）中地层呈垂直状态，钻头稳定性差，钻进时容易井斜，且方位不稳定。图 3 - 24（c）地层倾斜，钻头趋向于垂直地层层面方向倾斜。

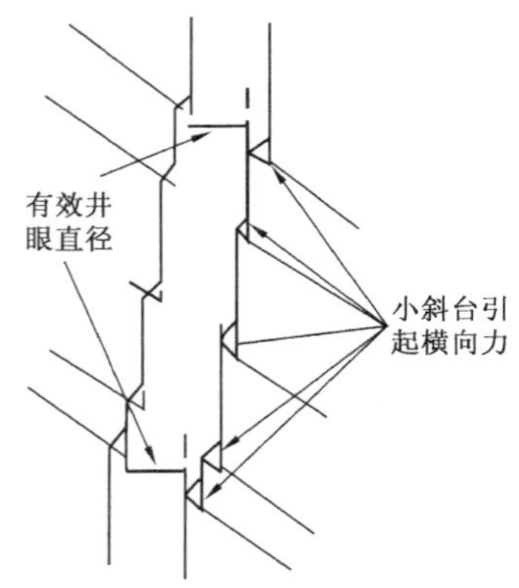

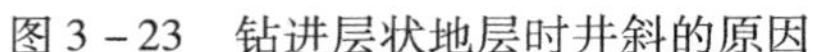
图 3 - 23　钻进层状地层时井斜的原因

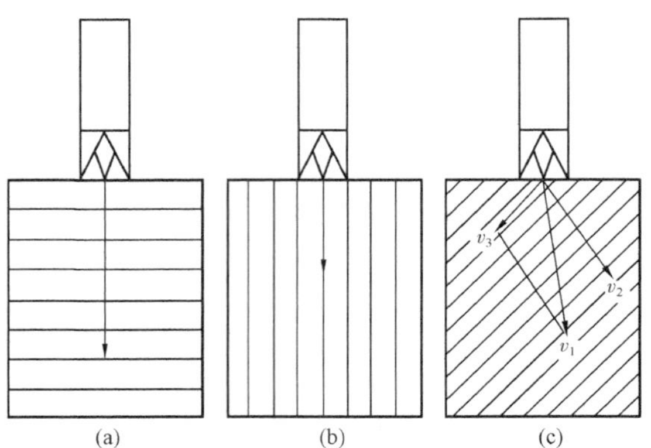

图 3 - 24　钻头在不同方向上的破碎速度

3. 岩性软硬交错对井斜的影响

当钻头从软地层进入硬地层时，如图 3 - 25 所示。钻头在 A 侧接触到硬岩石，而在 B 侧还是软岩石，B 侧钻速快，见图 3 - 25（a），钻出的井眼自然会偏斜。另外，由于钻头两侧受力不均，在 A 侧的井底的反力的合力比 B 侧大，将产生一个弯矩，扭转钻头，使其沿着地层上倾方向发生倾斜，见图 3 - 25（b）。

与上述情况相反，当钻头由硬地层进入软地层时，井眼有向地层下倾方向倾斜的趋势。但是，当钻头快钻出硬地层时，此处岩石不能再支撑钻头的重负荷，岩石将沿着垂直于层面方向发生破碎，在硬地层一侧留下一个台肩，迫使钻头回到地层上倾方向。所以钻头由硬地层进入软地层也有可能向地层上倾方向发生倾斜。

此外，断层也常常会引起井斜。这是由于多数断层在发生错动时，往往不是沿一个面，而是沿一个破碎带。很明显，由于破碎带的岩石疏松，当钻头进入破碎带时受力不均，工作不稳定，也容易产生井斜。

（二）下部钻柱弯曲对井斜的影响

下部钻具弯曲引起钻头倾斜，在井底形成不对称切削，新钻的井眼将偏离原井眼方向；下部钻具弯曲使钻头受到侧向力的作用，迫使钻头进行侧向切削，也使新钻的井眼将偏离原井眼方向，如图 3 - 26 所示。产生下部钻具弯曲的原因主要是钻具和井眼之间有一定的间隙，钻具有弯曲的空间，当压力超过一定值后，钻柱将发生弯曲。

（三）其他因素对井斜的影响

还有一些原因也会导致钻具的倾斜和弯曲，如下入井内的钻具本来就是倾斜和弯曲的；在安装设备时，天车、游车和转盘三点不在一条铅垂线上；转盘安装不平而引起钻具一开始就倾斜等。

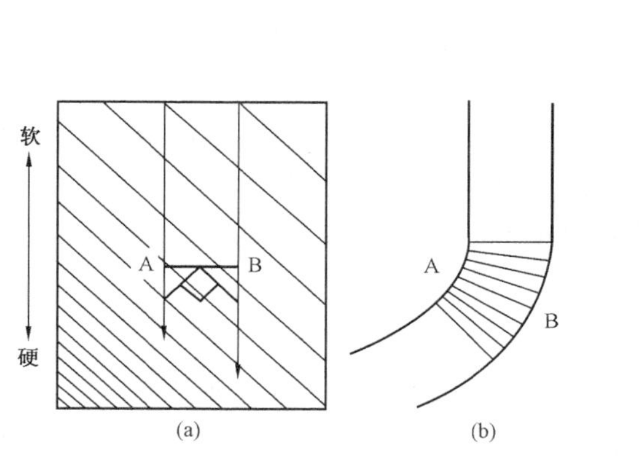

图 3－25 岩性变化对井斜的影响

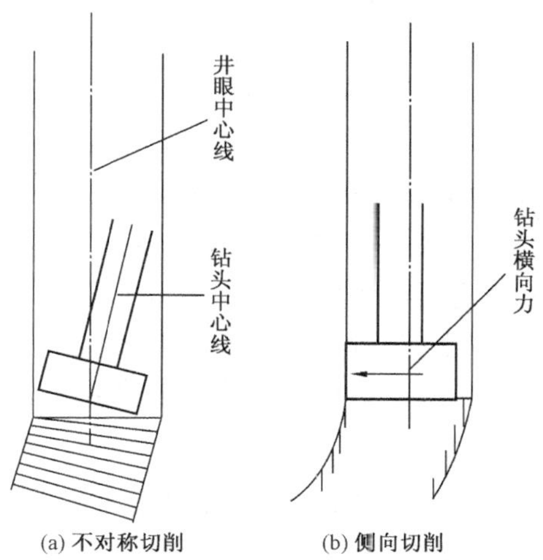

图 3－26 钻头不对称切削导致井斜

井眼扩大也是井斜的重要原因。井眼扩大后，钻头在井眼内左右移动，靠向一侧，钻头轴线与井眼轴线不重合，导致井斜。

在实际钻井施工中，上述因素一般不是独立存在的。其中只有地层因素是客观存在的，也是无法改变的，其他原因则可人为控制。

三、井眼轨迹的控制方法

控制井斜的方法通常采用防斜钻具，以减小钻头上的增斜力，或增大减斜力，使井斜不超过一定允许范围，同时又允许加大钻压以提高钻速。此外，还需要掌握井下地层变化规律，在特定钻井条件下采取有效钻进技术措施与操作技术，才能取得预期的效果。

（一）钟摆钻具

1. 工作原理

在下部钻柱的适当位置安装一个扶正器，当发生井斜时，该扶正器支撑在井壁上形成支点，使下部钻柱悬空。该扶正器以下的钻柱就好像一个钟摆，产生一个钟摆力。

该钻具是利用斜井内切点以下钻铤重量的横向分力把钻头推向井壁下方，以达到逐渐减小井斜的效果。运用这个原理组合的钻具称为钟摆钻具。图 3－27 为钟摆钻具示意图，切点以下钻铤长度（又称悬臂段）为 L，在钻井液中单位长度钻铤的重量为 q_m，重力为 G，井斜角为 α，则钟摆力 F 为：

$$F = Lq_m\sin\alpha \qquad (3-13)$$

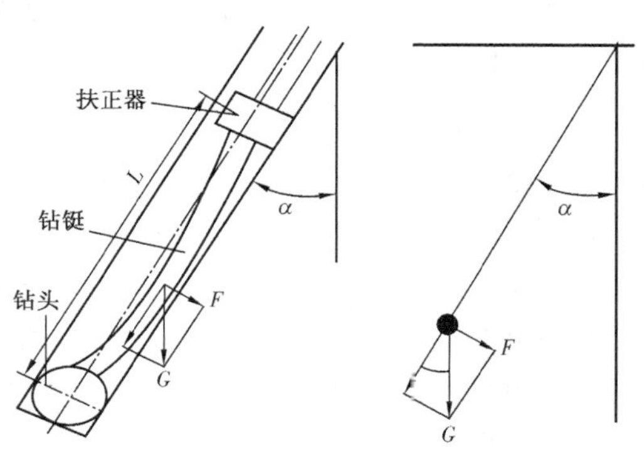

图 3－27 钟摆钻具示意图

式中 F——钻头上的钟摆力，kN；

L——切点以下钻铤长度,m;

q_m——单位长度钻铤的线重,kN/m;

α——井斜角,(°)。

从式(3-13)可以看出,对一定斜度的井眼来说,井斜角 α 是一定的,因此增大纠斜力的主要办法是增大切点以下钻铤的重量 Lq_m,其办法有以下两种:

(1)使用大尺寸钻铤或加重钻铤,在同一钻压下,不易被压弯,切点位置高,因而切点以下钻铤长度 L 大,有利于增大减斜力。

(2)安装一个稳定器,以提高切点位置,增大其下部钻铤的重量,使减斜作用增大。除此之外,稳定器对下部钻铤还起到扶正作用,因而可减小钻头倾斜角,限制增斜力。大尺寸钻铤加稳定器组成的钟摆长度大,重量也大,其减斜效果最好。对钟摆钻具来说,稳定器的安放位置十分重要,是这种钻具的技术关键。

2. 稳定器的安放位置

如果稳定器的安放位置偏低则减斜力小,效果差;如果安放位置偏高,则稳定器以下钻铤可能与井壁形成新的切点,使钟摆钻具失效。稳定器安放的理想位置可以认为是在保证稳定器以下钻铤不与井壁接触的条件下尽量提高。

计算扶正器至钻头的距离(L_s)的公式如下:

$$L_s = \sqrt{\frac{\sqrt{B^2 - 4AC} - B}{2A}} \tag{3-14}$$

$$A = \pi^2 q_m \sin\alpha$$

$$B = 82Wr$$

$$C = -184.6\pi^2 rEI$$

$$r = (d_h - d_c)/2$$

式中 EI——钻铤的抗弯刚度,kN·m²;

W——钻压,kN;

d_h——井径,m;

d_c——钻铤直径,m。

考虑到扶正器的磨损和井径扩大,在实际使用时,扶正器至钻头的距离可以比计算的 L_s 降低5%~10%。

3. 钟摆钻具使用特点

(1)钟摆钻具组合的钟摆力随井斜角的大小而变化。井斜角大则钟摆力大,井斜角等于零,则钟摆力也等于零。所以,钟摆钻具组合多数用于纠斜。

(2)该钻具组合的性能对钻压特别敏感。钻压增大,增斜力增大,钟摆力减小;钻压过大还会将扶正器以下的钻柱压弯,出现新的接触点,从而完全失去钟摆组合的作用。所以,钟摆钻具组合在使用中必须严格控制钻压。

(3)在尚未井斜或井斜角很小时,要想继续钻进而保持不斜,只能减小钻压,采用“吊打”。所以,钻速很慢,这时多用满眼钻具组合。

(4)扶正器与井眼的间隙对钟摆钻具组合的性能影响特别明显。当扶正器直径因磨损而减小时应及时更换或修复。

(5)钟摆钻具组合需要较复杂的设计和计算。

(6)钟摆钻具的缺点是在直井内无防斜作用。

(二)满眼钻具

1. 满眼钻具的工作原理

满眼钻具一般由几个外径与钻头直径相近的稳定器(3~5个)与一些外径较大的钻铤组成。为了发挥满眼钻具的防斜作用,在钻具上至少要有三个稳定点,即除靠近钻头有一稳定器外,其上面应再安放两个稳定器才能保持有三点接触井壁。如果只有两点接触,如图3-28(a)所示,钻具不能保证井眼的直线性。如果有三点接触就不会发生这种情况,见图3-28(b),可以通过三点直线性来保持井眼的直线性和限制钻头的横向移动。

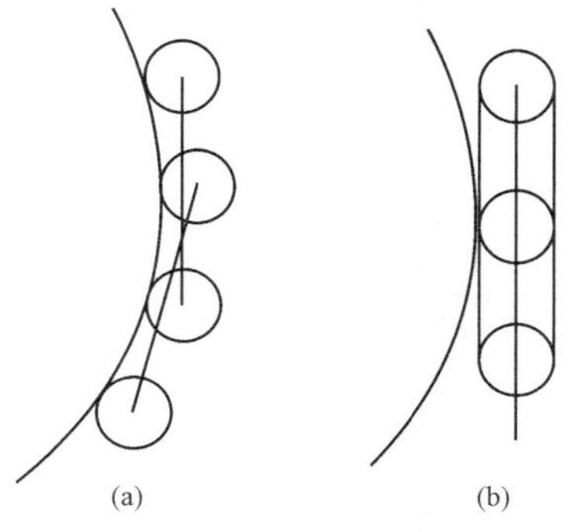

图3-28 满眼钻具的防斜作用

1)在垂直或接近垂直井眼中的防斜作用

当钻具在垂直或接近垂直的井眼中工作时,它的作用是保持井眼沿着铅直方向钻进,如图3-29所示。上稳定器能抵消由于其上部钻具弯曲所产生的横向力,使其下钻具居中。中稳定器能抵消其上一根钻铤一旦弯曲所产生的横向力,并使其下部钻铤处于井眼中心,它也帮助下稳定器抵消地层横向力。下稳定器的作用自然是抵消地层横向力,限制钻头的横向移动。当地层横向力不大时,满眼钻具能保持刚直居中状态,使井眼沿着铅直方向钻进。

2)增斜时防斜作用

当钻遇使井斜增大的地层时,满眼钻具能有力地抵抗地层横向力,减少井斜变化。在地层横向力的作用下,下扶正器和钻头靠向井壁高的一侧,如图3-30所示,抵抗地层横向力,限制钻头的横向移动。同时,地层横向产生一个弯矩作用于短钻铤,由于短钻铤的刚度大,能反抗地层力的扭弯。这个反力将驱使钻头靠向井眼低的一侧,产生纠斜作用。中稳定器也帮助其下部钻具抵抗地层横向力。同时,在已斜井眼内,上稳定器以上的钻铤由于自重作用,靠在井眼低的一边,并以该稳定器为支点将压力下传,作用于其下一根钻铤有一个弯矩,此弯矩使中稳定器靠向井眼低的一边,再以中稳定器为支点将力下传,使钻头趋向于井眼低的一边,也产生一个纠斜力。所以,满眼钻具在增斜地层中,能限制井斜增大速度,使井斜角缓慢地增大,可防止狗腿、键槽现象的发生。

3)减斜时钻具的作用

如果井眼已发生偏斜而地层力又使其趋向于恢复垂直状态,满眼钻具的作用是防止井斜角过快地减小。如图3-31所示,下、中稳定器将抵抗地层横向力,限制钻头向下侧移动。短钻铤也抵抗弯曲力矩,保持下稳定器趋向井眼高的一边。同时,中稳定器以上钻铤所产生的弯矩,也将使中稳定器趋向于井眼高的一边,帮助下稳定器抵抗地层横向力。所以,钻具在减斜时能有力地抵抗地层减斜力,减少井眼的减斜率,使井眼不致产生狗腿、键槽等不良现象。

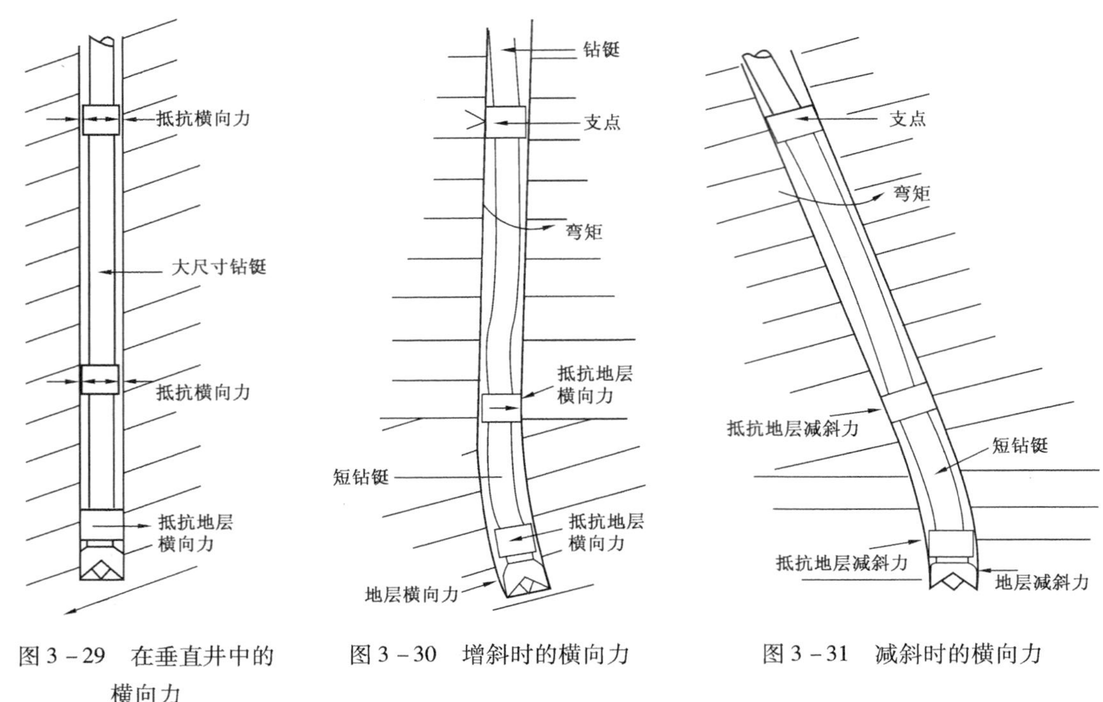

图 3-29　在垂直井中的横向力

图 3-30　增斜时的横向力

图 3-31　减斜时的横向力

满眼钻具由于具有刚性大和填满井眼两个特点，在直井中当地层横向力不大时，能保持直眼钻进，在钻遇增斜或减斜地层时也能有力地控制井斜变化率，使井斜不致过快地增大或减小，也不会形成狗腿或键槽等影响井身质量的隐患。

2. 满眼钻具的设计

很明显，如果钻具与井眼的间隙为零，钻具长度适当，刚度很大，且井壁支撑完全，井眼就不可能从原来的方向发生偏斜。然而，完全实现上述条件是不可能的。但在设计中应力求达到钻具的抗弯强度最大，与井眼间隙尽可能小，有适当长度，并有足够支撑面，以便发挥满眼钻具的防斜效能。

1）YXY 满眼钻具组合

YXY 满眼钻具组合一般包括 4 个扶正器，如图 3-32 所示，自下而上分别为：

（1）近钻头扶正器：简称近扶，紧装在钻头之上。该扶正器直径较大，与钻头直径仅差1～2mm。在易斜地区，长度可加长；在特别易斜的地层，可将两个扶正器串联起来。依靠其支撑在尚未扩大的井壁上，抵抗钻头所受的侧向力，有效地防止钻头侧向切削。同时，由于其直径大、刚性大，可有效地防止钻头倾斜，从而阻止钻头的不对称切削。

（2）中扶正器：简称中扶或二扶。中扶的位置需要经过严格的计算。中扶的直径与近扶相同。中扶的主要作用是保证中扶与钻头之间的钻柱不发生弯曲，使这段钻柱不发生倾斜，从而防止钻头对井底的不对称切削。

（3）上扶正器：简称上扶或三扶。上扶的安装位置在中扶之上一个钻铤的单根处。上扶的直径一般与近扶和中扶相同。

（4）第四扶正器：简称四扶。一般情况下可以不装四扶，仅在特别易斜的地层才装，安装位置在上扶之上一个钻铤单根处。直径要求与上扶相同。上扶与四扶的作用在于增大下部钻柱的刚度,协助中扶防止下部钻柱轴线发生倾斜。

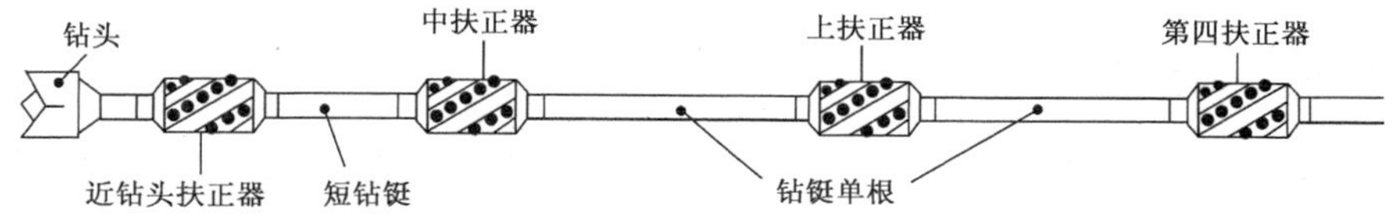

图 3-32　YXY 满眼钻具组合结构

2)YXY 满眼钻具组合的中扶位置的计算

YXY 满眼钻具组合的中扶位置的计算公式为:

$$L_p = \sqrt[4]{\frac{16CEI}{q_m \sin\alpha}} \tag{3-15}$$

式中　L_p——中扶距钻头的最优长度,m;

C——扶正器与井眼的半间隙,$C=(d_h-d_s)/2$,m;

d_h——井眼直径,m;

d_s——扶正器外径,m;

EI——短钻铤的抗弯刚度,$kN\cdot m^2$;

q_m——钻铤在钻井液中的线重,kN/m;

α——允许的最大井斜角,(°)。

3. 满眼钻具的使用

满眼钻具组合的使用要注意以下问题:

(1)在已经发生井斜的井内使用满眼钻具组合并不能减小井斜角,只能做到使井斜角的变化(增斜或降斜)很小或不变化。所以,满眼钻具组合的主要功用是控制井眼曲率,而不能控制井斜角的大小。

(2)用满眼钻具组合的关键在于一个“满”字,即扶正器与井眼的间隙对满眼钻具组合的性能影响非常显著。在使用中应使间隙尽可能小。设计间隙一般为 0.8～1.6mm。在使用中,因扶正器磨损,间隙将增大。当间隙值达到或超过设计值两倍时,应及时更换或修复扶正器。

(3)保持“满”的另一个关键在于井径不扩大。这就要求有好的钻井液护壁技术。即使钻井液护壁技术不好,井径的扩大总要经过一定的时间才会发生,只要抢在井径扩大以前钻出新的井眼,则仍可保持“满”的效果。这就要求加快钻速,我国现场工作人员将此概念总结为“以快保满,以满保直”。

(4)在钻进软硬交错或倾角较大的地层时,要注意适当减小钻压,并要勤划眼,以便消除可能出现的“狗腿”。

(5)不宜在井眼曲率较大的井段使用。

(三)钟摆—满眼组合

在井斜严重的地层,用满眼钻具钻进时,井斜要逐渐增大,当接近或达到设计允许极限时,必须改用钟摆钻具控制钻压,使井斜缓慢地降下来。但是,一旦恢复满眼钻进时,钻具组合下至钟摆钻具钻进井段,要遇阻甚至卡钻。为了避免这种情况的发生,在钟摆降斜时可将原满眼钻具接在钻铤段之上,组成钟摆—满眼组合方式,这样在恢复满眼钻进时,一般只需在钟摆钻铤长度井段划眼。

(四)其他纠斜方法

除了以上介绍的防斜技术外,还有几种纠斜方法,如偏心钻铤、塔式钻具、方钻铤、钻铤偏心短节。下面简单介绍一下偏心钻铤的使用。

偏重钻铤是在普通钻铤的一侧钻一排孔眼,造成一边重一边轻。当钻具旋转时就产生一个离心力,转速越高,离心力越大,钻具每转一圈就会有一次钟摆力和离心力的重合。这样,对井壁产生较大的冲击纠斜力,使井斜角减小。同时,由于这种周期性的旋转不平衡性使下部钻柱发生强迫振动,这种弹性的横向振动大大提高了钻头切削井壁下侧的纠斜能力。此外,由于离心力的作用,使偏重钻铤的重边在旋转时永远贴向井壁,从而使下部钻柱具有公转的运动特性,消除了自转时对井斜的影响,这样就使偏重钻铤在直井中更具有防斜作用。

偏重钻铤是一种有效的防斜钻具,可用于易斜地区,并能使用较大钻压。无论是在开钻时就下井使用,还是在钻开易斜层之前下井使用,它都有良好的防斜效果。它即可用于防斜,也可用于纠斜。当井斜角达到规定限度前,可用偏重钻铤在较高钻压下纠斜,而且效果很好。

在钻定向井时,如需减斜或者要将井眼恢复垂直,使用偏重钻铤也很有效,而且还可以使用较大钻压。

偏重钻铤结构简单,使用方便。一般在偏重钻铤之上接普通钻铤即可,不需要安放稳定器,便于起下钻,时效也高。在井下工作安全可靠性高,不易产生井漏和卡钻的危险。偏重钻铤使用时要特别注意防止泥包,以免影响防斜效果。

四、自动垂直钻井系统

自动垂直钻井系统的研究始于20世纪80年代末。它实际上是垂直导向钻井系统,该系统利用自动变径工具,对钻头施加径向力,克服钻头的侧向力,自动纠斜,保证钻头垂直钻进。

VDS系统是在传动轴外壳上装有能自动伸缩扶正器的井下电动机系统,该系统由井下工具、压力传感器、地面控制装置和司钻显示器组成。

在钻井过程中,当井眼偏离垂直方向而向某一方向造斜时,其内部的电子控制电路检测到井斜传感器测出的井斜信号,并通过控制电磁阀的电流,改变4个液缸内的压力,推动其上面的4个可伸展的翼肋,使其压靠并支撑井壁,同时利用井壁的反作用力推动钻头沿井斜相反的方向钻进。由于电子控制电路实时采集井斜数据,并对液缸加以控制,就保证了钻头始终以垂直状态钻进。

为最大限度地增大导向作用力,导向工具应尽可能靠近钻头。导向装置有近钻头外部导向和近钻头内部导向两种工作方式。

SDD自动直井钻井系统是在VDS系统基础上研制的新一代自动直井钻井系统。该系统提供了一种能够自动连续钻直井,而无需地面人员参与过程控制的垂直导向装置。

SDD系统的技术具有连续监测井斜、连续校正任何微小的井斜、井下自动导向、地面可实时监控井眼轨迹和井下工具的工作状态、寿命可超过钻头寿命等特点。

【实训】 常规钻具组合的选择与组配

常规钻具组合的选择与组配如表 3 －7 所示。

表 3 －7　常规钻具组合的选择与组配表

<table>
<tr><th>钻次</th><th>钻进井段
m</th><th>岩性描述</th><th>井眼尺寸
mm</th><th>钻具组合</th></tr>
<tr><td>一开</td><td>0 ~ 151</td><td>土黄、棕黄色黏土及未成岩流沙</td><td>444.5</td><td>444.5mm 钻头 + 203.2mmDc × 3 根 + 177.8mm 钻铤 ×3 根 +127mm 钻杆</td></tr>
<tr><td rowspan="3">二开</td><td>151 ~ 300</td><td>土黄、棕黄色黏土及未成岩流沙</td><td rowspan="3">311.2</td><td rowspan="3">钟摆钻具 1：311.2mm3A + 托盘 + 203.2mmNDc × 1 根 + 203.2mmDc × 1 根 + 310mmF$_1$ + 3.2mmDc × 1 根 + 310mmF$_2$ + 203.2mmDc × 12 根 + 7.8mmDc × 12 根 + 127.0mmDp；
钟摆钻具 2：311.2mm3A + 228.6mmDc × 2 根 + 310mmF$_1$ + 托盘 + 203.2mmNDc × 1 根 + 310mmF$_2$ + 203.2mmDc × 12 根 + 177.8mmDc × 12 根 + 127.0mmDp；
满眼钻具：311.2mm3A + 310mmF$_1$ + 203.2mm 短 Dc × 3m + 310mmF$_2$ + 托盘 + 203.2mmNDc × 1 根 + 310mmF$_3$ + 203.2mmDc × 12 根 + 177.8mmDc × 12 根 + 127.0mmDp；
塔式钻具：311.2mm3A + 228.6mmDc × 3 根 + 托盘 + 203.2mmNDc × 1 根 + 203.2mmDc × 12 根 + 177.8mmDc × 12 根 + 127.0mmDp</td></tr>
<tr><td>300 ~ 1400</td><td>上部土黄、棕黄色泥岩与棕黄、浅黄色、浅灰色砂岩呈不等厚互层；下部以棕黄色、棕红色泥岩为主，与棕黄色、浅灰色细砂岩间互层</td></tr>
<tr><td>1400 ~ 1742</td><td>上部棕红色泥岩与浅灰色细砂岩呈不等厚互层；中部以浅灰色中、细砂岩、含砾砂岩、杂色砾岩为主夹棕红色泥岩；底部为杂色砾岩及棕红色、紫红色、灰绿色泥岩</td></tr>
<tr><td rowspan="4">三开</td><td>1742 ~ 2680</td><td>上部泥岩夹浅灰色细、粉砂岩、泥质粉砂岩；中部绿灰色、灰绿色泥岩、含螺泥岩夹浅灰色粉砂岩；下部灰色、棕色、紫红色泥岩夹灰色细、粉砂岩</td><td rowspan="4">215.9</td><td rowspan="2">钟摆钻具 1：正常钻进，215.9mm3A + 托盘 + 158.8mmNDc × 1 根 + 158.8mmDc × 1 根 + (212 ~ 213) mmF1 + 158.8mmDc × 1 根 + 214mmF2 + 158.8mmDc × 16 根 + 158mm 随钻震击器 + 158.8mmDc × 1 根 + 127.0mmHWDp × 15 根 + 127.0mmDp；
钟摆钻具 2：80kN 钻压吊打纠斜，15.9mm3A + 托盘 + 158.8mmNDc × 1 根 + 158.8mmDc × 1 根 + (212 ~ 213) mmF1 + 158.8mmDc × 1 根 + 158.8mm 短 Dc × 3m + 214mmF2 + 158.8mmDc × 18 根 + 127.0mmDp</td></tr>
<tr><td>2680 ~ 3495</td><td>上中部以紫红色、棕红、灰色泥岩为主，与浅灰色细、粉砂岩呈不等厚互层；下部灰色、深灰色泥岩与浅灰色、灰白色细、粉砂岩，褐灰色泥质灰岩，灰岩，灰鹤色油页岩薄层状互层</td></tr>
<tr><td>3495 ~ 3740</td><td>以灰色、紫红色泥岩为主，夹浅灰色细砂岩及灰色含膏泥岩</td><td rowspan="2">215.9mm3A + 托盘 + 158.8mmNDc × 1 根 + 158.8mmDc × 21 根 + 158mm 随钻震击器 + 158.8mmDc × 1 根 + 127.0mmHWDp × 15 根 + 127.0mmDp</td></tr>
<tr><td>3740 ~ 3980</td><td>为深灰色、灰色泥岩与浅灰色、灰白色细、粉砂岩呈略等厚互层；夹褐灰色泥质白云岩、鲕状灰岩、灰质页岩</td></tr>
</table>

表中钻具代码及含义：3A—三牙轮钻头；NDc—无磁钻铤；Dc—钻铤；Dp—钻杆；HWDp—加重钻杆；F—扶正器。

第四节　定向井钻井技术

定向井钻井技术就是在钻井施工过程中，按照设计的井斜角和井斜方位角钻进，使井眼轨迹与设计轨道近似重合的钻井技术。随着21世纪科学技术的飞速发展，钻井施工中使用的地面设备、井下监测仪器、导向钻井工具、钻井液工艺技术等都得到了快速发展和提高。目前，定向井钻井技术已不再是一种单纯的钻井工艺措施了，而是提高油藏采收率、降低钻井成本的重要技术手段之一。它所带来的经济效益，证明了这一综合性配套技术的明显优势和巨大的内在潜力。

一、定向井的适用范围

定向井的适用范围可以归结为地面环境条件限制，地下地质条件要求，钻井技术需要，经济、有效勘探开发油气藏的需要等方面。

(一)地面环境条件限制

油田埋藏在高山、城镇、森林、沼泽等地貌复杂的地下，或井场设置和搬家安装遇到障碍物时，通常在它们附近打定向井。油田埋藏在农田、草场等地下，为少占耕地常在一个井场打丛式定向井。在海洋、湖泊、盐田、河流等水域上勘探开发油气田，往往会建立海上平台、人工岛或从岸边打定向井、丛式井、大位移井等。

(二)地下地质条件要求

直井难以穿过的复杂层、盐丘、断层等常采用定向井。

(三)钻井技术需要

遇到井下事故无法处理或不易处理时，常采用定向钻井技术，如井下落物侧钻、井喷着火打救援井等。遇高陡构造，在定向井建井周期或钻井成本优于直井时，也常采用定向井。

(四)经济、有效勘探开发油气藏的需要

原井钻探落空或钻遇油水边界、气顶时，可在原井眼内侧钻定向井；遇多层系或断层断开的油气藏，可用一口定向井钻穿多组油气层；对于裂缝性油气藏可打定向井(水平井)穿遇更多裂缝；低压、低渗稠油单斜油藏，采用定向井可最大限度地穿透产层，如图3－33所示。采用水平井可大幅度提高单井产量和采收率，并能有效地开发边际油气藏，或用二次完井开发老油田而取得经济效益。受某些客观条件的限制，为了提高采收率，可打多底井和丛式井，如图3－34所示。

二、定向井的类型

定向井按轨道形状可以分为二维定向井和三维定向井(包括纠偏井和绕障井)；按井眼最大井斜角大小，可以分为常规定向井、大斜度井、水平井、上翘井；而水平位移与垂深之比不小于2.0的井称为大位移井。常规定向井最大井斜角在15°～60°范围，大斜度井最大井斜角在60°～85°范围，而水平井和上翘井的最大井斜角分别在85°～95°和95°～120°范围。

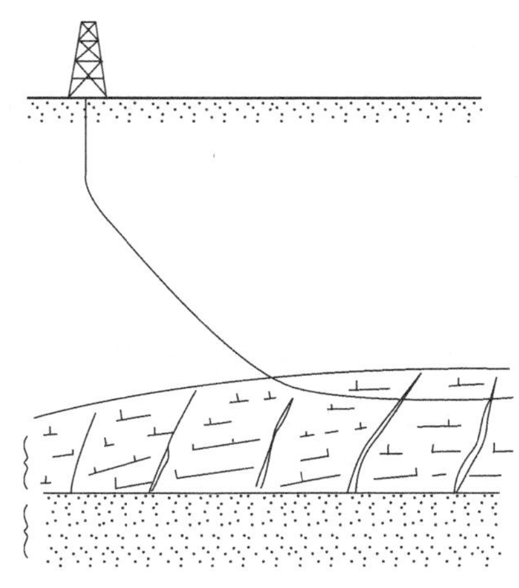

图 3－33　定向井示意图

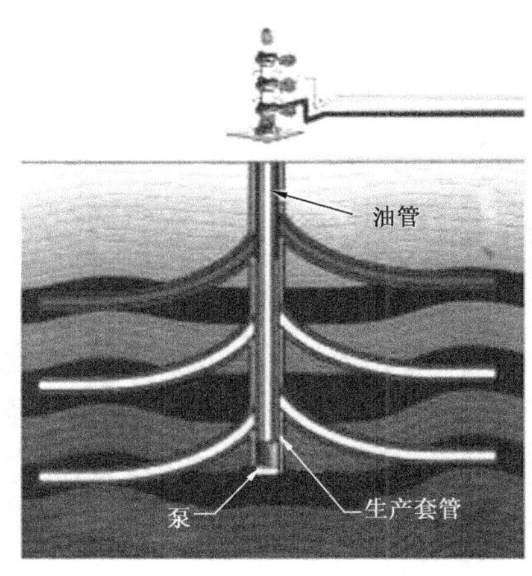

图 3－34　多底井示意图

三、定向井的有关术语

(一)最大井斜角

最大井斜角有两种不同的意义,对已完成的实际井眼来说,全井所有各点中,井斜角的最大值称为该井的“最大井斜角”;在定向井的设计剖面中,其增斜段的终点处,井斜角值应该最大。这就是通常所说的“最大井斜角”。

(二)造斜点及造斜

造斜是指由垂直井段钻出斜井段的工艺过程;造斜点则是指开始造斜的位置,也是垂直井段开始倾斜的起点,如图 3－35 所示的点 a,通常以开始定向造斜的井深来表示。

(三)造斜率

造斜率表示造斜工具的造斜能力,其值等于用该造斜工具所钻出的井段的井眼曲率,不等于井斜变化率。

(四)增斜段

井斜角随着井深增加的井段,称为增斜段,如图 3－35 所示的 ab 段。

(五)稳斜段

井斜角保持不变的井段,称为稳斜段,如图 3－35 所示的 bc 段。

(六)降斜段

井斜角随着井深增加而逐渐减小的井段称为降斜段,如图 3－35 所示的 ct 段。

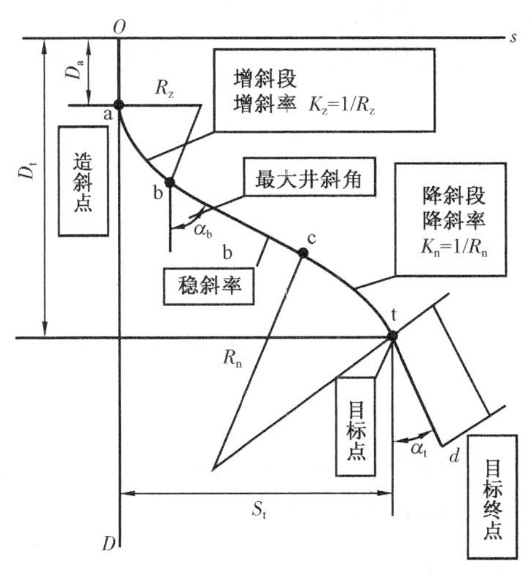

图 3－35　井身剖面术语示意图

(七)靶点(目标点)

由设计确定的定向井目的层的坐标点,通常是以地面井口为坐标原点的空间坐标系的坐标值来表示,如图 3-35 所示的 t 点。

(八)靶区半径

允许实钻井眼轨迹偏离设计目标点的水平距离,称为靶区半径。靶区半径的大小,根据勘探开发的需要或钻井的目的而定,如图 3-36 所示 t 圆的半径 R。

(九)靶心距

在靶区平面上,实钻井眼轴线与目标点之间的距离,称为靶心距,如图 3-36 所示 tP 两点的距离。

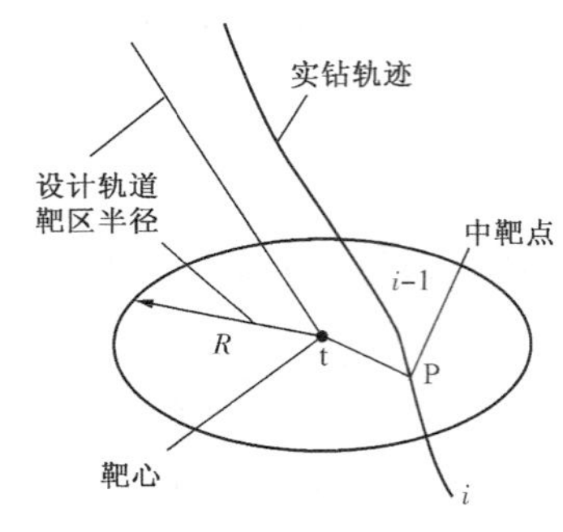

图 3-36 靶区示意图

(十)靶区

包括靶点在内画定的井眼轨迹在目标层中的范围,如图 3-36 所示。该范围是以 t 为圆心、R 为半径的圆来表示的。

四、造斜工具简介

在定向井的定向、造斜施工中,为了实现预期的目的,需要借助一些井下工具来实现。

(一)常规定向、造斜工具

1. 定向接头

目前国内常用的定向接头有两种:定向直接头和定向弯接头。定向直接头用于弯壳体螺杆钻具定向钻进,定向弯接头用于直壳体螺杆钻具定向钻进。

(1)定向直接头的基本结构包括壳体、定向键套、定向键和定位螺钉,如图 3-37 所示。

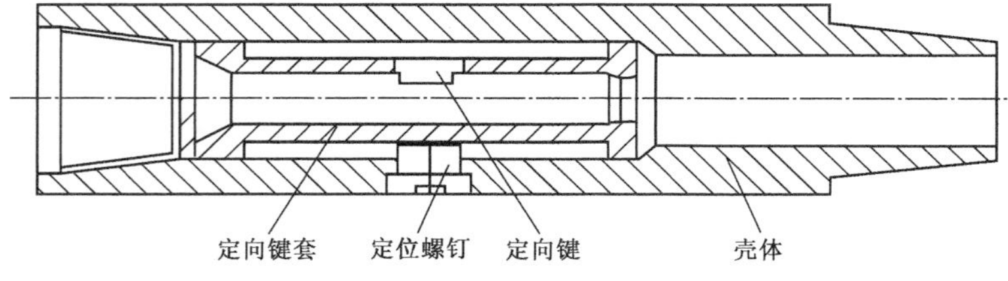

图 3-37 定向直接头结构示意图

(2)定向弯接头的基本结构包括壳体、定向键套、定向键和定位螺钉,如图 3-38 所示。

弯接头弯曲度数的计算公式为:

$$\alpha = \frac{57.3 \times (a - b)}{d} \tag{3-16}$$

式中 α——弯曲角度,(°);

a——长边长度,mm;

b——短边长度,mm;

d——外径长度,mm。

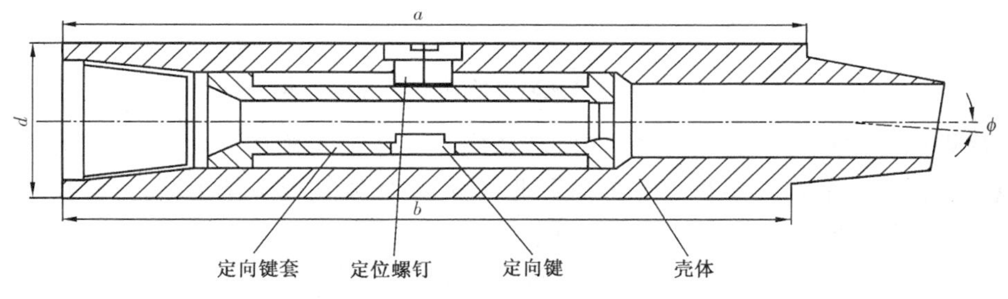

图 3-38 定向弯接头结构示意图

2. 可变径稳定器

可变径稳定器(AGS)的结构如图 3-39 所示。

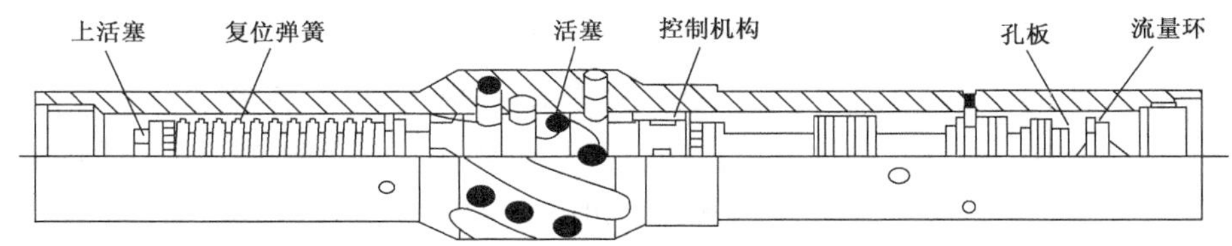

图 3-39 可变径稳定器结构示意图

可变径稳定器是一种在钻井过程中控制和调整井眼井斜角的工具。通过调整稳定器外径的大小,改变下部钻具的井斜控制能力,从而控制井眼的井斜角。

AGS 有 3 个翼片,每个翼片上有 4~5 个活塞,可以伸缩。活塞通过凸轮筒控制进退。当带有斜面的芯轴在压差作用下向下移动时,斜面推动所有活塞向外移动,并通过压差控制,使活塞在凸轮筒中保持固定。当停泵消除压差时,内部弹簧回弹,芯轴恢复原位,活塞收缩,并引导凸轮筒到下一个位置。

利用开泵、关泵控制工作状态,开泵时活塞一直保持伸展状态,直到停泵时才收缩。记录在一定排量下的泵压,停泵、开泵时记录同样排量下新的压力值,确定工作状态。通过泵的工作参数简单、快速地调节,对井眼的井斜进行控制。

在下部钻具组合中组装可变径稳定器,要按说明书在地面进行测试,使用前要检查活动压力并选择空板尺寸,现场要严格按操作规程进行使用,使用后要及时进行维护保养。

3. 非旋转套管防磨接头

FM 型非旋转套管防磨接头主要由芯轴,上、下挡环和外部非旋转防磨套等组成。芯轴和外部不旋转防磨套之间,外部非旋转防磨套和上、下挡环之间设计有轴承摩擦副,见图3-40。

根据井下工况,选择合适数量和安放位置的该种接头连接在钻柱之中。钻井过程中,受套

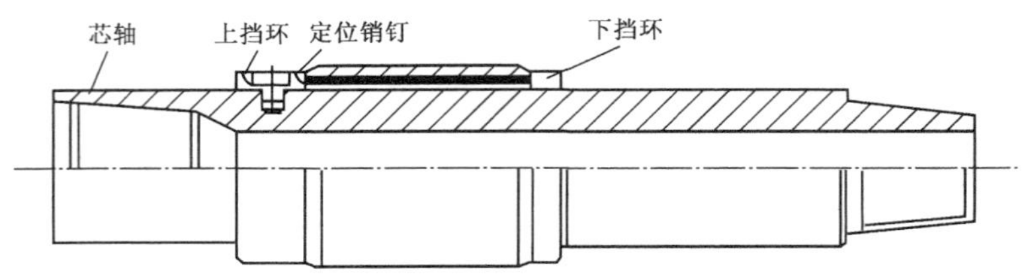

图3-40 FM型非旋转套管防磨接头结构示意图

管与非旋转防磨套之间摩擦力的作用，非旋转防磨套与芯轴间相互滑动，从而避免了钻柱旋转磨损套管；另外，由于轴承摩擦副的摩擦系数非常低，也大幅度地降低了钻井扭矩。

使用非旋转套管防磨接头，可解决大位移井、深井、超深井或大斜度井套管磨损和钻井扭矩过高的技术难题，也可应用于某些狗腿度过高的井段和相关领域。根据实际情况，选择在套管磨损严重或井斜大的井段，每1~2柱钻杆连接1个防磨接头，并考虑每次钻进的长度，以免接头移出套管。

(二)井底动力钻具造斜工具

动力钻具(井下电动机)有三种，分别是涡轮钻具、螺杆钻具和电动钻具，其工作特点是在钻进过程中，动力钻具外壳和钻柱不旋转，有利于定向造斜。

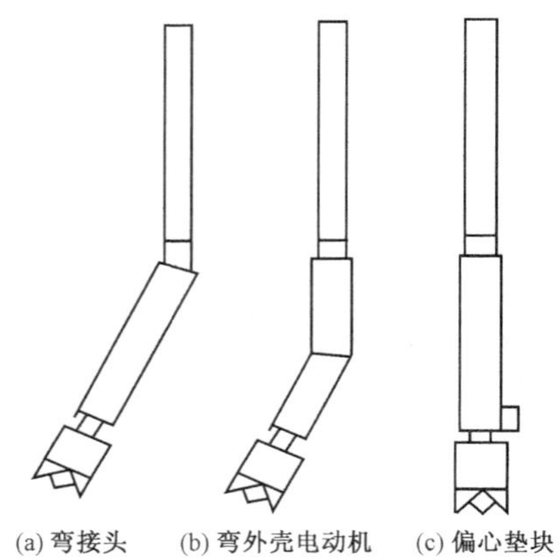

图3-41 动力钻具造斜工具

1. 动力钻具造斜工具的种类

动力钻具造斜工具的种类有三种，即弯接头、弯外壳电动机和偏心垫块。

(1)弯接头(斜接头)。影响弯接头造斜率的因素是：弯角越大，造斜率越大，一般为0.5°~2.5°。弯曲点以上钻柱的刚度越大，造斜率越大；弯点至钻头的距离越小且重量越轻，造斜率越大；钻速越小，造斜率越高。弯接头如图3-41(a)所示。

(2)弯外壳电动机。其原理与弯接头类似，如图3-41(b)所示。

(3)偏心垫块。偏心垫块就是应用杠杆原理，以垫块作为支点使钻头产生侧向力进行造斜，如图3-41(c)所示。

2. 涡轮钻具的结构与特性

(1)结构：驱动部分包括定子、转子(叶片)、外壳、压紧短节、主轴，如图3-42所示。

(2)工作原理：钻井液冲击叶片，产生旋转扭矩，驱动转子和主轴旋转。

(3)特性：转速较快(1000r/min)，扭矩较小；转速与扭矩随流量的增大而增大；一定流量下，转速随扭矩增大而减小；扭矩增高时，地面压力并不增高，难判断失速。空转时，转速达到最高，所以不应当用涡轮钻具进行划眼。

3. 螺杆钻具的结构与特性

(1)结构：驱动部分包括定子(外壳内部浇铸橡胶)、转子(主轴)、万向轴，如图3-43所示。

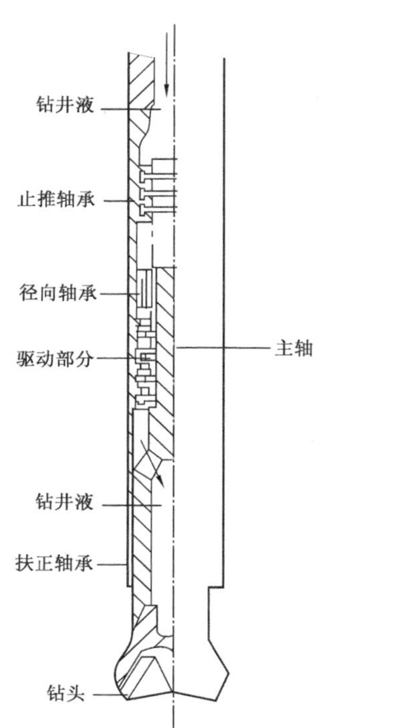

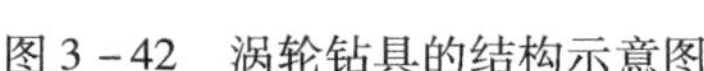
图 3 - 42　涡轮钻具的结构示意图

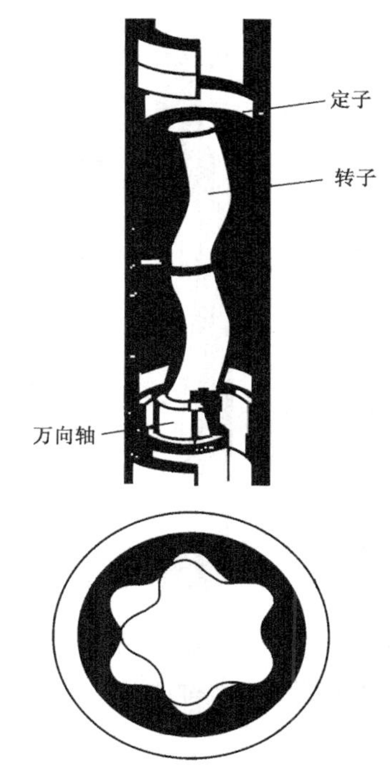

图 3 - 43　螺杆钻具的结构示意图

(2)工作原理:钻井液流过由定子与转子相互啮合形成的螺旋形空腔时,迫使转子转动,产生扭矩。

(3)特性:转速较慢(100 ~ 300r/min),扭矩较大;转速与扭矩随流量的增大而增大;扭矩与压力降成正比。可根据泵压大小了解钻头扭矩和钻压,可以看着泵压表打钻。根据泵压表上的压力降还可以换算出钻头上的扭矩,从而可以较为准确地求得反扭角。

(三)转盘钻造斜工具

转盘钻造斜工具包括变向器、射流钻头、下部钻具组合(BHA)、导向式电动机等,其工作特点是在钻进过程中,井内钻具带动钻头旋转破岩。

1. 槽式变向器(斜向器)

槽式变向器结构及原理如图 3 - 44 所示,它是早期造斜工具,现在仅用于套管内开窗侧钻或不适宜用动力钻具的井内。

目前现场使用的变向器种类较多,但基本原理与槽式变向器大致相同。如胜利 YTS 系列斜向器,是把地锚与斜向器制造成一体,构成所谓的“一趟钻开窗系统”即一次下钻完成斜向器坐挂、套管开窗和修窗等几项作业,提高施工时效。

2. 射流钻头

射流钻头即钻头上安放 1 个大喷嘴、2 个小喷嘴。靠大喷嘴射流冲击出斜井眼,如图3 - 45 所示。

3. 下部钻具组合(BHA)

BHA 仅用于已有一定斜度的井眼进行增斜、降斜或稳斜。

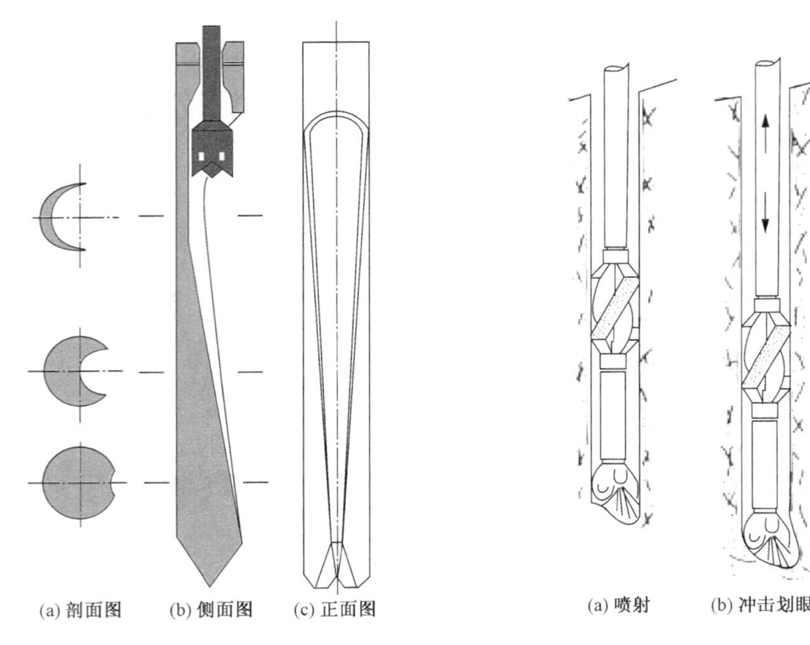

图 3－44　槽式变向器

图 3－45　射流钻头示意图

(1)增斜组合(杠杆原理):按照增斜能力的大小分为强、中、弱三种增斜组合,如图3－46所示。

钻压越大,增斜能力越大;L_1越长,增斜能力越小;近钻头扶正器直径减小,增斜能力也减小。使用增斜组合时应保持低转速。

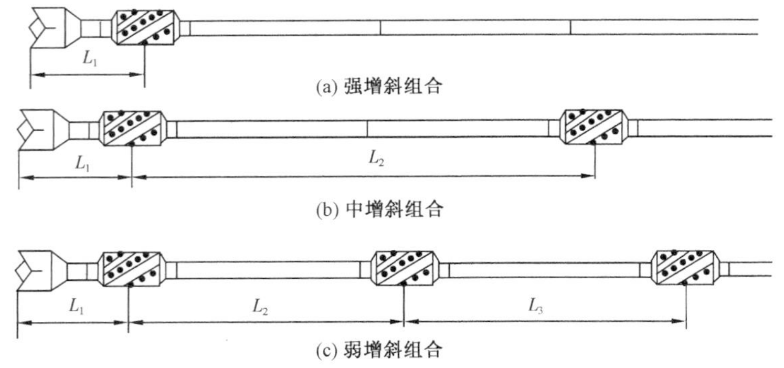

图 3－46　增斜组合示意图

(2)稳斜组合(刚性满眼钻具原理):按照稳斜能力的大小分为强、中、弱三种稳斜组合,见图 3－47。

稳斜组合使用中要注意保持正常钻压和较高转速,可使用双扶正器串联代替近钻头扶正器增强稳斜效果。

(3)降斜组合(钟摆原理):按照降斜能力的大小分为强、弱两种降斜组合,如图 3－48所示。

使用降斜组合时要注意保持小钻压和较低转速,对于强降斜组合,L_1越长,降斜能力越强,但不能与井壁有新的接触点。

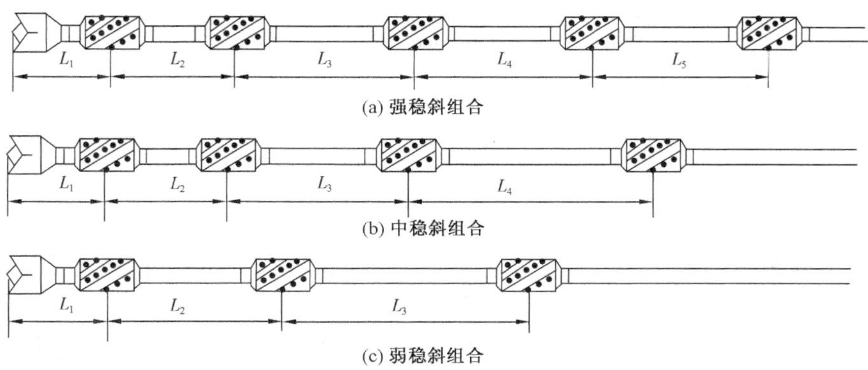

图 3－47　稳斜组合示意图

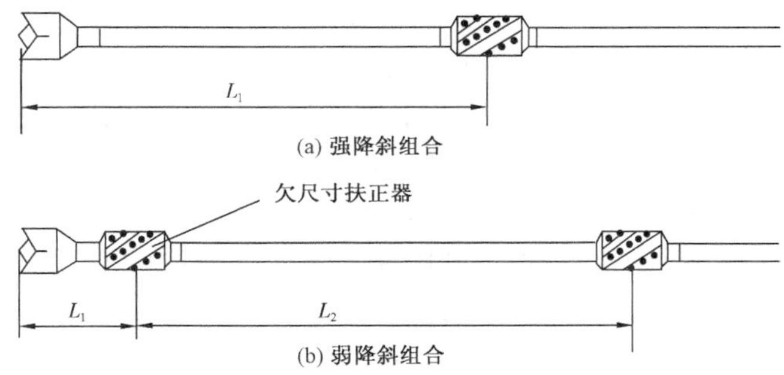

图 3－48　降斜组合示意图

(四) 导向式电动机

(1) 组成：弯外壳电动机加两个以上扶正器，如图 3－49 所示。

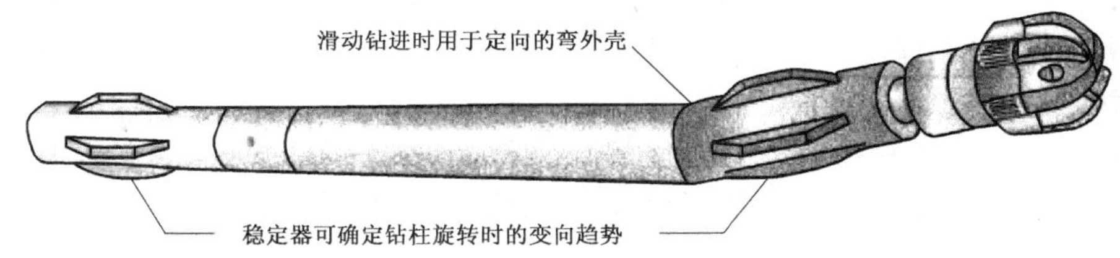

图 3－49　导向式电动机

(2) 工作方式：滑动钻进——定向造斜；旋转钻进——增、降、稳。

这种电动机本身可提供两种造斜率。改变滑动和旋转钻进的相对比例，可获得两种造斜率之间的任何一种造斜率。

五、定向井轨迹控制

定向井的轨迹控制可分为三个阶段，即直井段控制、定向造斜段控制和后续井段定向控制。

(一) 直井段控制

实际钻成的直井，并非绝对的垂直。由于 BHA(底部钻具组合)特性及地层造斜效应的综合作用，钻头总有偏离垂直轨道的趋势。因此，实际钻井中允许直井在一定的范围内偏离铅垂方向。所谓直井的防斜打直，就是在充分认识地层等诸种因素的影响规律基础上，试图采用合理的措施（BHA 与操作参数），纠正钻头过大的侧向力，将实钻井眼轨迹有效地控制在允许的井斜角和井眼曲率范围之内。

1. 直井段控制的原则

定向井直井段的井眼轨迹控制原则是采用防斜打直技术，使井眼轨迹尽可能接近铅垂状态，即井斜角尽可能小。有人认为常规定向井（指单口定向井）直井段钻不直影响不大，通过后续的调整最终也可中靶，这种想法是不对的。因为当钻至造斜点（KOP）时，如果直井段不直，KOP 处不仅因为有一定的井斜角而影响定向造斜的顺利完成，还会因为这个井斜角形成一定的水平位移而影响下一步钻进的井眼轨迹控制。假如 KOP 处的水平位移是负位移，为了达到设计要求，在实际施工中就需要选用比设计值更大的造斜率和最大井斜角；如果是正位移情况则恰好相反。如果 KOP 处的水平位移是在设计方向的两侧偏离，这口两维定向井就变成了三维定向井，同时也加大了下一步井眼轨迹控制的难度。

如果是水平井直井段的井眼轨迹控制，控制精度要求将会更高，所以水平井直井段井斜角的大小及其所形成的水平位移量相对于普通定向井来讲更为关键。

如果丛式井的直井段发生井斜，不仅会造成普通定向井中所存在的危害，还会造成丛式井中两口定向井的直井段井眼相碰造成新老井眼同时报废的施工事故。

因此，直井段控制时可以按照钻直井的方法进行井眼轨迹控制，但控制精度的要求比钻直井要求得更高，因为它是定向造斜段控制的基础。

直井段的井身质量要求包括以下三个方面：（1）井斜角不能超过允许值；（2）井斜变化率（即狗腿严重度或井眼曲率）不能超过允许值；（3）井底水平位移不能超过允许值。

由于各地区情况不同，对直井段井身质量的规定有不同的要求。一般来讲，井越深，对狗腿度的要求就越严格，否则，就会形成键槽致使钻杆疲劳破坏。对 3000 ~ 4000m 的中深井来讲，如能保持狗腿严重度小于 1.5°/30m，就不至于发生井下复杂情况；对超深井来讲，在距井口较近的井段，由于钻杆拉力较大，地层较松软，起下钻次数多，对狗腿严重度的要求应更小些；反之，就可稍大些。

在钻直井时，井斜控制的主要任务是防斜和纠斜。防斜钻具组合主要有钟摆钻具、满眼钻具和偏轴防斜钻具等，常用的防斜钻具组合是钟摆钻具和满眼钻具。

2. 直井段的施工

直井段上部井段施工的重点是采取合理有效的技术措施，加强单点监测，严格控制井眼轨迹，防止井斜角超标，尤其是多靶定向井、丛式井及防碰绕障井，要求随钻跟踪、计算、作图对比预测井眼轨迹发展的趋势，以便为定向造斜施工创造良好的条件。

定向井直井段井眼轨迹控制注意事项：

（1）丛式井的布井要求：根据一开井眼的大小及生产时将选用的采油设备，井口地面间距一般不小于 2m。

（2）选择好钻具组合及钻进参数。垂直井段施工，常因地区、地层条件和钻井经验的不同，在具体施工方法和技术措施上也存在着一些差别，根据现场经验对造斜点的确定推荐如下：

① 造斜点深度小于 500m，采用塔式钻具或钟摆钻具，以提高钻速并严格控制钻压，保证

井斜角不大于1°。

② 造斜点深在500～1000m时，采用塔式钻具或钟摆钻具，钻进时严格控制钻压，钻至离造斜点100～150m时，采用轻压吊打，控制井斜角不大于1.5°。

③ 造斜点深度大于1000m，采用钟摆钻具或刚性满眼钻具。当扶正器进入二开小井眼吊打50m之后，逐渐将钻压加至设计值，以提高钻速。当钻至距造斜点100～150m时，采用轻压吊打，控制井斜角不大于2°（建议上直段均使用钟摆钻具组合）。

常规定向井直井段施工中，应选用在本地区钻进时不容易发生井斜的钻具组合，如胜利油田一般在12¼in井眼中选用塔式钻具组合，组合形式为：12¼in钻头＋9in钻铤×3根＋8in钻铤×6根＋6¼in钻铤×9根＋5in钻杆；8½in井眼中通常选用光钻铤结构或钟摆钻具组合，光钻铤组合形式为：8½in钻头＋6¼in钻铤×9根＋5in钻杆；钟摆组合形式为：8½in钻头＋6¼in钻铤×2根＋ϕ215.9钻柱扶正器＋6¼in钻铤×9根＋5in钻杆。

常规定向井直井段施工中，钻水泥塞时，宜采用轻压吊打方式穿过，以防大钻压钻穿水泥塞后发生井斜。在上述钻具组合中钻进参数选为：12¼in井眼，正常钻进钻压常采用180～200kN，吊打时常采用50～80kN；8½in井眼，正常钻进钻压常采用120～140kN，吊打时常采用30～50kN。

（3）随时进行井斜角的监测，发现井斜立即采取相应措施。

在直井段钻进过程中，根据实际情况及时进行井斜角的中途监测。在中途监测过程中，如果发现井斜，根据井斜的实际情况，可以采用轻压吊打进行纠斜、弯接头反方位侧钻纠斜或填井侧钻等相应的措施。对于丛式井，第一口井由于没有磁干扰，可以使用磁性测量仪器进行井眼轨迹数据的测量，但是为了方便下一步施工和具有较强的对比性，建议第一口井就使用陀螺测斜仪测取数据，以便和后续施工井的参数进行数据对比。

（4）根据上直段的长短，地层是否易造斜，作业者的施工经验和井眼轨迹控制的水平等，制定合理的测斜计划（建议直井段每200m内测斜一次）。

（5）对于造斜前的直井段较长（超过1000m）或直井段井斜角较大等情况，必须在进行多点测斜、数据处理、计算结果、修正靶心方位后，方可进行定向施工。在直井段施工过程中，必然会出现井斜产生水平位移的情况，当直井段较短且井斜角较小时，影响不明显；但当直井段较长或井斜角较大时，这段水平位移将有很大的影响，如图5－7所示。如果仍按照原设计方位进行定向施工作业，则井眼轨迹无法中靶（图3－50中虚线），因此，必须重新计算施工方位，设计新的施工方案。

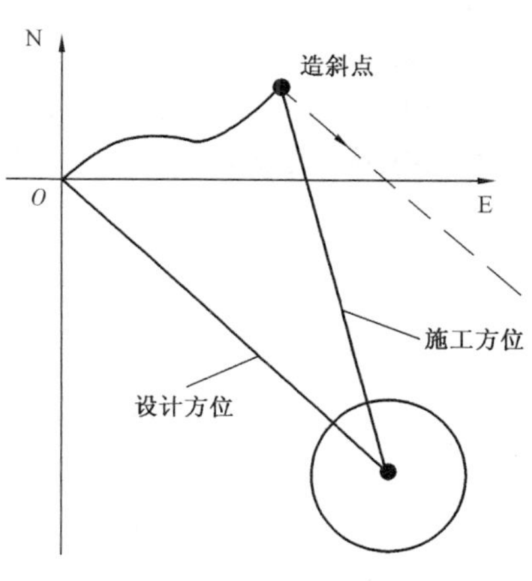

图3－50　轨道修正示意图

（二）定向造斜段控制

由于直井段不存在井斜方位角，所以开始造斜时就需要“定向”，定向的实质就是造斜时使造斜工具的工具面处在预定的定向方位线上。定向和造斜的过程统称为定向造斜。定向造斜段控制的主要内容是井斜角和井斜方位角，该井段也是增斜井段的一部分。如果定向造斜段的井斜方位角有偏差，则会给后续井段的轨迹控制造成困难。因此，定向井的施工中定向造斜段是关键，一定要把好这一关。

1. 造斜工具的定向方法

在造斜时,可依据设计的井斜方位角算出造斜工具的定向方位角。地面上是怎样知道造斜工具在井下的状况呢？又是如何使造斜工具的工具面角正好处在设计的定向方位线上呢？要想找到答案就需要一套完整的定向工艺技术。

随着定向钻井技术和测量仪器的发展,定向造斜的方法也在不断地向着更科学、更精确的方向发展,从最早使用的转盘钻井定向钻进,发展到目前的井下动力钻具定向钻进;从地面定向法,经过氢氟酸井底定向法、磁力测斜仪井底定向法、有线随钻测斜仪定向法发展到今天的MWD随钻测斜仪配合井下动力钻具的导向钻井系统。

定向方法可分为地面定向法和井下定向法两大类。

地面定向法是在井口将造斜工具的工具面摆到预定的定向方位线上,然后打上“+”标记;在钻杆同一母线的两端接头上也打上“+”标记;然后通过定向下钻,记录每两根钻杆的角度偏差,计算总偏差,根据总偏差量,确定方位的扭转量。这种方法工序复杂,准确性差,已基本被淘汰了。

井下定向法是将造斜工具按常规方法下到井底,然后从钻柱内下入测量仪器,测量工具面在井下的实际方位,如果实际方位与设计方位不符,可以在地面上通过转盘将工具面调整到设计的定向方位线上。这种方法工序简单,准确性高,但需要一套先进的定向测量仪器。

井下定向法的关键是要知道原井斜方位和工具面方位。要把仪器下到造斜工具内部测量工具面的方位,就必须在造斜工具的内部给工具面作个标记。

1)井下定向的工具面标记方法

目前工具面标记方法有三种:定向齿刀法、磁铁定向法(双罗盘定向法)、定向键法(螺鞋定向法),其中常用的是定向键法。

(1)定向齿刀法。

定向齿刀法就是使用氢氟酸测斜仪进行定向的标记方法。

仪器组成:氢氟酸测斜仪+铅模+定向齿刀,如图3-51所示。

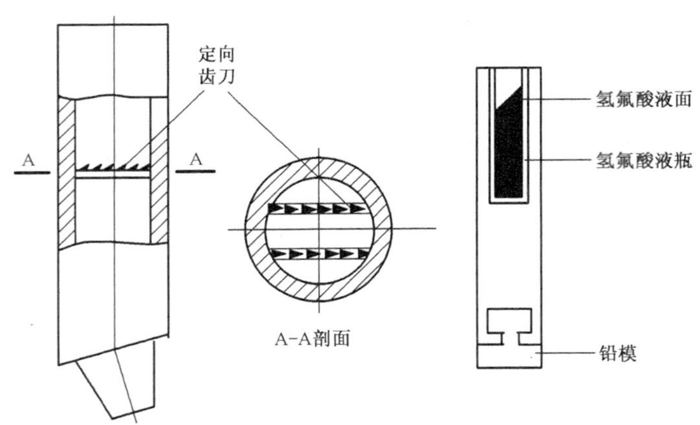

图3-51 定向齿刀法

工作原理:齿刀上的齿尖所指方位,标志着造斜工具的工具面方位。测量时仪器最下面的铅模压在定向齿刀上,留下齿刀的印痕,由此可以知道造斜工具工具面的方位;同时,氢氟酸液瓶液面的倾斜方向就是井斜方位。这样就知道了造斜工具的工具面方位与井斜方位的关系。

若下钻前在裸眼内测得了井斜方位,就可知道造斜工具的工具面在井下的实际方位。

(2)磁铁定向法。

磁铁定向法,又称双罗盘定向法,就是使用磁性测斜仪进行定向的标记方法。

仪器组成:双罗盘测斜仪+定向磁铁(安装在无磁钻铤内),如图3-52所示。

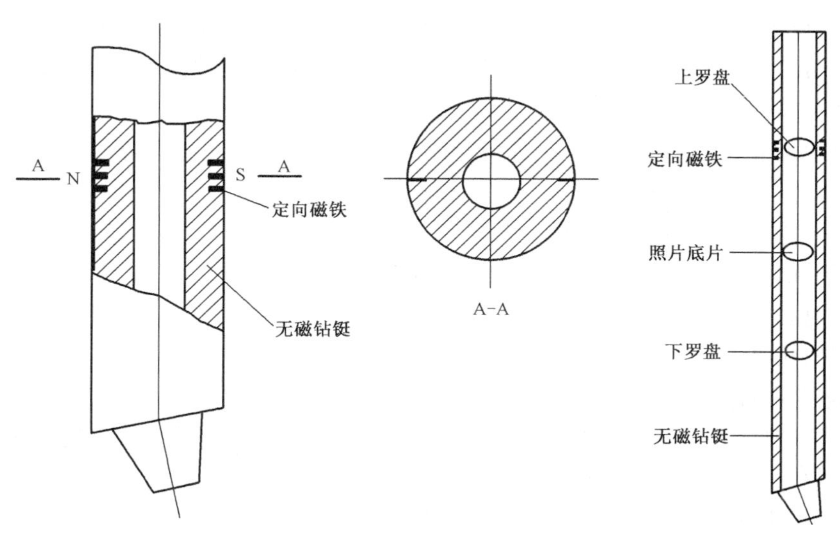

图3-52　磁铁定向法

工作原理:在造斜工具上面接着一根专用的无磁钻铤,在该无磁钻铤的本体内部装三对小磁铁(从原理上装一对就行了,装三对的目的是加强磁场强度),磁铁的N极方向与造斜工具的工具面方位之间的关系是已知的。测量仪器中有两个磁性罗盘,下到井底后,上罗盘处在三个定向磁铁位置,指针标志工具面方位;下罗盘则远离定向磁铁,指针指向正北方位。照相时两个罗盘上的指针的位置同时照在一张底片上,于是就可以知道造斜工具的工具面在井下的实际方位了。

(3)定向键法(螺鞋定向法)。

定向键法又称螺鞋定向法,是一种用途广泛的标记方法,就是使用定向键进行定向的标记方法。它既可与磁性测斜仪配合使用定向,也可与陀螺测斜仪配合使用。

仪器组成:磁性或陀螺测斜仪+定向鞋(螺鞋)+定向键,如图3-53所示。

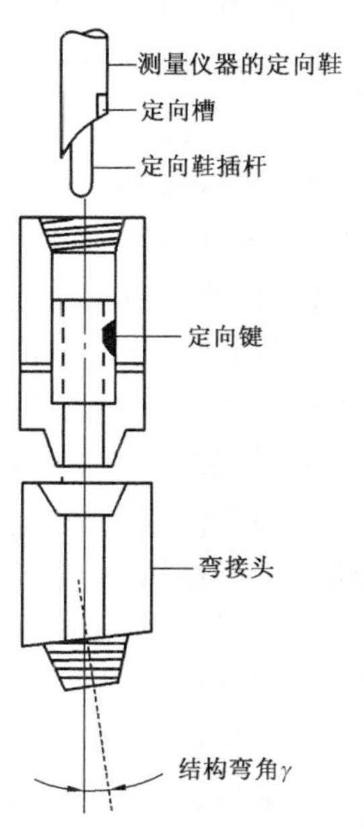

图3-53　定向键法

定向原理:定向键安装在造斜工具上,其所在的母线就标志着造斜工具的工具面方位。测量时设法测到定向键的方位,就可以知道造斜工具的工具面方位了。在测量仪器的罗盘面上有一个“发线”,在测量仪器的最下面有一个定向鞋,定向鞋上有一个定向槽,在仪器安装时使“发线”与“定向槽”在同一个母线上对齐。当仪器下到井底时,定向鞋斜面的特殊曲线将使定向槽自动卡在定向键上,从而使罗盘面上的“发线”方位能表示造斜工具的工具面方位。在照相底片上罗盘的指针标志着井斜方位,由此可以求得造斜工具的工具面方位。

(4)MWD(随钻测斜仪)+定向键。

MWD(随钻测斜仪)+定向键法是目前最先进的定向方法。它可以随钻定向,即在钻进过程中随时指示出造斜工具的工具面方位及其变化情况。

2)定向方法

根据测斜仪器的种类、井的类型及工作环境的不同,目前有四种定向方法:单点定向法、地面记录陀螺(SRO)定向法、有线随钻测斜仪(SST)定向法和无线随钻测量仪(MWD)定向法。

(1)单点定向法。

此方法只适用造斜点较浅的情况,通常井深小于1000m。因为造斜点较深时,反扭角的大小很难控制,且定向时间较长。

(2)地面记录陀螺(SRO)定向法。

在有磁干扰环境下的定向造斜(如套管开窗侧钻、钻丛式井),需采用SRO定向。这种仪器可将井下数据通过电缆传至地面处理系统,由计算机显示并打印出来,直至工具面调整到预定位置,再起出仪器。

(3)有线随钻测斜仪(SST)定向法。

造斜钻具下到井底后,开泵循环半小时左右,然后接旁通接头总成或高压循环旋转接头总成,用电缆将仪器总成下入钻杆内,使定向鞋上的定向槽坐在定向键上。定向造斜时,可从地面仪表上直接读出实钻井眼的井斜角、井斜方位角和工具面角的大小。司钻和定向井工程师应始终跟踪预定的工具面方向,保持井眼轨迹按预定方向延伸。

(4)无线随钻测量仪(MWD)定向法。

MWD井下仪器总成安装在下部钻具组合的无磁钻铤内,其下井前要调整好工作模式和传输速度,并准确地测量偏移量,输入计算机。仪器在井下所测的井眼轨迹参数可通过钻井液脉冲传至地面接收装置,经计算机处理后,可迅速传到钻台上。MWD不仅可用于定向造斜,也可用于旋转钻进中的连续测量,是一种先进的测量仪器。

2. 造斜段井斜角变化率的控制

在造斜方法和造斜工具中,目前使用最普遍的是"弯外壳螺杆钻具组合"造斜。

弯外壳螺杆钻具组合比较简单,钻头接在弯外壳螺杆钻具下端的传动轴上,弯外壳螺杆钻具上方接定向接头,常用弯外壳螺杆钻具的度数一般为1.5°左右。当使用单点、多点或随钻测斜仪时,为了避免磁场干扰,应在弯接头上方接上一根无磁钻铤。

通过对弯外壳螺杆钻具组合的受力变形分析可知:对井下动力钻具组合钻头造斜力影响最大的参数是弯外壳螺杆钻具的结构弯角 λ、井下动力钻具的长度 L_1 和工具面角 Ω。

为了提高造斜率,有效途径之一是缩短井下动力钻具的长度。一般来说螺杆钻具的长度要明显短于涡轮钻具。因此,使用螺杆钻具比使用涡轮钻具更易于造斜。近几年来,为了提高涡轮钻具的造斜率,人们研制了短涡轮钻具。对于螺杆钻具,人们也在寻找缩短总体长度的途径,如把螺杆电动机转子中心钻孔并在其中安装挠性轴等方法,以缩短螺杆钻具的轴向尺寸,提高造斜率。我国自行研制的LZ198型螺杆钻具就是采用了这种设计方案。

合理地选用弯外壳螺杆钻具的结构弯角是设计井下动力钻具组合的一个关键环节。固定弯外壳螺杆钻具结构弯角度数的规格在0°~2°范围内按0.25°的级差进行分级;可调弯外壳螺杆钻具结构弯角度数的规格在0°~2°范围内可基本实现无级调节。造斜时常用的结构弯角为1°、1.5°、1.75°和2°。若结构弯角太大,钻具不易下井。结构弯角等于2°的弯外壳螺杆钻具,多用于强行扭方位施工。

“弯接头+井下动力钻具”的组合形式中,弯接头结构弯角度数的规格一般有0.5°、1°、1.5°、2°、2.5°、3°、3.5°和4°几种。造斜时常用的结构弯角为1°、1.5°和2°,角度太大钻具不易下井。大于2°的弯接头,多用于强行扭方位施工。

由纵横弯曲梁理论分析可知,随着弯外壳螺杆钻具的结构弯角变大,钻头处的造斜力明显增大。在选择弯外壳螺杆钻具结构弯角的度数时,可通过计算比较不同规格弯外壳螺杆钻具所对应的钻头造斜力,作为初选依据。

在造斜过程中要经常对井眼轨迹参数进行测量,同时还要进行预测分析。一般每钻进一个单根,用单点测斜仪测量一次井斜角和井斜方位角。如需改变造斜率,可通过改变钻压和工具面角进行局部调节。

在使用弯外壳螺杆钻具造斜时,地层特性(各向异性、硬度)是很重要的因素。一方面,地层造斜力和变方位力影响造斜率和变方位率;另一方面,在很软的地层中,因井壁承受不住弯接头处很大的侧向力,致使弯接头与井壁的接触状态发生变化,影响钻头的侧向力,结果难以造斜。因此,在设计造斜点位置时应考虑地层硬度这一因素。另外,为了预防在软地层中出现上述情况,可考虑使用有特殊形状的“面接触”式弯接头。

在钻具组装前,应对所使用的弯外壳螺杆钻具的结构弯角进行核算,这是因为结构弯角角度很小,在加工时,易产生较大的相对误差,以致影响造斜率,甚至无法造斜。

在设计和施工中,造斜段最好保持较长的均匀平缓的弧形井段,而不要使井身出现大的狗腿角(一般 $K<5°/30m$ 是安全的),这对后续钻进过程中顺利下入刚性钻具组合(带多个扶正器)时的阻力减小。对较深的硬地层造斜井段,用PDC钻头较好,且用它造斜钻进60~100m。其优点在于:(1)PDC钻头只需要一次起下钻,而牙轮钻头则可能需要多次起下钻;(2)使用牙轮钻头时,牙轮产生金属碎屑的危险性相对较大;(3)由于PDC钻头寿命长、进尺多,所以一般钻出的井身也较平缓,有利于随后下入多扶正器钻具组合。

为了保证弯外壳螺杆钻具组合的钻头侧向力计算准确可靠,应对动力钻具的等效抗弯强度和刚度(EI_C)进行试验测定。

3. 定向造斜时常用的钻具组合

目前钻井现场常用的定向造斜钻具组合有:

1)定向弯接头造斜钻具组合

(1)钻具结构:钻头+螺杆钻具+定向弯接头+无磁钻铤+钻杆。

8½in井眼常用的组合:8½in钻头+6½in或8¾in螺杆动力钻具+6¼in(1°~3°)定向弯接头+6¼in无磁钻铤×(9~18)m+5in钻杆。

(2)钻进参数:钻压为30~50kN;

流量应根据所选螺杆钻具的推荐参数确定。

(3)适用范围:造斜率在(5°~10°)/100m的定向井。

(4)特点:

优点:钻具结构简单,可以通过更换不同结构弯角的定向弯接头来改变钻具的造斜率,以达到设计要求。

缺点:造斜率比弯壳体螺杆钻具低,钻头偏置位移大,下钻困难等。

2）单弯螺杆定向造斜钻具组合

（1）钻具结构：钻头＋单弯螺杆钻具＋定向直接头＋无磁钻铤＋钻杆。

8½in 井眼常用的组合：8½in 钻头＋6½in 或 6¾in1°～2°单弯螺杆钻具 ＋ 6¼in 定向直接头 ＋ 6¼in 无磁钻铤×（9～18）m＋5in 钻杆。

（2）钻进参数：钻压为 30～50kN。

流量应根据所选螺杆钻具的推荐参数确定。

（3）适用范围：造斜率在（15°～25°）/100m 的定向井、水平井的定向造斜。

（4）特点：

优点：造斜率高、钻头偏离小、下钻容易。

缺点：万向轴受力情况复杂，寿命短。

3）双弯螺杆定向造斜钻具组合

与单弯螺杆定向造斜钻具组合相同。

适用于造斜率可在（25°～65°）/100m 之间调整的定向井或水平井，通过改变上下两个结构弯角的大小来实现。

4. 定向井定向工序

（1）首先必须熟悉的设计数据有以下几个：

① 造斜点（KOP）深度。

② 设计造斜率，选择何种定向方法及定向造斜钻具组合。

③ 设计井斜方位角。

④ 本地区磁偏角。

⑤ 为了减少井斜方位的调整次数，还需要掌握井位所在地的井斜方位漂移情况，合理确定定向初始方位。

（2）选择合理的造斜钻具组合。

（3）定向造斜施工。

一般钻至井斜角为 8°～10°，井斜方位符合设计要求时，起出定向造斜钻具组合，更换转盘造斜钻具组合继续钻进。

（三）后续井段定向控制

定向井的后续井段包括增斜井段、稳斜和降斜井段。目前，这三种井段（不含造斜段）的施工多采用转盘钻井方法，这种方法钻速快，施工简便，成本低，避免了井下很多复杂情况及事故的发生，充分发挥了旋转钻井的优越性。

1. 增斜井段的施工

（1）依据增斜井段的增斜率选用合适的增斜钻具组合。

① 8½in 井眼钻具结构。

a. 常规钻具组合。

8½in 钻头＋ϕ215.9mm 双母扶正器（放入测斜托盘）＋6¼in 无磁钻铤×（1.3～2）根＋ϕ215.9mm 扶正器＋6¼in 钻铤×1 根＋ϕ214.9mm 扶正器＋6¼in 钻铤×6 根＋5in 加重钻杆×15 根＋5in 钻杆。

b. 变截面钻具组合(强力增斜组合)。

8½in 钻头 + ϕ215.9mm 双母扶正器(放入测斜托盘) + 4½in 无磁钻铤 ×(1.3 ~2)根 + ϕ215.9mm 扶正器 + 6¼in 钻铤 ×1 根 + ϕ215.9mm 扶正器 + 6¼in 钻铤 ×6 根 + 5in 加重钻杆 ×15 根 + 5in 钻杆。

② 钻进参数。

a. 常规钻具组合。

钻压:120 ~140kN;

转速:80 ~100r/min;

流量:24 ~26L/min;

造斜率:(5° ~7°)/100m。

b. 变截面钻具组合。

钻压:80 ~10kN;

转速:80 ~100r/min;

流量:24 ~26L/min;

造斜率:(9° ~11°)/100m。

普通增斜钻具组合与强力增斜钻具组合的对比:

普通增斜组合造斜率低,井斜方位稳定性好,漂移量小;强力增斜组合造斜率高,井斜方位稳定性差,漂移量大。

(2)施工要求。

① 按照设计的钻进参数钻进,要求司钻送钻均匀,使井眼曲率变化平缓,井眼轨迹圆滑。

② 采用随钻跟踪测斜计算作图预测井眼轨迹变化趋势,加强井眼对比,如增斜率达不到设计要求时,应及时采取相应措施进行调整。

③ 控制好井斜方位的变化。因地层等因素造成井斜方位严重漂移,影响中靶或侵入邻井安全限定区域时,应使用造斜钻具及时调整井眼的井斜方位角。

(3)技术措施及注意事项。

① 下井的增斜钻具结构要符合设计要求或现场定向工程师的技术措施要求。

② 增斜钻具下入的扶正器尺寸必须进行测量,近钻头扶正器直径磨损量不得超过 1.5mm。

③ 发现下井的增斜钻具不合理,要及时地调整或更换,当调整增斜钻具结构时,要根据钻具结构特点缩短测斜间距,预料实钻效果。

④ 定向结束下入增斜钻具时,钻头台肩和第一个扶正器的扶正块下端之间的距离在0.8 ~1.2m 之间,以保证其增斜效果。

⑤ 必须严格按设计或定向技术人员制定的钻井参数施工。

⑥ 增斜钻进时,泵压适中并满足增斜的要求。

⑦ 定向或扭方位后增斜井段测斜检查不超过 50m。

⑧ 在掌握地区、地层的增斜率的前提下,测斜间距不超过 100m,特殊要求的井或复杂井(如侧钻井、绕障井等)应缩短测斜间距。

⑨ 预计最大井斜角的井段长度不超过 50m,即增斜井段测斜结束后必须在 50m 增斜井段

之内达到要求的最大井斜角。

⑩ 由于钻具刚度变大,下钻时注意遇阻情况,地层较软时应防止钻出新井眼。

2. 稳斜井段的施工

(1)依据稳斜井段的要求选用合适的稳斜钻具组合。

① 8½in 井眼钻具结构。

a. 井斜角小于 30°。

8½in 钻头 + ϕ215.9mm 双母扶正器 + 6¼in 短钻铤 ×1 根 + ϕ215.9mm 扶正器(放入测斜托盘) + 6¼in 无磁钻铤 ×(1 ~ 2)根 + ϕ215.9mm 扶正器 + 6¼in 钻铤 ×1 根 + ϕ215.9mm 扶正器 + 6¼in 钻铤 ×6 根 + 5in 加重钻杆 ×15 根 + 5in 钻杆。

b. 井斜角大于 30°。

8½in 钻头 + ϕ215.9mm 双母扶正器(放入测斜托盘) + 6¼in 无磁钻铤 ×1 根 + ϕ215.9mm 扶正器 + 6¼in 钻铤 ×1 根 + ϕ215.9mm 扶正器 + 6¼in 钻铤 ×1 根 + ϕ215.9mm 扶正器 + 6¼in 钻铤 ×6 根 + 5in 加重钻杆 ×15 根 + 5in 钻杆。

② 钻进参数。

钻压:120 ~ 140kN;

转速:80 ~ 100r/min;

流量:24 ~ 26L/min;

稳斜效果:(−1° ~ 1°)/100m。

(2)施工措施。

① 在井斜方位漂移严重的地层钻进,为了稳定井眼方向,可在钻头上面串接 2 ~ 3 个足尺寸扶正器,加强下部钻具组合的刚性。

② 因地层因素影响,采用稳斜钻具出现降斜趋势时,可用微增斜钻具组合代替稳斜钻具组合,实现井眼稳斜的目的。

(3)技术要求及注意事项。

① 下井的稳斜钻具组合的结构要符合定向施工技术人员的要求。

② 由于钻具结构较增斜钻具组合刚度更大,下钻时同样注意遇阻情况,地层较软时防止钻出新井眼。

③ 钻进一个单根后,测量造斜完成时井底的井斜角和井斜方位角,为分析稳斜组合的性能提供依据。

④ 在稳斜井段,由于地层倾角及走向,造成常规稳斜钻具组合起到增斜或降斜的作用时,钻具组合应根据具体情况,变换为微降或微增钻具组合以保证稳斜效果。

⑤ 稳斜井段的单点测斜间距按标准执行(测段≤150m),特殊地层或有特殊要求时,测斜间距适当缩短。

⑥ 当稳斜井段下入特殊的钻具组合时,必须有相应的钻井技术措施,并且测斜间距不超过 50m。

⑦ 钻进 2 ~ 3 个单根后,使用磁性单点测斜仪进行井斜角和井斜方位角的测量,及时分析该钻具组合的井斜角变化率和井斜方位漂移率是否符合设计要求,如果符合设计要求就继续钻进,如果不符合,则应调整钻进参数或更换钻具组合。

⑧ 根据测量数据及时作图分析井眼轨迹的实际情况和前进方向。

⑨ 定向井稳斜井段扭方位后，要下入单扶正器增斜钻具通井并钻进 10～20m，使井眼轨迹圆滑，充分洗井后方可起钻下入稳斜钻具。

⑩ 钻完稳斜段后根据设计要求更换钻具组合或钻至目标点。

3. 降斜井段的施工

（1）依据降斜井段的降斜率选用合适的降斜钻具组合。

① 8½in 井眼钻具结构。

8½in 钻头（放入测斜托盘）+6¼in 无磁钻铤×（1～2）根+ϕ215.9mm 扶正器+6¼in 钻铤×1 根+ϕ215.9mm 扶正器+6¼in 钻铤×1 根+ϕ215.9mm 扶正器+6¼in 钻铤×6 根+5in 加重钻杆×15 根+5in 钻杆。

② 钻进参数。

首先使用 30～50kN 的钻压钻进 20～30m，使井眼形成一个降斜趋势，而后使用以下参数值钻进。

钻压：120～140kN；

转速：80～100r/rim；

流量：24～26L/min；

降斜效果：（3°～5°）/100m。

（2）降斜井段的技术要求及注意事项。

① 降斜井段要求选择合理的降斜钻具组合，钻头和扶正器之间的距离应根据井斜角和降斜率的大小来确定。

② 降斜井段的测斜间距不超过 50m。

③ 降斜井段钻压的选择原则是在满足降斜井段井眼轨迹的同时，兼顾提高机械钻速。

④ 大斜度井段降斜时，要选择合理的钻具组合，严防井眼产生较大的全角变化率而不利于以后的钻井施工、完井作业、采油及修井作业等。

⑤ 降斜段井斜角在 3°以内，同时预测能够中前靶的井段，可视为直井段，按直井控制，钻压可适当加大，但要定期测斜检查井眼轨迹的变化情况。

⑥ 降斜井段要控制好降斜率，确保全角变化率不超标。

⑦ 降斜后直井段每 200～300m 要测斜一次，有特殊要求的井，测斜间距要缩短。

⑧ 降斜段由于地层、井口操作水平等原因，出现降斜钻具不降斜或增斜等异常情况时，要及时采取相应的技术措施。

（四）定向井施工的注意事项

（1）定向井钻具组合和钻井参数要以设计为准。如需变动，必须以定向技术人员的书面技术措施为准，并严格执行。

（2）定向井施工中，钻井液的含砂量要求控制在 0.3% 以下。

（3）定向井施工中，要严格控制钻井液的失水量和泥饼厚度。一般要求垂深小于 2000m 的井，钻井液失水量不大于 5mL，泥饼厚度不超过 1mm；垂深大于 2000m 的井，控制钻井液在高温情况下的失水量，泥饼厚度不大于 0.5mm。

（4）定向井施工中，进行单点测斜时，应上下大幅度活动钻具，钻具静止时间间隔不超过 3min，以防止卡钻。

（5）定向井施工中，进行单点测斜时，要控制测斜仪的起下速度，同时要注意钢丝绳记号。

(6)如果无磁钻铤没有直接接钻头,必须在其下部安装测斜托盘,以保证测斜资料的准确性。

(7)斜井段进行设备检保时,不要长时间将钻具停在某一处循环,以免井眼出现台阶。

(8)在井斜角大于30°的斜井井段且有技术套管时,每立柱钻杆至少装一个胶皮护箍,以防钻杆与技术套管相摩擦。

(9)在井斜角超过45°的大斜度井段测斜时,仪器在钻具内下放困难,可利用短起下钻的方法将仪器送至测点;或采用投测的方式,用小流量泵送,然后起钻至技术套管内按打捞仪器的方式进行测斜。

(10)定向井施工中,在井斜角、井斜方位角变化大的井段易形成键槽,定向技术人员在施工过程中,应严格控制井眼的全角变化率。

(11)定向井施工中形成键槽后应及时采取有效的措施破坏键槽,防止出现键槽卡钻。

(12)定向井施工过程中应及时测量井斜角和井斜方位角。定向技术人员、井队工程技术员应根据测量数据及时作出水平投影图和垂直投影图,以掌握井眼轨迹的变化情况,便于制定相应的技术措施。

(13)在增斜段、稳斜段出现井下复杂情况需要划眼时,必须使用原钻具组合进行通井。

(14)定向井在施工时,若井下扭矩及摩阻较大,在满足井眼轨迹控制的前提条件下,尽量简化下部钻具组合结构,减少钻铤和扶正器的数量。

(15)定向井在施工过程中出现下列情况时要及时采取措施。

① 定向前直井段打斜。

② 增斜钻具增斜率太低或不能增斜。

③ 稳斜钻具降斜或增斜。

④ 降斜钻具增斜、稳斜及降斜率太低。

(16)现场技术人员发现以下情况不符合钻井施工的要求时,应尽快与井队干部或现场钻井监督取得联系,整改符合要求后方可继续施工。

① 钻井液的性能不符合要求。

② 不执行技术措施。

③ 不符合设计要求的钻具组合入井。

六、扭方位

在实际钻进过程中,井斜方位不可能保持固定不变,这种井斜方位角的变化现象,称为井斜方位的漂移(Walk)。如果这种变化总在某个方位值左右,则可认为该井的方位没有发生漂移;如果在较长的井段内,井斜方位角总是增加,这个现象称为右手漂移现象(右漂);反之,若井斜方位角总是减小,则称为左手漂移现象(左漂)。当井斜方位发生漂移时,就需要进行扭方位,即改变井眼轨迹的前进方向,使之恢复到能中靶的方位上来。

目前,扭方位有两种方法,一种是利用当前在用钻具组合的井斜方位漂移率来自然扭方位;另一种是在考虑了井斜方位漂移率的基础上,利用动力钻具带弯接头(弯外壳螺杆钻具)强行扭方位;也可以同时应用两种方法。

造斜工具的工具面角在定向井的井斜方位控制中是非常重要的,它决定了使用这个造斜工具钻出的新井眼是增斜、降斜还是稳斜;是增方位、减方位还是稳方位。井斜控制和方位控制,都可以利用造斜工具来完成。当使用造斜工具来进行方位控制时,井斜角有可能变化。但是,正确的工具面角可以决定这个造斜工具的造斜率如何分配,即有多少角度用于改变井斜角,有多少角度用于改变井斜方位角。也就是说,当想把井斜方位扭转一定角度 $\Delta\phi$ 时,关键的问题在于确定好造斜工具的工具面角。

(一)常用定向井专业术语

常用定向井专业术语,如图 3 –54 所示。

(1)工具面:造斜工具本体轴线与造斜力作用方向线构成的平面。

(2)井眼高边(井眼高边方向):倾斜、弯曲的井眼上任一井深处的截面都是一个倾斜的圆,圆心到该圆最高点的连线方向称为井眼高边,如图 3 –54 中的 OA。

(3)井斜铅垂面:井眼高边所在的铅垂面。

(4)工具面角:在井底平面上,以井眼高边为基准,顺时针旋转到工具面与井底圆的交线上所转过的角度(又称装置角),用 ω 表示。工具面角有两种表示方法:高边工具面角和磁工具面角。

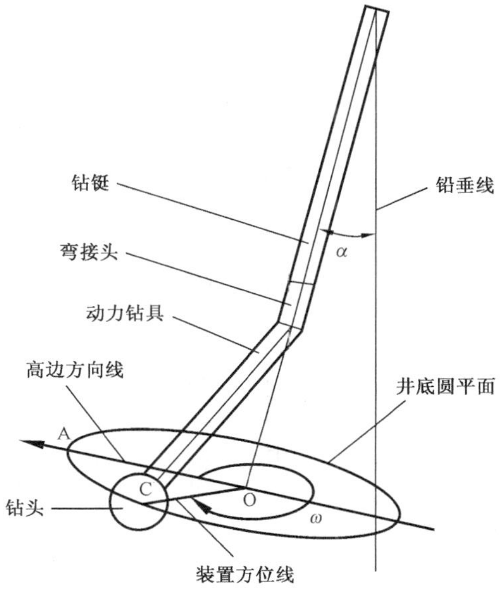

图 3 –54　装置角示意图

(二)定向方位角的确定

1. 反扭角的概念

使用井底动力钻具钻头破碎岩石时,存在一个与钻头转动方向相反的反扭矩,如图 3 –55 所示。在反扭矩作用下,钻柱向钻头转动方向的反方向产生一个变形,这个扭转变形角度称为动力钻具的反扭角,用 ϕ_n 表示。反扭角会使已经确定好的装置角减小。

为保证装置方位角不变化,考虑到动力钻具反扭角的影响,在给造斜工具定向时不能将工具面对准装置方位线,而应超过装置方位线一个“反扭角”,即对准定向方位线。定向方位线的方位角称为定向方位角,用 ϕ_s 表示(图 3 –56),即:

$$\phi_s = \phi_1 + \omega + \phi_n \tag{3-17}$$

2. 影响反扭角的因素

产生反扭角的反扭矩并不是一个常数,在动力钻具尺寸、地层特性、钻头类型、水力参数一定的条件下,还取决于钻进参数的变化,还与井眼形状及钻柱与井壁的摩擦力以及钻具结构、钻井液性能等因素有关。

3. 反扭角的确定方法

(1)随钻测量法:需要有随钻测量仪器。从随钻测量仪的显示屏上可以清楚地看出,动力钻具启动后工具面向回转的角度(反扭角)。

(2)计算机软件计算法:近年来出现的新方法,用此法需要建立计算模型。

(3)经验数据法:有些动力钻具厂家与定向井公司联合,共同给出一些经验数据。

(4)资料反算法:利用实钻资料可以反算反扭角,这样得到的反扭角在下一步钻进中使用,比较准确。

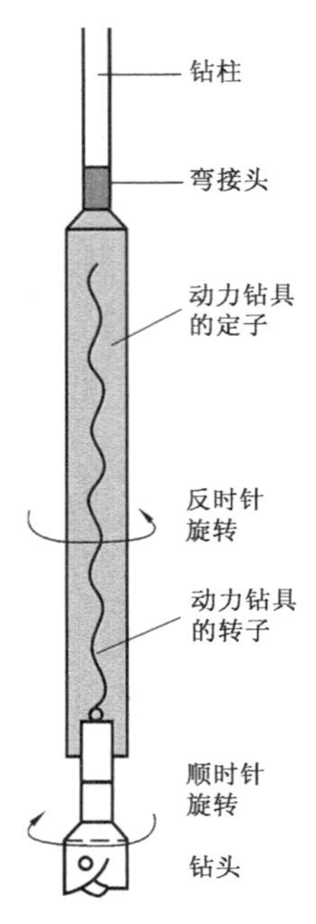

图 3-55　反扭矩示意图

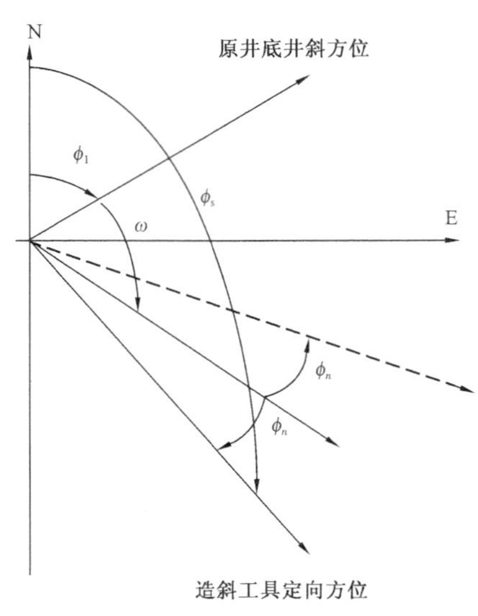

图 3-56　方位角关系示意图

七、自动导向钻井技术简介

钻井技术发展的最高阶段是自动化钻井。所谓自动化钻井就是钻井的全部过程依靠传感器测量各种参数，并用计算机采集，进行综合解释与处理，然后再发出决策指令，由各相关设备执行各自的动作。

导向钻井实际是井眼轨迹控制问题，无论是常规直井或特殊工艺井，都需要井眼轨迹控制。直井需要防斜打直，定向井需要按设计井眼轨道控制钻头钻进的轨迹。自动导向钻井是由井下计算机根据随钻采集的参数自动控制导向工具来实现的。

(一)导向钻井方式

导向钻井按照导向的依据可分为几何导向钻井和地质导向钻井。

1. 几何导向钻井

根据井下测量工具(MWD 或 LWD)测量的井眼几何参数(井斜角、方位角和工具面角)来控制井眼轨迹的导向钻井方式称为几何导向钻井。如果井下参数测量和导向工具的控制由井下计算机完成，则为自动几何导向钻井。

2. 地质导向钻井

地质导向是在拥有几何导向能力的同时，又能根据随钻测井(LWD)得出的地质参数(地层岩性、地层层面、油层特点等)，实时控制井眼轨迹，使钻头沿着地层的最优位置钻进。这样可在预先不掌握地层特性的情况下实现最优控制。地质导向本身就是自动导向钻井，井眼轨迹控制的依据是地层地质参数。

国外对地质导向钻井技术的研究始于 20 世纪 80 年代末期，主要有美国、英国、德国、法国和挪威等国家。1993 年由 Anadrill 公司研制成功了钻井、测井综合评价系统，实现了地质导向钻井。

(二)导向工具

导向钻井的实现主要靠导向工具,导向工具按其工作方式分滑动导向工具和旋转导向工具。

1. 滑动导向工具

滑动导向工具的特征是导向钻井作业时钻柱不旋转,钻柱随钻头向前推进,沿井壁滑动。滑动导向钻井有诸多缺点,例如钻柱摩阻大,对井眼清洗不利和机械钻速慢等。尽管如此,由于导向工具的成本问题,滑动导向钻井目前仍占主导地位。滑动导向工具主要有弯接头、可调弯接头和弯外壳电动机等。

滑动导向工具组合方式一般为:钻柱 + MWD 或 LWD + 动力钻具 + 导向工具 + 钻头。

2. 旋转导向工具

旋转导向工具是在钻柱旋转的情况下实现对钻头的轨迹控制,从而避免了钻柱躺在井壁上滑动,使井眼得到很好的清洗,同时允许根据地层选择合适的钻头类型,这样可显著地减轻或消除滑动导向工具的不足。

世界上最早的旋转导向工具是 20 世纪 80 年代末 90 年代初德国 KTB 计划中开发的垂直钻井(VDS)系统,专为直井防斜用。在此基础上,国外多家公司相继开发了多种型号的旋转导向钻井系统,并成功地投入现场应用。目前,世界上有代表性的旋转导向钻井系统有贝克休斯公司的 Auto Track RCLS 系统,哈里伯顿的 GEO – PILOT 系统和斯伦贝谢公司的 PowerDrive SRD 系统。

旋转导向钻井系统的导向力主要是通过偏置钻头来获得的,下面以贝克休斯的 Auto Track RCLS 系统为例简要说明旋转导向钻井系统的工作原理。

如图 3 – 57 所示,旋转导向系统主要由旋转内筒(接钻头)、非旋转外筒和可伸缩翼肋组成。系统工作时钻头所需要的导向力(即侧向力)通过可伸缩翼肋的活动来提供。当 1 号翼肋伸出支撑在井壁上时,钻头就获得与 1 号翼肋伸出方向相反的侧向力 F,这样钻头在这个侧向力的作用下就可以改变自己原来的切削轨迹。

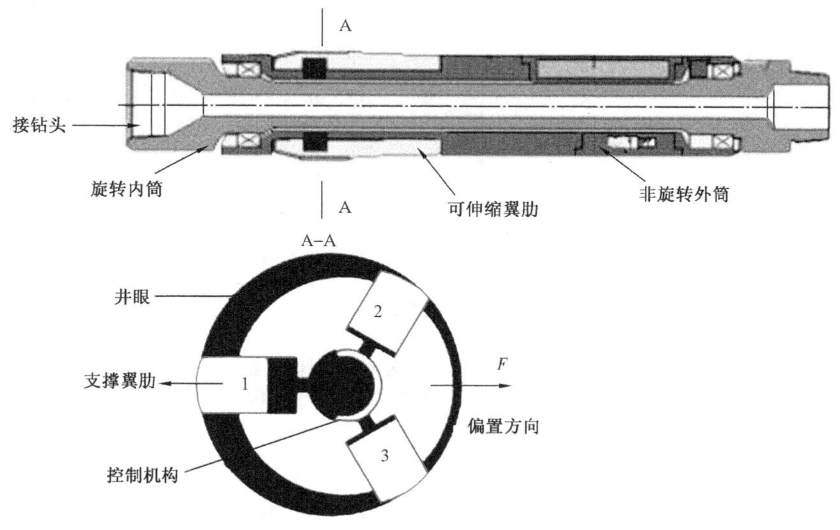

图 3 – 57　旋转导向工具

实际上旋转导向钻井系统的工作并非如此简单，整个系统的工作是由计算机控制的。系统工作时首先由测量系统根据需要测量井眼的实时几何参数（地质导向还要测地质地层参数），这些参数进入井下计算机，计算机进行评价决策，并向控制系统发出指令，由控制系统控制可伸缩翼肋的动作，从而给钻头施加侧向力，自动控制井眼轨迹。

第五节　水平井钻井技术

水平井是定向井的一种，是指井眼轨迹达到水平（井斜角达到90°左右）以后，再在油层中延伸一定长度的井，延伸的长度一般大于油层厚度的六倍。其特点是增大了油层裸露面积，使泄油面积增大，可显著提高单井产量，如图3－58所示。

20世纪50年代初，钻水平井作为一种提高油气井产量的手段，曾在前苏联、美国和加拿大等国家的许多油田受到重视，但由于当时的技术和经济因素的限制，水平井钻井技术发展缓慢。直至20世纪80年代，水平井技术才呈大规模、加速发展的趋势。至1985年年底全世界共钻水平井100口；至1995年全世界共钻水平井1500口；仅1996年一年全世界就钻水平井2700口。目前，水平井技术已成为当今世界石油勘探开发领域先进的钻井技术之一。

水平井钻井技术就是使用专用的工具、测量仪器及计算机软件，钻出与设计轨道相符的井眼轨迹的操作过程和方法；是合理的技术方案与配套软、硬件技术的综合应用；是对水平井井眼轨道设计内容的物化和实现。水平井的施工设计包括总体控制方案的设计与制订；钻具组合的设计与钻井工具的选择；钻进过程的随钻测量、控制、待钻井眼的参数预测和修正设计；钻井工艺参数的选取；对水力参数、钻井液、套管程序等内容的优化设计。

水平井的类型是根据从垂直井段向水平井段转弯时的转弯半径（曲率半径）的大小进行划分的，可分为长半径水平井、中半径水平井和短半径水平井，如图3－59所示，一般划分标准见表3－8。

表3－8　水平井的类型

项目	长半径	中半径	短半径
造斜率，(°)/30m	2～6	6～20	90～300
曲率半径，m	>286.5	86～286.5	5.73～19.1
水平段长度，m	300～1700	500～1000	100～300
井眼尺，in	无限制	无限制	6¼～4¾
钻井方式	转盘钻或导向钻井系统	弯外壳电动机或导向钻井系统	铰接电动机或转盘钻柔性组合
钻杆	常规钻杆	常规钻杆及抗压钻杆	2⅞in钻杆
测量工具	常规测量工具（单点、多点、有线和无线MWD）	常规测量工具（单点、多点、有线和无线MWD）	要求测斜仪器具有柔性
地面设备	常规钻机	常规钻机	需要配备顶部驱动系统
完井方式	常规完井技术，完井方式取决于油藏条件	常规完井技术，完井方式取决于油藏条件	多数用裸眼或割缝管

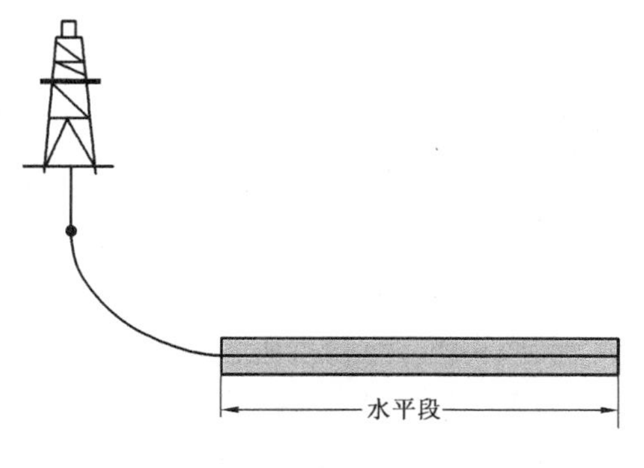

图 3－58　水平井示意图

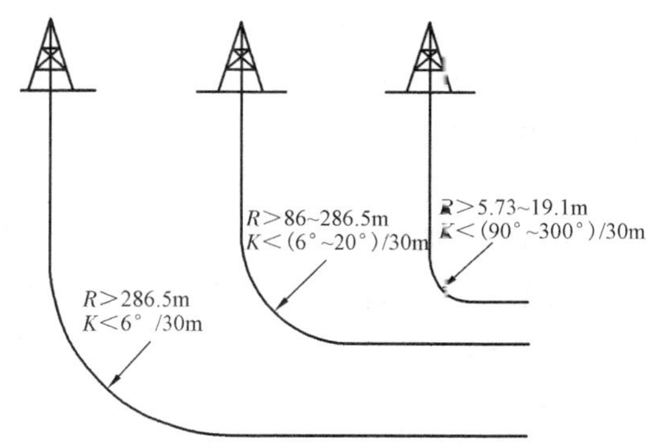

图 3－59　水平井类型轨道示意图

说明:在上述三种基本类型的水平井中,造斜率范围有不完全衔接的部分(如中曲率半径和短曲率半径的造斜率之间存在空白区),造成这种现象的主要原因是受钻井工具类型的限制。目前,对于这三种造斜率范围的界定并不是绝对的(有些公司及某些文献中把中、长半径水平井的分界点定为8°/30m),此划分标准将随着钻井技术的发展而有所修正,如国外某些公司研制了造斜率 K 在(20°~71°)/30m 范围变化的特种钻井工具(大角度同向双弯和同向三弯螺杆钻具),在一定程度上填补了中曲率半径和短曲率半径的空白区,就有了"中短半径"的概念。实际钻成的一口水平井,往往是不同曲率半径井段的组合(如中、长半径),而且由于地面、地下的具体条件和特殊要求,在上述三种基本类型水平井的基础上,又繁衍出了多种水平井类型,如大位移水平井、丛式水平井、分支水平井、浅水平井、侧钻水平井、小井眼水平井等。

一、几种基本类型水平井的工艺特点

(一)长半径水平井

长半径水平井通常是使用常规定向钻井的井下工具和方法来完成,造斜点比较浅;设计轨道的曲率半径大,水平位移大。对于海上钻井平台,大跨度和在城市下面的油气层等,最好采用长半径水平井开发。这种类型水平井的主要缺点是摩阻大,起下管柱难度大。此类水平井的数量将越来越少。

(二)中半径水平井

中半径水平钻井是依据 API 标准对钻柱在施工中的弯曲和扭转的复合应力所给出的极限值,进行有效的钻井作业。

中半径水平井通常是"多增轨道"的水平井,在增斜段均要用弯外壳井下动力钻具进行增斜,必要时使用导向钻井系统控制井眼轨迹。一般在第一、第二个增斜井段之间加一段稳斜或微增井段,井斜角通常在45°~75°之间。进入水平段着陆前有一段稳斜或微增井段,常称为调整井段(或称稳斜探顶井段),主要是解决因为目的层的不确定性而造成的脱靶,通过此调整井段的调控,可保证在预定的垂深进入目的层进行水平段施工。多增轨道在长半径和中半径水平井中经常使用。

中半径水平井的优点在于井眼轨迹的可控性好,井下扭矩及阻力较小,穿透油层段长,其钻井技术发展迅速,数量增加幅度远高于长、短半径水平井,在每年世界上所钻水平井的总数中,中半径水平井占60%以上。但在中半径水平井的施工中要求使用随钻测量和随钻测井仪器设备。

(三)短半径水平井

短曲率半径水平井是使用普通18°斜坡钻具或铰链工具在小井眼中钻出其全角变化率在(90°~300°)/30m范围内的水平井。短半径水平井通常是在ϕ152mm或ϕ120.65mm的井眼中进行施工,因靶前位移小,曲率半径小,造斜点到靶点的垂深小,中靶精度高,增产效益显著,所以,它适用于那些目的层以上地层较复杂的井,主要用于老井侧钻,以提高采收率。但在施工中需用特殊的造斜工具,完井难度大,只能采用裸眼或下割缝筛管的完井方式。

由图3-60可见,水平井造斜率的曲率半径越短,则在一定垂深和有限的油藏范围内,可钻达的水平段越长。而且在垂深一定,各类水平井允许的垂向误差相同的条件下,造斜段的曲率半径越小,钻达目标窗口(水平段入口)的误差范围越小。图3-61中曲率半径分别为430m、286m和38m的长、中、短半径水平井,其垂向误差率为10%的误差圆半径分别为43m、8.6m和1.2m。由此可见,对于厚度小于8m的油气层,就难于用中、长半径水平井命中目标了。

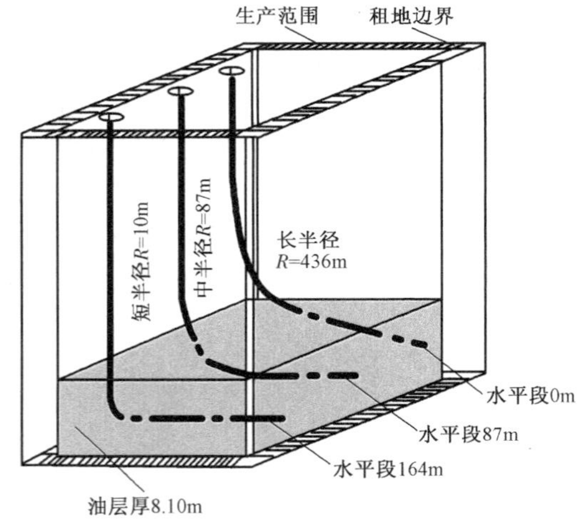

图3-60 垂深一定油藏面积为$16\times10^4m^2$,各类水平井能钻达的水平段长度

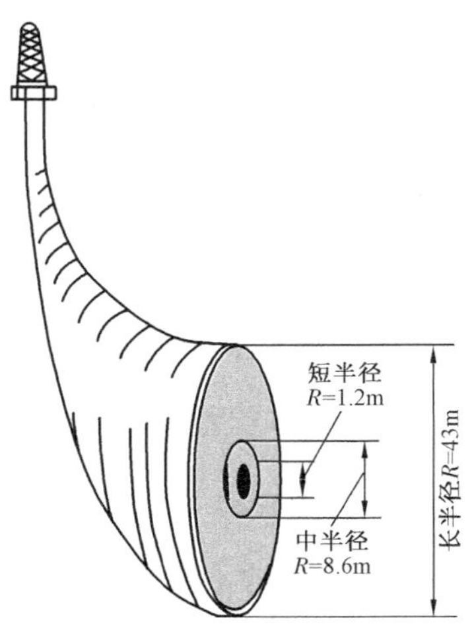

图3-61 各类水平井垂向误差的10%的误差范围

二、水平井的应用领域

(一)天然垂直裂缝型储层

天然垂直裂缝型储层如图3-62所示。天然垂直裂缝相交错的油藏为水平井提供了理想的应用条件,这时采用水平井开采可以使产量提高4~20倍。在垂直裂缝油藏中,油气完全储存在裂缝中,裂缝之间的非生产地层一般为6~60m厚,所以垂直井可能只钻到一个产层,也可能一个产层也钻不到,而水平井可以与产层垂直相交横向钻穿若干个产层裂缝,这样一口水平井的产量就比一口垂直井的开采量高得多。

(二)易出现水锥、气锥的油层

易出现水锥、气锥的油层如图3-63所示。

(1)水锥:如果产层驱油动力为水,尤其是当原油黏度比水高得多时,垂直井可能会遇到

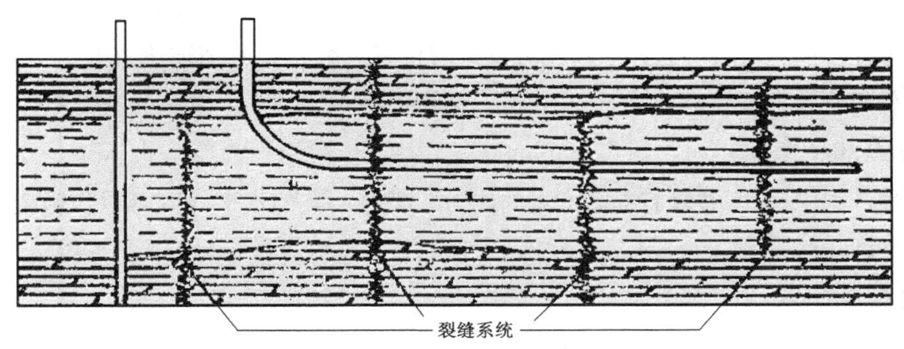

图 3 - 62　天然垂直裂缝型储层示意图

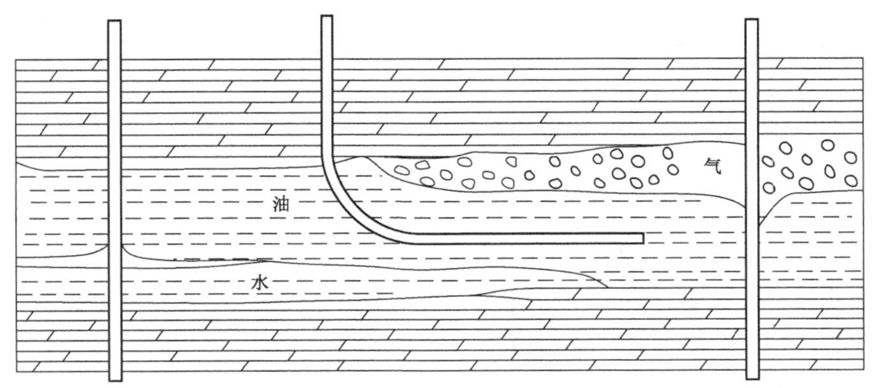

图 3 - 63　水(气)锥示意图

水锥的问题。出现这一现象时,开采出来的会是连油带水的地层流体,严重时只出水不出油。水平井技术可以在油层的中上部造斜,然后在生产层中钻一定长度的水平段避开水锥,这样不仅减少了水锥的影响,而且每单位长度产油段的压力降比垂直井产油段低,出水、出砂的概率也比垂直井少。

(2)气锥:因为天然气的黏度远低于原油,通常气锥比水锥出现的概率更高。如果气锥不能控制,则油层必须以注气的方式来维持产量,否则压力必然过早地降低。水平井的开采段全部在油层中,有利于避免气锥的出现,控制采收率,不至于使气锥的压力梯度过高。

水平井成功地减少了水锥、气锥等的影响,显著地提高了产量。

(三)低渗透性油藏

低渗透性油藏,由于生产能力低,传统的提高油气流流动的方法之一就是对油井进行压裂。但目前解决此问题的办法是钻水平井,这样可以大大地增加泄油面积,提高采收率。

(四)薄油层

对于薄油层,通过在油层的上下边界之间钻一个水平井段可以大大地增加井与油层的接触表面积。

(五)不规则油层

水平钻井已经成功地应用于开发不规则的油气藏。这类含油气地层互不关联,孤立存在,地震测量也难以指定其准确的位置，所以钻直井或常规定向井很难准确钻达这类油藏。然而短半径水平井可以从现有的直井中在接近油藏的位置进行开窗侧钻钻达目的层，还可避免可能出现的水锥和气锥问题。

(六)重油产层

在重油产层中，水平井具有提高产量的能力。横穿油藏的水平井既可以作为生产井又可以作为注水井。

(七)提高采收率

采用水平井同样可以提高原油采收率。在注蒸汽的情况下，直井的注入量低，常常呈现很差的热平衡，有部分能量消耗在地面管线、油井及相邻地层上，而水平井可以提高日注入量，直接加热更大的石油体积，将在很大程度上改善储层的热平衡。另外，为了有效注入混相段塞(CO_2、液化石油气、表面活性剂等)，必须使注入物扩散更长的距离。在这种情况下水平泄油无疑是一种提高采收率的有效途径。

三、水平井的轨道设计

水平井的井眼轨道设计(或称轨道设计)是井眼轨迹控制的基础和依据。水平井井眼轨道设计，一般情况下都采用二维设计(在铅垂面中设计)。此种井眼轨道设计的事后评价表明，设计井眼轨道与实钻轨迹最为接近，最大限度降低了控制难度，减少了实际井眼轨迹与设计井眼轨道间的偏差，提高了钻井时效，节约了钻井成本。

(一)水平井轨道设计

水平井工程设计时主要考虑以下几个方面的问题：

(1)油气藏描述与精细地质设计。

(2)水平井完井方法的选择。

(3)水平井靶区参数的设计。

(4)水平井井眼轨道设计。

(二)水平井井眼轨道类型

水平井常用的井眼轨道有三种类型：单弧井眼轨道、双弧井眼轨道和三弧井眼轨道。

1. 单弧井眼轨道

单弧井眼轨道又称“直—增—水平”轨道，它由直井段、增斜段和水平段组成。此类轨道的突出特点是用一种造斜率使井斜角由零度钻至水平段的起始位置。这种井眼轨道适用于目的层顶界、工具造斜能力与所钻地层增斜能力都十分确定的情况。侧钻短半径水平井常采用这种轨道类型，如图 3－64 所示。

2. 双弧井眼轨道

双弧井眼轨道又称“直—增—稳—增—水平”轨道，它由直井段、第一增斜段、稳斜段、第二增斜段和水平段组成。其突出的特点是在两段增斜段之间设计了一段较短的稳斜调整段，调整由于工具造斜率的误差造成的井眼轨迹偏离。这种轨道适用于目的层顶界确定而工具造斜率尚不十分确定的情况下，中、长半径水平井常采用这种井眼轨道类型，如图 3－65 所示。

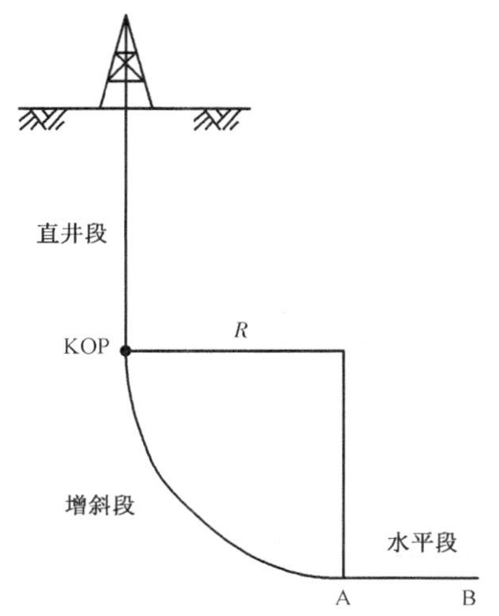

图 3－64　单弧井眼轨道水平井示意图

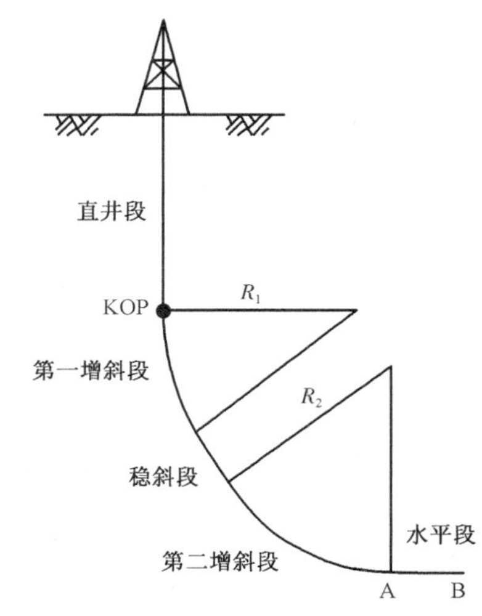

图 3－65　双弧井眼轨道水平井示意图

3. 三弧井眼轨道

三弧井眼轨道又称“直—增—稳—增—稳—增—水平”轨道，它是由直井段、第一增斜段、第一稳斜段、第二增斜段、第二稳斜段、第三增斜段和水平段组成。其突出特点是在三个增斜段之间相继设计了两个稳斜段，第一稳斜段用于调整工具造斜率的误差，第二稳斜段则用于探油顶，即调整钻至目的层顶界的误差。这种井眼轨道适用于目的层顶界和工具造斜率都易出现误差的情况。薄油层水平井常采用这种井眼轨道类型，如图 3－66 所示。

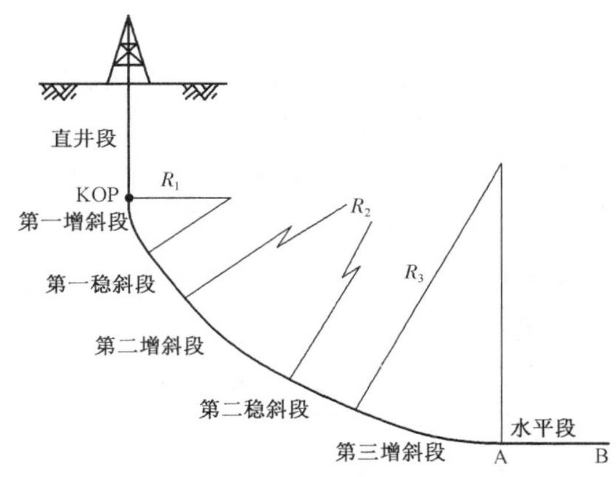

图 3－66　三弧井眼轨道水平井示意图

（三）水平井井眼轨道设计

关于水平井井眼轨道的设计方法，国内外已有大量文献进行了详细的记载。应用较为普遍的有固定参数法和调整参数法两种，设计内容主要是单弧井眼轨道、双弧井眼轨道和三弧井眼轨道。

水平井轨道的设计前提是在已知水平段的起始点位置、井斜角 α_D、水平段长度 L、井斜方位角、目标点的垂深 D_t 的情况下进行。

四、水平井的靶区参数

地质设计给出的水平井靶区通常是指在目的层内沿水平段设计井眼轴线方向的几何体，其截面多为矩形、圆柱形或梯形，这个几何体也称为靶体，常用的是矩形靶，如图 3－67 所示。可以将靶体看成是由无数个法面组成的，因此，控制水平井井眼轨迹中靶，与普通定向井、多目标井是个截然不同的新概念。

水平井除具有普通定向井的基本技术术语外，依据自身的特点还有以下的常用术语：

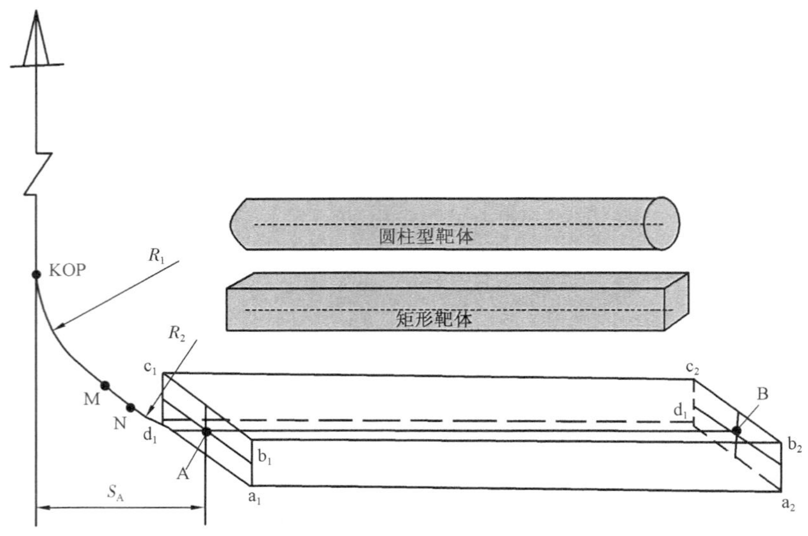

图 3－67　水平井井眼轨道设计示意图

（1）靶窗：靶体的前端面（俗称窗口，矩形 $a_1b_1c_1d_1$）。

（2）靶底：靶体的后端面（矩形 $a_2b_2c_2d_2$）。

（3）设计着陆点：水平井的增斜段设计线与靶窗的交点，又称为设计瞄准点，通常用字母 A 表示，其井斜角 α_A 即为水平段的设计井斜角 α_D。设计着陆点 A 习惯上又称为靶心，它可以是靶窗的形心也可以不是，但应是设计人员最希望达到的位置，需要考虑油藏情况和开发的要求加以确定。

（4）设计终止点：水平井段的设计井眼轨道与靶底的交点，通常用字母 B 表示。

（5）设计靶心线：靶窗内通过 A 点的两条正交基准线，如图 3－68 中的 X、Y 轴。设计靶心线可以是靶窗的对称轴也可以不是。

（6）靶心设计平面：通过靶窗、靶底内水平靶心线（AB）的水平面，如图 3－68（a）中 $e_1f_1f_2e_2$。

（7）设计靶前位移：在水平井的轨道设计图中，直井段所在轴线与设计靶窗平面间的距离，或设计着陆点 A 到直井段所在轴线的距离，也称设计靶前距，用 S_A 表示，如图 3－68 所示。

（8）实际着陆点：即实钻井眼轨迹与靶窗平面的交点，通常用 A′表示，该点的井斜角应为水平段设计的井斜角值 α_D；实际着陆点 A′所在的铅垂面就是实际的靶窗平面。

（9）实际靶前位移：实钻着陆点 A′到直井段所在轴线的距离，也称实际靶前距，用 $S_{A'}$ 表示。

（10）平差：实际靶前位移与设计靶前位移间的差值，常用 ΔS 表示，即 $\Delta S = S_{A'} - S_A$，它是表示实际靶窗与设计靶窗位置关系的参数。

（11）实际终止点：即水平段实钻井眼轨迹与靶底平面的交点，通常用 B′点表示。

（12）着陆点纵距和着陆点横距：A′点到靶窗内两条设计靶心线（横、纵两轴）的距离，分别称为着陆点纵距和着陆点横距，以 $d_{A'V}$ 和 $d_{A'D}$ 表示。同样，也可以定义靶底内终止点 B′的纵距 $d_{B'V}$ 和横距 $d_{B'D}$，如图 3－68（b）（c）所示。

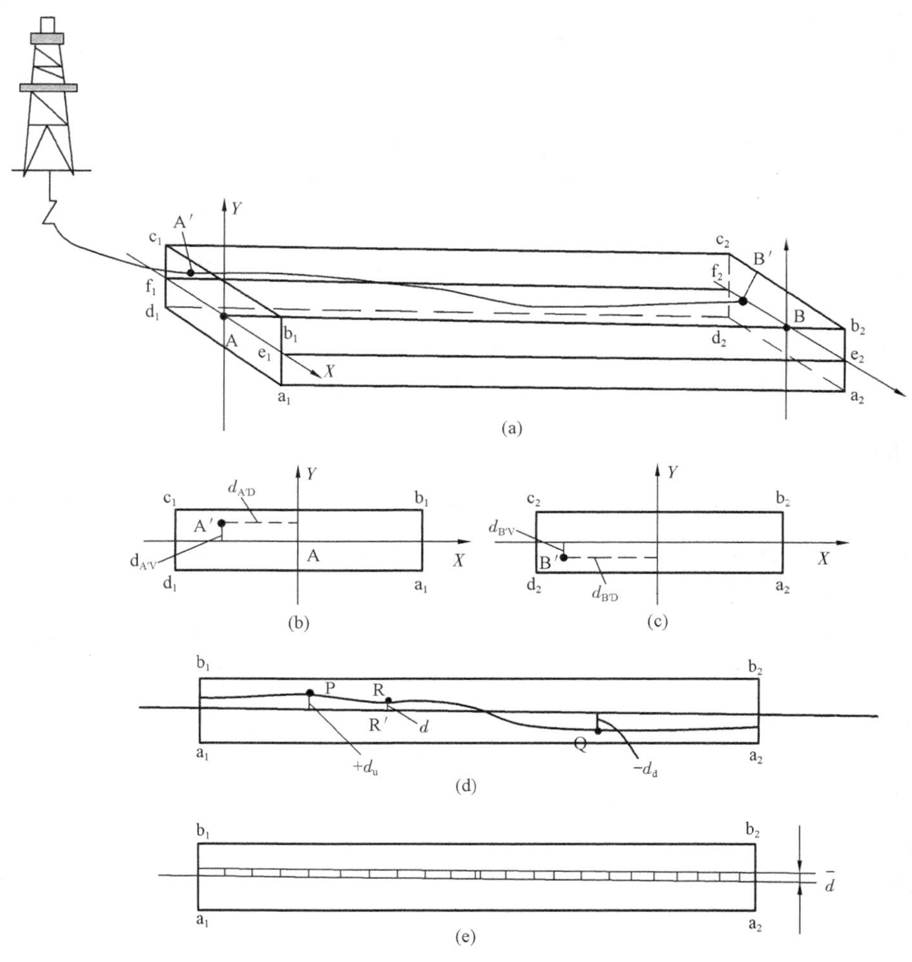

图 3－68　水平段实钻井眼轨迹示意图

(13)靶上最大波动高度:实钻水平段曲线 A′B′在靶心设计平面上部的最大距离,用 $+d_u$ 表示(“＋”表示在靶心设计平面以上),如图 3－68(d)所示。

(14)靶下最大波动高度:A′B′在靶心设计平面下部的最大距,用 $-d_d$ 表示(“－”表示在靶心设计平面以下),如图 3－68(d)所示。

(15)铅垂线投影点:通过实钻的水平段曲线 A′B′上某点(R 点)的铅垂线与靶心设计平面的交点称为该点的铅垂线投影点,如图 3－68(d)中 R′点。

(16)铅垂距:A′B′曲线上的任意点到靶心设计平面的距离,如图 3－68(d)中的 d。

在钻进过程中由于多种因素的影响,使得水平井的实钻井眼轨迹与设计井眼轨道间必有误差,如图 3－68(a)所示,水平段的实钻井眼轨迹为曲线 A′B′。

水平井靶区与常规定向井靶区的主要区别在于:

常规定向井井眼轨迹中靶时,进入的靶区是一个法平面(也称目标窗口)。但水平井中靶的靶区不是一个平面,而是一个柱状体。因此,钻水平井不仅要求实钻靶点在窗口平面的设计范围内,而且要求此靶点的矢量方向与设计靶体平行,使实钻靶点在进入目标窗口后的每一个点都处在靶体所限制的范围内。也就是说,控制水平井井眼轨迹中靶的要点是使实钻轨迹在靶体内的每个点的空间位置要准确（即保证入靶点的井斜角、井斜方位角、垂深和位移在设计要求的范围内），即矢量中靶。

水平井是由“直—增—水平”三部分组成。因此，水平井井眼轨迹控制也分为三部分，即垂直井段控制、着陆控制和水平控制。水平井的垂直井段控制与常规直井及定向井的直井段控制没有根本的区别。在水平井中，由直井段末端的造斜点（KOP）钻至靶窗的增斜井段，这一控制过程称为着陆控制；控制靶体内水平段钻进的过程称为水平控制。水平井井眼轨迹控制的突出特点集中体现为着陆控制和水平控制两个阶段，在这两个控制过程中又涉及一些新的概念、指标和特殊的控制方法。

图 3 - 67 是水平井井眼轨道设计示意图。在这里，“水平”是广义概念，α_D 可以是 90°，也可以略小于或大于 90°（按我国石油行业标准对水平井的规定，$\alpha_D \geqslant 86°$）。

五、水平井井眼轨迹控制

在水平井的施工过程中，由于存在地质勘探误差、工具造斜能力误差和井眼轨迹预测误差，给水平井尤其是薄油层水平井的井眼轨迹控制带来较大的难度。通过深入细致的理论研究虽然可减少这些误差带来的影响，提高水平井井眼轨迹控制的质量，但这些工作本身就存在一定的偏差，不易取得显著进展。现实可行的方法是在现有误差条件下制定合理的井眼轨迹总体控制方案，辅之以实钻过程中的井眼轨迹动态监控，来实现提高井眼轨迹控制质量和精度的目的。因此，总体控制方案设计也就成了水平井井眼轨迹控制技术的重要研究内容。

水平井井眼轨迹总体控制方案实际上就是轨迹控制人员在拿到井眼轨道设计图之后，综合考虑工具、测量仪器、油顶等多种因素，对井眼轨道设计的内容进行细化、补充、修改和落实后形成的一套具体施工方案。

对水平井井眼轨迹控制的总体要求是：

（1）具有一定的控制精度。

（2）具有较强的应变能力。

（3）具有较高的预测准确度。

（4）达到较稳、较快的施工水平。

水平井的直井段、造斜段的控制同前所述（定向井轨迹控制）。

（一）水平井的着陆控制

着陆控制是指从直井段末端的造斜点（KOP）开始至油层靶窗这一井段的施工控制过程。增斜钻进是着陆控制的主要特征，进靶控制（着陆控制过程中的最后一次增斜钻进）是着陆控制的关键和结果，而准确的动态监控则是理想着陆控制的技术关键。

1. 着陆控制的技术原则

着陆控制的技术要点可以概括为如下口诀：略高勿低、先高后低、寸高必争，早扭方位、稳斜探顶、矢量进靶、动态监制。

1）略高勿低

“略高勿低”集中体现了选择工具造斜率的指导思想，即为了保证实钻造斜率不低于井段设计造斜率，不低于井段设计的理论预测值，而按比理论预测值高出 10% ~20% 的造斜率来选择或设计造斜工具。当然也不能使造斜率高出太多，否则会给后续的钻进工作带来麻烦。

2)先高后低

在着陆控制中,实钻造斜率若高于井段设计造斜率,控制人员一般总有办法把它降下来,如通过采用导向钻进方式(小弯角动力钻具并开转盘,其理论造斜率接近于零),或通过更换造斜率低一挡次的钻具组合。但是,若实钻造斜率低于井段设计造斜率,则不敢保证一定可以把下一井段的造斜率增上去,尤其是在着陆控制的后一阶段(大井斜区段)。这是因为所需要调整的造斜率值可能很高,而当前的工具无法实现。

由上述可知,降斜要比增斜容易。但实钻造斜率"先高后低"的控制要求,对不同控制人员的难易程度也是截然不同的。因此,除了极少数实钻造斜率基本等于井段设计造斜率这种理想情况外,通常采用"先高后低"这一控制原则有着重要的实际意义。

3)寸高必争

"寸高必争"是控制人员在水平着陆控制中必须确立的观念,它集中体现了着陆控制过程的特点。"高"指的是垂深,从某种意义上说,着陆控制就是对垂深和井斜角进行合理的控制,而垂深往往对井斜角(由工具造斜率决定)起着误差放大作用,尤其是着陆控制的前、后期,因此要严格控制着陆点的垂深。通过实例分析可以加深"寸高必争"的定量认识。

例如:某井段设计造斜率 $K=8°/30\text{m}$,着陆垂增 $\Delta D=214.875\text{m}$;若分别以 $K_1=6°/30\text{m}$、$K_2=12°/30\text{m}$,钻进 30m,则相应的井斜角和垂增分别为 $\alpha_1=6°$,$\Delta D'_1=29.947\text{m}$;$\alpha_2=12°$,$\Delta D'_2=29.783\text{m}$,可见二者的垂增相差甚微。如果按照 K_1、K_2 分别继续钻进至着陆段,则前者的垂增 $\Delta D_1=286.5\text{m}$,将比设计值 $\Delta D=214.875\text{m}$ 滞后 71.625m 进靶着陆;后者的垂增 $\Delta D_2=143.25\text{m}$,将提前 71.625m 进靶着陆。如果按原设计井段造斜率 $K=8°/30\text{m}$ 钻至井斜角 $\alpha=80°$时,此时钻头进靶可击中靶窗中线;但若实际采用造斜率 $K_1=7.91°/30\text{m}$ 钻至井斜角 $\alpha=80°$时,此时钻头距靶心设计平面的垂增 $\Delta h_1=0.875\text{m}$,若要击中靶窗中线,就必须使实钻造斜率 $K'_1=30.473°/30\text{m}$。之所以会造成如此高的造斜率(在中曲率水平井钻井中一般都不准备此类工具),完全是由于实钻控制过程中造成的高差(测得 2.407m)所致。须知这种高差是在着陆钻进过程中($\Delta D=214.875\text{m}$,相对误差为 1.12% 的基础上)一点一点地积累起来的,其结果对造斜率起到了显著的"放大"作用。同时此例也说明了采取"先高后低"控制策略的重要性和必要性。

4)早扭方位

在着陆控制中,井斜方位控制也很重要,否则很难使钻头进入靶窗。由于中曲率水平井井斜角增加较快,晚扭方位将会增加扭方位的难度。由于采取"先高后低"的控制策略,在着陆控制的初始阶段一般都采用弯壳体动力钻具(配随钻测斜仪)使其造斜率略高于井眼曲率的设计值,这就为早扭方位提供了条件和机会。因此,"早扭方位"应作为着陆控制的一项原则,在钻进过程中,通过调整井下动力钻具的工具面角可加强对井斜方位的动态监控。

5)稳斜探顶

"稳斜探顶"是控制方案的核心内容。在中、长半径水平井中,采用"稳斜探顶"的总控制方案设计,是克服地质不确定程度的有效方法,它保证可以准确地探知油顶位置,并保证进靶钻进按预定的技术方案进行,提高了控制的成功率。"稳斜探顶"的条件是要在预定的提前高度上达到预定的稳斜角值(α_C),这实际上是给前期的着陆控制设置了一个阶段控制指标。

6)矢量进靶

所谓"矢量进靶",是指在着陆钻进中不仅要控制钻头与靶窗平面的交点(着陆点)位置,而且要控制钻头进靶时的方向。"矢量进靶"直观地给出了对着陆点位置、井斜角、井斜方位角等状态参数的综合控制要求,形象地表示为靶窗内的一个位置矢量。进靶不仅是着陆控制的结束,同时也是水平控制的开始。为了在水平段内能高效地钻出优质的井眼,就要按"矢量进靶"的要求控制好着陆点位置和进靶方向(井斜和井斜方位),以免在钻入水平段不久就被迫地调整井斜角和井斜方位角,影响井身质量和钻进效率。

7)动态监控

再精确的控制都会产生偏差。因为控制是对偏差的制约,没有偏差即不存在控制。井眼轨迹控制也是这样。因此"动态监控"是贯穿着陆控制全过程的最重要的技术手段,它包括对已钻井眼轨迹的计算描述、与设计井眼轨道参数的对比和偏差认定;对在用造斜工具的已钻井眼造斜率的分析和误差计算;对钻头处状态参数(α,φ)的预测;对待钻井眼所需造斜率的计算;对当前在用工具和技术方案的评价和决策,如是否需要调整操作参数(钻压、工具面角、钻进状态(定向/导向转换等),起钻时机的选择(是否必须立即起钻还是继续钻进多少米再起钻)等。动态监控一般是用水平井井眼轨迹预测控制软件在计算机上实施的,但是轨迹控制人员对着陆控制过程进行随时的抽检和监督,还是非常必要的。

2. 着陆控制过程的决策

操作参数是否需要调整,如何调整;是否需要停钻更换钻具组合,何时何处更换;要换入的新钻具组合的造斜率是多少,如何保证达到此值。

经常调整的操作参数有钻压、工具面角两个参数和钻进状态(定向/导向)。

钻压变化对钻头侧向力的影响不明显,但会因影响机械钻速,而影响造斜率。一般来说,增加钻压会使钻具组合的造斜率略有下降。钻压对转盘变截面钻具组合的造斜率有一定影响,增加钻压可使其造斜率有相应的提高(可由软件计算确定)。在钻进过程中如果要对造斜率略作调整时可通过适时增减钻压来实现。

工具面的调整一般是在扭方位时进行,但有时也可利用改变工具位置来调整造斜率。MWD 的工具面角测量功能给工具面调整带来了很大的方便。但是,由于井眼曲率、摩阻和钻柱扭转的影响,致使工具面角很不稳定,Ω 常在较大范围内左右摆动。在这种情况下,应把预定的工具面角选为 Ω 变化范围的中间值。

钻进状态中的定向方式是指在锁定转盘的情况下用井下动力钻具定向钻进的工作过程。导向方式是指开动转盘带动钻柱和井下动力钻具一起旋转钻进的工作过程。当需要钻两个造斜段间的调整段(稳斜段)或造斜率过大欲降低造斜率时,可采用导向状态钻进,在这种情况下应采用 MWD 测量仪器(无限传输)。稳斜段的进尺数由后续的工具造斜率和井段造斜率确定。

在钻进过程中要不断地预测后续待钻井段的造斜率$(K)_{B-M}$。所预测的造斜率$(K)_{B-M}$决定了停钻更换钻具组合的时间以及换入何种新的钻具组合。

(二)水平井的水平控制

水平控制是着陆进靶之后在给定的靶体内钻出整个水平段的过程。除了降低钻井成本的要求外,水平控制在技术方面的要求就是实钻井眼轨迹不得穿出靶体。实钻水平段实际上是一条弯曲的三维空间曲线,在铅垂平面内水平段投影为一条在设计线上、下起伏的波浪线。在水平控制中,动态监控仍然是保证中靶的主要技术手段。

1. 水平控制的技术要点

水平控制的技术要点可以概括为如下口诀：钻具稳平、上下调整、多开转盘、注意短起、动态监控、留有余地、少扭方位。

1）钻具平稳

“钻具稳平”的含义是从钻具组合设计和选型方面来提高钻具的稳平能力，这是水平控制的基础。具有较高稳平能力的钻具组合可以在很大程度上减少井眼轨迹调整的工作量。

2）上下调整

“上下调整”体现了水平控制的主要技术特征。在水平段中，对井斜方位的调整相对很少，水平控制主要表现为对钻头的垂深位置或井斜角（增、降）的上下调整。尽管在选择和设计钻具组合时已注意到对钻具稳平能力的提高，但绝对的稳平是不可能实现的，上下调整井斜角仍然是必不可少的工作。在水平控制中，还要求钻具组合有一定的纠斜能力，最常用的钻具组合是带有小弯角（一般 $\lambda \leqslant 1°$）的单弯动力钻具组合或反向双弯动力钻具组合。采用这种组合，可以在定向状态时进行有效的增斜、降斜和扭方位操作（主要靠调整工具面实现）；也可采用导向状态（开动转盘），基本上钻出稳斜段（也应能微降斜或微增斜）。当需要调整钻头的垂深位置或井斜角时，则通过设置工具面按定向井状态进行钻进。

3）多开转盘

开转盘的导向钻进状态与不开转盘的定向钻进状态相比有以下显著的优点：摩阻小，易加钻压；易破坏岩屑床，清洁井眼；提高机械钻速；提高井眼质量；可增加水平段的钻进长度。因此，在水平段钻进中应尽量多地采用导向钻进状态方式，即多开转盘。在水平段开动转盘的进尺应不小于水平段总进尺的75%，且转盘转速应≤60r/min为宜。

4）注意短起

为保证井壁质量，减少摩阻和避免发生井下复杂情况，在水平段中每钻进一段距离（如500m左右，尤其是对定向纠斜井段），应进行一次短程起下钻。

5）动态监控

水平控制的动态监控和着陆控制一样重要，内容也基本相同。具体来说，就是要对已钻的水平井段进行监测计算，并和设计的井眼轨道进行对比和偏差认定；对钻具组合、稳定能力（导向状态）和纠斜能力（定向状态）进行钻后分析和评价；随时分析钻头到上、下、左、右四个边界的距离，并对长距离待钻井眼（如靶底或水平段中某一位置）作出是否需要调整井斜角（上、下）和井斜方位角（左、右）、何时进行调整的判断和决策等。除了在计算机上进行水平段的跟踪监控外，轨迹控制人员还应随时关注钻进过程，进行抽验，掌握发展动态，及时作出判断和决策。

6）留有余地

水平段控制的实钻井眼轨迹在铅垂面中是一条上、下起伏的波浪线，钻头位置距靶体上、下边界的距离是控制的关键。需要特别注意的是：由于钻井工艺的要求，需要改变工具造斜率时，但新的造斜工具不能够马上实现按调整后的井斜角钻进，会沿原井眼前进趋势继续钻进一段后，才能实现按调整出的井斜角钻进，这种调整的滞后现象就称为井眼惯性。如图3－69中，当判定钻头钻至靶体边界较近的 D_1 点时，就应考虑增斜。如果钻至 D_2 点时才考虑增斜，由于井眼惯性的作用，这时很有可能造成出靶。因此对水平段的控制强调“留有余地”，就是考虑到了井眼惯性对调整点位置的影响。为了保证钻头在极限位置（D_2 点）也不出靶，所以应在 D_1 点时就考虑留出足够的尺寸增斜，并确定调整时机，实施增斜调控。同理，在增斜过程中，在 D_3 点就开始考虑稳斜（$K=0$），直至达到新的转折点 D_4 或后续某点 D_5，才能实现稳斜钻进。

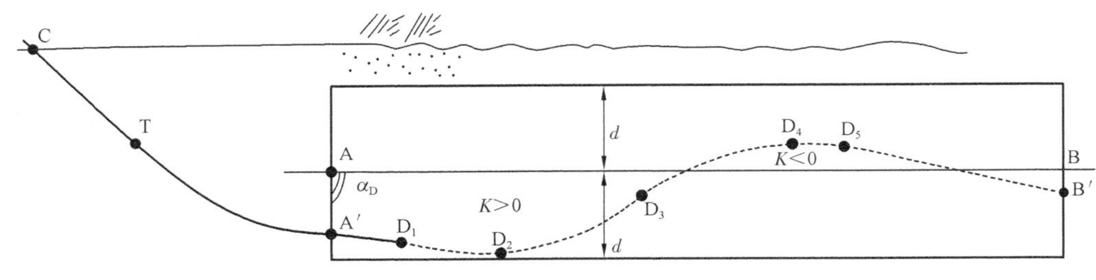

图 3－69　水平段轨迹控制示意图

在动态调控过程中，要做以下几方面的工作：对调整段进一步做出精确计算；变换导向方向后，要估算至下次调整开始时的进尺量；应尽量减少调整次数，以提高机械钻速，降低钻进成本。

7）少扭方位

由于水平段一般较长，进靶后即使井眼轨迹的少量方位偏差也会造成井眼轨迹从靶体的左、右边界出靶（俗称“穿帮”）。控制好着陆进靶的井眼轨迹方位（矢量控制）是减少水平段少扭方位的关键，但在水平段中往往也在适当的位置对井斜方位角加以调控，控制的方法是采用一定的工具面角定向钻进扭方位。应尽量减少扭方位的次数，而且宜尽早把井眼方位调整好，这样就可利用靶底宽度限制的井斜方位变化范围，直接钻完水平段；否则，后期的井斜方位角的调整会显著加大扭方位的度数。

2. 水平井水平段轨迹控制需解决的问题

水平井水平段井眼轨迹在铅垂面上是一条上、下起伏的波浪线，钻头位置距靶体上、下边界的距离是井眼轨迹控制的关键。如图 3－70 中，当判定钻头钻至靶体边界较近的 $i-1$ 点时，就应考虑增斜。如钻至 $i+1$ 点时再考虑增斜，由于“井眼惯性”的影响，这时很有可能造成出靶，因此对水平段的控制就必须考虑“井眼惯性”对调整点位置的影响。为了保证钻头在极限位置（$i+1$ 点）也不出靶，所以在 $i-1$ 点时就应考虑增斜，并确定调整时机，实施变斜调控。同理，在增斜钻进中，当钻至 $i+2$ 点时就应考虑稳斜（$K=0$），直至达到新的转折点（$i+4$）或后续某点（$i+5$）时，才能实现稳斜钻进。

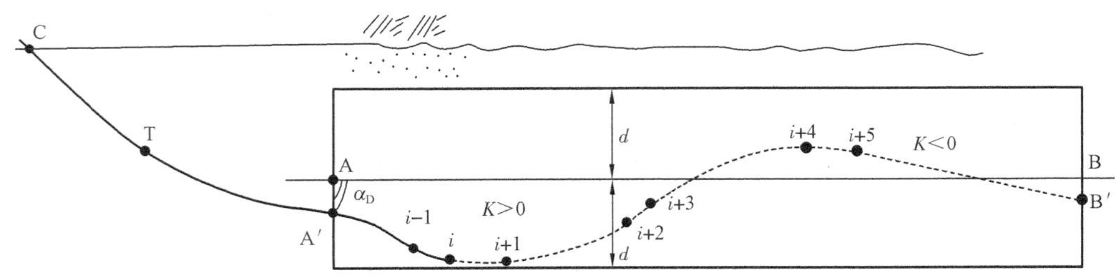

图 3－70　水平段轨迹控制示意图

在这个动态调控过程中,需解决的问题是:对调整井段做出精确计算;变换导向方式后,要估算下一个调整点;应尽量减少调整次数,以提高机械钻速,降低钻进成本。

第六节　双驱复合导向钻井技术

21 世纪后,旋转钻井仍将是油气工业钻探中最主要的钻井方法。旋转钻井方式的内涵不再仅仅是转盘旋转钻进和井下动力钻进(滑动钻井)方式,又增加了两种钻井方式兼备的双驱复合导向钻井方式。在双驱复合导向钻井方式下既可实现井眼轨迹的连续控制,还能提高机械钻速,是一种比较高效的可控钻井方式。

在常规的定向钻井方式中,直井段需要吊打、纠斜;斜井段需要经常调整井斜角、井斜方位角及扭方位,甚至多次起下钻改变钻具结构,这样不仅使井眼轨迹控制的难度加大,而且还严重制约了钻井速度。

双驱复合导向钻井技术是近年来普遍使用的一项钻井新技术,它能够大幅度地提高机械钻速,缩短钻井周期,经济效益十分显著。据统计,在浅层钻井,使用双驱复合导向钻井可提高机械钻速 1 ~2 倍;在深层、大井眼、定向井钻井中,使用双驱复合导向钻井可提高机械钻速 2 ~4倍。双驱复合导向钻井技术在研究与使用过程中,已形成了一套适合油田钻井特点的双驱钻井井眼轨迹控制技术,已在现场得到了广泛的应用。

双驱复合导向钻井是在钻井过程中,井下动力钻具带动钻头旋转的同时又启动转盘,通过钻柱带动井下动力钻具的外壳旋转的工作方式,简称复合钻井或双驱钻井。该系统是由高效能钻头、导向动力钻具、MWD 测量仪器和计算机软件组成,可适时地变更定向(滑动钻进)或开转盘(复合钻进)两种工况,连续完成定向造斜、增斜、稳斜、降斜及扭方位的操作,而不用起钻变更钻具组合,就能快速钻出高质量的井眼轨迹。已广泛应用于石油钻井工程中。

在复合钻进方式下,井下动力钻具和下部钻具组合有着与普通定向钻进方式及单纯的转盘钻进方式不同的运动学和动力学性质。以弯壳体导向动力钻具组合为例,如图 3 –71 所示,动力钻具组合的结构弯角 λ 使钻头底平面中心偏离动力钻具中心,其偏移量用 S_B 表示;由于钻具本体和井下动力工具外壳在转盘带动下旋转,将使井眼产生扩眼现象。考虑到钻具强度的限制,要求弯壳体的结构弯角 λ 不能过大,一般 $\lambda \leq 1°$,而且转盘转速通常控制在 65r/min 以下。

复合钻井井眼轨迹控制技术以动力钻具和下部钻具组合的运动学和动力学理论为依据,从全方位对井身质量进行控制,大幅度提高了钻井效率;优选井口位置,使设计方位与自然造斜规律相一致,降低了定向钻进的难度,提高了钻井速度;合理选择造斜点,优化井身轨道,充分利用转盘旋转增斜,提高了定向速度;钻井施工中,可根据具体情况,优选合适的动力钻具组合和扶正器尺寸,减少了不必要的起下钻作业;该技术可实现用一套双驱复合导向钻具组合随时调整井斜角、井斜方位角及扭方位连续地控制井眼轨迹,保证了井眼轨迹的圆滑,减少了起下钻时间;该技术广泛用于常规定向井、水平井、大位移及高密度深井中,施工中所用钻压小、钻铤少,摩阻明显减小,客观上提供了钻井安全保障;可与不同尺寸的螺杆扶正器配合使用,使稳斜段的轨迹控制手段多样化,减少了起下钻的时间,最终实现提高钻井速度的目的。

一、双驱复合导向钻井技术特点

双驱复合导向钻井的技术特点是:滑动定向后,仍然使用定向造斜段使用过的钻具组合进行其他井段的钻进工作。在转盘带动钻具旋转的同时，钻井液驱动弯外壳螺杆钻具带动钻头转动。由于复合钻井所使用的钻具在井下工作状态与常规钻井不同，表现出了双驱复合导向钻井技术独特的特征。

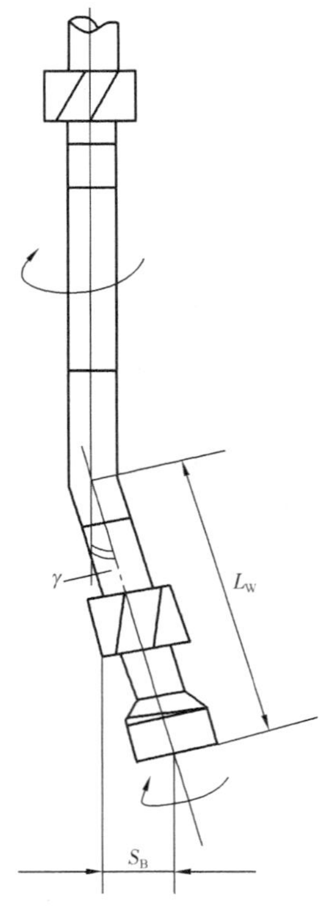

图 3－71　复合钻进方式示意图

二、双驱复合导向钻井中导向钻具的选型

复合钻井中导向钻具的选型就是依据钻井工艺的要求和现有的条件来选取合适的钻具类型（螺杆钻具或涡轮钻具）和型号。涡轮钻具与螺杆钻具相比，因其钻速高、压降大、工作特性比较软、轴向尺寸大、造斜率相对较低、目前国内产品较少的原因，在选型时主要考虑螺杆钻具。

（一）导向螺杆钻具的选型原则

1. 安全性原则

在同一井眼其他条件不变的情况下，以螺杆钻具的最大刚性、强度为优选条件，即做到大马拉小车的原则，以确保使用过程中的安全性。如在 12¼in 井眼中，可供选择的螺杆钻具型号有 LZ197、LZ203、LZ210、LZ244，其中 LZ244 的强度、刚度最大，所以作为首选。

2. 输出扭矩最大原则

在同一井眼其他条件不变的情况下，以钻具的输出扭矩最大为优选条件，来保证钻进中能提供足够的滑动钻进时所需的扭矩。

3. 流量合适原则

螺杆钻具为容积式电动机，其输出转速与钻井液流量成正比，在同一钻井液流量下，应选择流量合适的螺杆钻具，以确保所要达到的输出转速，将螺杆钻具的工况发挥至最佳状态。

（二）导向螺杆钻具的选型思路

导向螺杆钻具选型时主要是依据钻井工艺的要求，确定螺杆钻具的结构类型及其工作参数，再从产品目录中选定所需的型号和规格，具体的思路和方法如表 3－9 所示。

表 3－9　导向螺杆钻具的选型

选型依据（钻井工艺参数）	选型结果（导向螺杆钻具结构与工作参数）
井眼尺寸	公称尺寸（外径）
水眼压降	传动轴类型
钻井泵流量	转子类型（常规型、中空型）
井底温度	定子材料（常温型、高温型）
钻头转速	电动机类型（单头、多头）
破岩力矩	
造斜率	结构类型；弯角形式（单弯、双弯，同向反向）；是否带扶正器、垫块
钻井液类型	油基、水基

（三）导向螺杆钻具的选型步骤

1. 根据井眼尺寸确定螺杆钻具的公称尺寸

定向井常用井径与导向螺杆钻具公称尺寸的对应关系见表3－10。

表3－10　定向井常用井径与导向螺杆钻具公称尺寸的对应关系

井眼直径，mm	螺杆钻具公称尺寸（外径），mm	井眼直径，mm	螺杆钻具公称尺寸（外径），mm
152	120～89	244	197～165
216	165～197	311	197～244

上述对应关系主要是为了保证工具外径和井壁之间留有一定的间隙（约为1in），以防钻具在起下过程中遇阻，当井下出现事故时便于打捞作业。

2. 根据井眼轨迹设计的井眼曲率选择工具的造斜率

根据井眼轨道设计的井眼曲率选择工具的造斜率，所选工具的造斜率（或称实际造斜能力）应满足定向钻井的要求，这一原则也称为"造斜率原则"，它是确定导向钻具组合和理性的首要原则。按照定向井工艺需要，导向钻具的造斜率 K_{Ta} 应比井眼轨道设计的井眼曲率 K 高出10%～20%，以便有足够的余地应付钻进过程中意外出现造斜率不足的问题，也就是：

$$K_{Ta} = (1.1 \sim 1.2)K \qquad (3-19)$$

式中，K_{Ta} 为导向工具的实际造斜率，单位为(°)/m。

然后依据螺杆钻具制造厂家的产品目录中推荐的产品造斜能力值选定螺杆钻具型号。

3. 根据钻头水眼压降确定传动轴类型

现有螺杆钻具的型号代码中有一项数字是标明传动轴类型的。以5PLZ165－7.0B为例，5表示电动机转子头数；P表示水平井用螺杆钻具；LZ表示螺杆钻具；165（6½in）表示螺杆钻具的外径是165mm；许用的最大钻头水眼压降7.0MPa；B表示第二次改进（为中空转子）。

传动轴类型由"许用的钻头水眼压降"来表示，现有的产品分为3.5MPa（500psi）7.0MPa（1000psi）和14.0MPa（2000psi）三个型号，许用的钻头水眼压降值越大说明传动轴的承力性能越好，成本越高。

螺杆钻具的传动轴选型后，要根据水力设计的钻头水眼压降值来核算选型结果是否合理，再确定相应的传动轴类型的级别。不合适的选择会造成钻具的先期损坏（级别过低）或成本增加（级别过高）。

4. 根据钻井工艺要求的流量选择转子类型

螺杆钻具有一额定的工作流量（额定流量），它是螺杆钻具的设计依据之一。由于螺杆钻具的转速与工作流量成正比，增大流量必然增大转子、万向轴、传动轴的转速和万向轴的载荷循环频率，当万向轴的载荷循环频率接近其自激频率时，螺杆钻具将产生共振导致螺杆钻具非正常工作，造成损坏。

但在钻进过程中，尤其是大井眼水平井中（如 ϕ311mm井眼中，使用 ϕ127mm钻杆），为了满足携岩的需要，要求有较大的环空面积，较高的环空钻井液反速，在这种情况下螺杆钻具就会有较大的工作流量，而这个流量会成倍高于螺杆钻具的额定流量，此时就应该选择中空转子的螺杆钻具。由于进入转子与定子形成的容腔 $Q_2 < Q$（螺杆钻具工作流量），使得中空转子的

转速低于常规(实心)转子的转速。这一方案同时满足了钻井工艺和螺杆钻具转速所需流量不同的要求。

5. 根据井底温度确定定子材料耐温级别

常温的定子橡胶耐温指标是125°左右。当工作温度超过这一指标时,就要选择耐高温的橡胶材料。

6. 根据破岩力矩选择螺杆钻具类型

井下螺杆钻具、钻井液、钻头和地层组成了一个破岩系统。钻头在破岩时应有最优的转速及钻压,来满足破岩要求的最低临界破岩力矩。但是,井内液柱压力、井下温度及钻井液的性质等诸多因素都是变化的,对破岩效果都产生影响。

不过,无论是从理论还是实践都可以肯定两个结论,其一是现有螺杆钻具产品的电动机额定力矩均可满足有效钻进的要求;其二是电动机额定力矩越大越好,它可以呈现更好的“硬特性”,从而具有较强的过载能力。

综上所述,选择多头螺杆钻具要优于单头螺杆钻具,并应尽量选择额定力矩值较大的多头螺杆钻具。

7. 根据造斜率选择螺杆钻具的结构参数

理论上讲,只要根据“造斜率原则”由井身设计的造斜率 K 值即可确定工具的实际造斜率 K_{Ta}值,用户可不必过分苛求所选钻具的具体结构型式。但现场上,为了满足钻井工艺的要求,螺杆钻具结构参数(结构弯角类型、结构弯角位置与大小、扶正器类型、扶正器尺寸与位置)的合理确定确实是一个协调矛盾、逐步调整寻优的过程。主要建议性原则概括如下:

(1)用于小曲率井段和水平段钻进的导向螺杆钻具可选择反向双弯双扶正器的结构形式。下扶正器一般为近钻头扶正器,装在传动轴(万向轴)之上;万向轴壳体为反向双弯外壳(DTU),其下结构弯角 λ_1 应大于上结构弯角 λ_2,二者间常用的关系为:

$$\lambda_2 = -\frac{1}{2}\lambda_1 \qquad (3-20)$$

工具面是由下结构弯角确定的,根据大小变化有不同的规格,λ_1 值的增大将导致 K 值增大。

(2)用于小曲率和中曲率半径井段的中、下段[$K=(0\sim13°)/30m$]的导向螺杆钻具的基本型式一般为单弯壳体加扶正器的结构型式。扶正器为装在传动轴壳体上的近钻头扶正器;上扶正器为装在钻具旁通阀之上的钻柱扶正器(是否加扶正器可依现场控制需要考虑,若不加上扶正器会使造斜率略有增加,但会降低工具面的稳定性)。单弯壳体确定了工具面,调整弯点位置可影响造斜率的大小。

(3)用于中曲率井段的上段[$K=(13\sim20°)/30m$]的导向螺杆钻具的结构型式主要是同向双弯(FAB)的结构形式。这种类型的螺杆钻具组合是由一个较大角度的单弯壳体(带有下结构弯角 λ_1)和装在旁通阀之上的同向共面接头(带有上结构弯角 λ_2)构成,λ_1 和 λ_2 必须同向且严格共面,否则将造成工具的力学特性紊乱,λ_1 对造斜率的影响大于 λ_2。同向双弯螺杆钻具都不加扶正器,需进一步增大造斜率时,可考虑加垫块,位置可在下弯点的附近。

(4)弯壳体的弯点位置对于工具的造斜率、钻头的偏移量和钻具的强度均有影响。弯点位置下移可显著增加造斜率和减小钻头偏移量,而减小偏移量有利于降低钻具下井的难度和减小导向钻进时的井眼扩大量。弯点的位置还影响弯壳体内万向轴运动的附加偏移量进而影响弯壳体内径的大小。因此，确定弯点位置的原则主要有两方面：一是弯点一般在万向轴上球心之下（以尽量增大造斜率同时减小钻头偏移量 S_B）；二是若弯点位置在下球心以下时，不宜离下球心太远，以免万向轴运动偏移量 δ 过大，造成单弯壳体内壁切削量过大而导致螺杆钻具的结构强度不足。在调整弯点位置时，必须对钻具组合的强度进行校核。

（5）下扶正器的位置和直径对钻头侧向力影响甚大，进而显著地影响到工具的实际造斜率。因此，下扶正器的位置和直径是螺杆钻具选型时需重点考虑并进行优选的两个参数。滑动式扶正器便于调整和优选位置，但遇到井下复杂情况时容易产生滑动而使螺杆钻具的设计特性难以保证。所以，一旦确定了下扶正器的最优位置后，最好采用和壳体加工在一起的固定式扶正器。下扶正器位于传动轴上，可得到较高的造斜率。一般而言，扶正器离钻头越近其造斜率就越高，但要注意其距离（L_1）不可太小，以免出现在较高造斜率的条件下扶正器抵住上井壁而影响到实际的造斜率；在小造斜率情况下可把扶正器放在万向轴壳体上从而形成可靠的支点，有助于克服导向钻进时造成的降斜效应。

（6）近钻头扶正器直径一般要求比钻头直径小 1.588 ~ 3.175mm（1/16in ~ 1/8in）左右。对上扶正器直径限制可相对放宽（甚至取消上扶正器）。考虑到减小钻进过程中的阻力和起下钻过程中在扶正器处易出现卡阻的现象，扶正器的前、后角应尽量取较小值，而且与壳体交接部分不要形成明显台肩。

应该注意的是：对于造斜能力接近中曲率上限（20°/30m）的螺杆钻具，最好采用垫块而不要采用近钻头扶正器。这是因为井身曲率较大易使扶正器抵住井眼上壁而难以造斜。垫块的包角不宜小于 120°，而前后倒角要小而平滑，以防在钻进和提升钻具时刮井壁。

直筋扶正器利于减少钻进中可能发生的阻力，其缺点是支点不稳且难以控制；当工具面角改变时，影响扶正器的计算直径。与此相反，螺旋筋扶正器可行成规范的计算直径和可靠支点，从而得到稳定的工具面和造斜率；其缺点是定向钻进时的阻力会大于直筋扶正器。无论采用何种扶正器，都要使扶正器的前、后角保持较小值（尤其是扶正器的前角），在高造斜率的螺杆钻具上，前角不宜超过 15°，以减小阻力。

不加扶正器会显著减小定向钻进的阻力，但会造成定向困难，形成工具面角的大幅度摆动，严重影响造斜率，这一点已被实践多次证明。

综上所述，造斜工具的造斜能力与实际钻出的井眼曲率是两个不同的概念，当外界条件影响工具造斜能力的发挥时，会使井眼曲率明显低于工具的造斜能力。这就是在选择工具造斜能力时要求它大于井身设计造斜率 K 的 10% ~20% 的主要原因。

（四）双驱复合导向钻井时钻具组合的总体设计

双驱复合导向钻井时钻具组合的总体设计内容主要包括：

（1）钻具结构类型的选择：单弯还是双弯钻具；同向双弯还是反向双弯；是否带扶正器。

（2）结构参数的选择：扶正器的外径和位置；近钻头扶正器离钻头的距离，是在传动轴壳体上方还是在万向轴壳体上方；弯点的位置；钻具总体尺寸和各部件的长度。

（3）系列化设计：根据钻井工作的需要，将整体钻具划分为几个钻具外径系列；针对某一外径系列，需使用多少种规格的结构弯角。

这些工作都应建立在掌握造斜工具的造斜能力的基础之上。

按照“造斜率原则”取 $K = K_C$，由式 $K_{Ta} = (A \times B) K_C$ 可得：

$$K_C = \frac{(1.1 - 1.2)K}{AB} \tag{3-21}$$

1.1～1.2 的取值是考虑设计造斜率应有足够的余地，防止钻井工程中意外出现的造斜率不足。

例 3-1 大庆树平 1 井着陆进靶段的分析计算表明，若命中靶中线，所需的造斜率为 13.2°/30m，地质师要求中靶点最好不低于靶中线。可选择的造斜工具为 $\lambda = 1.75°$ 的 P5LZ165 单弯螺杆钻具。该工具增加上扶正器而构成单弯双稳钻具，在增斜段的实际增斜率为 12.08°/30m，为此考虑去掉扶正器（ϕ210mm），可提高造斜率，经 K_C 计算后选用此方案。经钻后对 MWD 测斜数据的分析可知，实际造斜率为 13.87°/30m，着陆点在靶中线以上 0.14m，创出了较高精度的控制指标。

例 3-2 冀东油田北 9-1 井，表 3-11 中列出了用极限曲率法求解的 P5LZ165 系列螺杆钻具的理论造斜率和实际造斜率，可见相符程度较好。

表 3-11 P5LZ165 系列螺杆钻具的理论造斜率与实际造斜率

参数	造斜率数值					
λ,(°)	0.75	1.0	1.25	1.5	1.75	2.0
K_C,(°)/30m	7.12	10.40	13.68	16.93	20.16	23.20
K_{Ta},(°)/30m	4.98	7.28	9.58	11.85	14.11	16.32
K,(°)/30m	4.5～6	7～8	9～10	11～12	12～13	14～15

三、双驱钻井井眼轨迹控制技术应用

（一）井位优选

经过多年的钻井实践，对各区块不同地层的情况已有了总体的了解。根据区块的地层倾向、倾角大小、邻井资料以及双驱钻井的特性，钻井技术人员总结出了一般性的地层自然造斜规律，并将此规律充分利用到了地面井口位置的设计中，现场经验总结如下：

（1）对于直井、单靶井及五段式定向井，以地层自然造斜规律确定地面井口位置，使设计方位满足地层自然漂移的规律，从而可降低井眼轨迹的控制难度，实现优质、快速、中靶的目的。

（2）对于双靶及多靶定向井，由于靶区目标点的给定而限制了井口位置，在确定地面井口位置时，必须将井口位置确定在靶心连线的延长线上或延长线附近。而井口与第 I 靶的靶前位移量是一个关键，靶前位移量过大或过小都会造成施工难度增大。根据定向井施工经验及双驱钻井工具的造斜特点，技术人员总结出最大井斜角与第 I 靶靶前位移量的关系，见表3-12。

表 3-12 最大井斜角与第 I 靶所需位移的关系

最大井斜角,(°)	I 靶所需位移,m	最大井斜角,(°)	I 靶所需位移,m
20～30	50～150	50～60	360～530
30～40	150～240	60～70	530～710
40～50	240～360	70～80	710～880

(二)井眼轨道优化设计

为了满足双驱钻井对井眼轨迹的连续控制,需要对原工程设计的定向井井身轨道进行修改和优化。轨道设计除了应满足钻达目的层的需要外,还必须使井眼轨迹平滑,滑动钻进井段短和倒换钻具次数尽可能少。

根据双驱钻井下部钻具组合的造斜特性,轨道优化设计的原则是:根据上部直井段轨迹,结合靶区要求,在靶前位移和最大井斜角允许的情况下,在井斜角小于20°的定向井中,造斜率按3°~6°/30m进行井眼轨道设计,直接采用动力钻具造斜至最大井斜角,然后稳斜钻进中靶;在井斜角大于20°的定向井中,造斜段按3°~6°/30m钻进之后,再改用转盘钻以5°/100m的造斜率按增斜钻进;对于井斜角在50°以上的定向井,定向至初始井斜角(8°~10°)之后,改用转盘增斜,按3°~6°/100m的增斜率设计井眼轨道。

(三)直井段井眼轨迹控制(以中原油田为例)

在中原油田的地质构造中,当钻穿馆陶组后,除黄河南段的部分火成岩地层外,其余地层全部使用PDC钻头+井下动力钻具进行双驱钻进。在三段式双靶定向井中,为确保井身质量,减少起下钻次数,减少滑动定向钻进的工作量,保证造斜点和两靶点实现三点一线。在直井段的钻进中,根据井下情况,动力钻具可选择直螺杆和弯螺杆两种,而弯螺杆又根据上下扶正器的尺寸和结构弯角的不同按以下情况选择:

(1)在8½in的井眼中,馆陶组底界距造斜点500m以上,且馆陶组底界时的井斜角较大,实际的井斜方位与设计方位偏差较大。在直井段自然造斜方位与设计方位不一致时,选择直螺杆钻具,钻具组合为:8½inPDC钻头+5LZ165直螺杆+6¼inNDC×1根+ϕ214mm扶正器+6¼inDC,钻至造斜点,以控制造斜点侧向或反向位移。例如,文179-33井中下入技术套管封隔馆陶组,三开直井段长达1262m,仍选用此钻具组合方式钻至造斜点2980m,井斜角只有1°。

(2)馆陶组底界方位与设计方位基本一致,且第Ⅰ靶靶前位移较大时,选用双扶单弯螺杆钻具,且上扶正器选用小直径,以减少造斜点与第Ⅰ靶之间的位移,降低定向段和稳斜段的井眼轨迹控制难度。如文65-165井,馆陶组底界时井斜角为2°,井斜方位角为290°,选用的上扶正器为ϕ200mm,钻至造斜点时井斜角为4°,实际方位与设计一致,既减少了定向工作量,又避免了定向前的起钻工作。

(3)在8½in井眼中、馆陶组底界井斜角不大,且距造斜点较近时,直接使用上、下扶正器为同直径的单弯螺杆钻具,其结构弯角的大小根据邻井资料选择。当设计最大井斜角较小时,可完成直井段、造斜段及稳斜段的作业。例如文98-21井,出馆陶组后,使用双驱复合导向钻井,一趟钻钻完设计进尺,完成了直、增、稳三段的施工作业。

(4)上部直井段井斜角,靶前位移量均偏大,如继续钻进,由于井底侧向位移可能造成造斜点与双靶不在一条线上,选择双扶单弯螺杆钻具进行纠斜或扭方位后,再钻直井段。如文133-19井,由于上部井斜角达4°,实际方位与设计方位基本相符,采用双扶单弯螺杆钻具在直井段纠斜后钻至造斜点。

(四)定向段及增斜段的井眼轨迹控制

1. 初始井斜方位角的确定

在定向过程中,为了避免扭方位,应考虑井斜方位自然漂移的影响。但确定合适的初始井斜方位角难度相当大，最主要原因是地层产状的可知度低。因此，在施工中，可结合邻井资料来确定初始井斜方位角。若地层自然造斜方位呈现右漂趋势，则将初始井斜方位角定在靶心与左靶边（顺时针）之间，或左靶边外侧；反之将初始井斜方位角定在靶心与右靶边之间或外侧。在双驱钻进实施过程中，单弯螺杆钻具配合 PDC 钻头复合钻进时，稳方位效果较好，所以初始井斜方位角与设计的井斜方位角间的偏差很小，由此确定的初始井斜方位角，一般情况下，中途不需要扭方位。

2. 定向造斜段井眼轨迹的控制

定向井施工中，使用常规"弯接头 + 直螺杆钻具 + 牙轮钻头"的钻具组合存在易掉牙轮、定向速度慢、全角变化率不能有效控制、不能复合钻进等诸多问题，而采用"PDC 钻头 + 单弯螺杆钻具定向造斜 + 随钻仪器监测"，则能有效地解决上述问题。该钻具组合的优点表现为机械钻速高，钻头寿命长，钻具转动容易，并能通过滑动钻进方式与复合钻井技术相结合的方式来控制全角变化率，实现井眼轨迹的连续控制。在 8½in 井眼中，常用的钻具组合有以下两种。

组合方式一：单弯单扶螺杆钻具组合

ϕ216mmPDC + ϕ165mm 单弯下单扶螺杆 + ϕ159mmNDC × 1 根 + ϕ159mmDC × 6 根 + ϕ127mmHWDP × 12 根 + ϕ127mmDP。

组合方式二：单弯双扶螺杆钻具组合

ϕ216mmPDC + ϕ165mm 双扶单弯螺杆 + ϕ159mmNDC × 1 根 + ϕ159mmDC × 6 根 + ϕ127mmHWDP × 12 根 + ϕ127mmDP。

钻进参数：钻压为 20 ~ 80kN，复合钻进时转速为 45 ~ 65r/min，钻井泵的流量为 28 ~ 30L/s，泵压为 12 ~ 18MPa。

当设计的最大井斜角在 20°以内或受到第 Ⅰ 靶靶前位移的限制时，需定向钻至设计最大井斜角的定向井，选用钻具组合方式二，用 1°或 1.25°双扶单弯螺杆钻具直接造斜到最大井斜角后，采用复合钻进方式稳斜中靶，可完成直井段、造斜段及稳斜段作业。当设计最大井斜角大于 20°的定向井时，则选用钻具组合方式一，用 0.75°单扶单弯螺杆钻具或 1°单扶单弯螺杆钻具造斜到 15°以上，启动转盘进行复合钻进、自然增斜。定向造斜过程中，要根据实际造斜率的大小灵活掌握滑动钻进和复合钻进井段的长短比例，控制合适的造斜率达到最佳造斜效果。对于三段式双靶定向井，特别是大井斜角的定向井，采用单扶单弯增斜时，若自然造斜率高于优化轨道设计造斜率时，继续使用复合钻进增至最大井斜角，则第 Ⅰ 靶靶前位移将超标，此时可提前采取微增斜以控制造斜率的方法，既可保证第 Ⅰ 靶的靶前位移量，又可保证中第 Ⅱ 靶。

（五）稳斜段井眼轨迹控制

采用 0.75°或 1°双扶单弯螺杆钻具组合时，若地层倾向与设计方位为同向，则表现为微降斜，降斜率为 0.6° ~ 1.2°/30m；若地层的增斜率为 0.45° ~ 0.6°/30m，地层倾向与设计方位反向时，则表现为微降斜，降斜率 0.2° ~ 0.6°/30m。因此，在下入单弯双扶螺杆钻具组合时，要充分考虑地层倾向、倾角与设计方位之间的关系，如下部的增斜率应留有余量。

（六）降斜段井眼轨迹控制

降斜段通常采用直螺杆钻具配 PDC 钻头组成的钟摆钻具组合：ϕ216mmPDC + ϕ172mm

（或 ϕ165mm）直螺杆钻具 + ϕ159mmNDC × 1 根 + ϕ214mm 扶正器 + ϕ159mmDC × 6 根 + ϕ127mmHWDP × 12 根 + ϕ127mm 钻杆。

钻井参数：钻压为 20 ~ 40kN，转盘转速为 45 ~ 65r/min，钻井泵的流量为 28 ~ 30L/s，泵压为 12 ~ 14MPa。该钻具组合能获得较高的机械钻速，但降斜率受地层产状要素和井斜角的影响很大。

双驱钻井井眼轨迹控制技术的优点在于钻头转速高，能够大幅度提高机械钻速；采用导向螺杆钻具进行复合钻进时，可以连续控制井眼轨迹；一趟钻可以完成造斜、增斜、稳斜、降斜、扭方位等多种钻进作业，极大减少了起下钻时间；井眼轨迹平滑，双驱复合导向钻进和滑动钻进相结合的间隔变换，易于控制狗腿度，井下安全得到保证；钻具结构简化，双驱复合导向钻进时要求的钻压小，少下钻铤即可完成钻进要求；扶正器的尺寸小，棱长较短，出现粘卡的概率大大降低。由此，双驱钻井井眼轨迹控制技术得到了全面发展，并广泛应用于直井、小位移井、大斜度多目标定向井等各种井的钻进施工中，钻井速度和井深质量得到了大幅度的提高。

第四章　油气井压力控制

钻井过程中，当钻遇油气层时，如果井底压力低于地层压力，地层流体就会进入井眼。大量地层流体进入井眼后，就有可能产生井涌、井喷甚至着火等，酿成重大事故。因此，在钻井过程中，采取有效措施进行油气井压力控制是安全钻井的一个极其重要的环节。

概括起来，油气井压力控制（井控）的任务主要表现在两个方面：一方面，通过控制钻井液密度使钻井在合适的井底压力与地层压力差下进行（一次井控）；另一方面，在地层流体侵入井眼后，通过调整钻井液密度并依靠地面设备和适当的井控技术排出受侵钻井液，建立新的井内压力平衡（二次井控）。

第一节　井下各种压力及压力系统平衡

压力是油气井压力控制最主要的基本概念之一。了解压力的概念及各种压力之间的关系对于掌握油气井压力控制技术和防止井喷是非常重要的。

一、各种压力的概念

压力是指物体单位面积上所受的垂直力。压力的单位是帕，符号是 Pa。1Pa 是 $1m^2$ 面积上受到 1N 的力时形成的压力，即：

$$1Pa = 1N/m^2$$

根据需要，有时用千帕（kPa）或兆帕（MPa）来表示，其关系为：

$$1kPa = 1 \times 10^3 Pa$$

$$1MPa = 1 \times 10^6 Pa$$

（一）静液压力

静液压力是由液柱重量引起的压力。它的大小与液体的密度及液柱的垂直高度成正比，而与液柱的横向尺寸及形状无关。如果静液压力用 p_h 来表示，则：

$$p_h = \rho g h \qquad (4-1)$$

式中　p_h——静液压力，kPa；

ρ——液体密度，g/cm^3；

h——液柱垂直高度，m；

g——重力加速度，$9.8m/s^2$。

垂直高度越高，静液压力越大。为了讨论问题和应用的方便，油田上普遍使用压力梯度的概念。压力梯度是指每增加单位垂直深度压力的变化量，即：

$$G = \frac{p}{D} \qquad (4-2)$$

式中 G——压力梯度，kPa/m；

p——压力，kPa 或 MPa；

D——深度，m 或 km。

静液压力受液体密度、含盐浓度、气体的浓度以及温度的影响。含盐浓度高会使静液压力增大，溶解气体量增加和温度增高会使静液压力减小。

油气田钻井中所遇到的静液压力，在地层中为水和原油，在井眼中为水、原油、水泥浆或钻井液。地层水为淡水或盐水，其密度为 1.00～1.07g/cm³，多数接近 1.07g/cm³，原油密度为 0.88g/cm³，钻井液密度为 1.04～2.35g/cm³，水泥浆的密度多为 1.8～1.9g/cm³。气体密度很小，多略而不计。

（二）上覆岩层压力

地下某一深处的上覆岩层压力是指该点以上至地面岩石的重力和岩石孔隙内所含流体的重力之总和施加于该点的压力。其计算公式为：

$$p_o = 9.8H[(1-\phi)\rho_r + \phi\rho] \qquad (4-3)$$

式中 p_o——上覆岩层压力，kPa；

H——上覆岩层厚度，m；

ϕ——基岩孔隙度，%；

ρ_r——基岩密度，g/cm³；

ρ——孔隙流体密度，g/cm³。

（三）地层压力

地层压力是地下岩石孔隙内流体的压力，也称孔隙压力。正常情况下，地下某一深度的地层压力等于地层流体作用于该处的静液压力，这个压力就是由某深度以上地层流体静液压力所形成的。盐水是常见的地层流体，它的密度大约为 1.07g/cm³。因此，地层压力梯度大约是 10.496kPa/m。按习惯，10.496kPa/m 的地层压力梯度是正常的，将深度乘以 10.496kPa/m 就可求得含盐水地层中的压力。此外，与所有静液压力计算一样，对斜井井深必须用垂直井深。

如果地层压力接近正常静液压力，则地层内的流体与地面必然连通。当这种通道被封闭层或隔层截断，隔层下部的流体就部分承受上部岩层的重量，地层压力超过盐水静液柱压力，这种地层称为异常高压地层，或超压地层，如图 4－1 所示。有些地层是异常低压的，即其压力低于淡水静液柱压力。这种情况发生于衰竭产层和大孔隙的老地层。

综上所述：（1）正常地层压力梯度为（9.81～10.496）kPa/m；（2）异常高压地层压力梯度大于 10.496kPa/m；（3）异常低压地层压力梯度小于 9.81kPa/m。

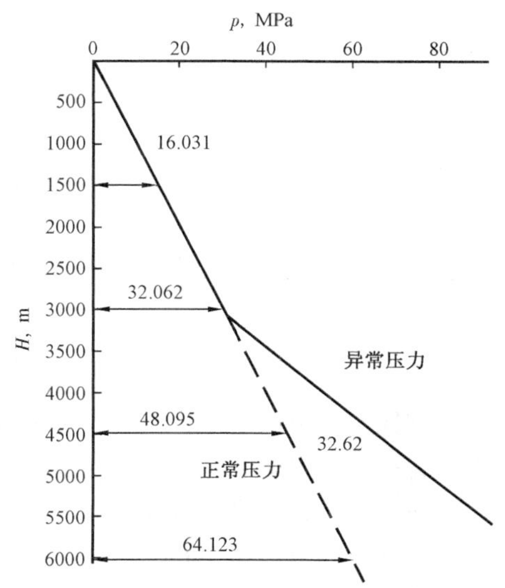

图 4－1 砂岩层的正常和异常压力

（四）地层破裂压力

地层破裂压力是指地层抵抗水力压裂的能力。作用于井内某一地层上的水力压力达到一定值时，会使该地层发生破裂，此压力值称为该地层的破裂压力。

地层破裂压力也可用地层破裂压力梯度表示，即：

$$G_f = \frac{p_f}{D} \tag{4-4}$$

式中 G_f——地层破裂压力梯度，kPa/m；

p_f——地层破裂压力，kPa；

D——井深，m。

地层破裂压力在钻井、完井和油气井压力控制中是十分重要的参数，是井身结构设计、确定钻井用最大钻井液密度和关井最大允许套压的重要依据，也是保证快速、安全钻井的重要条件。

地层破裂压力和上覆岩层压力、地层压力、岩性及地下应力状态等因素有关。可以利用理论方法进行计算，但有一定的局限性。地层破裂压力还可以采用液压实验法来进行测定。

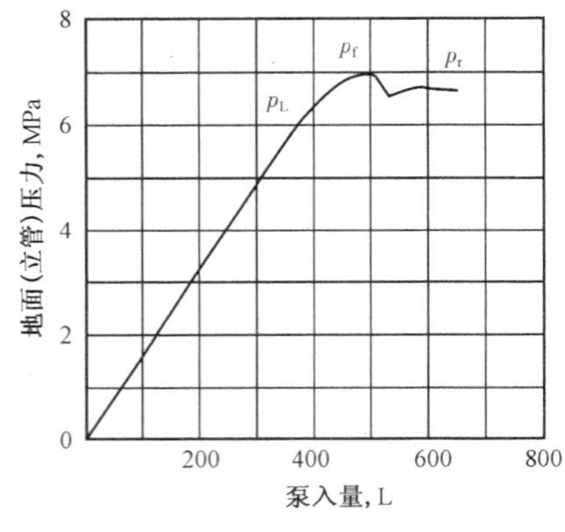

图4-2 液压试验曲线

具体步骤是：

（1）循环调整钻井液性能，保证钻井液密度稳定，上提钻头至套管鞋以上，关闭封井器。

（2）缓慢启动泵，以 1L/s 左右的排量向井内注入钻井液。

（3）准确记录不同时间的注入量和立管压力，并作注入量与立管压力的关系曲线，如图 4-2 所示。

（4）从图 4-2 上确定各压力值：

漏失压力 p_L，即开始偏离直线点的压力值。

破裂压力 p_f，即最大压力值点的压力。

传播压力 p_r，曲线趋于平缓处的压力。

（5）确定地层破裂压力梯度：

$$G_f = 9.8\rho_m + \frac{p_f}{D} \tag{4-5}$$

（6）确定最大允许钻井液密度：

$$\rho_{mmax} = \rho_m + \frac{p_L}{9.8D} \tag{4-6}$$

考虑安全，实际的 ρ_{mmax} 应比计算的 ρ_{mmax} 小。

式中 ρ_m——钻井液密度，g/cm^3；

D——测试层的井深，m；

p_L——漏失压力，kPa；

G_f——破裂压力梯度，kPa/m。

试验时应注意试验压力不应超过地面设备、套管承压能力，否则可提高试验用的钻井液密度。

有时在钻进几天后进行液压试验时，可能由于岩屑堵塞了岩石孔隙，导致试验压力很高，这是假象，应当注意。

液压试验法只适用于砂、页岩为主的地区，对于石灰岩、白云岩等地层的液压试验，目前尚待解决。

（五）基岩应力

基岩应力是指岩石颗粒与颗粒之间的压力，也称岩石骨架应力或有效上覆岩层压力。

上覆岩层压力（p_o）、地层压力和基岩应力之间的关系可用下列方程表示：

$$p_o = p_p + \sigma \tag{4-7}$$

式中 σ——基岩应力，kPa；

p_p——地层压力，kPa。

由式（4－7）可以看出，上覆岩层压力由岩层中的流体压力和基岩应力来平衡。在正常压力环境下，岩石的颗粒与颗粒之间是互相接触的，下部岩石支撑着上部岩石的重量。而岩石孔隙中的流体是可渗透的，上下连通的，因此流体的重量由流体自身来支撑。如果由于各种地质原因，使岩石颗粒与颗粒之间的压力减小，那么上覆岩层重量的一部分就会压在孔隙中的流体上，使孔隙压力增加，形成异常高压，如图4－3所示。

（六）异常压力

多数情况下，地层压力属于正常压力，但有时地层压力高于正常压力，也可能低于正常压力。这种压力异常情况如图4－4所示。

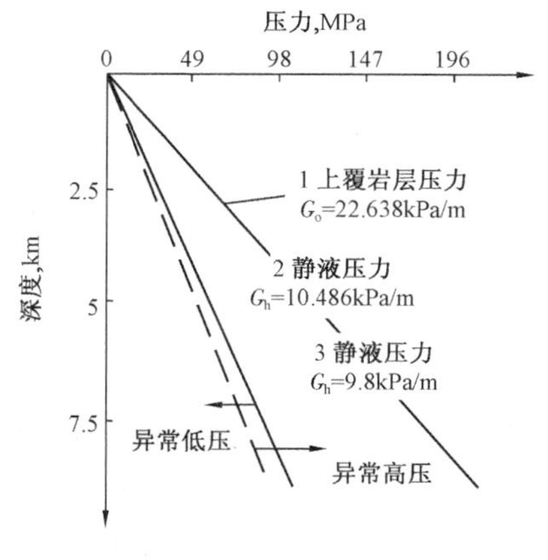

图4－3　地下各压力的关系

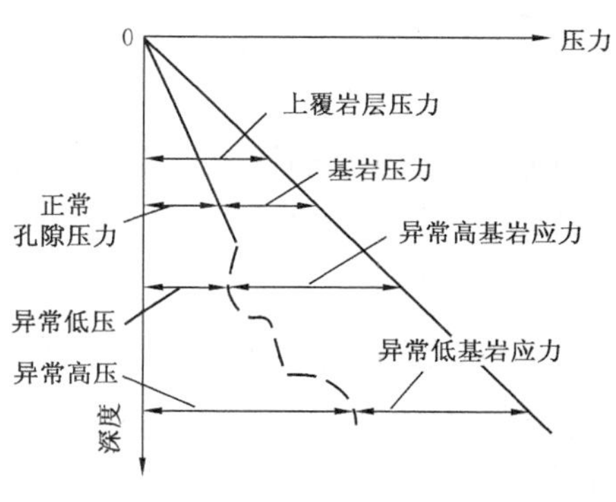

图4－4　地层压力异常

我国大部分油田，世界大部分沉积盆地都有异常高压发生。异常高压的形成，往往是多种因素综合作用的结果，这些因素与地质、物理、化学作用有关。一般异常高压的形成原因有：压实作用、构造运动、成岩作用、密度差作用、流体运移作用等。

一般认为异常高压层的压力，上限等于上覆岩层的总重量。但有资料证实，在局部地区存在有比上覆岩层压力梯度大的地层压力梯度。这些超高压地层可认为是存在一种“压力桥”的局部情况，如图4－5所示。这就是说，覆盖在超高压地

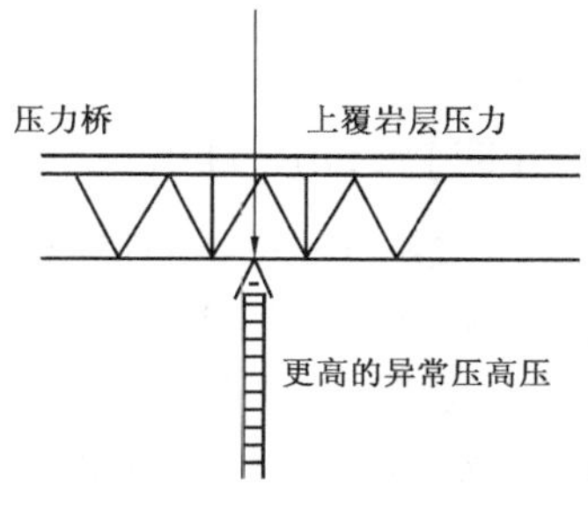

图4－5　压力桥示意图

层上面的岩石的强度承受了一部分超高压地层中向上的作用力。

（七）压力过渡带

压力过渡带是由正常地层压力过渡到异常高压的层段。异常高压层中的流体在压差的作用下，要向正常压力地层流动。由于渗透性和流动阻力的影响，其压力随着流经的孔道增长而减小，直至减小到正常压力。由于泥、页岩盖层总是具有一定的渗透性。因此均有压力过渡带。过渡带的厚度取决于异常高压层中流体的流出量和压力降低所经历的时间等。

由于过渡带代表了正常地层压力逐渐向异常高压变化的特征，对检测异常高压层和钻开异常高压层都是很重要的。

二、井眼内各种压力及计算

（一）钻井液静液压力

钻井液静液压力是井内钻井液重量产生的压力。它是井内的基本压力，其计算公式为：

$$p_m = 9.8\rho_m D \tag{4-8}$$

式中 p_m——钻井液静液压力，kPa；

ρ_m——钻井液密度，g/cm^3；

D——井深，m。

（二）岩屑引起静液压力的增值

在钻进过程中，钻头破碎的岩屑被钻井液带入环空，会使钻井液密度增加，钻井液静液压力增大。其计算公式为：

$$\Delta p_c = 9.8\Delta\rho_m D \tag{4-9}$$

式中 Δp_c——钻井液静液压力增值，kPa；

$\Delta\rho_m$——钻井液密度增值，g/cm^3；

D——井深，m。

（三）起钻灌钻井液前静液压力的减小值

起钻时，井内钻具减少，钻井液柱高度下降，从而引起静液压力减小，通常在起钻过程中，每起出 3～5 根立柱灌一次钻井液，在灌钻井液之前，井内钻井液静液压力要减小。

现设：L 为灌钻井液前允许起出的钻具长度，d_i 为钻具内径，静液压力减小值则为：

$$p_{mp} = 9.8\rho_m \frac{(d_p^2 - d_i^2)}{(d_h^2 - d_p^2 + d_i^2)} \cdot L \tag{4-10}$$

（四）波动压力

在钻井过程中，钻具在充满钻井液的井眼内上下运动时，会使井内的钻井液流动，而钻井液在井内流动必然会产生流动阻力，从而使井内压力发生变化。当管柱向上运动时，井内钻井液向下流动，使井底压力减小。这种减小的压力值称为“抽汲压力”。当管柱向下运动时，井内钻井液向上流动，使井底压力增大，这种增加的压力值称为“激动压力”。一般把抽汲压力和激动压力统称为波动压力。波动压力是引起井喷、井漏和井眼垮塌的重要因素，应给予足够的重视。在钻井过程中,产生波动压力的主要因素有:管柱上下活动的速度、钻井液的静切力、钻井液的黏度和惯性力等。对于起钻过程中产生的抽汲压力可按经验确定。对于油井取 1.5～3.5MPa;对于气井取 3～5MPa。

(五)环空流动阻力

在钻进过程中,循环钻井液时,钻井液在环空上返产生流动阻力,这部分流动阻力将作用于井底,使井底压力增加,当停止循环时则消失。对于环空流动阻力计算可参考工程流体力学相关内容。

三、井底压力与地层压力的平衡

井底压力是指井眼内作用于井底的总压力。在钻井过程中,作用于井底的压力是随钻井作业的不同而变化的。停钻静止时的井底压力为:

$$p_b = p_m$$

起钻时

$$p_b = p_m - p_{sb} - p_{mp}$$

下钻时

$$p_b = p_m + p_{sw}$$

钻进时

$$p_b = p_m + p_{bp} + \Delta p_c$$

划眼时

$$p_b = p_m + p_{sw} + p_{bp}$$

式中 p_b——井底压力,kPa;

p_m——钻井液静液压力,kPa;

p_{sb}——抽汲压力,kPa;

p_{sw}——激动压力,kPa;

p_{mp}——起钻液面下降而减小的压力,kPa;

Δp_c——岩屑进入钻井液后增加的压力,kPa;

p_{bp}——环空流动阻力,kPa。

井底压力与地层压力的平衡条件应为:

$$p_b = p_p$$

但是在钻井的实际作业中均要保持 $p_b = p_p$ 是很困难的,如在停钻时保持井底压力与地层压力的平衡,其平衡条件为:$p_b = p_p = p_m$。而在其他作业中则达不到平衡,会产生井底压差,一种钻井液密度所产生的静液压力,要满足各种作业时的井底压力与地层压力平衡是不可能的。

第二节　地层压力预测方法

钻井时,安全的压力控制是使井眼压力处在地层孔隙压力和地层破裂压力之间,既不发生井喷,又不压破地层。可见,检测地层孔隙压力和地层破裂压力是井控技术的基础。

检测异常地层压力的原理是依据压实理论:随着深度的增加,压实程度增加,孔隙度减小。在相同的埋藏深度,高压层比低压层压实差,孔隙度较大。一般反映孔隙度的参数是深度的函数。故此,任何反映地层孔隙度变化的参数均可用来检测异常压力。

预测异常压力的技术，有在钻井施工前进行的地球物理方法，地震波（声波）在地层中传播速度与岩石的埋藏深度和密度成正比，而与岩石的孔隙度成反比。在正常压实条件下，地震波的传播速度随岩石的埋藏深度和密度的增加而增加，随孔隙度的减小而加快。当进入异常高压层时，由于欠压实的存在，岩石密度下降，孔隙度增加，地震波的传播速度则下降。因此可以利用地震波的传播速度和传播时间差来检测地层压力。在钻井前预测地层压力还可以参考邻井资料，对于探井，则只有依靠地震资料。

也有在钻井过程中应用的钻井参数法和其他方法。如 d_c 指数、页岩密度、电阻率等都是地层孔隙度的参数。不论用哪种参数检测地层压力，其方法基本上分两类，第一类称为等效深度（或等效基岩应力）法，第二类称为经验公式法。后者需要搜集大量当地资料，总结出经验公式，但比较精确。单独依靠任何一种方法都难以实现准确预测，应该综合各种方法的结果加以比较，才能提高预测的准确程度。

一、页岩密度法

在一般情况下，随着深度增加，页岩压实程度增加，孔隙度随深度增加而减小，岩石的容积密度增加。但在压力过渡带或异常高压层，由于岩层欠压实，岩石的孔隙度比正常情况下要大，其密度比正常条件下小。因此，可利用岩石密度的变化检测地层压力。其方法是，在钻井过程中，取页岩井段返出的岩屑，测其密度，作出密度与深度的关系曲线，通过正常压力井段的密度值画出正常趋势线。密度值偏离正常趋势线的点，即压力异常点，开始偏离的部分即过渡带的顶部。

（一）岩屑的选取

岩屑的选取工作质量直接影响岩屑密度的准确度。

（1）在页岩井段，每 3～5m 取一次砂样，钻速快时 10m 或 20m 取一次，钻速慢时重要层位也可每米取一次。选取岩屑时注意记准迟到时间，注意岩屑的形状与大小，除去掉块和磨圆的岩屑。

（2）用清水洗去岩屑上的钻井液。

（3）用吸水纸将岩屑擦干（或烘干）。

钻至压力过渡带机械钻速升高，岩屑量增加，岩屑变得稍大、锐利、有棱，正常压力情况下磨得较圆，异常高压层的岩屑大且多为片状。

（二）岩屑密度的测定

用钻井液密度秤法测定岩屑密度。加岩屑于钻井液杯内，加盖后等于 $1g/cm^3$；加淡水充满杯子，加盖后称得杯内的密度值 ρ_T；计算页岩岩屑密度为：

$$\rho_{sh} = \frac{1}{2 - \rho_T} \qquad (4-11)$$

式中 ρ_{sh}——岩屑密度，g/cm^3。

还可以用密度液法测定岩屑密度。把岩屑放入标准密度液内，看其在液柱内停留的位置，直接读出密度大小。这种操作简单方便、岩屑用量小。

（三）作图

（1）把测得的每个密度值及时画在井深—密度（D—ρ_{sh}）图上。

（2）通过正常压力井段，用页岩密度高可信点画正常趋势线。偏离正常趋势线的点，反映地层压力异常。

各地区由于条件不同，页岩压实程度的变化亦各不尽相同。总的规律是随着深度增加，压实程度越来越高。

通过若干口井的资料，分别精心作出页岩密度录井图 $D—\rho_{sh}$（图4－6），尽可能正确绘出正常趋势线。在一个地区可做出一个一般的曲线。

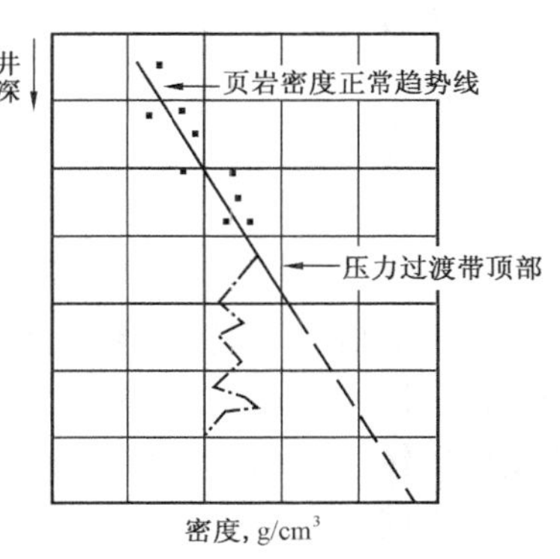

图4－6　典型页岩密度录井图（$D—\rho_{sh}$）

二、$d(d_c)$ 指数法

钻速是钻压、转速、钻头类型、水力因素、钻井液性能和地层等因素的函数。当保持上述因素不变的条件下钻进时，机械钻速随井深的增加而减小。但是钻遇压力过渡带和异常高压层时会出现机械钻速增加现象。这是由于压力过渡带和异常高压层处于欠压实状态，岩石易破碎，地层压力增加及井底压差减小而引起的。利用机械钻速的这种变化规律检测地层压力的方法称为机械钻速法。

根据机械钻速变化检测地层压力，只能检测异常高压层的出现，而不能定量计算地层压力的数值。然而，这种方法的原理是可取的。$d(d_c)$ 指数法、标准化钻速法就是在机械钻速法的基础上发展起来的。

（一）检测原理

1965年，M. G 宾汉在室内试验的基础上建立了钻速方程：

$$v_{pe} = Kn_r^e\left(\frac{W}{d_b}\right)^d \tag{4-12}$$

式中　v_{pe}——机械钻速，m/h；

K——岩石可钻性系数；

n_r——转速，r/min；

e——转速指数；

W——钻压，kN；

d_b——钻头直径，mm；

d——比钻压指数。

宾汉钻速方程反映了机械钻速与各影响因素之间的函数关系。在钻进过程中，如果保持转速、水力因素、钻头类型及尺寸等因素不变，机械钻速与钻压成指数关系。地层的岩性不同，钻压对机械钻速的影响程度不同；可以说指数 d 反映了地层对钻压的敏感程度，可视为地层的一种属性，取决于地层本身。

1966年，J. R 乔登和 O. J 雪利根据 d 指数的这种性质，对宾汉方程进行了简化和推导，提出了用 d 指数检测地层压力的方法。

假设钻井水力因素和钻头类型不变，岩性不变且为泥页岩则 K 为常数，取 $K=1$。泥页岩属于软地层，机械钻速与转速呈线性关系，取 $e=1$，则有：

$$v_{pe} = n_r\left(\frac{W}{d_b}\right)^d \tag{4-13}$$

两边取对数得：

$$d = \frac{\lg\left(\frac{v_{pe}}{n_r}\right)}{\lg\left(\frac{W}{d_b}\right)} \tag{4-14}$$

在目前情况下，钻井参数的范围是 $v_{pe}<100\text{m/h}$，$n_r>10\text{r/min}$；$W<980\text{kN}$，$d_b>100\text{mm}$，故分子、分母均为负值。当其他参数不变，机械钻速增大时，分子绝对值却减小。因此，d 指数值是随机械钻速的增加而减小。

这样就建立了 d 指数与页岩的压实规律和井底压差的关系。即在正常压力条件下，若岩性和钻井参数等保持不变，随着井深增加，压实程度增加，机械钻速下降而 d 指数值增大。当钻遇异常高压层时，由于压实程度和井底压差减小，机械钻速增加而 d 指数减小。

根据 d 指数随井深变化的规律，就可以进行地层压力的检测，d 为：

$$d = \frac{\lg\left(\frac{0.0547v_{pe}}{n_r}\right)}{\lg\left(\frac{0.0685W}{d_b}\right)} \tag{4-15}$$

在实际钻井过程中，钻时记录往往比机械钻速更易取得，当用钻时资料时，d 指数可用下式计算：

$$d = \frac{\lg\left(\frac{3.282L}{n_r T}\right)}{\lg\left(\frac{0.0685W}{d_b}\right)} \tag{4-16}$$

式中　L——钻时记录间距，m；

　　T——钻进 L 米所用的时间，min。

d 指数法的条件之一是保持钻井液密度不变，但在实际工作中难以达到。通常在钻入异常高压层的过渡带时，为安全钻开高压层要提高钻井液密度，这样就会使井底压差增加，机械钻速下降，d 指数增加，从而影响了 d 指数的正常显示，造成对地层压力的低估。为了消除这种影响，于是提出了修正 d 指数，即 d_c 指数。修正的方法是：

$$d_c = \frac{\rho_b}{\rho_m}d \tag{4-17}$$

式中　d_c——修正的 d 指数；

　　ρ_b——该地层的正常压力当量钻井液密度，即地层水的密度，一般取 1.00～1.07g/cm^3；

　　ρ_m——实际使用的钻井液密度，g/cm^3。

（二）检测方法

用 d_c 指数检测地层压力的步骤是：（1）收集与处理资料；（2）计算 d_c 指数；（3）绘制 d_c—D 曲线；（4）作 d_c 指数正常趋势线；（5）计算地层压力。

1. 收集与处理资料

取全取准地质和钻井的有关参数，是检测工作的重要基础。在钻井过程中，应收集钻压、转速、钻速、钻头直径、钻井液密度和地层水密度等参数的准确数据，并同时记录钻井条件，如井深、地层、岩性、钻头类型、水力参数、更换钻头位置及特殊作业等，以便分析和处理资料时参考。以上资料应按深度间隔取点，在钻速慢的地层每隔 1 ~ 3m 取 1 点，在钻逗快的地层，则可放宽取点。

根据 d_c 指数的假设和应用条件，必须把不符合条件的资料舍去。其中包括岩性不纯（即非页岩点）、纠斜吊打、用取心钻头和磨鞋钻进、钻头磨合和磨损后期、井底不清洁、钻遇裂缝、断层等不整合面和水力因素变化较大等情况。一口井所用的各种参数，要尽量保持一致或变化不大，这样才能提高检测压力的准确性。

2. 计算 d_c 指数

将经过筛选处理的资料用式(4 - 17)计算 d_c 值。计算时应注意地层水密度的取值，因其大小取决于含盐量，地区不同地层水的含盐量不同，应用时必须进行测定和计算。

3. 绘制 d_c—D 曲线

在半对数坐标下绘制 d_c—D 曲线图。横坐标用对数坐标，代表 d_c 值。纵坐标用线性坐标，代表井深，如图 4 - 7 所示。该图可以反映正常压力带、过渡带和异常高压带。钻入异常高压带以后，钻速达到最大，d_c 值降到最小并趋于稳定。

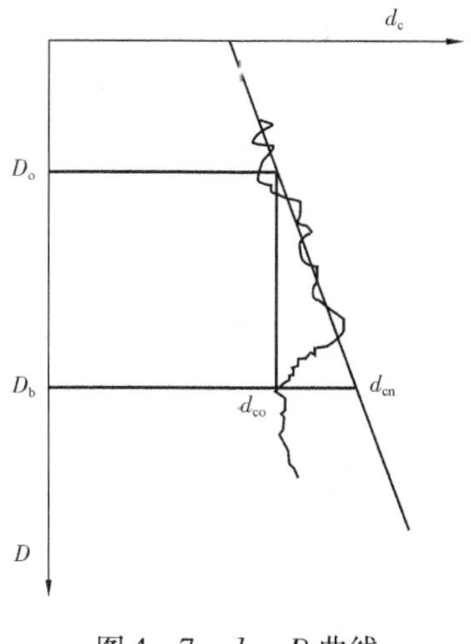

图 4 - 7 d_c—D 曲线

d_{cn}—正常线上 d_c 值；

d_{co}—观测点 d_c 值

4. 作 d_c 指数正常趋势线

d_c 指数正常趋势线，是反映正常地层压力情况下 d_c 指数随井深变化的趋势。它是 d_c 指数检测地层压力的关键。正常趋势线的准确与否直接影响所求地层压力的准确性。

在钻进过程中，随钻随作 d_c—D 曲线。当钻到预计的异常高压层前，或发现 d_c—D 曲线明显向左偏离进入过渡带时，应立即停钻，调整钻井液密度，画出正常趋势线。然后用正常趋势线检测异常高压层。作正常趋势线的方法有作图法和回归法两种。

1) 作图法

在正常压力井段，通过可信赖的纯泥页岩的 d_c 指数值点，引出一条斜直线。该直线应尽可能通过较多的点。在直线上任取两点（D_1，d_{c1}）和（D_2，d_{c2}），代入方程 $d_c = a\mathrm{e}^{bD}$，求出 a、b 两个常数即可写出正常趋势线方程。应当说明，这种方法的精度取决于经验，虽简单易行，但误差较大。

2) 回归法

把正常压力井段内的可信点（纯泥页岩点）进行回归处理，找出相关性最好的线性回归方程。此方法比前者误差小，较为准确。应当指出的是，为了提高正常趋势线准确性，应当注意在选择正常压力井段时，其长度不能少于 300m。要尽可能接近压力过渡带，同时要排除受局部地质因素影响而沉积不连续的井段。

5. 计算地层压力

在以上工作的基础上，通过作 d_c—D 曲线图、正常趋势线和建立的正常趋势线方程，就可以从图上查出或用正常趋势线方程计算出任一井深所对应的 d_c 值。再根据 d_c 值就可计算相应的地层压力。

用 ZAMORA 公式,求地层压力。所求地层压力当量钻井液密度为:

$$\rho_p = \frac{d_{cn}}{d_{co}}\rho_b \tag{4-18}$$

式中 d_{cn}——正常线上 d_c 值;

d_{co}——观测点 d_c 值;

ρ_b——正常压力地层水密度,g/cm^3。

式(4-18)简便,准确度较好,应用广泛。

(三)使用 d_c 指数法时应注意的几点

(1)钻头类型变化时,d_c 应作修正。例如,当改用金刚石钻头(铣磨型)或球齿钻头时,把钻头直径减小25.4mm,代入 d_c 公式计算 d_c;所用钻头尺寸变化大于25.4mm时,d_c 正常趋势线应作平移修正。

(2)宾汉钻速方程认为井底清洁,如不充分清洁,则 d_c 有误差。

(3)极软地层、水力可破岩井段求出的 d_c 不反映实际情况。

(4)钻进中,所用钻井液密度 ρ_m 总比地层压力当量钻井液密度大。$\Delta\rho$ 越大,d_c 误差越大,因为太大的过平衡,使钻速对地层压力的变化反应减弱。这时,d_c 减小,引起地层压力读数增大,将会使人们错误地认为钻井液密度不够。所以,$\Delta\rho$ 应控制在0.24~0.36g/cm^3 范围内。

除钻速外,钻进时扭矩和钻柱上提下放阻力突然增加,井底岩块增多和井眼自行充满都是地层压力增大的显示,而负压差会引起井壁掉块。

三、标准化钻速法

(一)检测原理

与 d(d_c)指数法一样,标准化钻速法也是根据机械钻速的变化来检测地层压力的一种方法。

机械钻速的影响因素有很多,主要包括钻压、转速、水力因素、岩性、钻头牙齿的磨损和井底压差等。如果在钻井过程中保持除压差以外的其他因素不变,那么钻速的变化实际上就反映了压差的变化。如果保持钻进过程中钻井液循环当量密度也不变,钻速的变化实际上就反映了地层压力的变化。这样就可以通过钻速的变化来检测地层压力。所谓标准化钻速,就是将钻进时的实际钻压、转速、水力因素等参数值和相应的实际钻速值,处理成统一的标准化参数值和标准化钻速值。然后用标准化钻速的变化反映地层压力的变化,从而实现检测地层压力的目的。

标准化钻速法的关键是把除压差以外的影响钻速的其他因素,经过用数学和其他方法处理,使其标准化,以消除各因素对钻速的影响。这些因素的处理主要包括钻压、转速、水力参数、钻头的牙齿磨损、岩性、岩性变化等。

(二)检测方法

标准化钻速法检测地层压力的步骤是:收集与处理资料;计算标准化钻速值;绘制、解释钻速曲线;计算地层压力。

四、钻进后地层压力的预测

(一)声波时差法

声波时差法检测地层压力的基本原理与地震资料法基本相同。声波时差测井是利用声波速度测井仪中的发射探头(A)发出声波,由两个接收探头(B 和 C)接收声波,如图 4 - 8 所示。发射探头在某一时刻发出声波经过钻井液和地层到达接收探头。若声波到达两个接收探头的时间分别为 t_1 和 t_2,到达两个探头的时间差则为:

$$\Delta t = t_2 - t_1$$

仪器中两个接收探头的间距是一定的,那么时差 Δt 的大小,就反映了声波在地层中传波速度的高低。

在正常压力地层,随埋藏深度增大,地层压实程度增强,孔隙度下降,声波传播速度加快,传播时间减少。深度与传播时间的对数之间呈一条正常趋势线。

在异常高压地层,由于存在欠压实,孔隙度增加,传播时间将偏离正常趋势线,其数值大于正常值。偏离值越大,地层压力越高。

预测方法是将被测井声波曲线与该地区声波时差与深度的正常趋势线进行对比,开始偏离正常趋势线的点即为异常压力的顶点。通过已确定的声波时差,根据该地区的关系曲线即可查出对应的地层压力值。

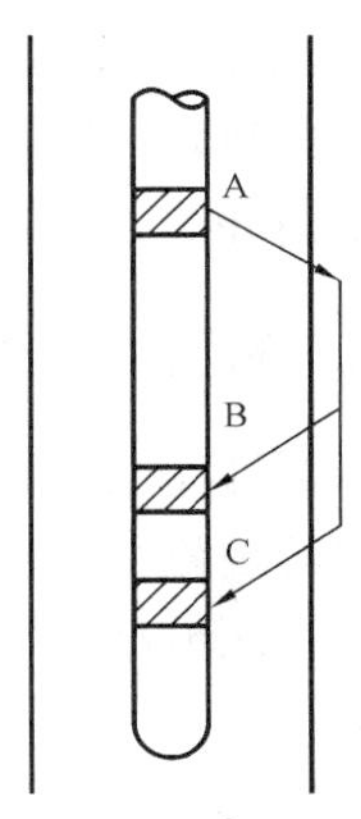

图 4 - 8　声波时差测井原理示意图

(二)利用电阻(导)率评价地层压力

有许多种电阻率测井方法,其中感应测井是较普遍用于评价地层压力的一种电阻率测井方法。在地层水性质相对稳定的层段,岩性已知,地层电导率取决于地层孔隙度。因此,对正常压实的地层,随着埋深增加,泥岩孔隙度减小,电阻(导)率也逐渐减小。在异常高压带,泥岩电阻(导)率则增高而偏离正常变化趋势。

由于感应测井等电阻率测井方法测得的地层电阻率(或电导率)受地层水含盐量及泥岩矿物成分变化的影响很大,导致在建立正常压实趋势时不易确定趋势线的数学拟合式。这些不利因素影响了感应测井方法定量计算地层压力的广泛应用。

第三节　溢流及关井

一、井喷的危害

井喷是危害性极大的钻井事故,井喷失控,将会造成下列严重危害:

(1)造成巨大的经济损失,使钻井成本增加。

(2)油、气资源受到损失和破坏。

(3)严重污染环境,对于海洋钻井尤为突出。

(4)危及人身安全,造成人员伤亡。

井控技术是指对油、气井压力的控制技术。在钻井过程中,对油、气井压力的控制可分为初次控制、二次控制和三次控制三个阶段。

初次控制:是指在钻井过程中保持井内钻井液静液压力稍大于地层压力,防止地层流体进入井内。

二次控制:是指已有一定数量的异常高压层的流体侵入井内,能及时发现并能关闭井口防喷设备,然后用合理的压井方法将进入井内的地层流体排到地面,重新建立井内的压力平衡,恢复正常循环。

三次井控:是指发生井喷并失去控制后,重新恢复对井的控制。如果井内的套管和一部分井口设备尚好,可采取一些紧急措施把井压住,如打重晶石塞或水泥塞等。否则,必须采取钻救险定向井等办法来进行控制。

二、溢流发生的原因

所谓溢流,通常是指当地层压力大于井内压力时,地层中的流体进入井内并推动井内钻井液外溢的现象。这种现象也称井涌,失去控制的溢流则称为井喷。

井底压力小于地层压力是导致溢流发生的根本原因,而引起井底压力减小的原因则是多方面的。

(一)对地层压力掌握不准确

在钻开异常高压层时,由于对地层压力掌握不准确,造成钻井液密度设计偏低,不能平衡地层压力,导致溢流发生。这种情况在地质条件复杂地区和新探区尤其容易发生,应引起警惕,并尽力做好地层压力的预报工作。

(二)井内钻井液液柱高度下降

起钻时灌入的钻井液量不够或漏失引起井内钻井液液柱高度下降,静液压力减小,是引起溢流发生或井喷的一个重要原因。钻井液液柱高度下降对浅井井底压力的影响比深井大。因此,在钻开浅油、气层时应更加重视。

(三)钻井液密度下降

在钻进过程中引起钻井液密度下降的主要原因是:钻开异常高压层时,地层中的流体侵入而引起密度下降,静液压力减小。当地层流体侵入钻井液后,如不及时采取措施,将受侵污的钻井液再泵入井内,地层流体的侵入就会更加严重,钻井液密度则进一步下降,形成恶性循环,最后可能导致井喷。

(四)起钻时产生抽汲压力

起钻时产生的抽汲压力是引起井底压力减小的一个重要原因。统计资料表明,25%以上的井喷是由起钻时的抽汲压力引起的。

检查抽汲压力的方法:一是核对灌入井内的钻井液量,灌入井内的钻井液量应等于起出钻具的体积。如发现灌入的钻井液量小于起出钻具的体积,就说明有较大的抽汲压力,地层流体已进入井内。二是短起下钻法,即在正式起钻前,先从井内起出5~10根立柱,然后再下回井底,开泵循环。观察返出的钻井液,如发现有油、气侵,说明有抽汲压力引起地层流体进入井内。

通过检查，发现地层流体已进入井内时，应停止起钻作业，提高钻井液密度，然后再进行起钻。

三、溢流的发现及关井

及时发现溢流，并采取正确的操作控制井口，是防止井喷的关键。

（一）溢流的发现

地层流体进入井内，在地面上会从各个方面显示出来。认真观察和监视这些显示，就能及时发现溢流。

在钻井的不同作业中，地层流体进入井内的显示是不同的。

1. 钻进过程中溢流的发现

1）钻井液池液面升高

在钻进过程中，由于地层流体进入井内，使钻井液返出量增多，钻井液池液面升高，是发现溢流的一个可靠信号。对于不同地层，地层流体侵入井内的情况有所不同，钻井液池液面升高的速度也不同。

钻开高渗透的高压地层时，地层压力未被钻井液液柱压力所平衡，这是最危险的溢流。其显示是钻井液从井内快速流出，钻井液池液面迅速升高。在从井内流出大量钻井液以前，钻井液并无气侵显示，通常流出开始时伴随有钻进放空现象。

另一种情况是高渗透地层的压力比钻井液液柱压力稍高，这种溢流是难以迅速发现的，地层流体进入井内的速度开始很小，钻井液池液面升高也很缓慢。当天然气接近地面时体积迅速膨胀，钻井液快速流出，钻井液池液面有较明显的升高。

钻开低渗透的高压层时，虽然地层压力未被钻井液液柱压力所平衡，但是因地层流体流入井内的速度很小，钻井液池液面变化很缓慢。如果压差很小，常常只有气侵的显示。

为了能及时发现溢流，每台钻机均应有钻井液池液面指示装置、记录仪表和报警装置，以便报告钻井液池液面的变化。显示仪表应装在钻台上司钻能看到的地方，便于司钻能随时了解钻井液池液面的变化情况。另外，司钻应该注意钻井液池内添加和排放钻井液的情况。

2）出口管钻井液流速增加

在排量不变的情况下，地层流体进入井内，钻井液返出量增多，出口管的钻井液流速加快。若为天然气溢流，天然气随钻井液上返并不断膨胀，越接近地面越迅速，钻井液流速也越来越大。在钻井液出口处安装流速测量仪表，可以迅速发现溢流显示。

3）钻速加快或放空

钻遇异常高压层时，由于地层孔隙度增加和压差减小，钻速增快。特别是地层压力等于或大于井底压力时，钻速的增加非常显著。钻碳酸盐地层时，如裂缝发育或有溶洞时，不仅钻速增加而且还会有放空和蹩跳钻现象。

4）循环泵压下降

天然气进入井内后，随钻井液上返并不断膨胀，环空内的钻井液量减少，使环空的钻井液静液压力小于钻柱内的静液压力，产生了一个压力差。由于压力差的作用方向与流动阻力的方向相反，故使泵压下降。

当地层压力大于井底压力时，在井底产生一个负压差，也会使泵压下降。

地层流体侵入井内,环空钻井液密度下降,流动阻力减小,泵压下降。

5)钻井液中的显示

从井内返出的钻井液中可以发现油花、油味或气泡、硫化氢味。钻井液性能也会发生变化,如油侵会使钻井液密度或黏度下降。气侵会使钻井液密度下降、黏度增加。

2. 起下钻时溢流的发现

起钻时,主要是检查灌入井内的钻井液体积是否等于起出钻具的体积,如起钻灌钻井液困难,灌入的钻井液体积小于起出钻具的体积,说明有溢流发生。

下钻时则是看井口返出的钻井液体积是否等于下入钻具的体积,如返出钻井液的体积大于下入钻具的体积就说明有溢流发生;下钻接单根或停止下放钻具时,出口管钻井液仍然外溢,也表明有溢流发生。

3. 起完钻后溢流的发现

发生溢流会出现悬重增加或减少、循环泵压下降或上升等间接显示。直接显示则是:

(1)钻井液密度下降和黏度上升或下降。

(2)气泡增多。

(3)气测烃类含量增加。

(4)氯离子含量增高。

(5)油味或硫化氢味很浓。

(6)出口钻井液返出量增加或减少。

(7)钻井液池内未加钻井液而液面上升。

(二)关井

溢流是井喷的预兆,发现溢流后,应立即停止作业,迅速关井,防止形成井喷。不论溢流大小均应及时控制,否则都有可能转化为井喷。迅速关井可以控制住井口,使井控工作处于主动,有利于实现安全压井;可以制止地层流体继续进入井内;可以使井内有较多的钻井液,也可以减小关井和压井时的套管压力值;同时能较准确地确定地层压力和压井钻井液密度。

1. 关井程序

关井程序与关井方法、井控装置和溢流发生时所进行的钻井作业有关。目前采用的关井方法有软关井和硬关井两种。所谓软关井就是停泵后先适当打开液动平板阀,再关封井器,然后关节流阀。这种关井方法关井时间较长,在关井过程中地层流体仍要继续进入井内,关井套压相对较高。所谓硬关井,就是停泵后立即关闭封井器。这种关井方法关井时间短,关井套压相对较低,但关井时可能产生水击现象。目前,国内油田多采用软关井。

钻井不同,作业中的关井程序有所不同。

(1)钻进时的关井程序:

① 发:发出信号;

② 停:停转盘,停泵,上提方钻杆;

③ 开:开启液(手)动平板阀;

④ 关:关防喷器(先关环形防喷器,后关半封闸板防喷器);

⑤ 关:先关节流阀(试关井),再关节流阀后的J5阀;

⑥ 看:认真观察、准确记录立管和套管压力以及循环池钻井液增减量,并迅速向队长或钻

井技术人员及甲方监督报告。

(2)起下钻杆时的关井程序:

① 发:发出信号;

② 停:停止起下钻作业;

③ 抢:抢接钻具止回阀或旋塞阀;

④ 开:开启液(手)动平板阀;

⑤ 关:关防喷器(先关环形防喷器,后关半封闸板防喷器);

⑥ 关:先关节流阀(试关井),再关节流阀后的 J5 阀;

⑦ 看:认真观察、准确记录立管和套管压力以及循环池钻井液增减量,并迅速向队长或钻井技术人员及甲方监督报告。

(3)起下钻铤时的关井程序:

① 发:发出信号;

② 停:停止起下钻作业;

③ 抢:抢接钻具止回阀(或旋塞阀或防喷单根)及钻杆;

④ 开:开启液(手)动平板阀;

⑤ 关:关防喷器(先关环形防喷器,后关半封闸板防喷器);

⑥ 关:先关节流阀(试关井),再关节流阀后的 J5 阀;

⑦ 看:认真观察、准确记录立管和套管压力以及循环池钻井液增减量,并迅速向队长或钻井技术人员及甲方监督报告。

(4)空井时的关井程序:

① 发:发出信号;

② 开:开启液(手)动平板阀;

③ 关:关防喷器(先关环形防喷器,后关全封闸板防喷器);

④ 关:先关节流阀(试关井),再关节流阀后的 J5 阀;

⑤ 看:认真观察、准确记录套管压力以及循环池钻井液增减量,并迅速向队长或钻井技术人员及甲方监督报告。

空井发生溢流时,若井内情况允许,可在发出信号后抢下几柱钻杆,然后实施关井。

如果溢流严重,有立刻发生井喷的可能,应迅速关闭全闭式封井器。如果井内有电缆,应果断将电缆切断。如果溢流不严重,应迅速下入尽可能多的钻杆,然后按起下钻杆时的关井程序关井。如果井内有电缆,应先起出电缆再下钻。

2. 关井套压的控制

关井后的最高套压值不能超过下面三个极限中的最小值:

(1)井口装置的额定工作压力;

(2)套管最小抗内压强度的 80%;

(3)地层破裂压力所允许的关井套压值。

根据地层破裂压力确定最大关井套压值,在掌握地层破裂压力梯度的条件下可以通过计算求得,否则参考国外的经验确定。

对于只下了表层套管的井段,最大关井套压值不能超过套管下入深度的 11.2%。如套管下入深度为 500m,最大关井套压值为:

$$500 \times 0.112 \times 98 \times 10^{-3} = 5.488(\mathrm{MPa})$$

对于已下技术套管和油层套管的第三、第四次开钻井段，最大关井套压值不能超过套管下入深度的18.5%。如套管下入深度为2000m，最大关井套压值为：

$$2000 \times 0.185 \times 98 \times 10^{-3} = 36.26(\mathrm{MPa})$$

（三）天然气溢流的特点

由于天然气具有密度小、扩散性大、其体积随压力和温度变化而变化的特性，因此天然气侵入井内后，对井内压力的影响也具有其特点，同时也给井控作业带来一定的复杂性。掌握天然气溢流的特点，对搞好井控作业十分重要。

1. 天然气侵入井内的方式

（1）在钻开气层的过程中，随着井底岩石的破碎，岩石孔隙中的天然气被释放而侵入钻井液。侵入量与岩石的孔隙度、井径、机械钻速和气层的厚度等有关。

（2）钻遇大裂缝或溶洞时，由于钻井液的密度比天然气的密度大，产生重力置换，天然气被钻井液从裂缝或溶洞中置换出来进入井内，并在井内聚积成气柱。

（3）气层中的天然气通过泥饼向井内扩散，侵入钻井液。侵入井内的天然气数量取决于钻开气层的表面积、浓度差和泥饼的质量。一般通过泥饼扩散而侵入井内的气体量并不大。但当泥饼由于压力波动等原因受到破坏或停止循环时间很长时，侵入到井内的天然气量会增大。

上述三种侵入方式，即使在井底压力大于地层压力时也会侵入井内。

（4）井底压力小于地层压力时，天然气大量进入井内。这就是前面讲过的由于起钻时的抽汲等原因引起的。井底的负压差越大，进入井内的天然气就越多，而且很容易在井内聚集成气柱。

2. 天然气侵入井内后对钻井液液柱压力的影响

1）气侵钻井液密度的变化与计算

天然气在井底开始侵入钻井液后，受到的压力大，气泡体积小，对钻井液密度影响很小。气泡随着钻井液循环上升，受到的钻井液液柱压力逐渐减小，气泡膨胀，体积逐渐增大，如图4-9所示。单位体积钻井液中的天然气体积增大，钻井液密度逐渐减小。当气泡上升到地面时，钻井液密度降到最小。可见，气侵后井内钻井液的密度是随井深自下而上变小。在地面上测得的钻井液密度不能代表井内的钻井液密度。绝不能用地面气侵钻井液的密度计算井内钻井液静液压力。

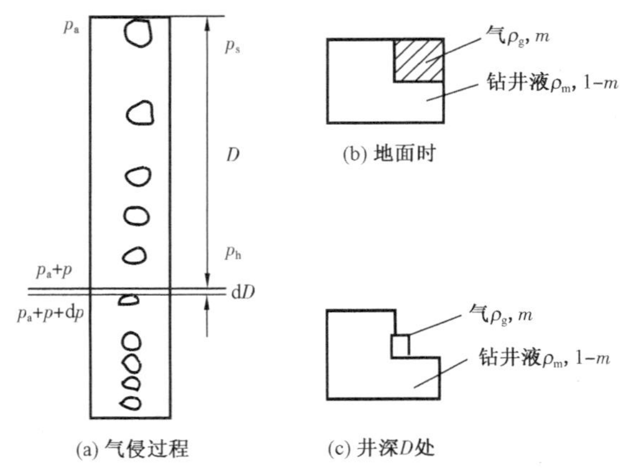

图4-9　气侵对钻井液密度的影响

设：气侵前钻井液密度为ρ_m（g/cm^3）；返至地面的气侵钻井液密度为ρ_s（g/cm^3），地面天然气的密度为ρ_g（g/cm^3），每一单位体积地面气侵钻井液中所含的气体体积为m，钻井液所占的体积则为$1-m$。地面单位体积钻井液的质量为：

$$1 \times \rho_s = (1-m)\rho_m + m\rho_g \tag{4-19}$$

因 $m\rho_g$很小，略去不计，式(4－19)可写为：

$$\rho_s = (1 - m)\rho_m \tag{4-20}$$

设：钻井液返至地面时的压力为 p_a，在井深 D 处的压力为($p_a + p$)，在井深 D 处单位体积气侵钻井液中的气体体积为 V_h，如果认为气体膨胀是等温过程，则有：

$$mp_a = V_h(p_a + p) \tag{4-21}$$

$$V_p = \frac{mp_a}{p_a + p} \tag{4-22}$$

单位体积地面气侵钻井液的质量在井深 D 处不变，只是其体积因气体被压缩而减小，根据密度的定义，在井深 D 处气侵钻井液的密度为：

$$\rho_h = \frac{(1 - m)\rho_m}{(1 - m) + \dfrac{mp_a}{p_a + p}} \tag{4-23}$$

2)气侵对钻井液液柱压力影响

根据气侵后钻井液的密度，就可求得钻井液液柱压力的减小值。

在井深 D 处的压力为 $p_a + p$，在井深 $D + dD$ 处的压力为 $p_a + p + dp$，因为 dD 很小，这部分钻井液密度可视为常数，则有：

$$dp = 9.8\rho_h dD \tag{4-24}$$

将 ρ_h值代入得：

$$dp = 9.8dD\frac{(1 - m)\rho_m}{(1 - m) + \dfrac{mp_a}{p_a + p}} \tag{4-25}$$

对式(4－25)进行数学运算后可以得出：

$$\Delta p = \frac{2.3 \times (1 - a)p_a}{a}\lg\left(\frac{p_a + 9.8 - \rho_m D}{p_a}\right) \tag{4-26}$$

其中 $$a = 1 - m$$

式中 Δp——气侵后钻井液液柱压力的减小值，kPa；

p_a——井口环空压力，kPa；

a——地面气侵钻井液密度与气侵前钻井液密度的比值；

ρ_m——气侵前的钻井液密度，g/cm^3；

D——井深，m。

例4－1 已知：$D = 10000$m，$a = 0.5$，$p_a = 98$kPa，$\rho_m = 1.2$g/cm^3，求气侵后钻井液液柱压力的减小值。

解：将已知数据代入公式得 $\Delta p = 694$kPa。

例4－2 已知 $D = 1000$m，其他数据同上，求气侵后钻井液液柱压力的减小值。

解：$\Delta p = 468.6$kPa

比较两例，当 $D = 10000$m 时，Δp 为原钻井液液柱压力的 0.6%，当 $D = 1000$m 时，Δp 为钻

井液液柱压力的4%。

由以上两例计算的结果可以看出,气侵对浅井的影响比深井大。

不论是深井还是浅井,气侵后钻井液液柱压力减小的绝对值都是很小的。这表明地面气侵很严重的钻井液,实际上井底只有少量的气体侵入钻井液。由于气体的可压缩性质,少量气体在井中并不排出取代许多钻井液,只有在气体接近地面时才迅速膨胀。确立这种认识对正确估量井底天然气侵入的程度是十分必要的。

由此可知,仅仅由于气侵,井内钻井液液柱压力的减小是有限的。只要采取有效的除气措施,保证泵入井内的钻井液保持原有的密度,井喷的危险性就不大。但是,如果没有及时有效地除气,让气侵钻井液重新泵入井内,钻井液进一步受到气侵,井底压力就会进一步减小,最终会失去压力平衡,导致井喷。

3. 井下积有气柱时造成钻井液自动外溢和井喷的条件

前面论述的是气体侵入钻井液均匀分布并向上运动膨胀的情况。在实际中还存在另一种情况,就是由于各种原因而较长时间停泵时,侵入井内的气体在井底聚集成气柱。井底积有气柱造成钻井液自动外溢和井喷的条件有两种情况。一种是气柱在井底不上升产生自动外溢的条件,另一种是气柱上升时产生自动外溢的条件。

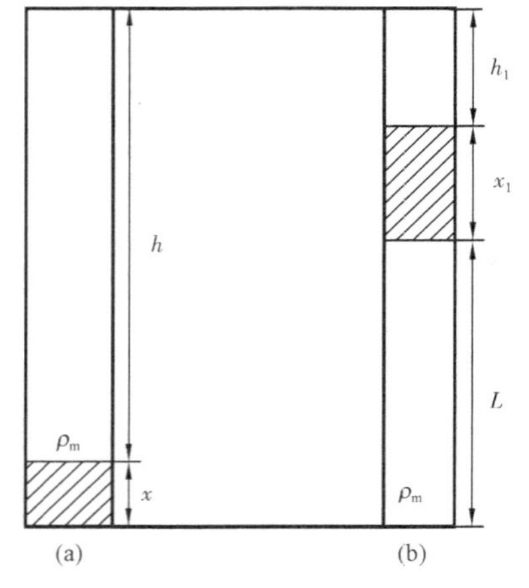

图4-10 气柱上升时自动外溢的条件

气体在井底积成气柱后,气柱在井底不上升,随气柱高度的增加,气柱上面的钻井液液柱压力就逐渐减小。当气柱增加到一定高度,其膨胀力足以克服气柱上面的钻井液液柱压力时,就会推动钻井液自动外溢。有研究表明,这种情况需要井底积有相当多的气体,气柱高度超过井深的一半。在停止循环的状况下,积聚起这样高的气柱,是不大可能的。重点应该考虑气柱上升时的情况。

图4-10(a)是未发生自动外溢的情况,图4-10(b)是当气柱上升到距井底L时,产生自动外溢的临界条件(此时气柱高度为x_1,气柱上面的钻井液液柱高度为h_1)为:

$$L = h + x + \frac{10}{\rho_m} - 2\sqrt{x\left(h + \frac{10}{\rho_m}\right)}$$

$$x_1 = \sqrt{x\left(h + \frac{10}{\rho_m}\right)}$$

$$h_1 = -\frac{10}{\rho_m} + \sqrt{x\left(h + \frac{10}{\rho_m}\right)}$$

发生钻井液自动外溢后,气柱上面的钻井液将会全部溢完。此时,如果气柱下面的钻井液液柱压力($p_m = 9.8\rho_m L$)小于地层压力(p_p)则会使天然气进入井内造成井喷。

在实际工作中,由于因换钻头、电测等作业而起出钻柱的井,起钻后检查井口是平静的,但有可能因抽汲和停止循环时间较长,在井内积聚有相当数量的天然气形成气柱。由于气柱滑脱上升膨胀,或者在下钻和循环时气柱上升膨胀,当上升到某一深度时就会发生钻井液自动外溢喷出。

4. 关井时天然气对井内压力的影响

进入井内的天然气在关井状态下是不稳定的。由于其密度比钻井液密度小，在钻井液中要滑脱上升，其上升趋势与钻井液性能有关，钻井液的黏度、切力越小，越易产生滑脱。关井状态下，天然气不能膨胀，在上升过程中其体积不发生变化，始终保持其在井底时的体积。因此，天然气的压力在上升过程中也不发生变化，仍保持着原来在井底时的压力值，即地层压力值。而井底、井口和井内各深度所受的压力是随天然气的上升而变化的。当天然气上升到井口时，天然气的压力就加到钻井液液柱上，作用于整个井筒，使井底、井口和井筒各处的压力达到最大。

例 4－3 如井深 3000m，井内钻井液密度为 1.2g/cm³，井口压力为 98kPa，则井底天然气的压力为：

$$p_{\mathrm{p}} = 9.8 \times 1.2 \times 3000 + 98 = 35378(\mathrm{kPa})$$

天然气在体积不膨胀的条件下上升，当天然气上升到 1500m 井深处时，仍保持其在井底时的压力 35378kPa 不变。此时：

井底压力 $$p_{\mathrm{b}} = p_{\mathrm{p}} + 9.8\rho_{\mathrm{m}}L_1$$

$$= 35378 + 9.8 \times 1.2 \times 1500 = 53018(\mathrm{kPa})$$

井口套压 $$p_{\mathrm{a}} = p_{\mathrm{p}} - 9.8\rho_{\mathrm{m}}L_2$$

$$= 35378 - 9.8 \times 1.2 \times 1500 = 17738(\mathrm{kPa})$$

式中 L_1——气柱以下的钻井液柱高度，m；

L_2——气柱以上的钻井液柱高度，m(略去气柱高度)。

井深 1500m 处井壁受到的压力为 35378kPa。

当天然气上升到井口时：

井底压力 $$p_{\mathrm{b}} = p_{\mathrm{p}} + 9.8\rho_{\mathrm{m}}D$$

$$= 35378 + 9.8 \times 1.2 \times 3000 = 70658(\mathrm{kPa})$$

井口套压 $$p_{\mathrm{a}} = p_{\mathrm{p}} = 35378\mathrm{kPa}$$

井深 1500m 处井壁受到的压力为：

$$p_{1500} = p_{\mathrm{a}} + 9.8\rho_{\mathrm{m}} \times 1500$$

$$= 35378 + 9.8 \times 1.2 \times 1500 = 53018(\mathrm{kPa})$$

由此可以得出：

(1)考虑到关井时井口要承受很高的压力，要求井口装置要有足够高的工作压力。

(2)不应长时间不循环关井，避免井口和井底压力升高带来不良后果。若超过井口装置的工作能力就可能造成井口失控，超过地层破裂压力和套管抗内压强度就可能造成井漏等复杂情况。因此，当关井后井口压力不断升高，井口和井内压力有可能超过上述极限值时，应通过节流阀或针形阀释放一部分压力。

(3)关井后，井口压力会随天然气在井内的上升而不断增加。此时，不能认为地层压力很高。不能用关井较长时间后的井口压力计算地层压力和压井钻井液密度。

5. 关井后天然气上升的处理方法

关井后天然气上升会引起井内压力增高。当压力增加到一定值以后，应适时处理，即释放部分压力以保证安全。

1）立管压力法

这种方法的基本原理是：通过节流阀间歇放出一定数量的钻井液使气体膨胀，并通过立管压力控制气体的膨胀和井底压力，使井底压力基本不变且大于地层压力，以防止气体再进入井内。

立管压力法操作方法如下：

（1）确定一个比初始关井立管压力高的允许立管压力值 p_{sdl} 和放压过程中立管压力变化值 Δp，国外资料，$\Delta p=(343\sim686)$ kPa。

（2）当关井后立管压力增加到（$p_{sdl}+\Delta p$）时，通过节流阀放出钻井液，当立管压力下降到 p_{sdl} 时关井。

（3）关井后气体继续上升，立管压力再次上升到（$p_{sdl}+\Delta p$）时，再按上述方法放压。这样重复进行，可使气体上升至井口。

立管压力法适用于正常条件，如果发生钻头水眼被堵死、钻头起离井底或钻具刺漏等情况，则不能应用，而应采取容积法。

2）容积法

容积法的原理基于井底压力的变化是由地面套压的变化或环空静液压力的变化所引起。而环空静液压力的变化又是由于气体膨胀时钻井液量的减少（从井口放出）所致。其计算公式为：

$$\Delta p_{m}=9.8\rho_{m}\frac{\Delta V}{V_{a}} \tag{4-27}$$

式中 Δp_{m}——环空钻井液静液压力减小值，kPa；

ΔV——环空钻井液量的减少值（放出的钻井液量），m^3；

V_{a}——环空单位长度容积，m^3/m。

环空钻井液静液压力减小值也就是套压的增加值：

$$\Delta p_{m}=9.8\rho_{m}\frac{\Delta V}{V_{a}}=\Delta p_{a} \tag{4-28}$$

式中 Δp_{a}——套压的增加值，kPa。

显然，可以利用间歇放钻井液的方法释放压力，可使气体上升至井口，排空侵入的天然气，然后关井。同时，通过控制套压和放出的钻井液量控制井底压力不变，使井底压力高于地层压力，防止放压过程中气体进入井内。

天然气上升到井口后，在不循环的情况下不准天然气放空。在不能恢复循环时，采用顶部压井法是一种较好的方法。顶部压井法是从井口注入钻井液置换气体，以降低井口压力并保持井底压力不变。其基本操作步骤如下：

（1）通过反循环管线向环形空间注入一定量的钻井液，允许套管压力升高到某一定数值，但要防止压裂地层。

(2)待钻井液沉落后，通过节流阀慢慢释放气体，使套压降低某一定数值后，关闭节流阀。套压的降低值应等于注入钻井液的静液压力值。

(3)重复上述步骤，直到井内充满钻井液为止。

容积法的假设条件是侵入井内的天然气是一个连续的气柱，占据整段环空，忽略气体的重量，天然气上升过程中无新的天然气侵入。

此法的准确性受到井眼容积准确性的影响，适用于井身结构简单的井。

3)天然气上升速度的计算

在关井条件下，天然气在环空的上升速度可由套压的升高值来确定。天然气不膨胀上升，天然气的压力保持不变。因此，关井套压的升高值就是天然气上面钻井液静液压力的减小值。故天然气上升的速度可用式(4－29)求得：

$$v_s = \frac{p_{a1} - p_a}{G_d} \tag{4-29}$$

式中 v_s——天然气柱的上升速度，m/h；

p_a——初始关井套压，Pa；

p_{a1}——关井1h后的套压，Pa；

G_d——气柱上面钻井液液柱压力梯度，Pa/m。

通常，天然气在井内的上升速度为270～360m/h。

根据天然气上升速度和上升时间，可求得天然气上升的距离为：

$$L = v_s t \tag{4-30}$$

式中 L——天然气上升的距离，m；

t——天然气上升的时间，h。

如果令最大关井套压为p_{ac}，那么天然气上升的允许高度为：

$$L_c = \frac{p_{ac} - p_a}{G_d} \tag{4-31}$$

第四节　压　　井

发现溢流关井后，下一步工作就是进行压井。所谓压井，就是溢流发生后，在井内重新建立一个钻井液液柱压力来平衡地层压力的工艺。

一、压井的基本原理及要求

(一)U形管原理

钻柱内与环形空间是一个连通的U形管体系，利用节流阀产生的阻力(即回压)和井内的钻井液液柱压力所形成的井底压力来平衡地层压力，压井过程中始终保持井底压力不变，制止地层流体再进入井内。根据U形管原理，可以建立溢流发生后关井和压井时的压力平衡关系，利用立管压力判断与控制井底压力。

关井时井眼系统的压力平衡关系为：

钻柱内 $$p_s + p_{sm} = p_b$$

环空内 $$p_p = p_a + p_{am}$$

式中 p_s——关井立管压力（简称关井立压），kPa；

p_{sm}——钻柱内的钻井液静液压力，kPa；

p_a——关井套管压力（简称关井套压），kPa；

p_{am}——环空内钻井液静液压力，kPa；

p_b——井底压力，kPa；

p_p——地层压力，kPa。

关井后，在地面上可以读得关井套压和关井立压值，溢流发生时，地层流体进入环空，静液压力减小。钻柱内因未受地层流体侵入，钻井液静液压力不发生变化。因此，关井套压比关井立压高。由于受井径不规则、天然气在井内分布不均匀和井温等客观条件影响，不可能准确掌握地层流体侵入的体积和种类，因此关井套压不能作为判断井底压力的依据。可根据关井立压和钻柱内的钻井液静液压力确定井底压力：

$$p_b = p_s + p_{sm}$$

$$= p_s + 9.8\rho_m D$$

当井深和钻井液密度一定时，关井立压的大小就反应了井底压力的大小。因此，人们把关井立管压力作为井底压力的压力计来使用。

循环压井时，地层与井眼系统的压力平衡关系为：

钻柱内 $$p_s = p_c - p_{sc} + p_{sm} = p_p + p_{ac}$$

环空内 $$p_a + p_{am} + p_{ac} = p_p + p_{ac}$$

此时井底压力 $$p_b = p_p + p_{ac}$$

式中 p_c——开井循环泵压，kPa；

p_{sc}——钻柱及钻头水眼内的循环压降，kPa；

p_{ac}——环空内的循环压降，kPa。

设循环时的立管总压力为 p_T，则：

$$p_T = p_s + p_c$$

$$p_T - p_{sc} + p_{sm} = p_b = p_a + p_{ac} + p_{am}$$

在钻具及井眼尺寸一定的循环系统中，当钻井液性能和排量一定时，p_{ac} 及 p_{sm} 均为常数。在循环时要保持井底压力不变，可以通过控制循环时立管总压力不变来实现。可见，压井循环时的立管压力仍可作为判断井底压力的压力计来使用。

（二）压井基本要求

现场用压井方法有多种，不论采用什么方法压井，均应达到下列基本要求。

（1）压井时的井底压力必须等于或稍大于地层压力，使地层流体在压井过程中和压井结束后不再进入井内。

(2)压井过程中，不能发生溢流失控造成井喷事故。

(3)压井时不能使井筒受压过大，要保证不压漏地层，避免出现井下复杂情况或地下井喷。

(4)要保护好油气层，防止损害油气层的生产能力。

二、压井基本数据计算

(一)关井立管压力的确定

关井立管压力是计算地层压力等数据的重要依据，准确记录能真实反映地层压力的关井立管压力值是很重要的。

当开始关井后，井底周围的地层流体先流入井内。井底的压力小于地层压力，地层流体继续向井底流动，井底压力逐渐增大。经一定时间之后，地层流体停止流动，井底压力与地层压力平衡，井趋于稳定。这时在地面记录的关井立管压力，才能真实反映地层压力。井底压力趋于稳定所需的时间，与地层的渗透性和地层流体的种类等因素有关。一般渗透性好的地层，大约需要 10～15min，渗透性差的地层所需时间则更长。

另一个影响关井立压真实性的因素是圈闭压力。所谓圈闭压力就是指关井后记录的立管压力和套管压力，超过平衡地层压力所应有的关井压力值。例如：

$$p_{\mathrm{p}} = 37240\mathrm{kPa}$$

$$p_{\mathrm{sm}} = 35280\mathrm{kPa}$$

$$p_{\mathrm{s}} = p_{\mathrm{p}} - p_{\mathrm{sm}} = 37240 - 35280 = 1960(\mathrm{kPa})$$

实际记录的关井立管压力值为2940kPa，说明实际记录的关井立管压力值不真实，超过了应有的关井立管压力值 2940－1960＝980(kPa)，此压力值即称圈闭压力。

圈闭压力的产生通常是由于关井时泵还未停稳或气体在环空上升造成关井压力升高。

要得到真实准确的关井立管压力，必须检查和消除圈闭压力。通过节流阀，从套管内放出少量钻井液(40～80L)，然后关闭节流阀，并观察关井压力的变化情况。如果立管压力与套管压力均有下降，说明有圈闭压力，应再继续放压，直到立管压力停止下降为止。这时记录的立管压力值才是真实的关井立管压力值。如果放压后，立管压力没有变化，套管压力有所增高，说明没有圈闭压力。套管压力升高是由于环空钻井液静液压力减少所引起的。

发生溢流关井时，根据钻柱内是否装有回压阀，立管压力的求法不同。

1. 钻柱中未装回压阀

钻柱中未装回压阀时，关井立管压力可以从立管压力表上直接读得。但要排除影响立管压力的因素，求得趋于稳定、真实的关井立管压力值。

2. 钻柱中装回压阀

1)在已知压井排量和相应的循环泵压时

关井立管压力的求法是先缓慢启动泵并打开节流阀，使套管压力等于关井套压且保持不变。当排量达到压井排量时，记录此时的立管压力值 p_{T}，停泵，关节流阀。计算关井立管压力：

$$p_{\mathrm{s}} = p_{\mathrm{T}} - p_{\mathrm{c}}$$

式中，p_c为压井排量循环时的泵压，事先已经求得。

2）在未知压井排量和相应的循环泵压时

关井立管压力的求法是缓慢启动泵，向井内注入钻井液，观察记录立管和套管压力。当回压阀被顶开，套管压力由关井套压上升到某一值时停泵，同时记录停泵时的立管和套管压力。则：

$$p_s = p_{s1} - \Delta p_a$$

$$\Delta p_a = p_{a1} - p_a$$

式中 Δp_a——套压的升高值，kPa；

p_{a1}——停泵时的套压值，kPa；

p_{s1}——停泵时的立压值，kPa。

（二）判别溢流种类

溢流进入环空，使环空的静液压力小于钻柱内的静液压力，造成关井套管压力大于关井立管压力。如果进入环空的溢流量一定，溢流的密度或压力梯度越小，关井套压和立管压力的差值就越大。根据此差值即可判别溢流的种类，由压力平衡关系得：

$$p_s + p_{sm} = p_p = p_a + p_{am} + p_w$$

$$p_s + G_m D = p_a + G_m (D - h_w) + G_w h_w$$

$$p_a - p_s = G_m h_w - G_w h_w$$

$$G_w = G_m - \frac{p_a - p_s}{h_w} \tag{4-32}$$

式中 p_w——地层流体液柱压力，kPa；

G_m——钻井液压力梯度，kPa/m；

G_w——地层流体的压力梯度，kPa/m；

h_w——地层流体在环空所占高度，m。

根据计算出的 G_w值判别溢流的种类：

当 G_w为 10.486 ~ 11.76kPa/m 时为盐水溢流；

当 G_w为 1.176 ~ 3.528kPa/m 时为天然气溢流；

当 G_w为 3.528 ~ 10.486kPa/m 时可能是油或混合流体溢流。

以上方法计算的结果是否准确，主要取决于钻井液池面增高量和井径是否精确。

（三）计算压井用的钻井液密度

根据地层压力计算：

$$p_p = 9.8\rho_m D$$

$$\rho_m = \frac{0.102 p_p}{D}$$

根据关井立管压力值计算：

$$\rho_{ml} = \rho_m + \frac{0.102p_s}{D} \tag{4-33}$$

式中 ρ_{ml}——压井用的钻井液密度，g/cm³；

ρ_m——原钻井液密度，g/cm³；

D——井深，m；

p_s——关井立管压力，kPa。

若考虑附加压力 p_e，一般取 $p_e = (490 \sim 2940)$ kPa。

（四）计算钻柱内外容积及加重钻井液量

钻柱内容积 V_1：

$$V_1 = \frac{\pi}{4}\sum_{i=1}^{n} d_{pii}^2 L_i \tag{4-34}$$

钻柱外容积 V_2：

$$V_2 = \frac{\pi}{4}\sum_{i=1}^{n} [(d_{hi}^2 - d_{poi}^2)L_i] \tag{4-35}$$

总容积：

$$V = V_1 + V_2$$

式中 d_{pii}——第 i 段钻具内径，m；

d_{hi}——第 i 段钻柱对应的井径或套管内径，m；

d_{poi}——第 i 段钻具外径，m；

L_i——第 i 段钻具或井段长度，m。

所需钻井液量一般取总容积的 1.5～2 倍。所需重晶石粉量查钻井手册可得。

（五）计算注入重钻井液的时间

注满钻柱内容积所需的时间，即重钻井液由井口到达钻头所需时间 t_1：

$$t_1 = \frac{V_1}{60Q} \tag{4-36}$$

注满环空所需的时间，即重钻井液由井底返到地面的时间 t_2：

$$t_2 = \frac{V_2}{60Q} \tag{4-37}$$

式中 Q——压井时的排量，L/s。

（六）计算压井循环时的立管总压力

在压井循环时，要通过立管压力来控制井底压力，要把立管压力作为井底压力计来使用，因此，在压井前必须计算出循环时的立管总压力。

1. 初始循环立管总压力

初始循环立管总压力是指用加重前的钻井液和已确定的压井排量循环时的立管总压力。

在压井循环时，必须克服关井立管压力和整个循环系统的流动阻力，故有：

$$p_{Tin} = p_s + p_{ci}$$

式中 p_{Tin}——初始循环立管总压力；

p_{ci}——钻柱内外及钻头水眼的压力降。

要求得 p_{Tin}值，必须先求得 p_{ci}值。由于压井时的排量比正常钻进时的排量小，所以不能用正常钻进时的 p_{ci}值。确定 p_{ci}值的方法最好用实测法。当钻至高压油气层时，要求井队每天早班用已选定的压井排量或不同的小排量进行循环试验，测得相应的立管压力值即 p_{ci}值，在压井时就可用来计算 p_{Tin}值。

另一种方法是通过循环钻井液直接实测 p_{Tin}值。具体测法是：缓慢启动泵并打开节流阀，控制套压等于关井套压不变。当排量达到压井排量时，记录立管压力。然后停泵，关井，所记录的立管压力就是初始循环立管总压力。

此法适用于事先没有求得 p_{ci}值时使用。因循环时天然气上升膨胀会影响 p_{Tin}的准确性，故应尽可能缩短循环时间。

2. 终了循环立管总压力

终了循环立管总压力是指用重钻井液和已确定的压井排量循环时的立管总压力，即：

$$p_{Tf} = p_s + p_{cf}$$

式中 p_{Tf}——终了循环立管总压力；

p_{cf}——用重钻井液循环时钻柱内外及钻头水眼的压力降。

钻井液在同一系统内循环时，循环系统的压力降正比于钻井液的密度，由此可以利用轻钻井液循环时的压力降 p_{ci}求得用重钻井液循环时的压力降 p_{cf}，即：

$$\frac{p_{cf}}{p_{ci}} = \frac{\rho_{ml}}{\rho_m} \quad (4-38)$$

$$p_{cf} = \frac{p_{ci}\rho_{ml}}{\rho_m} \quad (4-39)$$

在用重钻井液循环时，随着重钻井液在钻柱中下行，钻柱内钻井液静液压力逐渐增加，而关井立管压力逐渐减小。当重钻井液到达井底时，钻柱内钻井液静液压力与地层压力平衡，关井立管压力则降为零。因此，终了循环立管压力即：

$$p_{Tf} = p_{cf} = \frac{p_{ci}\rho_{ml}}{\rho_m}$$

(七)计算最大允许关井套压

最大允许关井套压是指发现溢流关井后，不致发生压漏地层所允许的关井套管压力值。

关井后，裸眼井段地层所受的压力等于关井套压与环空钻井液静液压力之和，在裸眼井段内，地层所受总压力的压力梯度大于某处地层的破裂(漏失)压力梯度时，该地层首先被压漏，这是在压井过程中要严格防止的。下面介绍在裸眼井段内哪些部位最容易被压漏。

1. 当地层破裂压力梯度为常数时

设：套管鞋下入深度为 D(m)，井内钻井液密度为 ρ_m(g/cm^3)，裸眼井段地层破裂压力梯度为 G_f(kPa/m)，关井套管压力为 p_a(kPa)。

井深 D 处的压力梯度为：

$$G_D = \frac{p_a + 9.8\rho_m D}{D} \qquad (4-40)$$

由式(4-40)可以看出，在一定的关井套压下，D 值越小，G_D 值就越大。在裸眼井段内，套管鞋处的裸眼井深最小，该处的 G_D 值则最大。所以，当地层破裂压力梯度为常数时，套管鞋处是最容易被压漏的部位。

2. 当地层破裂压力梯度不为常数时

设：井深 D_1 处的压力梯度为 G_{D1}；

D_2 处的压力梯度为 G_{D2}；

D_1 处的地层破裂压力梯度为 G_{fD1}；

D_2 处的地层破裂压力梯度为 G_{fD2}；

则有：

$$G_{D1} = \frac{p_a + 9.8\rho_m D}{D_1}$$

$$G_{D2} = \frac{p_a + 9.8\rho_m D}{D_2}$$

如：$D_1 < D_2$ 时，则 $G_{D1} > G_{D2}$；同时，$G_{fD1} < G_{fD2}$ 时，显然 D_1 处首先被压漏。若 $G_{fD1} > G_{fD2}$，则要比较 $G_{fD1} - G_{D1}$ 与 $G_{fD2} - G_{D2}$ 的大小而定。

当 $G_{fD1} - G_{D1} > G_{fD2} - G_{D2}$ 时，D_2 处先被压漏，反之则是 D_1 处先被压漏。

通常多以地层破裂压力梯度为常数计算关井套压。因裸眼井段内地层所受的压力等于关井套压与钻井液静液压力之和，所以最大允许关井套压可用式(4-41)计算：

$$p_{a,max} = (G_f - G_d)D \qquad (4-41)$$

式中 $p_{a,max}$——最大允许关井套压，kPa；

G_f——地层破裂压力梯度，kPa/m；

G_d——钻井液静液压力梯度，kPa/m；

D——套管鞋深度，m。

压井时，一般采用小排量压井。用小排量压井，泵压较低，可以减小循环设备和管汇的负荷，有利于提高这些设备在压井作业时的可靠性，保证压井作业顺利进行。否则，采用大排量压井，会使泵压升高，设备负荷增大甚至超过工作能力造成事故。同时也易压漏地层，影响压井工作顺利进行。因此，在一般情况下，压井排量采用正常钻进时的 1/2～1/3。

三、压井方法

在循环压井时用节流阀开关来调节回压，其主要原则是保持井底压力不变，从而使井底压力与地层压力在循环压井过程中一直保持平衡关系。这样，可以防止地层流体进一步流入，也可以防止因井底压力过大而压漏地层，使井内情况复杂化。

(一) 用原密度钻井液循环压井

用原密度钻井液循环压井时，立管压力、井底压力和套管压力与关井时不同，将发生变化。

1. 循环时立管压力(p_t)

由于循环时钻井液在整个系统中有流动阻力(Δp_{sa}),必然加在立管压力表上,因此:

$$p_t = p_s + \Delta p_{sa}$$

2. 井底压力(p_b)

循环到井底时,流动阻力的大部分已损耗在钻杆和钻头水眼上,只剩下环空压力损失(Δp_{ac}),此时:

$$p_b = p_p + \Delta p_{ac}$$

3. 套管压力(p_a)

在井口,环空循环阻力已消耗完,仍保持原有的关井套管压力。由此可得压力平衡关系式:

$$p_s + \Delta p_{sa} - \Delta p_{sc} + p_{sm} = p_p = p_a + p_{am}$$

式中 Δp_{sc}——钻杆内和钻头水眼的压力损失。

套管压力随气体在环空中上升不断变化,不能通过控制套压办法来保持井底压力不变。实现井底压力不变的方法是:在保持循环压井泵速不变的条件下,控制循环时立管压力不变,使 $p_t = p_s + \Delta p_{sa}$,这就需要在循环压井中通过调节节流阀来控制循环时立管压力(p_t)和关井立管压力(p_s)不变。

(二)用加重钻井液循环压井

分析压力平衡关系式可知,当加重钻井液注入钻柱内时,钻柱内钻井液液柱压力将随时间(或总的泵冲数)呈直线增大,为了保持井底压力不变(等于 p_p),必须线性减少循环时立管压力。

开始循环时:

$$立管压力(p_{ti}) = p_s + \Delta p_{sa}$$

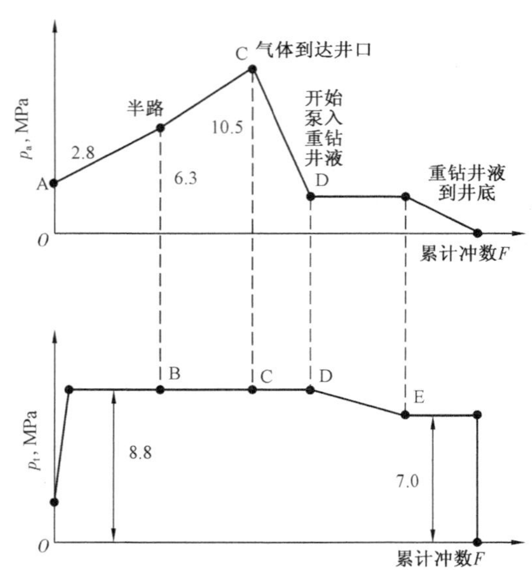

图 4-11 司钻法压井步骤示意图

重钻井液到达井底时:

$$立管压力(p_{df}) = \Delta p_{sa}$$

可以根据这个直线关系建立一个循环时立管压力随时间变化的图表,从图上可知任意时刻(任一累计冲数)的立管压力,以便在循环压井时用节流阀调节,使立管压力达到此数值,保持井底压力不变。

1. 司钻法压井

现结合实例说明司钻法压井。

井深3000m,套管 $13\frac{3}{8}$in(339.7mm),下深1060m,井眼单位长度的容积是0.034m³/m。允许套压17.4MPa,泵速60冲/min时泵压为21.1MPa,35冲/min时泵压为7.0MPa(压井泵速),$p_s = 1.8$MPa,$p_a = 2.8$MPa,$\rho_m = 1.44$g/cm³,$\Delta p_{ac} = 0.4$MPa,钻井液池体积过盈2.8m³。

先用原密度钻井液循环出受侵钻井液，见图 4－11 中的 A、B、C 点。

(1)关井，当压力稳定后测关井的 p_s和 p_a，计算地层压力和判断侵入流体类型。

地层压力：

$$p_p = p_s + \rho_m g D_w$$

$$= 1.8 + 1.44 \times 9.8 \times 3000 \times 10^{-3}$$

$$= 44(\text{MPa})$$

侵入流体类型：

$$\text{地层流体压力梯度}(G_w) = G_m - \frac{p_a - p_s}{h_w}$$

$$G_w = 1.44 \times 9.8 \times 10^{-3} - \frac{2.8 - 1.8}{2.8 \div 0.034} = 1.97 \times 10^{-3}(\text{MPa/m})$$

判断为气体侵入。

(2)开始以选定的泵速(35 冲/min)泵入原密度钻井液($\rho_m = 1.44\text{g/cm}^3$)，开节流阀，使 p_a 等于原关井套压 2.8MPa，此时立管压力应等于：

$$p_t = p_s + \Delta p_{sa} = 1.8 + 7.0 = 8.8(\text{MPa})$$

由于附加的 Δp_{ac}为 0.4MPa，则井底压力为 44＋0.4＝44.4(MPa)。

为了保持井底压力不变，需调节节流阀保持立管压力不变(8.8MPa)，此时气柱被循环上升，不断膨胀，到达一半井深时上升到 6.3MPa。

(3)气体到达井口，套管压力达到最大值，为 10.5MPa。此时立管压力仍保持为 8.8MPa。允许套管压力为 17.4MPa，实际套管压力未超过额定负荷。

气体开始从节流阀排出，同时套管压力急剧下降。当全部受侵钻井液排出后，关井检查，此时立管压力和套管压力均应为 1.8MPa。

准备好加重钻井液进行下一步，用加重钻井液循环压井。

(4)压井钻井液新密度(ρ_{ml})为：

$$\rho_{ml} = \rho_m + \frac{0.102 p_s}{D}$$

$$= 1.44 + 1.8 \times 10^3 \times 0.102 \div 3000$$

$$= 1.501(\text{g/cm}^3)$$

用加重钻井液循环压井，顶替出原有轻钻井液，以恢复井内压力平衡。

(1)开始泵入加重钻井液，此时 $p_t = 8.8\text{MPa}$，而 $p_a = 1.8\text{MPa}$。

(2)当加重钻井液泵入钻柱内时，钻井液液柱压力不断加大，为了保持井底压力不变，使用节流阀控制来改变立管压力比较复杂。最简便的方法是在加重钻井液到达井底以前，用保持套管压力(1.8MPa)不变的方法调节节流阀，以保持井底压力不变。

当加重钻井液到达井底以后，钻柱内钻井液液柱压力刚好与地层压力平衡，此时：

$$p_t = \Delta p_{sa} = 7.0\text{MPa}$$

(3)继续循环,为保持井底压力不变,需调节节流阀保持立管压力为7.0MPa不变。加重钻井液在环空中不断上升,直至井口,此时套管压力应降为零。井内压力恢复平衡,关井检查p_s和p_a均为零,压井结束。

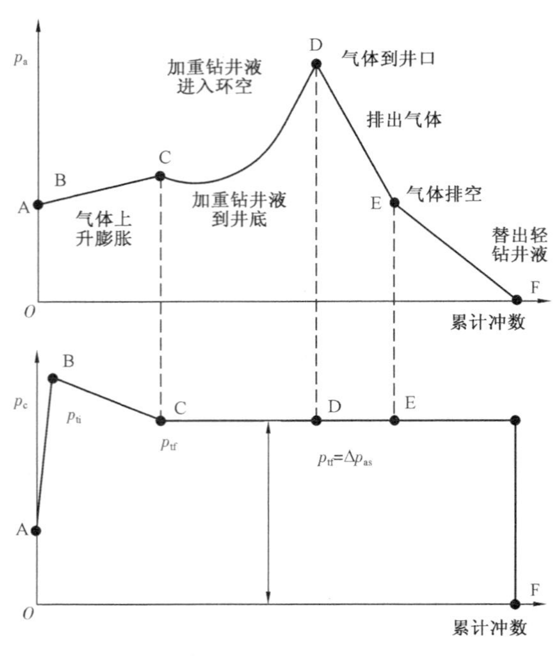

图4-12 工程师法压井示意图

2. 工程师法压井

工程师法压井如图4-12所示,与司钻法相比,其共同点是两种方法均以保持井底压力不变的原则进行循环压井,其不同点在于工程师法压井时,循环排出受侵钻井液和把加重钻井液打入井内是同时完成的,不是分两步进行。其步骤是:

(1)关井,读出关井p_s、p_a和ΔV。

(2)开始用加重钻井液泵入(密度求法同司钻法),选用压井泵速进行循环。初始立管压力$p_{ti}=p_s+\Delta p_{sa}$。

(3)在加重钻井液到达井底之前,钻杆内原有轻钻井液被加重钻井液所顶替,立管压力随之减少;同时环空的气体循环上升,不断膨胀,套管压力也在不断变化。为了保持压井循环过程中井底压力不变,需找出加重钻井液到达井底之前的立管压力变化规律。

如图4-12所示,立管压力随时间(或总的泵冲数)呈直线减少,从开始$p_{ti}=p_a+\Delta p_{as}$,到加重钻井液到达井底时的$p_{tf}=\Delta p_{as}$。在循环压井的任一时刻,调节节流阀,使立管压力等于图上查得的数值,以实现井底压力不变的原则。

(4)当加重钻井液进入环空后,为了保持井底压力不变,应调节节流阀,使立管压力不变,即$p_t=\Delta p_{as}$。加重钻井液刚进入环空时,因气体膨胀有限,套管压力下降;而当气体接近地面时气体膨胀加剧,套管压力升高;在D点气体到达井口,套管压力最大;之后,气体从井口排出,套管压力急剧下降。

(5)气体全部排出。井内仍留有轻钻井液,此时套管压力$p_a=h_d(G_{ml}-G_d)$(h_d为轻钻井液在环空中所占高度)。为了保持井底压力不变,立管压力也应保持不变($p_t=\Delta p_{as}$)。

(6)轻钻井液全部替出,套管压力为零,压井结束。

(三)循环加重法压井

1. 边循环边加重法压井

关井并计算压井液密度以后,如果此时地面已有储备的密度较高的钻井液,且在较长时间关井及井下容易卡钻等情况下,则可以立即用重钻井液循环压井。压井期间,仍然通过调节节流阀保持井底压力略大于地层压力,并维持不变。本方法立管压力随重钻井液循环而下降值可参照司钻法第二循环周原理计算。由于用来压井的重钻井液密度低于应该配置的钻井液密度,故在压井期间还必须按要求或按阶段加重压井钻井液密度。每加重并循环一次,立管压力就下降一次,直至达到要求。

边循环边加重法压井兼有司钻法与工程师法的优点,但压井期间立管压力下降值复杂,实施难度较大。

2. 循环加重法压井

该方法为修正的司钻法。早期阶段,按司钻法压井,即开始第一循环周。同时,迅速在备用钻井液罐配置压井钻井液。一旦压井液配置完毕,立即中断司钻法第一循环周,并应用工程师法继续压井。压井期间立管压力变化值仍可参照司钻法立管压力变化计算方法计算。该方法仍然兼有司钻法与工程师法的优点,其缺点是压井曲线计算复杂。

总之,两种循环加重法其优缺点皆介于司钻法与工程师法之间。

(四)其他压井方法

1. 置换法

井内钻井液已大部分喷空。向井内泵入定量钻井液,关井使其下落,并释放一定套管压力。套管压力降低值与泵入的钻井液产生的液柱压力相等。重复上述过程,可逐步降低套管压力。当套管压力降低到一定程度,可以强行下钻,并实行常规压井。

2. 压回法

以不超过最大许用关井套管压力作为工作压力,从环空泵入钻井液,把进入井筒的地层流体压回地层。挤入量与挤入速度视情况而定。该方法适宜于:含硫化氢的井涌;套管下得较深、裸眼短、只有一个产层且渗透性很好的情况;钻杆堵塞,压井液不能到达井底;有大的井涌预兆,地面无法承受该压力;产层下面有一个漏层,当压井循环时,大量的钻井液将漏入该漏层等情况。该方法在试采井与修井中常用,并且有效。

该方法的缺点:井队人员不能全面理解何时采用该技术;挤入的流体将流入最薄弱的地层段,不一定流入所期望的井段;有诱发地下井喷或地面设备破裂的危险。

3. 强行下钻到井底循环压井法

强行下钻适合于井眼液体浮力大于钻柱重力或在井涌情况下需要下放钻具时等情况。该方法在井口关闭情况下进行。强行下钻时必须根据下入钻具的体积放掉相同体积的钻井液。当井涌为天然气时,还需考虑向上移动过程中的膨胀。

4. 体积法压井

关井后,如果不允许气体膨胀,气体迁移或不停泵将增加地面与井下压力。这对于空井气井情况是重要的。该方法允许在地面释放适当体积的钻井液,控制气体膨胀,不允许地层流体继续侵入或压裂地层。通常是地面释放的流体太多,地层流体又进入井眼。因此该技术要求有经验的人严密监测。

5. 关井前将钻柱下放到井底

关井前钻头不在井底,发现井涌后,如果对地层比较清楚,对井控有把握,则可以将钻柱下放到井底,以便于压井时将井底的地层流体循环排出。对于渗透性较差的地层可以采用该方法。

6. 顶部压井法

钻头不在井底,用重钻井液进行压井。当钻头位置距地面较近时,所要求的压井钻井液密度可以超过地层破裂强度。这种方法可以减少地面压力,但不能排走钻头下的地层流体,除非这些流体迁移到钻头之上。如果此时所用的压井钻井液密度低,不能降低地面压力。该方法适宜于:压井钻井液配备不足;用重钻井液循环,减少地面压力,以便安全带压下钻,并使得带压下钻变得容易;钻头离井底适当位置,且地面压力较高。但该方法不可能完全将井压住。

7. 关井后带压下钻

关井前钻头不在井底,发现井涌后,如果对井控没有把握,则可以先关井,再将钻柱带压下放到井底,这样更安全一些。适当操作,防喷器通常能经历大量的带压下钻。本操作可以与顶部压井法相结合。

8. 动力压井法

通过增加压井循环排量增加流动阻力,从而增加井底压力,达到压井目的。这种方法对小井眼、超深井是有效的。因为小井眼环空间隙小,流动阻力大;超深井循环阻力对流速敏感。

(五)几种特殊工况下的特殊压井方法

1. 井内钻井液喷空后天然气井压井

钻柱仍在井眼中,环空中钻井液已经喷空,因井口装置承压限制、套管抗内压强度及地层破裂压力限制,不能正常关井,属此类情况。由于不能关井,故无法求取地层压力,因而也无法正确确定压井液密度。如有可能,可参照邻井情况,确定地层压力与压井液密度。如无邻井资料,可采用一定密度压井液泵入井眼。根据具体情况,控制套管压力不能超过许用最大套管压力,节流循环。如果开始时立管压力过大,可适当减少套管压力,其目的是为了将压井液逐步泵入并重新充满井眼。随着压井液越来越多地泵入井眼,井底压力将增加。当井底压力大于地层压力时,地层流体不再侵入井眼。如果仍保持套管压力为原来套管压力,则立管压力将逐渐升高,并随套管压力变化而相应变化。如果可能,可以考虑进行关井求取地层压力,并计算压井液密度,从而可能转为常规压井。

2. 井内无钻具压井

该情况下可采用置换法、压回法、强行下钻到井底循环压井等方法。

3. 钻头距井口较近情况下压井

(1)井眼中有钻杆与钻铤情况下的压井。关住闸板防喷器,利用压回法、体积法、置换法,或将钻柱强行下放到井眼深部,或带压下放钻柱。在关井期间,井眼中液体浮力有可能将钻杆冲出井口,因此关井时间是关键环节之一。

(2)钻铤在井口情况下的压井。这是比较难处理的一种情况,钻铤所受的浮力比上一种情况还要大,这是因为上一种情况钻铤上部还有液柱的压力。一般来讲,如果钻铤所受的浮力大于钻铤本身重力,防喷器不能封住钻铤运动。

该情况的压井方法可采用:压回法、体积法、将钻柱强行下放到井眼深部或带压下放钻柱。

4. 又喷又漏情况下的压井

有时喷漏发生同一裸眼井段,这种情况应首先解决漏失问题。

1)上喷下漏

在裸眼井段,如果上部为高压层,而下面还有一低压层,可能会发生这种情况。有时当环空液面降低到一定程度后，上部高压层将出现井涌，井筒钻井液将漏入下部低压层，造成上喷下漏。处理方法为：

(1)停止循环，间歇定时定量反灌钻井液，尽可能维持一定液面来保证井内液柱压力略高于高压层的地层压力。

(2)反灌钻井液的密度应等于产层压力当量密度与安全附加当量密度之和。

(3)当漏速减小，井眼—地层压力系统呈暂时动态平衡状态后，开始堵漏。

(4)堵漏成功后，开始压井。

2)下喷上漏

上部为低压层，下部为高压层。当提高钻井液密度压住下部高压层时，则上部低压层产生漏失。处理方法为：

(1)停止循环，间歇定时定量反灌钻井液。

(2)注水泥塞隔离和注水泥堵漏。

3)喷漏同层

在同一地层又喷又漏，但并不是同时发生，而是钻井液密度稍高即漏，稍低即喷。这种情况多发生在渗透性好、裂缝及孔洞发育的地层。这是因为地层与井筒连通性好，几乎可以认为地层孔隙压力非常接近于地层漏失压力，也即钻井液安全密度范围较小。在钻井过程中，只有钻井液密度正好时才不喷不漏，由于存在循环阻力问题及波动压力问题，显然这是很难达到的。处理方法有以下几种：

(1)先堵漏再继续钻进。

(2)运用欠平衡钻井装备，边喷边钻。

(3)运用欠平衡钻井装备，边漏边钻。其方法为：利用旋转控制头，在井口密闭情况下向环空注入较高黏度与密度的钻井液，使井底压力略高于地层压力；正常钻井，向钻柱内注轻质钻井液或清水，边钻进边让岩屑与来自钻柱内的钻井液流进裂缝内。由于井口封闭，因此环空内钻井液不循环，仅起平衡压力作用。用这种方法钻井，大量钻井液将漏入地层。

5. 浅井段井控

浅井段井控含义为：在浅的地层钻遇到气层，且该地层破裂压力低，不允许用常规的关井节流方法进行井控。其主要特点为：常规的井涌检测仪器与方法很难满足井控需要；从井涌发现到井喷时间很短；地层流体容易在套管外喷出；钻机附近地层容易塌陷；井喷常在1～2天内，因井眼内坍塌与桥堵而停喷。否则，如果没有更好的压井方法，井喷可能持续很长时间。因为地层压力与地层破裂压力相差很小，浅气层井喷很难控制。

浅气层井喷的主要原因为：起下钻抽汲(井喷发生率高)；起下钻补灌钻井液不及时；地层异常压力；注水泥气窜，特别是在注水泥后2～6h；钻井液密度低；钻速太快。浅气层井喷的危害性为：井控成功率非常低；容易损坏井架；井喷塌陷时钻机与平台可能下沉。

主要压井方法为：

(1)打一段超重钻井液控制井涌，然后再根据情况决定是下套管封隔，还是用封隔器封或加重钻井液。

(2)若确认这种浅气层储量少，也可采用有控制地放空使其在短时间内衰竭然后再采取措施。

(3)分流放喷。

(4)采用动力压井法：大排量循环钻井液，利用增大循环阻力压井。

第五节 控压钻井技术

控压钻井技术是一项应用于复杂地层油气资源开采的技术，并因其具有降低生产成本、简化操作流程、缩短非生产时间和显著改善油井生产效率等优点，逐步成为近年国内外钻井新技术研发热点。

随着当前世界石油开采逐渐向深部复杂地层扩展，开采过程中发生的井涌、井漏、有害气体泄漏、卡钻、起下钻时间过长等各种窄密度窗口安全钻井问题开始引起人们的广泛关注。因为该类问题的出现不仅会拖延项目进度，还会造成项目事故频发，更会带来健康、安全、环境等方面的问题，成为制约石油深层开采的技术瓶颈。解决问题的关键就在于对井下压力实施有效控制，即采取控压钻井技术。这也是目前国际上应用比较广泛的一种方法。

控压钻井技术最早起源于20世纪60年代，但直到2004年SPE/ADC在Amsterdam举行的钻井主题会议上才正式提出，并与UBD和Air Drilling一起被IAD定义为钻井过程中的控制压力钻井的三大体系。在经历最近几年的快速发展后，控压钻井技术已经逐步成为以恒定井底压力技术、双梯度钻井技术和健康安全环境技术为主的工艺体系，并在国外Harlliburton和Shell公司以及国内中国石油钻井院和塔里木油田等室内模拟试验和现场应用中表现出良好的效果。

一、控压钻井技术的概念

国际钻井承包商欠平衡、控压钻井委员会（IADCUBD&MPD Committee）给出了控压钻井技术的定义：控压钻井是一种自适应的钻井工艺，可以精确控制全井筒环空压力剖面，确保钻井过程中保持“不漏、不喷”的状态，即井眼始终处于安全密度窗口内。严格来讲，所有井都需要控制压力，都需要实施控压钻井，因为钻井的过程就是利用井筒流体压力（静止压力、动态压力等）来应对地层压力（孔隙压力、坍塌压力、漏失压力和破裂压力等）从而实现井内压力系统的某种平衡（近平衡、欠平衡、过平衡等）。钻井过程中的“卡、塌、漏、喷”几乎都跟井底压力有关，因此控压钻井并不是一个新名词。但随着钻井技术的发展，控压钻井被赋予了新的含义，突出体现在“有目的”和“精确控制”。控压钻井的本质就是确定井底压力界限，从而利用多种工具和技术有效控制相应的环空压力剖面以降低窄密度窗口条件下钻进时的风险与成本。

现代控压钻井技术是在欠平衡钻井和气体钻井基础上发展起来的钻井新技术。这三项技术有共同的特点，即都需要使用旋转防喷器、气体处理装置、节流管汇、单流阀等特殊设备。欠平衡钻井主要是为发现和保护储层、减少储层钻井问题、减小对储层的伤害、实现钻井过程中对油藏特性的优化等；气体钻井主要目的是钻井提速，大幅度提高难钻地层的钻井速度；控压钻井主要是为减少钻井过程中的复杂，通过降低大量钻井液的漏失和降低钻井相关的非生产时效等提高钻井经济性。三项技术有交叉，如欠平衡钻井也可以实现提速，气体钻井也可以实现储层保护，控压钻井即可以实现提速也可以实现储层保护等。欠平衡和气体钻井在钻井过程中井筒流体当量钻井液密度低于地层孔隙压力，而控压钻井在钻井过程中井筒当量钻井液密度大于或等于地层孔隙压力。换言之，欠平衡钻井和气体钻井是“欠平衡”，而控压钻井实质上是一种“微过平衡”。控压钻井技术擅长应对高难度井，与传统过平衡钻井技术相比，控压钻井技术有更多、更有效、更迅速的手段和方法实现对井筒环空压力的控制,实现井底压力的相对不变。与欠平衡钻井技术相比,控压钻井技术是以解决钻井复杂事故为其基本出发点,采用微过平衡方式钻进,钻井过程中不诱导地层流体涌出,但能通过适当工艺设备安全、有效地处理操作中伴随涌入井筒的流体。过去在井口敞开情况下,靠改变钻井液密度调节井底压力,目前利用动态压力控制系统可以通过回压泵、节流阀系统让钻井液形成闭路循环,随时控制井底压力,达到平衡压力钻井。在含酸性有毒气体地层、井壁不稳定地层、漏失压力接近孔隙压力的地层等,控压钻井显示出比欠平衡钻井独特的优越性。国内许多地方存在适合控压钻井应用的地层,塔里木塔中、库车山前,新疆南缘山前,四川山前和高含硫化氢地区,青海山前地区,渤海湾地区等,这些地区普遍存在着窄密度窗口的安全钻井问题。目前中国石油钻井院、川庆钻探公司、西部钻探公司等都在开展控压钻井技术的攻关,许多关键技术已经取得突破,预期在近两年内会进入现场试验阶段,整体提高我国的钻井技术水平,降低非生产时间,提升我国的钻井竞争力。

二、控压钻井的分类

国际钻井承包商协会又进一步将控压钻井技术分成两大类别:主动控压钻井技术和被动控压钻井技术。主动控压钻井技术是在钻前设计时融入控压钻井技术的理念,包括井身结构设计、钻井液设计和套管程序设计,从而达到精确控制井筒压力剖面的目的。被动控压钻井技术指使用一些设备如旋转控制头、节流阀和钻杆浮阀等,安全有效地处理井下事故。早期的控压钻井井底压力控制精度在 0.35MPa 以内,目前控制精度可高达 0.1MPa,即基本实现井底压力的恒定。

控压钻井通常又分为常规控压钻井和精细控压钻井,塔里木油田近两年在塔中地区开展了精细控压钻水平井的实验,大大减少了井漏复杂情况,并且延长了水平井水平段长度,其关键设备有 PWD(随钻环空压力检测)、自动节流管汇、回压泵系统及控压钻井软件等,都是国外的技术,来自威德福或哈利伯顿。西部钻探钻研院仿制的精细控压钻井在新疆油田沙门 011 井 2010 年试验初步成功。其实光靠控制井底压力与地层压力保持高度相近并不能解决溢漏问题,只能够实时调节井底压力来减弱影响。进入油气层天然气窜入钻井液,只能减弱漏的程度。最好是在微漏的状态下继续钻进。认为精细控压结合调整好钻井液性能,比如钻井液造壁性要好、黏度要高,才是解决溢漏问题的关键。

国内现行主要控压钻井技术有以下三种。

(一)精细控压钻井技术

精细控压钻井技术可以通过迅速提升井口回压,控制井口和井底压力,预防钻井过程中钻探深部复杂地层出现的有害气体泄漏、井漏、井涌等安全问题,防止井侵的进一步扩散,使钻井施工作业更加安全可靠。精细控压钻井技术可通过井下适时测井工具将井底压力、钻具组合、钻井液性能、钻井液流量等数据传送到电脑软件,通过运算发出指令,从而有效调节控制井口和井底压力。

与常规控压技术相比,精细控压技术能够实获取井底压力数据,并根据压力状况自动进行压力补偿,实现境内压力的自动调控和压力液的不间断循环。由于精细控压技术使用的是低密度钻井液,既确保了操作安全又实现了平衡钻井,近平衡钻井及欠平衡钻井,并且解决了在“窄压力窗口”条件下的各种钻井事故,降低石油钻井的运作成本。但该技术的适用性,还具有一定的地质局限行,在不稳定地质区域要慎用。

(二)微流量控压钻井技术

微流量控压钻井技术作为控压钻井技术的一种,具有装备简单,操作灵活,无风险,可对地下钻井进行实时监测且监测控制精密度高等优点。其主要工作原理为:通过精确地控制钻井液的流入量和流出量来调节钻井液流量等参数,将采集到的地层压力的所有信号传送到计算机采集系统中,经计算机处理后进行下一步指示,实现安全钻井。该技术对微流量的监测和控制的波动范围十分小,微流量控压钻井技术主要用以解决裂缝性压力敏感地层在钻井过程中的非溢即漏问题。

该技术能够极大地提高压井液的监控精度,改善石油钻井的安全性,目前,该技术的研发主要集中在欧美发达国家,国内研发还处于一种弱势水平,但随着石油勘探地质条件的复杂化,国际间的技术交流必将进一步加强。

(三)Reel Well 钻井技术

Reel well 钻井技术是控压钻井的一种新技术,挪威国家石油公司、挪威科学研究委员会于2004 年提出这一概念。Statoil—Hydro 公司对 Reel well 钻井技术进行了可行性研究,在我国这一技术的研究基本空白。该技术在钻井安全性与作业效率,有压力挑战性的底层钻进等方面具有较强的优势。

Reel well 钻井技术主要是基于钻井液流动的控制仪器研制,设备主要由双壁钻杆、滑动活塞、双浮动阀等组成。其主要特点有:其一,无隔水管钻井。Reel Weel 钻井技术用钻杆代替原来的隔水管,操作方便快捷,减少了深水钻井下隔水管时间。其二,闭路循环系统。该系统能够精确地监测和控制井底压力与钻井液流量,对高于 $0.01m^3$ 的流量变化能够及时作出响应,发现遗漏和破裂,适用于深水控压钻井,特别是深水窄密度窗口储层段安全钻井。其三,井眼清洁,与传统的岩屑输送途径不同,Reel Weel 钻井技术从内钻杆进行输送,具有较强的清洁钻井井眼的能力。传统的技术中,井眼的直径决定其钻井液的排量和钻井液黏度,然而,Reel Weel 钻井,排量不受井眼直径的影响,排量只需要在 $1.0m^3/min$ 左右就可以有效清洁井眼,解决水平井、大位移井的岩屑床问题。

三、控压钻井技术原理

从 IADC 所给出的控压钻井的定义中可以清晰地看出,该技术特点主要包括控制目标、控制策略和实现方法。

控压钻井的控制目标是整个技术的核心,也就是只有将井眼的压力控制在可操控范围内,才能实现钻井作业的顺序完成。在这一过程中,必须要考虑井筒液控压力、环空循环压耗和井口回压,此外操作过程中因抽吸侵入、流动等产生的压力波动也需考虑,并满足式:

$$p_b = p_m + p_{bp} + p_c + p_{cf} \tag{4-42}$$

式中 p_b——井底压力,MPa;

p_m——环空液柱压力,MPa;

p_{bp}——环空循环压,MPa;

p_c——井口回压,MPa;

p_{cf}——环空循环压力波动,MPa。

在一般的钻井过程中，井底压力的调节主要依据改变钻井液密度或者调节循环排量的方式来实现，但前者的时效性较差，而后者在钻井液循环停止时会因封闭失效而无法实现连续压力控制。当然，对复杂地层的石油钻井而言，常规钻井的压力控制方式无法避免问题的出现，在这种情况下，就必须借助控压钻井的地面装置对意外侵入流体进行控制。

尽管国内外学者对该技术的表述不尽相同，但对其技术特点的认知还算是趋于一致的。即总体上具有降低生产成本，简化操作流程，缩短非生产时间和显著改善油井生产效率等优点，具有主要表现在以下几个方面：

(1)控压钻井技术能够对井眼内环境压力实施有效控制，故可避免因地层流体故障性侵入而造成钻井液性能的降低和丧失，进而减少深层钻井相关风险和投资。

(2)控压钻井技术可以对回压、流体密度、流体流变性、环空液面、循环摩擦力和井眼几何尺寸实施动态监控，并针对监控状况自动实施应对策略，从而实现高效和降低成本。

(3)控压钻井能够及时实施孔隙压力和破裂压力间的对比检测，从而可以预测井涌、井塌、井漏等事故。提前做好事故防范，减少生命财产损失。

(4)控压钻井技术采用动态控制系统，对于环空压力进行较好控制，可以比较快速并精准地处理钻井作业中压力的变化，还能够有效地阻挡任何流体进入井眼，保证钻井操作的安全性。

(5)在实施井的压力控制中，要注意回压的控制，要保证在关井过程中，保持井底压力的一致性。还要保证井底压力低于周围地质环境下的临界破裂压力。

(6)控压钻井技术对于压力精确快速的控制，使得其在钻井井控领域具有很大的发展前景。

四、控压钻井设备

控压钻井技术通过改变钻井液密度、流变性、环空返速、节流阀回压，实现调节井底压力，以适应复杂漏、喷窄密度窗口的安全钻井，其选用旋转防喷器、分流与节流管汇、多相分离器，封闭式钻井液回流系统、自动点火器等，保证了在发生井涌时有控制、导流井涌的能力，将返出流体及有害气体密闭导流至安全处并做相应处理。它可以通过调节密度、回压、流量、流变性、几何尺寸等，主动精确地调节、控制环空的压力剖面，确定合理的压力剖面及其变化范围，使其在密度安全窗口之内。

控压钻井所用的地面设备除了常规的井控设备以外，还需要增加精细控压钻井控制系统、FST 节流管汇控制系统、旋转防喷器控制系统、旋转防喷器、套管阀控制系统、井口安全控制系统、RTU 及中控系统等。

(一)精细控压钻井控制系统

精细控压钻井控制系统具有自动节流控制、回压补偿、监测与控制功能，配有自主研发的全自动控制软件。该系统可以控制井底压力和微小流量变化，可满足精细控压钻井作业的控制要求，具有压力监控、多策略和自适应的特点，如图 4 – 13 所示。

(二)FST 节流管汇控制系统

当井涌关井后，利用节流阀启、闭程度的不同，控制一定的套管压力，维持稳定的井底压力，避免地层流体进一步流入井中。FST 节流管汇控制系统是通过节流阀的节流作用实施压井作业，替换出井里被污染的钻井液，同时控制井口套管压力与立管压力，恢复钻井液柱对井底的压力控制，制止溢流；通过节流阀的泄压作用，降低进口套管压力，实现“软关井”；通过放喷阀的大量泄流作用，保护井口防喷器组。如图 4 – 14 所示，其基本参数见表 4 – 1。

图 4－13　精细控压钻井控制系统

图 4－14　FST 节流管汇控制系统

表 4－1　管汇的公称通径

各种节流管汇	公 称 通 径
四通与节流管汇五通	≥76mm(3in)
	≥50mm(2in)(压力等级为 14MPa)
	≥102mm(4in)(大量气流)
节流阀上下游的连接管线	≥50mm(2in)
放喷管线	≥76mm(3in)

注:管汇的公称通径指管线的内径。

(三)旋转防喷器控制系统

旋转防喷器控制系统用于防止井喷和井内钻具发生卡钻,是控压钻井系统中不可缺少的装备之一,见图 4－15,其功能如下:

(1)采用连续稳定的液压供给控制地面旋转防喷器的开启与关闭;

(2)提供液压伺服系统控制润滑油压力和循环水系统冷却旋转防喷器控制系统。

(四)套管阀控制系统

DDV 套管阀控制系统为气动液压控制系统,在欠平衡钻井过程中能够有效保证井口安全作业,如图 4－16 所示。

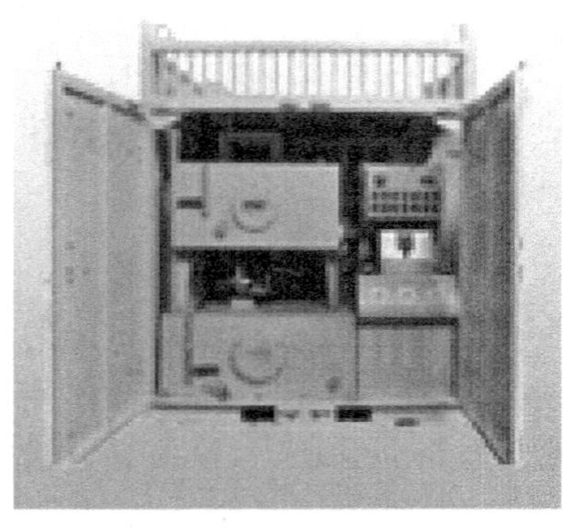

图 4－15　旋转防喷器控制系统

图 4－16　套管阀控制系统

套管阀控制系统主要用于欠平衡钻井系统中的井下 DDV 的控制。其工作原理及特点是采用连续稳定的液压供给控制 DDV 的开启与关闭;采用压缩空气作为驱动动力,输出液压可以连续调节。

(五)井口安全控制系统(电动液压型)

井口安全控制系统(电动液压型)动力源采用 380V AC 50Hz 供电电动泵,液压作为先导控制回路,适合现场能够提供电源的场合。用于对单个油气井口地面安全阀及井下安全阀的控制,如图 4－17 所示。其主要特点如下:

(1)采用世界一流品牌专用地面安全部件;高压管件接头及阀门均为 316SS 材质,安全可靠;

(2)机柜采用全封闭式结构及不锈钢材质,适应长期在野外的恶劣的工作环境;

(3)根据实际情况,有序地对 MSV、SCSSV 及 WSV 进行关断和开启;

(4)具有井口火灾紧急关井保护功能,具有本地 ESD 关断保护功能;

(5)具有压力自动补偿和释放功能;

(6)具有生产管线压力异常、压力超高、超低自动关井保护功能;

(7)具有远程 ESD 功能,主控室 DCS 系统紧急关井保护(远程 ESD,RTU 远程检测和控制)功能。

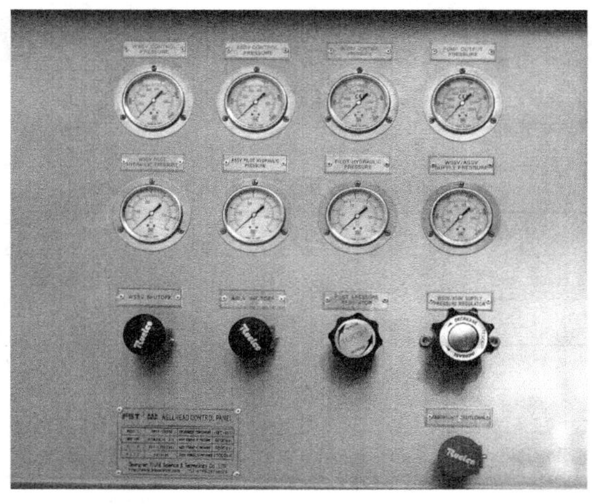

图 4－17　井口安全控制系统

(六)井口安全阀

井口安全阀根据所使用的驱动源不同,分为液动安全阀、气动安全阀和紧急截断阀三种,用于井场在溢流、油气泄漏、着火等危急情况下的安全保护。

1. 液动安全阀

液动安全阀的结构如图 4－18 所示,其技术参数见表 4－2。

表 4－2　液动安全阀的技术参数

项目	参数
工作压力,psi	2000～20000
公称通径,in	$2\frac{9}{16}$～$7\frac{1}{16}$
工作介质	石油,天然气,钻井液,含 H_2S、CO_2 气体

续表

项目	参数
工作温度,℃	-46~121
材料级别	AA-HH 级
规范级别	PSL1-4
性能级别	PR1-4

2. 气动安全阀

气动安全阀的结构如图 4-19 所示,其技术参数见表 4-3。

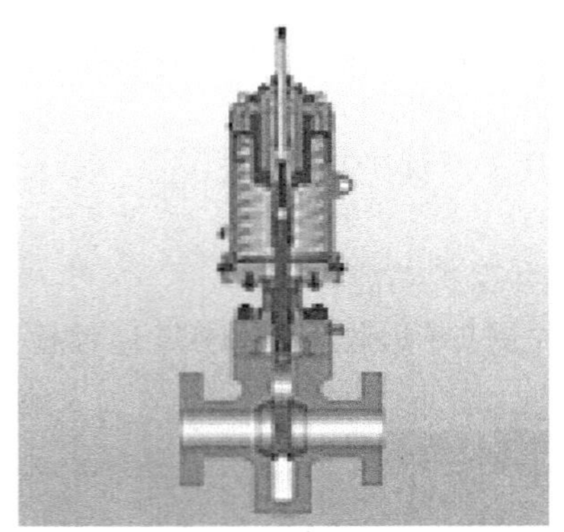

图 4-18　液动安全阀

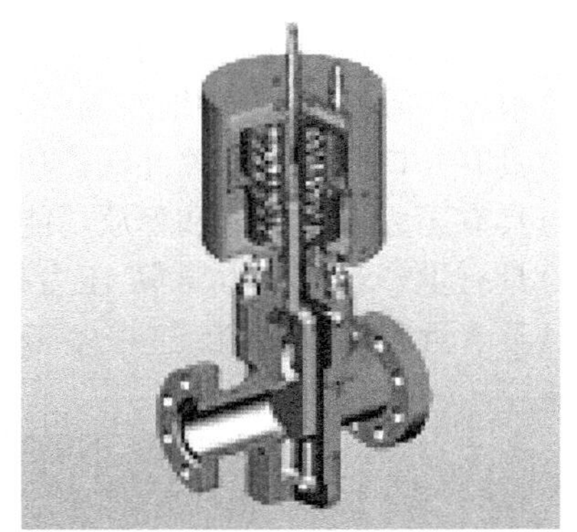

图 4-19　气动安全阀

表 4-3　气动安全阀的技术参数

项目	参数
工作压力,psi	2000~20000
公称通径,in	$2\frac{9}{16}$~$7\frac{1}{16}$
工作介质	石油,天然气,钻井液,含 H_2S、CO_2 气体
工作温度,℃	-46~121
材料级别	AA-HH 级
规范级别	PSL1-4
性能级别	PR1-4

3. 紧急截断阀

故障安全设计高,高低传感器用于管线压力监视,当井口压力超过或低于设计允许压力时自动切断截断阀。远程 RTU 关断:当出现紧急情况时,可以通过 RTU 控制远程切断截断阀。结构如图 4-20 所示,其主要特点如下:

(1)抗 H_2S 的气体控制回路设计;

(2)故障安全设计高,高低传感器用于管线压力监视,当井口压力超过或低于设计允许压力时自动切断截断阀;

(3)远程 RTU 关断:当出现紧急情况时,可以通过 RTU 控制远程切断截断阀;

(4)ESD 紧急关闭能力;

(5)易熔塞保证在发生火灾时安全的关闭,当井口发生火灾时,环境温度迅速上升至易熔塞的熔化温度,迅速切断截断阀。

图4-20　紧急截断阀

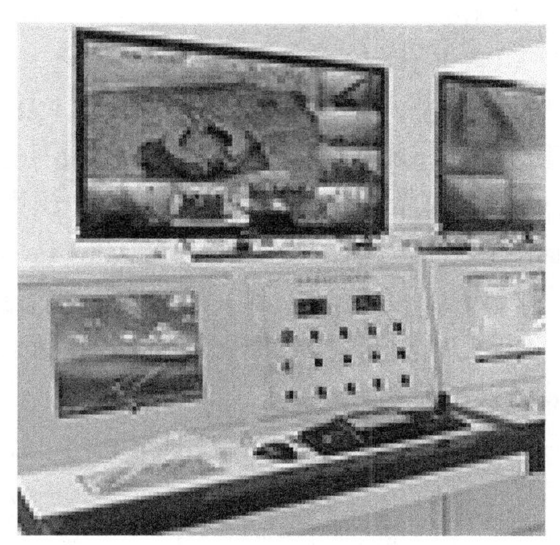

图4-21　RTU及中控系统

(七)RTU及中控系统

RTU系统为一款可编程控制器,该控制器将可编程逻辑控制器和远程测控终端的独特功能集中在一个混合控制器内。具有低功率消耗、可扩展性和模块化的特点,从而使多种控制系统性能最大化,为油气田地面建设自动化工程提供了独特而开放的平台。RTU系统采用了目前国际上最新的软、硬件技术,结合国内油气田生产工艺的特点而研制开发的监控与数据采集系统。它独有的专业化设计达到了国际领先水平。

(八)高压旋转防喷器

高压旋转防喷器是实施控压钻井的主要设备,分为旋转控制头(RCH)和旋转环形防喷器(RBOP)两种,如图4-22和图4-23所示。

图4-22　旋转控制头(RCH)

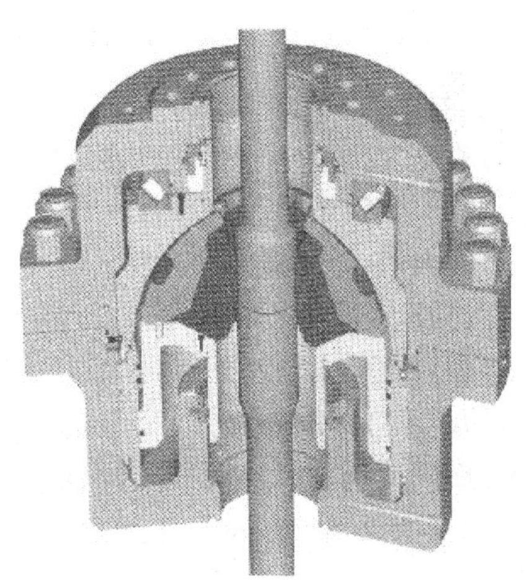

图4-23　旋转环型防喷器(RBOP)

国外好几个厂家都有专利产品，以美国 Williums 工具公司生产的旋转控制头使用最多，压力级别最为齐全。目前该公司供应的高压系统有 7000 型和 7100 型两种，7000 型的静试验压力为 21MPa，工作压力为 10.5MPa；7100 旋转控制头总成壳体试验动压力可达 70MPa，静压力为 35MPa，工作压力为 17.5MPa。

Shaffer 公司生产的旋转控制器 PCWD，全称为随钻压力控制器。PCWD 与旋转控制头的主要区别在于旋转控制头不是防喷器，只是一个简单的分流器，如果旋转头的分流管线被堵塞，就不能依靠旋转控制头来维持关井压力，但旋转防喷器则可以。旋转防喷器同时具备旋转控制头和常规万能防喷器的功能。Shaffer 公司的旋转防喷器，可承受最大静压力为 35MPa，动压为 21MPa。比旋转控制头具有更高的工作压力。国内也一直在进行控压钻井配套设备的研究工作，已成功开发出了部分设备，四川钻采院已形成国产旋转控制头（旋转防喷器）系列配套装备及技术。

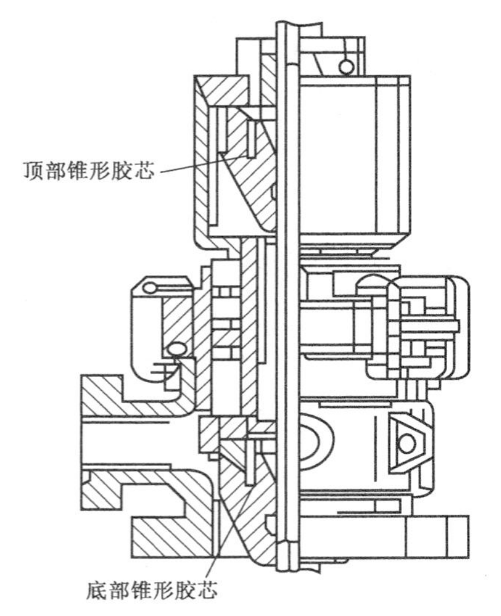

图 4－24　Williams7100EP 结构原理

1. 旋转控制头功能

（1）在旋转钻进过程中能封闭方钻杆与套管之间的环形空间；使用动力水龙头和顶驱设备可封闭钻具与套管之间的环形空间。

（2）通过液控平板阀闸板开关，可将井内流体导流出井口。

（3）在起下管柱过程中，旋转控制头胶芯可通过管柱接头并保持密封。

2. 旋转控制头类型、型号及参数

旋转控制头按胶芯密封钻具的原理不同分为胶芯过盈密封结构型式（俗称被动密封式）和通过液压控制胶芯密封结构型式（俗称主动密封式）两种类型。常用的旋转控制头如图4－24 所示。

3. 旋转控制头的安装

以 Williams7100EP 型为例，如图 4－24 所示，旋转控制头的安装有以下几个步骤：

（1）将旋转控制头壳体安装在原防喷设备的环型防喷器上部；

（2）安装侧面液控平板阀及出口管线引出井场外；

（3）在四通（三通）总成上装上缓冲储能罐；

（4）连接卡箍液压控制系统；

（5）在安装架上，将钻具穿过旋转总成，使旋转总成套在钻具上，将旋转总成缓慢放到壳体上，对正方向，将控制液压卡箍卡死；

（6）连接冷却润滑系统，如图 4－25 所示。

（九）地面分离系统和处理设备

控压钻井流体分离装置包括液气分离器、振动筛、旋流器、离心机、搅拌机、除气器、撇油罐、三相或四相分离器和砂泵等。

液气分离器包括进浆管线、排浆管线、分离室、排渣管线、排气管线、分离室液位调节装置、

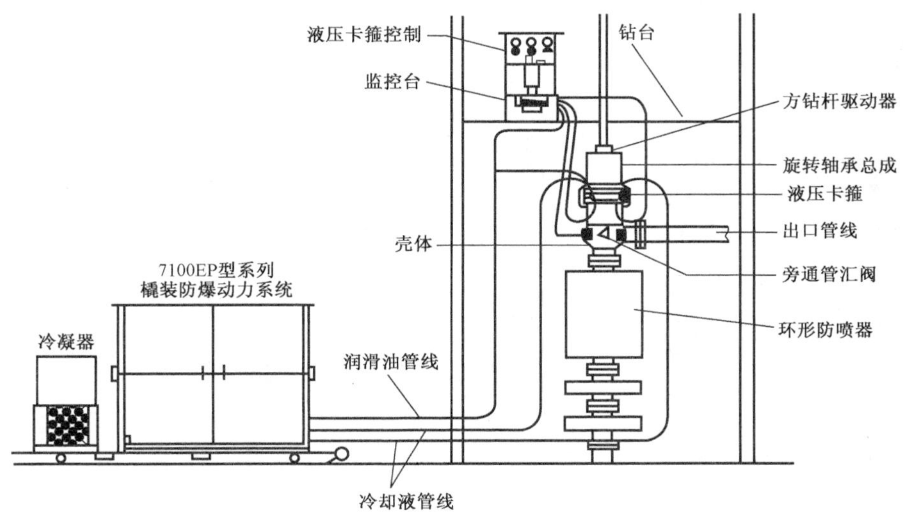

图 4-25 Williams7100EP 型旋转控制头与冷却、润滑系统连接示意图

压力表和安全阀等。一般返出的钻井液通过旋转防喷器下面的出口经过高架管线流向振动筛，进行正常循环。当油气侵入严重并发生井涌时，关闭高架管线出口端的控制阀门，使带有油气的钻井液通过节流管汇流向循环系统。气体从分离器出来后，到达装有自动点火系统和火焰扩散系统的天然气点火装置。原油被分离后存储在井场的储油罐里。钻井液经过分离器分离处理后，泵入钻井液循环罐，进行正常循环。液气分离器系统主要由气体分离器、真空除气器、分离罐、储油罐、火炬管和火炬组成，其作用是将返回到地面的钻井液中的油和气分离出来。

地面装置分为开式系统（图 4-26）和密闭系统（图 4-27）两种。

密闭系统一般用于氮气、氮气—雾化、氮气—泡沫钻井，水或原油（含 H_2S 或 CO_2 井）钻井和油基钻井液钻井。开式系统和密闭系统的基本型式和配置，应根据具体情况配齐，以满足欠平衡钻井工艺的要求。

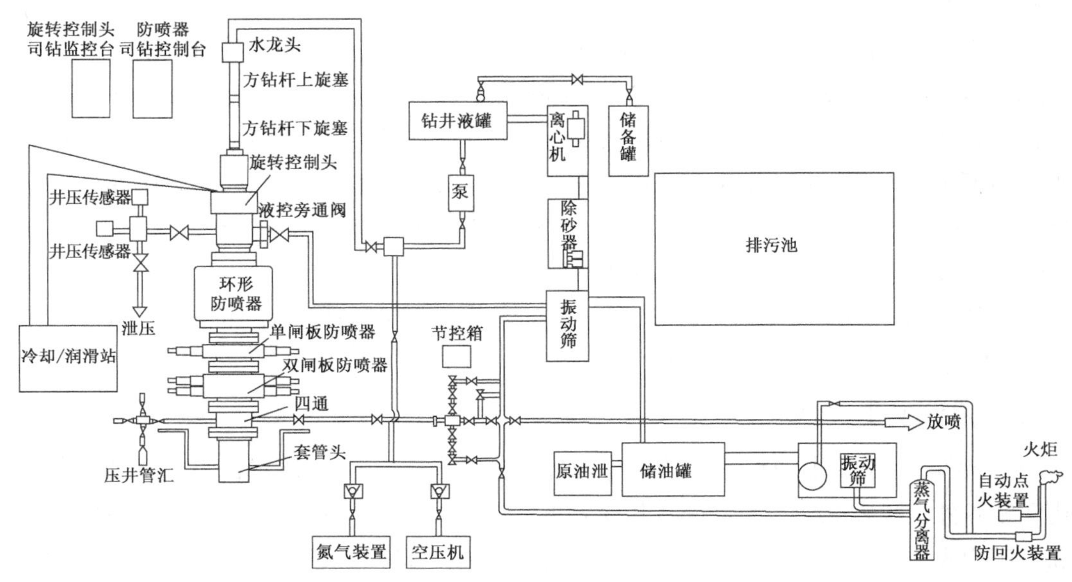

图 4-26 典型开式循环系统流程图

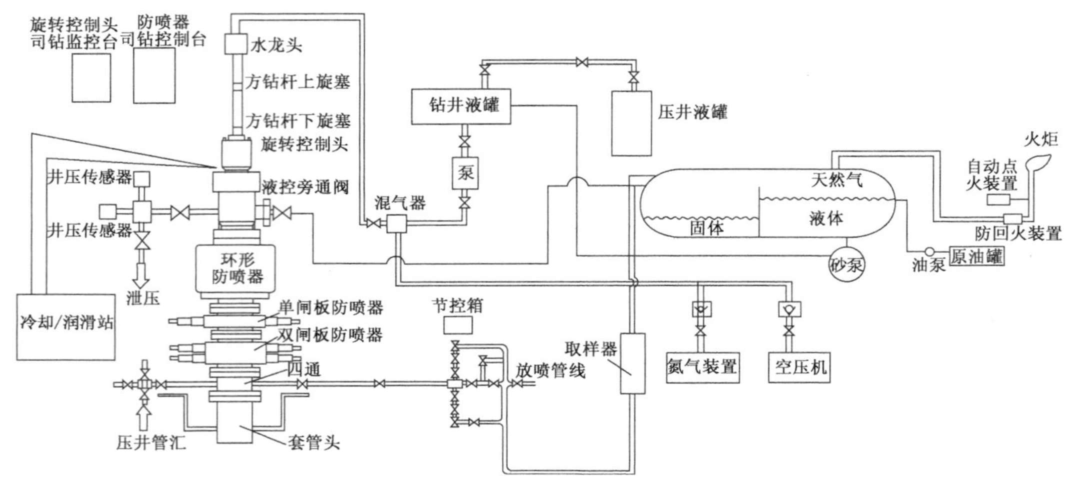

图 4-27 典型闭式循环系统流程图

五、井控案例分析

在油气井工程中，井喷事故是不可避免的，一些惊心动魄的井喷抢险，教训是惨痛的。从已发生过的事故中分析事故原因、汲取教训，是完善井控措施、避免事故发生的重要途径。按油气井工程中井喷事故发生的工况来划分，常见的井喷事故可分为钻进过程中发生的井喷事故、起下钻过程中发生的井喷事故、完井施工过程中发生的井喷事故和生产作业施工过程中发生的井喷事故四类。本章选择实际一口井的井喷事故进行案例分析，以学习井喷事故案例分析的基本方法，从事故中汲取教训。

新文 33-79 井钻进溢流压井。

(一)基本情况

新文 33-79 井位于文留构造南部文 33 断块，是一口双靶定向井。某油田钻井队施工，目的层原始地层压力系数 125 ~ 1.35，设计钻井液密度为 1.35 ~ 1.45g/cm^3。该井于 2002 年 6 月 8 日一开，6 月 10 日下入 ϕ339.7mm 表层套管 347.11m 固井，6 月 24 日用 ϕ215.9mmPDC 钻头 + ϕ165mm 单弯双扶螺杆双驱复合钻进，为了提高钻井液润滑性，边钻进边向钻井液中混人原油，混油过程中发生溢流。此时井深为 2791m，钻井液密度为 1.49g/cm^3。

井口装置：FS + (FH35-21) + (FZ35-21)

井下钻具组合：ϕ215.9mmPDC + ϕ165mm(1 度单弯双扶螺杆) + ϕ158mmNMDC (1 根) + ϕ127mmHWDP(18 根) + ϕ127mm 钻杆。

(二)溢流发生经过

2002 年 6 月 24 日用 PDC 钻头十单弯螺杆双驱复合钻进，为了改善钻井液润滑性能，边加重边向钻井液中混入原油。当钻进至并深 2791m 时坐岗人员发现溢流 3m^3，立即关井，关井立压和套压均为 0MPa。循环除气观察 30min，溢流又增加 15m^3，关井，立压和套压仍为 0MPa。地面钻井液加重，等待压井。

(三)溢流处理过程

1. 边循环边加重法压井

由于关井后立压和套压均为0MPa,采用边循环边加重的方法压井。将地面钻井液加重,1号罐钻井液密度1.55g/cm³,4号罐钻井液密度1.60g/cm³,关防喷器,两节流阀全开,在未节流的状态下边循环边向井内注入加重钻井液,因反出的油、气、钻井液飞溅引起1号罐电路短路起火而中止压井。共注入加重钻井液72m³,循环排量30L/s,加重钻井液平均密度1.57g/cm³,关井套压2.0MPa,立压1.0MPa。

2. 起钻至安全井段、射孔

整改电路,挖排污池,配制加重钻井液并混入堵漏剂,共配制密度为1.60g/cm³的加重钻井液120m³。其间立压升至3.0MPa,套压升至4.0MPa,为防止憋漏地层控制放喷,保持套压在4.0MPa范围内。整改好电路再次压井时,开泵,钻具水眼堵,憋压18MPa不通,活动钻具发现钻具卡,开井强行活动钻具解卡,但上提下放还是困难,强行起出17根钻杆,遇卡现象解除,钻井液增加25m³。关环形防喷器,调节减压调压阀,将控油压力调至5.0MPa继续起钻至1741m。接方钻杆顶水眼26MPa不通,开井进行射孔作业,将射孔枪下至最下一根加重钻杆本体部位,点火射孔成功。起出射孔枪,接方钻杆准备压井。

3. 等待加重法压井

地面配制密度为1.63g/cm³的加重钻井液,压井排量20L/s,10min后立压开始缓慢上升,水眼又出现阻塞现象,改10L/s排量多次开泵,循环立压逐渐恢复正常,用此排量一直到压井结束。压井过程中,连续测量出入口钻井液密度,待入口密度降至1.60g/cm³时,关井待重新配制好加重钻井液后再开始压井。因本井只下了347.11m的表层套管,为了防止套管鞋处压漏,根据先期压井和防喷情况,判断溢流开始时为油气,已排出地面,后侵入的流体为地层水,因此,节流时为考虑气体上升膨胀的影响,将套压控制在4.0MPa以内,随着加重钻井液在环空中上升,控制套压逐渐降低。共泵入密度为1.63g/cm³的加重钻井液192m³。出口密度从1.27g/cm³升至1.61g/m³,开井,井口不外溢。

起钻过程中,前6柱钻具,上提时井口外溢;钻具静止,井筒液面不动。第7柱后井口不外溢,但井筒液面不下降。采用方钻杆灌浆4次后,环空中可以灌钻井液。下钻至井深2600m遇阻划眼,进口密度1.634g/cm³,出口密度1.57g/cm³,划眼过程中地层一直出水,将进口密度逐步加至1.70g/cm³,出口密度保持在1.60~1.65g/cm³,划眼到底后保持进口密度为1.70~1.72g/cm³恢复钻进,直至钻完设计井深。

(四)事故原因分析

(1)未执行井控操作规程,思想麻痹。记录显示,从2778~2791m共出现9m快钻时(为正常钻时的1/4),未进行循环观察,在井内压力失衡状态下将大段高压层钻开。

(2)记录显示,钻进时钻井液密度为1.49g/cm³,而钻井液工两次测得出口钻井液密度为1.46g/cm³均未汇报,未能及时采取措施,使油、气侵进一步加剧,发现溢流关井时出口钻井液密度已降至1.02g/cm³。

(3)地质预告不准。该井地质预告地层压力系数为1.25~1.35,而大量的实钻资料证实,文33断块地层动态压力很高,地层压力系数一般都在1.60以上。

(4)长期高压注水,地下压力紊乱。该区块注水井多,且多为高压增注井,各层系间注水压力互窜导致地层压力紊乱。

(五)认识与建议

(1)储层钻进应严格执行井控操作规程,钻进中的快钻时现象应高度重视,有溢流显示应及早发现,同时加强钻进储层过程中的地层压力监测。

(2)钻具水眼不通,起至安全井段射孔压井,应注意以下几点:

① 根据溢流类型、溢流大小、关井立压和套压对起钻过程中可能造成的井下情况进一步复杂化要有正确的判断和相应的应对措施,不能蛮干。

② 钻具起至安全井段即可,即以井内尽可能多留钻具为原则,以利于压井。本井 2430 ~ 2515m 为沙一盐地层,定向造斜点在 2400m,钻头起至沙一盐顶部即可实施射孔,不必起至 1741m。

③ 射孔后要有内防喷器措施。本井考虑用随钻循环头密封电缆与钻杆环空,但不配套。所幸的是射孔后没有发生内喷。

(3)进入油气层中钻进,下部钻具结构中一定要接钻具旁通阀,特别是井下有螺杆钻具时,更应引起重视。因为螺杆钻具较常规钻具更容易堵水眼。本井就是一个典型的例证。

(4)合理的井身结构是保障井控安全的重要基础。该井只下了 347.11m 表层套管,井身结构不能满足井控安全的要求。

(5)该井钻井液密度设计与实际需要相差甚远,钻井、地质设计缺乏区域动态资料调查,以至设计脱离实际,给钻井施工带来不应有的风险和困难。

(6)因 1 号罐电路短路起火而中止压井,使井下情况复杂化。因此,要求井场使用防爆电路和防爆电气设备,对井控安全事关重要。

第五章 固井技术

固井是油气井建井过程中的一个重要环节。简单来说就是在已钻出的井眼中下入一定尺寸的套管,并在套管与井壁或套管与套管之间的环形空间内注入水泥的工艺过程。注入的水泥将套管柱与井壁岩石牢固地固结在一起,可以将油、气、水层及复杂层位封固起来,以利于进一步钻进或开采。固井质量好坏直接影响油气产量和生产管理。

第一节 井身结构

所谓井身结构,就是在已钻成的裸眼井内下入直径不同长度不等的几层套管,然后注入水泥浆封固环形空间间隙,最终形成由轴心线重合的一组套管和水泥环的组合,如图 5-1 所示。

井身结构包括以下几方面的内容:所下套管的层次、直径、各层套管下入的深度、井眼尺寸(钻头尺寸)、各层套管的水泥返高等。

一、导管

导管的作用是在钻地表井眼时把钻井液从地表引导到钻井装置平面上。其长度变化较大,在坚硬的岩层中约 10~20m,在松软易塌地层则可能上百米。

二、表层套管

表层套管下入深度约在 30~1500m。通常,水泥浆返至地面,用它来防止浅水层污染,封隔浅层流砂、砾石层及浅层气。同时也用来安装井口防喷器,它也是井口设备(套管头和采油树)的唯一支撑部件,并且承受依次下入的各层套管(包括采油管柱)的荷载。

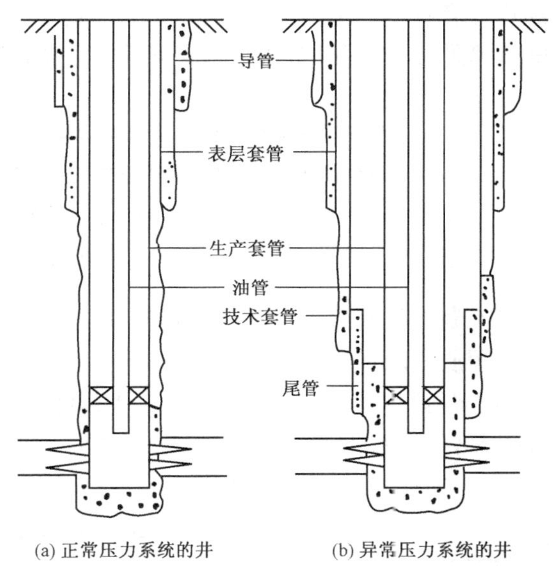

图 5-1 井身结构示意图

三、技术套管

技术套管也称中间套管,用来封隔坍塌地层及高压水层,防止井径扩大,以便继续钻进。技术套管还用来分隔不同的压力层系,以便能够建立正常的钻井液循环。它也为井控设备的安装、防喷、防漏、悬挂尾管提供了条件。

四、生产套管(多数是指油层套管)

油层套管的主要作用是把储集层中的油气从套管中采出来,并用来保护井壁,隔开各层的流体,达到油气井分层测试、分层开采、分层改造的目的。通常,水泥返至产层顶部 200m 以上。

五、尾管

尾管分为钻井尾管和采油尾管，其实就是一段短套管。它的优点是下入长度短、费用低、节约成本。

目前常用的井身结构是只下入两层套管。首先用 13in 钻头开钻，下入 10in 的表层套管，然后用 7in 的钻头钻进，下入 5in 的油层套管。

第二节　套管及套管柱

一、套管规范

在石油现场上见到的单根套管通常由两部分组成，即套管本体和接箍（图 5－2）。接箍与本体是分开加工的，接箍两端加工有内螺纹（母扣），本体两端加工有外螺纹（公扣）。为便于上扣连接，螺纹面与套管本体、接箍的轴线成一定锥度。在出厂时将接箍装配在本体上。入井时，接箍（母扣端）在上，利用螺纹将一根一根单根套管连接成套管柱。也有特殊加工的内外螺纹均在套管本体上的无接箍套管。无接箍套管的特点是螺纹连接处管子的外径比有接箍套管的接箍外径小，因此常用于环空间隙小的情况，以利于下套管和随后的注水泥作业。

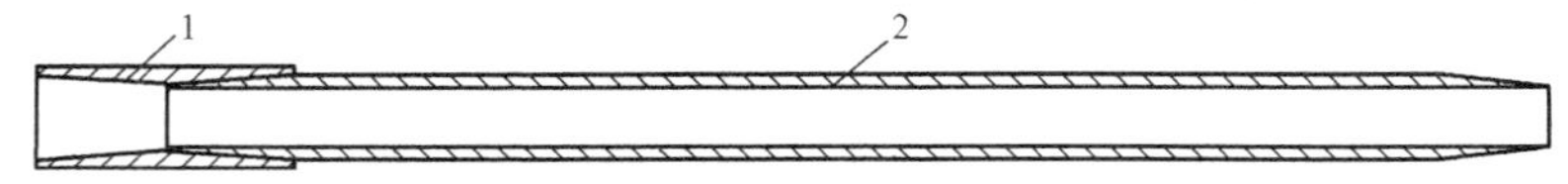

图 5－2　单根套管示意图

1—接箍；2—套管本体

正确地进行套管柱设计和选择套管是固井工程的主要内容之一。尤其是套管柱设计，它决定工程质量的优劣及经济效益的高低。

油井套管有其特殊的标准，我国现用的套管标准与 API 标准类似。API 标准要求套管的外径要符合一定的尺寸，常用的标准套管外径从 114.3mm（4½in）到 508mm（20in），见表 5－1。

表 5－1　常见套管尺寸表

套管尺寸，in	套管尺寸，mm	套管尺寸，in	套管尺寸，mm
4½	114.3	9⅝	244.5
5	127.0	10¾	273.1
5½	139.7	11¾	298.5
6⅝	168.3	13⅜	339.7
7	177.8	16	406.4
7⅝	193.7	18⅝	473.1
8⅝	219.1	20	508.0

API 标准规定的各种套管的壁厚范围在 5.21～16.31mm。小直径的套管壁厚小一些，大直径套管的壁厚大一些。除标准的钢级和壁厚之外，也有非标准的钢级和壁厚。

二、套管柱的受力与破坏

(一)套管柱的受力分析

下入井中的套管柱,主要受轴向拉力、外挤压力和内压力的综合作用。

1. 轴向拉力

套管柱在井内所承受的轴向拉力,主要是由套管本身的重量产生的,其大小与套管柱的长度、壁厚和外形尺寸大小等因素有关。轴向拉力在套管柱上分布是由下至上(从井底到井口)逐渐增大,井口处套管横截面上承受的拉力最大,其值可由式(5-1)计算:

$$F = \sum qL \times 10^{-3} \tag{5-1}$$

式中 F——井口处套管承受的轴向拉力,kN;

q——各段套管的名义重量(或称单位长度线重),N/m;

L——各段套管长度,m。

除了套管自重产生的轴向拉力之外,还有在施工过程中产生的各种附加轴向拉力。比如,由于操作方面原因产生的轴向动载;与井壁接触的套管上提下放时产生的摩擦力;替钻井液结束时"碰压"对套管柱所产生的轴向附加拉力等。但是这几种力都不是在同一时间内产生的,又因为在一般情况下,这些力小于套管柱在井内钻井液所受到的浮力。所以在设计套管柱时,一般只按套管在空气中的重量来计算轴向拉力,不考虑这些附加力的作用。

2. 外挤压力

套管所受外挤压力是沿着套管外壁周围分布的径向力,其方向是垂直指向套管轴线。外挤压力主要来自于套管内外钻井液液柱的压差或地下流体的压力。套管柱上的外挤压力分布由上而下逐渐增大,井底套管承受的外挤压力最大。在水泥浆返高面以上,套管柱承受的外挤压力是套管外钻井液液柱的静压力。在水泥浆封固段,水泥浆凝固以后,成了套管、水泥环和地层的组合壁筒,可不考虑外挤压力作用。套管柱所受的外挤压力计算比较复杂。简化的计算方法是按钻井液静液柱压力计算,即认为套管柱内无任何流体,呈全掏空状态。其公式如下:

$$p = 9.81\rho_{m}H \tag{5-2}$$

式中 p——管柱所受的最大外挤力,kPa;

ρ_{m}——管外钻井液的密度,g/cm^3;

H——钻井液的垂直高度,m。

3. 内压力

在油气井关井和挤注作业时,套管柱要承受内压力。内压力是径向力,其方向是由套管轴线垂直指向内壁的。内压力取决于地层流体压力和挤注作业时挤入的流体压力。挤入压力可以人为控制,使其内压力不超过套管的抗内压强度,而井喷关井时对套管产生内压力的地层流体压力,则很难人为地进行控制。因此,在进行套管柱设计时,只考虑地层流体造成的内压力。

4. 双向应力作用

以上所说的套管柱的外载都是单一的,实际上在井内的套管柱同时受到两种以上的复合外载的作用，既受轴向拉力，又受内压力和外压力，这将使套管的强度性能发生变化。轴向拉力会降低套管的抗挤强度；在内压力作用下，螺纹连接强度要增加；套管弯曲时，螺纹连接强度会降低。因此，轴向拉力对抗挤强度的影响，在深井和超深井中必须考虑。通过分析轴向拉力（压缩力）作用对套管（抗外挤、抗内压）强度的影响。可以得出以下结论：

（1）当套管处于轴向拉伸和内压的联合作用，在内压力作用下能使套管提高拉伸强度；或者在拉伸力作用下能使套管提高抗内压强度，这更趋于安全，因此在设计中一般不考虑。

（2）当套管处于轴向压应力与内压力联合作用，套管受压应力的情况极度少见，因而在设计中一般不考虑。

（3）当套管处于轴向压应力与外挤压力的联合作用，套管受压应力的情况也极度少见，在设计中一般不考虑。

（4）当套管处于轴向拉伸应力和外挤压力的联合作用，这种情况常常出现。轴向拉力使套管的抗挤强度降低，趋于不安全，因此在设计中应考虑。

（5）套管柱在复合外载下的双向应力问题，一般是在超深井的未注水泥浆段考虑，对注水泥浆段可不作复合外载的设计，因为水泥环能增强套管的抗外挤能力。

综上可知，井内套管柱主要承受轴向拉力、外挤压力和内压力这三种力的作用，而且各部位的套管受力情况是完全不相同的，上部受轴向拉力最大，下部受外挤压力最大，中间部位的套管受力较小。所设计的套管柱，上部和下部应该是钢级比较高或是壁厚较厚的套管，中间是钢级较低或壁厚稍薄的套管。

（二）套管的破坏

套管柱主要有拉伸破坏和挤压破坏两种破坏形式。

1. 拉伸破坏

（1）由油田现场经验可知，套管在接箍处脱开是拉伸破坏最常见的形式。

（2）当极限强度小于套管接箍荷载时，在管壁较厚的情况下，在小直径的地方产生疲劳，使得在最后一个啮合螺纹处断裂。

（3）对于接箍强度高于管体的套管，则会产生管体断裂。在管体上首先出现缩径，壁厚变薄，最后发生断裂现象。

（4）套管的“氢脆”断裂是一种脆性拉伸断裂。

2. 挤压破坏

套管在水泥浆面或接箍附近，其挤压破坏将以沟槽的形式出现。套管没有被水泥固结起来时，其管体挤毁破坏将成带状形式。

固井质量不好，在那些水泥固结不好的位置，盐岩地层可能挤毁套管。

三、套管柱附件

在实际施工过程中，安装在套管柱上的一些附加部件统称为套管柱附件。

（一）引鞋（套管鞋、浮鞋）

引鞋中的套管鞋用螺纹连接到套管上，它位于整个套管柱下部，其作用是引导套管入井，防止套管插入井壁或刮削井壁。

套管鞋下端车成45°内锥面，可防止以后起钻时钻具接头、井下工具台肩挂碰套管。

引鞋是一个弧锥形的带孔短节，由生铁、铝或水泥等易钻材料制成，外形如图 5－3 所示。如需继续加深井眼，引鞋要被钻掉，不再加深的油层套管可以不用套管鞋。

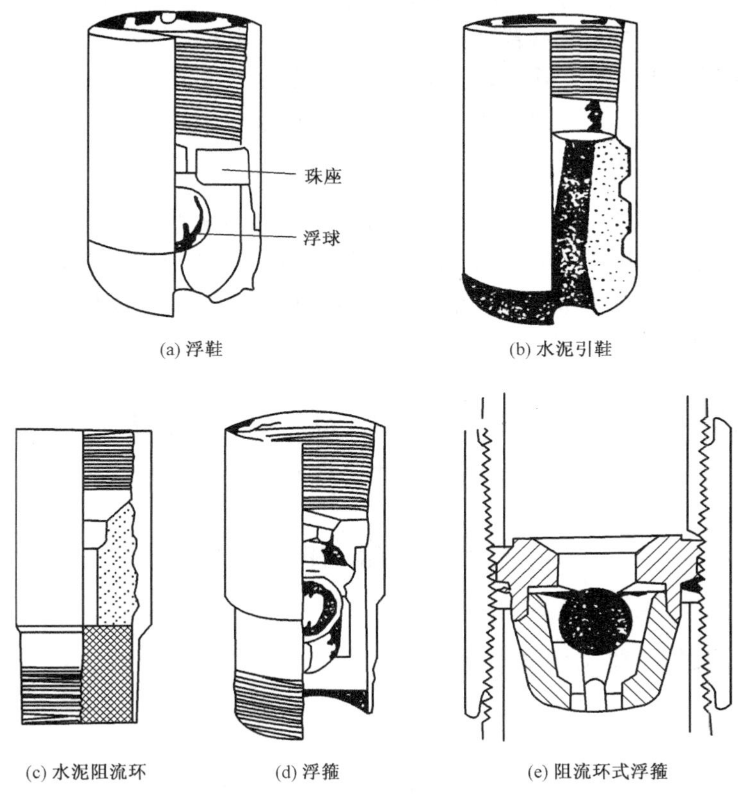

图 5－3　阻流环、浮箍、浮鞋及引鞋

常用的引鞋有三种，即引鞋、浮鞋和差压灌注鞋。

引鞋上的孔口，能够让钻井液和水泥浆等液体从中自由流通。浮鞋中有个回压阀，它允许钻井液和水泥浆从套管鞋内流出，从而阻止流体从井底流入套管内。当钻机的承载能力不能完全承受管柱重量时，其作用是能使套管“浮”在井中。

(二) 回压阀

回压阀也称浮箍，如图 5－3 所示，使用浮箍的主要作用是在注水泥结束后，挡住水泥浆回流，以保证套管外水泥浆的上返高度；其次是在下套管过程中阻止钻井液流入套管内，以减轻套管柱的重量。浮箍类型有：浮箍、差压充满浮箍及带挡圈（承托环或阻流环）的浮箍。注水泥浮箍与套管柱一起下入井中，并接在第一根或第二根套管接头的顶部。为保证套管鞋处环空水泥环质量，使管内有一定容积储存被污染的水泥浆，浮箍一般安放在距管鞋 20～30m 的位置。

(三) 套管扶正器

套管扶正器安装在套管柱的外面，起到扶正套管的作用，使套管在井内居中，保证管外水泥环厚度均匀。常用扶正器是弹性扶正器，其结构如图 5－4 所示。

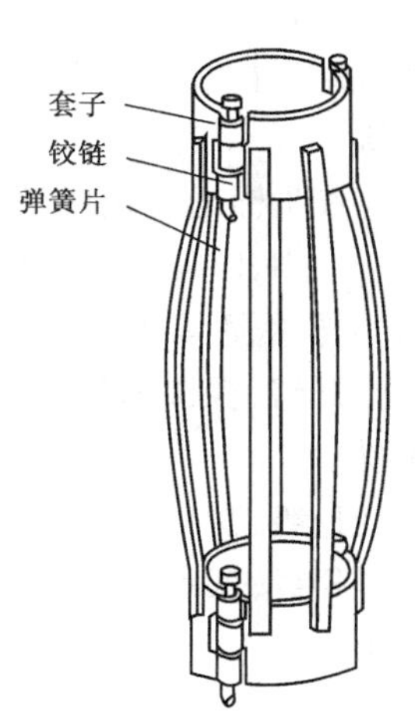

图 5－4　套管弹性扶正器

（四）磁性定位套管

以磁性定位套管作为标准，用磁性定位的方法，测出油层部位套管接箍的位置，为油层准确射孔提供依据。磁性定位套管和普通套管在结构上是一样的，只是比普通套管短一些；一般用3～4m的短套管接在油层以上，距油层顶部20～50m的生产套管上。在磁性测井曲线中，套管接箍处会出现峰值，因此该短套管容易与其他套管相区别。

（五）联顶节

联顶节实际上是一根具有严格长度的短套管。它是用来在下套管后到固井作业结束之前，悬挂套管柱的套管短节。选用适当长度的套管短节可以使套管柱下到预定的深度和得到标准的套管井口高度——连接高度，从而满足安装防喷器和采油树时对井的高度的要求。

联顶节在转盘面以下的长度称为联顶节方入。联顶节方入要保证四通、防喷器等井口装置安装拆卸的要求。

上述套管柱附件由下而上一般顺序是：引鞋（或浮鞋，包括套管鞋）＋回压阀（或称浮箍，包括阻流环在内）＋扶正器、泥饼刷（刮泥器）＋联顶节。

第三节　油 井 水 泥

一、油井水泥的分类和水化作用

（一）油井水泥的分类标准

由于油井水泥的工作环境是在地下，温度高、压力大，条件比较复杂，而且需要在地下存在很长时间，是与普通建筑水泥不同的特殊种类的水泥。

API标准把油井水泥分为9个级别：A，B，C，D，E，F，G，H，J。我国标准也按API标准分为9个级别，并分为普通型（O）、中抗硫酸盐型（MSR）和高抗硫酸盐型（HSR）3类。我国油井水泥还保留温度系列的标准，分为45℃，75℃，95℃和120℃四种油井水泥。我国制定的油井水泥国家标准，基本上接近了API规范。

除以上外，还有不属于分类中的特种水泥，主要有：火山灰水泥、火山灰石灰水泥、树脂水泥（塑料水泥）、石膏水泥、柴油水泥、膨胀水泥、铝酸钙水泥、高铝水泥、胶乳水泥、高寒水泥等。

API标准规定了油井水泥9个级别系列的注水泥深度范围：

A，B，C级，深度范围0～1828.8m，温度26.7～76.7℃。其中A级无特殊性能要求，B级属中热水泥，C级属早强水泥。

D级，深度范围1828.8～3050m，温度76～127℃，属基本水泥加缓凝剂，用于中温中压条件。

E级，深度范围3050～4270m，温度76～143℃，属基本水泥加缓凝剂，用于高温高压条件。

F级，深度范围3050～4880m，温度110～160℃，属基本水泥加缓凝剂，用于超高温高压条件。

G级和H级，深度范围0～2440m，温度26.7～95℃，是两种基本水泥，当掺入促凝剂或缓凝剂后，能适应较大范围变化的井深和温度条件。

J级，深度范围3600～4880m，温度49～166℃，只有普通型。使用外加剂后，能适用更大压力温度变化范围。

（二）油井水泥矿物成分及水化反应

油井水泥属于硅酸盐类水泥，它的主要原料是石灰石、黏土和少量铁矿石。在生产时，把它们按一定比例混合磨碎，做成生料，然后在1450℃的高温下煅烧，生成一种以硅酸钙为主要成分的熟料，再加少量的石膏磨细，成为油井水泥。

1. 水泥熟料主要成分

水泥熟料主要由以下4种矿物组成：

（1）硅酸三钙（C_3S）：$3CaO \cdot SiO_2$ 占40%～60%，水泥石强度主要由它形成，特别对早强水泥（1～28d）强度起主要作用。早期强度要求高的水泥含 C_3S 量较高。

（2）硅酸二钙（C_2S）：$2CaO \cdot SiO_2$ 占15%～35%，是缓慢水化矿物，使水泥石强度逐渐增加，持续时间长。

（3）铝酸三钙（C_3A）：$3CaO \cdot Al_2O_3$ 占6%～15%，是促进水泥快速水化的化合物，是决定水泥初凝时间和稠化时间的主要成分。它对硫酸盐敏感，所以对硫酸盐含量高的井所使用的水泥，C_3A 含量不得大于3%。

（4）铁铝酸四钙（C_4AF）：$4CaO \cdot Al_2O_3 \cdot Fe_2O_3$ 占8%～10%，含量增高会使水泥石强度降低。

2. 水化作用

油井水泥与水混合后，水泥中各种矿物分别与水发生水解和水化反应，某些水化产物还能发生二次反应。水化反应不断进行，水泥浆物理性能将随之发生变化，从开始调配水泥浆到形成一定强度的水泥石可分为三个阶段：

（1）胶溶期：水泥遇水后，水泥颗粒表面发生相溶解和水化反应，水化产物浓度迅速增加，达到饱和状态时，便有部分水化产物以胶粒或小晶体的形式析出，形成溶胶体系。

（2）凝结期：水化由颗粒表面向深部继续发展，胶态粒子大量增加，晶体开始互相连接，逐渐聚凝成凝胶结构，水泥浆失去流动性。

（3）硬化期：水化过程继续深入发展，大量的晶体析出，并相互连接起来，使胶体形成紧密连接的结构，水泥的结构强度明显增加，并逐渐硬化，形成微晶结构的水泥石固体。

二、水泥浆物理性能及调节

固井时，要把水泥浆送到几千米深的套管环空，要求水泥浆具有良好的流动性，在注水泥途中不会凝固；注到预定位置以后，则要求尽快凝结硬化，形成水泥石。由于井下情况复杂，且地层和井下情况差别很大，对水泥浆性能中主要物理性能，如密度、稠化时间、失水等要进行测定，根据具体情况要进行调节，以保证固井施工安全及固井质量。

（一）油田现场对水泥浆性能的具体要求

（1）能够根据要求配成所需密度的水泥浆，不发生沉降并具有良好的流动度，适宜的初始稠度，且均质和不起泡。

（2）容易混合和泵送，分散性要好，摩擦阻力要小。

（3）流变性好，顶替效率高。

(4)在注水泥、候凝和硬化期间应保持所需要的物理性能及化学性能。

(5)满足所要求条件下的稠化时间和抗压强度。

(6)具有一定的稳定性,具有抗地层水的腐蚀能力,水泥浆在固化过程中不受油、气、水的侵染。

(7)失水量要小,固化后不发生渗透。

(8)具有足够快的早期强度。

(9)具有足够大的套管、足够的水泥和足够的地层间的胶结强度。

(10)能够满足射孔强度要求。

(二)水泥浆的性能

1. 密度

与其他物质的密度定义一样,单位体积的水泥浆质量称水泥浆密度。油田现场一般用钻井液密度秤测定水泥浆密度。油井水泥干灰密度为 3.15g/cm^3,正常水泥浆的密度为 1.78 ~ 1.98g/cm^3。现场由于地层承压能力不同,所以对水泥浆密度有较大范围的要求。低于正常密度的称为低密度水泥浆,高于正常密度的称为高密度水泥浆。

通常配制低密度水泥浆的方法有两种:采用膨润土(黏土)或化学硅酸盐填充剂和过量水;采用低密度添加剂材料,如火山灰、玻璃微珠或氮气等。

超低密度水泥浆的主要代表类型是泡沫水泥及微珠水泥。泡沫水泥的密度范围是0.84 ~ 1.32g/cm^3,微珠水泥的密度范围是 1.08 ~ 1.44g/cm^3。

配制高密度的水泥浆用得更多的方法是加入加重剂,加砂可得到密度为 2.16g/cm^3 的水泥浆,加重晶石可得到密度为 2.28g/cm^3 的水泥浆,加赤铁矿可得到密度为 2.4g/cm^3 的水泥浆。

2. 失水

与钻井液的滤失类似,水泥浆中的自由水在压差作用下,通过井壁渗入地层的现象称为水泥浆的失水。

水泥浆大量失水,将会使之急剧变稠,其流动性大大降低,从而造成注水泥浆时憋泵,甚至发生“打实心套管”的事故。此外,大量自由水渗入地层有可能造成堵塞油气通道的危险,严重时还会造成自由水沿环空上返形成一条向上窜的通道,影响水泥石的密封性和强度。因此,在保证施工安全的情况下,应尽量降低水泥浆的失水量。常用降失水剂有 CMC、膨润土、烷基磺酸钠等。

在压差为 6.9MPa、失水时间为 30min 时,不同作业类型,控制的失水量要求不同。套管注水泥推荐失水量控制在 100 ~ 200mL/min;尾管注水泥推荐失水量控制在 50 ~ 150mL/min;有效控制气窜推荐失水量控制在 30 ~ 50mL/min;油田施工中认为最佳失水量控制在 50 ~ 200mL/min。

3. 稠化时间

水与水泥混合后会逐渐变稠,变稠的速率称为稠度,用水泥浆稠化仪测定,单位为 Bc。稠化时间是指油井水泥浆在规定压力和温度条件下,从开始混拌至稠度达 100Bc 所需要的时间。现场施工设计规定,施工时间加 1h 为稠化时间。

初始稠度是指开始配浆后初期水泥的流动性能。API 标准要求在 15 ~ 30min 时间内,其稠度值小于30Bc。实际施工时，希望控制初始稠度在10Bc之内。稠度变化曲线可帮助判断水泥浆流动性能是否满足工艺设计的要求，现场控制在50Bc以内。

施工时，还应根据具体情况，加入缓凝剂、速凝剂来调整水泥浆的稠化时间。常用缓凝剂有CMC、单宁酸钠、木质素磺酸钙、铁铬盐等，常用促凝剂有氯化钙、水玻璃(Na_2SiO_3)等。

4. 流变性

水泥浆的流变性直接影响顶替效率，在固井过程中是非常关键的，可以通过添加各种减阻剂来改善水泥浆的流变性。

5. 水灰比

水与干水泥的重量之比称为水灰比，它影响水泥浆的密度。水灰比过小流动性差，泵送阻力大；过大将引起水泥颗粒下沉，析出大量自由水并聚集上窜，破坏水泥石的密封性和减小水泥石的强度。现场常用的水灰比为0.5左右，配成密度为1.78～1.98g/cm^3的水泥浆。

(三)水泥浆凝固后的性能

1. 水泥石的抗压强度

API标准采用油井水泥试验的抗压强度作为水泥质量的主要指标，它检验水泥力学性能更接近水泥环的实际受力情况。抗压强度与抗拉强度有比较稳定的比例关系。

水泥石的抗压强度应满足支承套管轴向荷载，承受钻井和射孔等的震击，承受压裂等未来施工造成的压力。

2. 水泥浆候凝时间

一般情况下，表层套管水泥候凝时间是12h(个别取18～24h)。技术套管水泥候凝时间为12～14h；油层套管的水泥候凝时间主要取24h。技术套管试压取4.1～10.4MPa；生产套管试压取4.1～10.4MPa。水泥候凝时间在现场取决于允许测声幅时间，当获得的声幅正常时，就可再次进行施工。

3. 高温条件下水泥石的强度下降

正常条件下水泥在井下凝固，继续水化时强度增加，但当井温超过约110℃后，经过一定时间后其强度值下降。温度越高，其强度衰退速度也越快。110～120℃衰退缓慢，230℃左右时一个月内造成强度破坏，310℃时在几天内就造成强度破坏，加入活性硅粉可控制强度下降。

第四节　下套管和注水泥

一、下套管

(一)下套管准备工作

1. 材料准备

要备齐按设计要求所需的各种合格的套管，并要进行严格的内径、外表及探伤、试压等检查；丈量好长度，按套管柱设计要求的钢级、壁厚顺序排列整齐，至少有3%的多余备用量。套管柱下部结构要仔细检查，油井水泥、添加剂等要准备充分。下套管前应按固井设计要求调整好井内钻井液性能，确保固井时油气层稳定，避免在水泥浆终凝前油气上窜。

2. 井眼准备

固井之前要通井，遇阻井段必须划眼，大排量洗井，清除井底沉砂或其他井下异物，以利于套管的顺利下入。

3. 工具准备

由于套管柱一般比钻杆的重量大，为保证安全，下套管前要对地面设备，包括井架基础、提升系统、钢丝绳、动力传动部分、刹车机构及洗井液泵等进行严格的检查，并准备好下套管用的吊环、吊卡、卡瓦、联顶节等工具。检查接箍，注意吊卡碰击引起端面破坏，宜用卡瓦式吊卡。检查厂家原配接箍端螺纹外露牙数，标准余牙不应超过 2 牙，否则应进行密封检查，超过 2.5 牙一般不应入井。

(二)下套管

下套管的工艺过程与下钻相似，要求司钻不猛起、猛刹。遇阻卡时，上提拉力和下放悬重不能超过该套管的受力允许范围。副司钻操作猫头要看得清、起步要稳、速度要匀、扣要拉紧，余扣不得多于一扣。对于深井套管柱，上扣时要求有一定的上扣扭矩。打大钳要一次成功，使钳牙均匀贴紧套管，不咬伤、咬扁套管。保证将套管按编号顺序下井，不能错号，否则有可能多下或少下套管根数，一旦注完水泥，就无法挽救，造成油井报废。拉套管上钻台时，要逐根给套管带上护丝，防止螺纹损坏。

总之，下套管时必须要起下平稳，不硬提硬压、不错号、不错扣、不损伤套管，井内不允许有任何落物，还要定岗负责观察洗井液出口情况，避免意外事故的发生。

二、注水泥设备

注水泥设备主要包括：水泥车、水泥混合漏斗、水泥分配器、水泥头、胶塞、储灰罐等。

(一)水泥车

水泥车是专门用来对油气井进行注水泥和其他挤注作业时使用的特种车辆。车上装有活塞式水泥泵、柱塞式水泵、小汽油机、计量水箱，并带有水泥混合漏斗、水泥浆混合池及必要的管线，如图 5-5 所示。

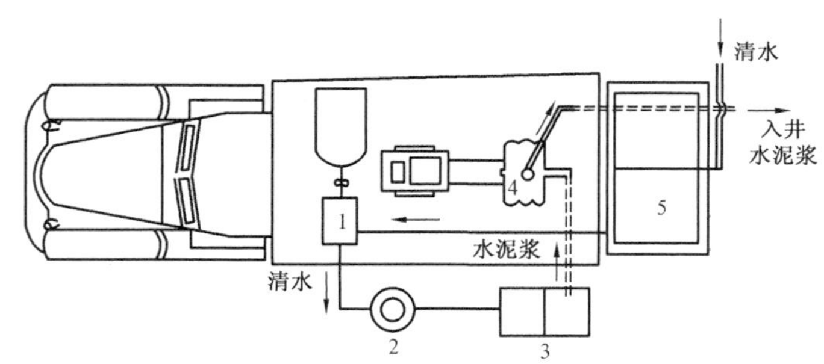

图 5-5　水泥车配水泥浆流程图

1—水泵；2—水泥混合漏斗；3—水泥浆小方池；
4—水泥浆泵；5—水箱

（二）水泥混合漏斗

水泥混合漏斗是把水和干水泥混合成水泥浆的设备，其结构如图 5－6 所示。水被柱塞泵高速吸入漏斗下方，在下面混合，并形成真空，把干水泥粉吸下去。吸入的干粉越多，配成的水泥浆密度越大。

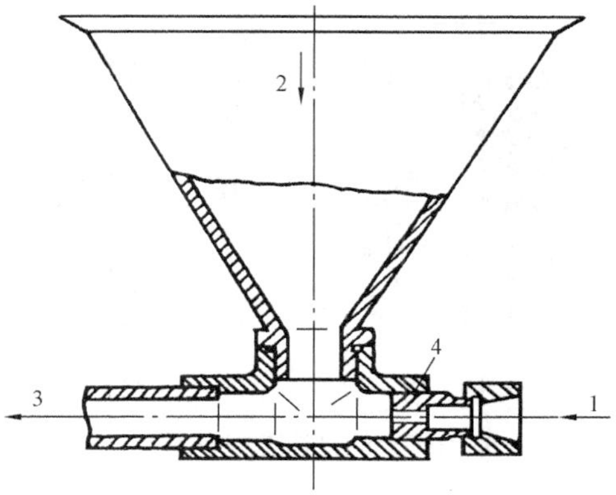

图 5－6　水泥混合漏斗结构图

1—水；2—干水泥；3—水泥浆；4—喷嘴

（三）水泥分配器

各部水泥车泵送的水泥浆经过分配器汇集，然后注入井内。分配器装在水泥车与水泥头连接管线的中间。

（四）水泥头

水泥头是注水泥施工时把注水泥、替钻井液、顶胶塞等连接起来的一个管汇。水泥头体部装有压力表，用以观察注水泥过程中的压力变化。水泥头一般用套管短节制成，其结构如图 5－7 所示。

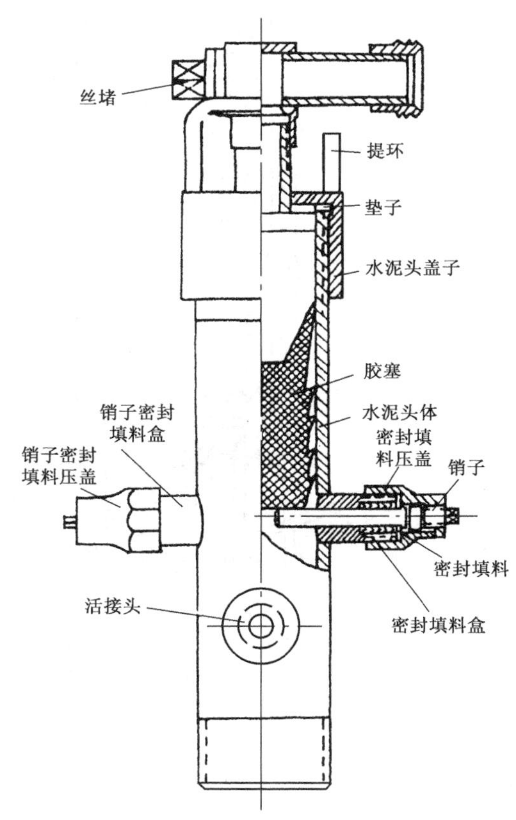

图 5－7　水泥头结构图

（五）胶塞

胶塞是用来替钻井液时，隔开钻井液与水泥浆，使之不互相混合；刮净套管内壁的钻井液，

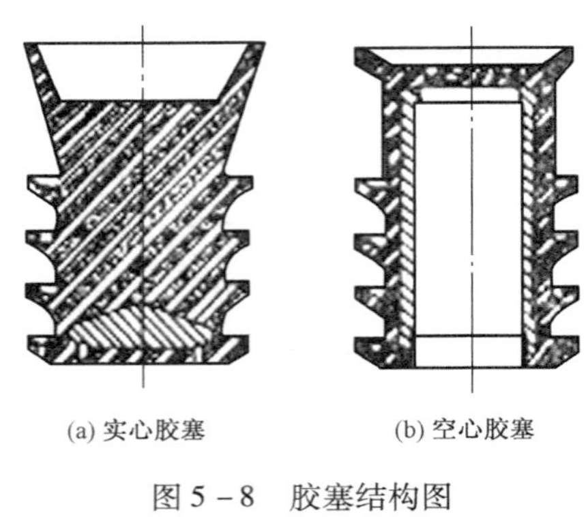

图 5－8　胶塞结构图

以免污染水泥浆；胶塞被推至浮箍时，泵压突然升高（即碰压），这是钻井液量替够的信号；保证套管内水泥塞长度和套管鞋附近注水泥质量。

胶塞有上、下两个。上胶塞是一个实心的柱形橡胶塞，外表做成皮碗状，皮碗外径稍大于套管内径，皮碗根部直径小于套管内径。上胶塞预先放在水泥头之内，顶替钻井液前用水泥车顶入套管内。下胶塞是一个中空的橡胶塞。在注水泥之前顶入下胶塞，它到浮箍处受阻，施工泵压增高，其上部橡胶膜将被顶破。胶塞结构如图 5－8 所示。

（六）储灰罐

如图 5－9 所示，储灰罐能储 30t 水泥。水泥干灰运到井场后通过进灰管线吹到储灰罐里。固井时，将井场储灰罐出口与气灰分离器和水泥混合漏斗相连。

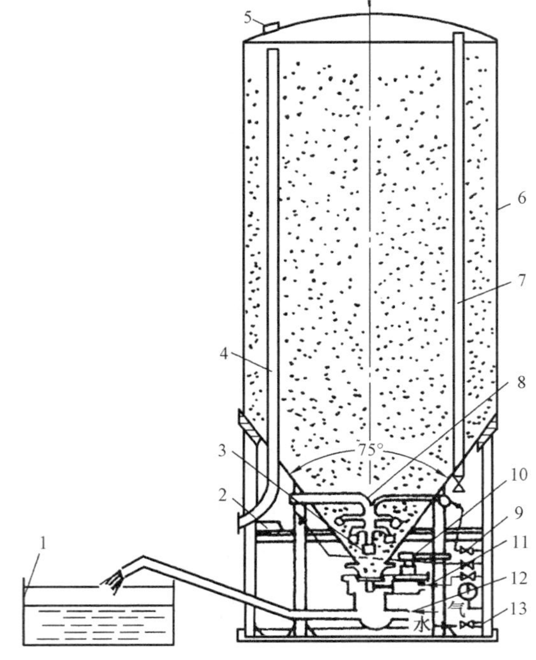

图 5－9　储灰罐结构图

1—小方池；2—吊耳销；3—底灰嘴；4—进灰管；5—检查孔；6—罐体；7—放空管；8—汽化管汇；9—气阀门；10—平面阀；11—平面阀扫灰嘴；12—混合器；13—进气管

三、注水泥施工工序

注水泥是一种一次性的施工过程，失败后不能够返工，只能采取一些补救措施来达到固井质量要求。

注水泥主要施工工序包括循环和接地面管汇→打隔离液→顶胶塞→碰压→候凝，如图5－10 所示。

(1)下套管至预定位置后装上水泥头,循环完井液,见图5－10(a)。

(2)打隔离液、注水泥浆,泵压逐渐下降,见图5－10(b)。

(3)压胶塞,开始替完井液,见图5－10(c)。

(4)替完井液后期泵压逐渐升高,见图5－10(d)。

(5)胶塞碰生铁圈,泵压突然上升,注水泥结束,见图5－10(e)。

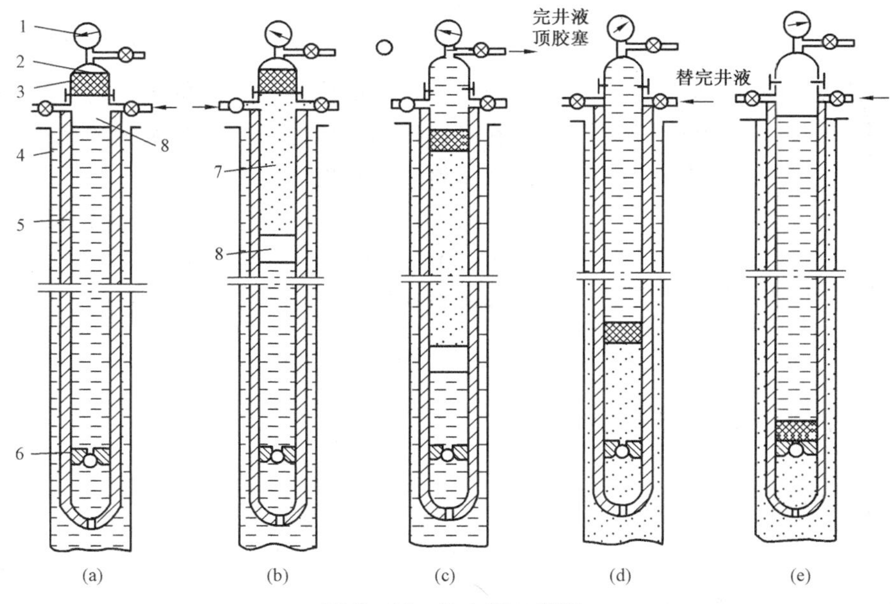

图5－10　注水泥工序图

1—压力表;2—水泥头;3—胶塞;4—完井液;5—套管;6—生铁圈;7—水泥浆;8—隔离液

四、注水泥施工要求

(1)明确各岗位操作要求及注意事项,保证施工正常进行。

(2)注替时的上返速度应符合设计要求,注入排量要均匀,时刻注意泵压变化及返出情况,发现异常情况应迅速采取措施及时处理。

(3)替钻井液量要精确,碰压时的最高泵压不得超过碰压前3～5MPa。若在注替过程中出现异常高压,还要降低碰压值或不碰压。

(4)清理工具、设备及井场,返出物和多余的水泥浆等应妥善处理,防止造成环境污染。

(5)终凝48h后,装井口卸联顶节前,先吊开原井口装置,在露出第一根套管接箍后应加以固定,以防套管下沉及卸联顶节时套管倒扣。

第五节　提高固井质量的措施

一、影响注水泥质量的因素

(一)注水泥质量的基本要求

(1)注水泥井段环形空间的钻井液应全部被水泥浆替走,即无窜槽现象存在。

(2)水泥浆返高和套管内水泥塞高度必须符合设计要求,不允许过高或过低。

(3)水泥环与套管和井壁之间有足够的连接强度,不能有所分离,能防止高压油、气、水窜漏,要能经受酸化压裂等后期施工的考验。

(4)水泥石能抵抗油、气、水等流体长期的侵蚀和破坏,要能够长期承受地下高压高温和地层化学环境等复杂条件。

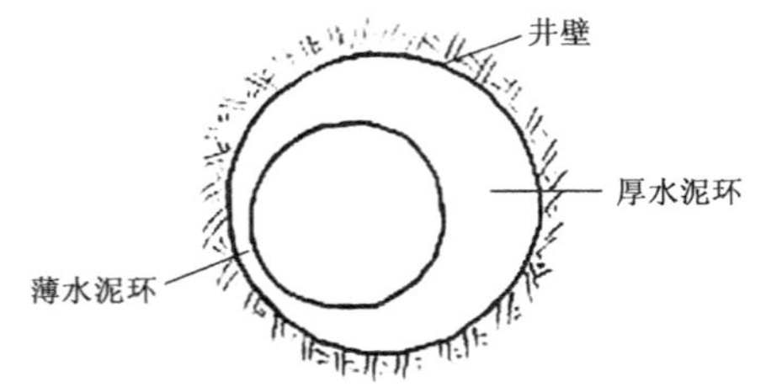

图5-11 套管不居中的影响

(二)影响水泥浆顶替效率的主要因素

(1)井眼偏斜造成套管在井眼内不居中,使水泥浆在环形空间形成如图5-11所示的情况,水泥环薄的部位将来容易破坏。

(2)水泥浆的上返速度过慢,顶替效率不好。

(3)水泥浆和钻井液的密度、黏度、切力等对顶替效率都存在影响。

(4)其他因素的影响。

二、提高水泥浆的顶替效率

(一)紊流顶替

尽量改变水泥浆的流动状态,采用紊流注水泥。紊流顶替由于流速高、水泥浆均匀推进,整个环空的钻井液比较容易被顶替出,使水泥浆达到紊流的上返速度一般为1.5~2.0m/s。高的上返速度有利于提高顶替效率,但将使流动压力增加,容易造成井漏或冲垮疏松地层、堵塞环形空间等,引发固井事故。因此,要求根据井下条件合理确定水泥浆上返速度,并且尽量避免层流顶替。

(二)打前置液

为改善水泥环质量,在钻井液与水泥浆之间注入一段前置液,按其性质分为冲洗液及隔离液。

冲洗液通常是在水中加入表面活性剂或用钻井液稀释混配而成的一种液体,主要作用是冲洗和稀释被顶替的钻井液。

所谓隔离液,是黏度、密度和静切力均可调节的黏稠流体。它主要用于隔离水泥浆和钻井液以及平面驱替钻井液,常用于塞流顶替注水泥设计。隔离液能避免钻井液与水泥浆直接接触,使水泥浆稠化,同时又能改善对钻井液顶替的效果。隔离液可分为黏性隔离液与紊流隔离液。注水泥与冲洗液同时进行时,隔离液用于冲洗液之后,水泥浆之前。

隔离液性能要不污染水泥浆、不促凝、不超缓凝、不腐蚀套管,润湿性能要好,保证能够润湿井壁和套管壁,能够清除油脂,高温稳定性好,失水量小,有防塌效果等。

(三)活动套管

上、下活动套管能破坏井壁泥饼,保证水泥环和地层紧密结合,防止油、气窜漏。上、下活动套管一般采用2min左右活动一次,行程4~6m。

旋转套管能产生同向牵引力，把窄边钻井液带到宽边，然后被水泥浆顶走。旋转套管速度以 15 ~ 25r/min 为好，见图 5 - 12。

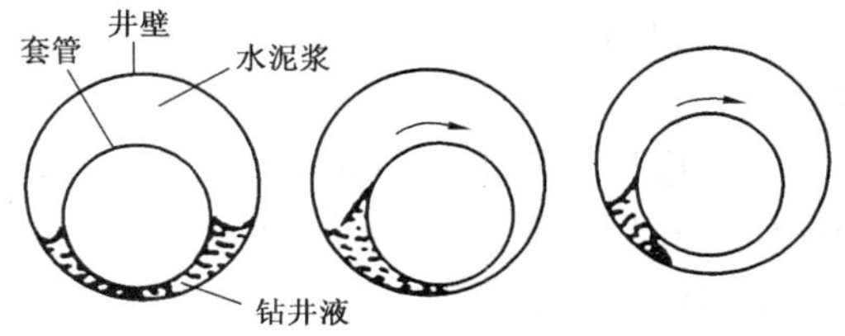

图 5 - 12 旋转套管对顶替效率的影响

（四）调整完井液和水泥浆的性能

在满足条件下尽可能降低完井液密度、黏度、切力，增加水泥浆的密度、黏度和切力，处理好钻井液性能。

（五）使用扶正器

在套管外加扶正器，使套管在井眼内居中，使水泥环薄厚均匀。

三、防止水泥浆凝固过程中的油、气、水窜

（一）引起油、气、水窜的原因

防止水泥浆凝固过程中的油、气、水窜的根本问题是压力平衡问题。

水泥浆在凝固过程中的失重是导致油、气、水窜的主要原因。水泥浆失重是指水泥浆柱在凝固过程中对其下部或地层作用的压力逐渐减小的现象。

井壁存在泥饼、水泥硬化过程体积收缩也是造成油、气、水窜的原因。

注水泥过程中，水泥浆失水形成泥饼、井内有未带出的岩屑、注水泥冲蚀下来的岩块以及水泥颗粒的下沉等，在渗透地层或小间隙井段形成桥塞，使得桥塞上部水泥浆柱压力不能有效传递，产生失重，导致油、气、水窜。

水泥候凝时，水泥颗粒下沉，自由水析出并聚集上窜，在水泥中形成纵向通道，油气进入水泥环置换自由水沿通道上窜。

（二）防止油、气、水窜的措施

（1）采用两凝水泥。油气层注入快凝水泥，上部注入缓凝水泥，当油气层段水泥凝固失重时，上部井段水泥浆仍保持原来液柱压力，克服了因失重造成的液柱压力下降。

（2）分级注水泥。第一级水泥返高在油气层以上 200 ~ 300m，第一级水泥凝固后再注第二级。第一级水泥凝固时，分级箍以上是完井液液柱，不会失重。

（3）减小水泥浆返高，增加完井液液柱长度。

（4）环空憋压候凝。注完水泥浆后，在环空憋一定的回压，增大对油气层的压力。

（5）使用特种水泥。使用充气水泥、非渗透水泥和膨胀水泥。

四、胶结质量

水泥石的韧性是保证井下水泥环长期封隔效果的主要性能参数。水泥石的抗压强度高，其脆性增大，水泥环缺乏足够的弹性，在井下高压应力反复作用下易脆裂，这一问题在定向井和水平井的弯曲部分井段更为突出。在小间隙、薄隔层和软地层固井中，水泥环也易受外力（射孔或后续增产措施）破裂而窜槽。影响胶结质量的因素很多，有水泥的类型、性能、套管表面状况、套管居中程度、井壁泥饼厚度等。

实际上，胶结质量不受抗压强度的影响，中等抗压强度（13.7 ~ 20.6MPa）的水泥石就能提供足够的环空密封，体积收缩小、韧性好的水泥石有助于更好的界面胶结。改善水泥

石的韧性是近年来国内外固井材料领域研究的热点。使用纤维材料是提高水泥石韧性的有效途径。

纤维增韧的作用机理在于:(1)纤维具有较高的抗拉强度;(2)纤维、水泥石体系具有较好的配伍性和较高的黏附性,能够形成高强度的水泥石;(3)纤维对水泥石结构缺陷中的裂纹形成屏蔽,从而提高水泥石的断裂韧性和抗冲击性能。

五、固井质量评价

(一)试压

安装好防喷器和有关装置后,关井试压。通过试压可检查水泥环密封质量,压力有明显下降,说明固井质量不好。中国石油和各油田内部都有相应的试压标准。

(二)测井

可根据声幅测井曲线来判断套管与水泥环的胶结情况。声幅测井是在候凝 24 ~28h 之间进行的。依据声波全波列测井可以分析水泥环质量及水泥环与地层的胶结情况。

注水泥施工质量不合格时要采取补救措施。水泥返高不够时,在套管与井眼的环形空间插入小直径管子补打水泥浆。套管鞋附近被替空水泥浆严重窜槽,要进行挤水泥作业进行补救。

六、固井水泥技术发展方向

国内裂缝性储层的油气储量约占总储量的 50% ,易漏地层的钻井和固井数量增加,提高了对水泥浆防漏堵漏的性能要求。小井眼、侧钻井、分支井和多底井钻井数量增多,提高了对水泥韧性的要求。高压气井、深井和调整井数量持续增加,提高了对油井水泥膨胀材料的要求。在国内未动用石油储量中,70% 为低压低渗油气藏,开发过程将对高性能、低密度水泥浆体系有更高的要求。随着含腐蚀性介质(如 CO_2)和稠油油藏开发力度的加大,深井、超深井数量增多,对抗温(高温 180℃)、耐腐蚀固井材料的需求增加。

第六节　特殊固井技术

习惯上把除了常规一次注水泥技术之外的注水泥方法都称为特殊固井技术。

一、内管注水泥

内管注水泥就是当大尺寸套管下至预定深度后坐定,从套管内再下入注替水泥的内管的方法。内管注水泥适用于井比较浅且是大井眼、大尺寸套管时,尤其在没有大尺寸胶塞,为了防止注水泥及替钻井液过程在管内发生窜槽、顶替钻井液量过大、时间太长,也用于防止产生过大的上顶力。内管注水泥可以保证水泥返至地面,常用于 339. 7 ~660. 4mm 的套管。内管注水泥装置见图5 -13。

当套管下至预定位置后,使管柱在井口固定,一般坐定于导管上,从套管内下入钻杆或油管,插入特制管鞋的引座内,通过钻杆或油管注替水泥。当替钻井液结束后上提内管,特制管鞋上的回压阀关闭,控制套管外水泥浆倒流。

二、尾管固井工艺

用钻杆把尾管管柱送到待封井段，其顶部悬挂在上一层套管内的套管柱上的固井工艺称为尾管固井。

使用尾管可以节约套管，减轻钻机负荷和降低施工压力，而且有利于保护油气层，解决深井、复杂井中常规固井无法解决的技术问题。尾管固井可以降低成本，是目前比较受欢迎的一种完井方法，在井身结构设计上广泛得到应用。

尾管顶部为悬挂器，悬挂在上层套管内壁上，悬挂重叠长度一般在 50 ~ 150m。

一般常用的尾管柱（串）结构是：引鞋 + 尾管鞋 + 几根套管 + 回压阀 + 1 根套管 + 生铁圈 + 套管 + 尾管悬挂器 + 钻杆。如果悬挂器没有反扣倒扣装置，悬挂器之上还应有一对正反扣接头。

尾管固井工具主要包括：浮箍、回压阀、胶塞、悬挂器、回接装置、脱挂装置、封隔器、短方钻杆、水泥头等。

常规尾管注水泥流程见图 5 – 14。

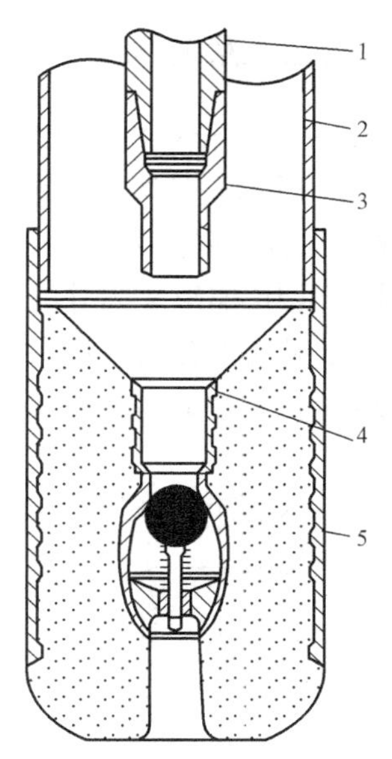

图 5 – 13　内管注水泥装置

1—内管，由钻杆送下；2—套管；3—内管插入接头（带有密封环）；4—内管插座套接合密封，该下端为回压阀装置，控制水泥浆回流；5—相当于浮鞋部分，为内管注水泥装置壳体

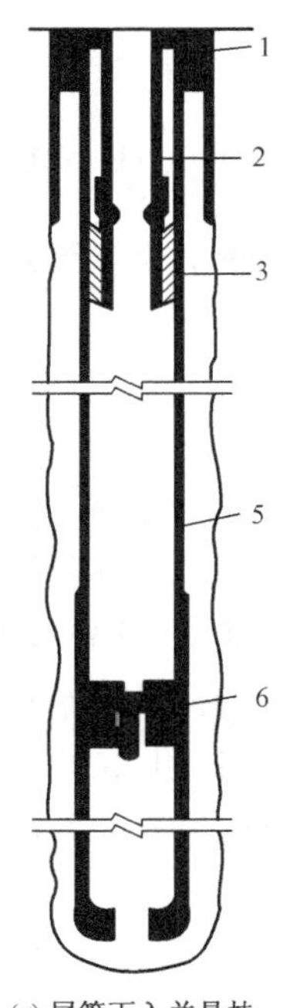

(a) 尾管下入并悬挂

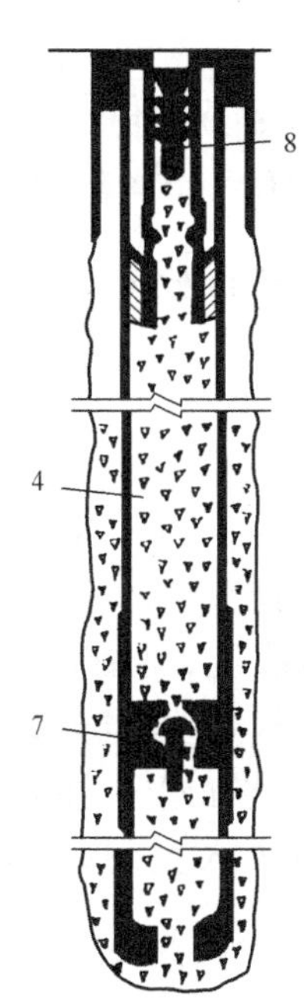

(b) 注水泥由钻杆胶塞顶替

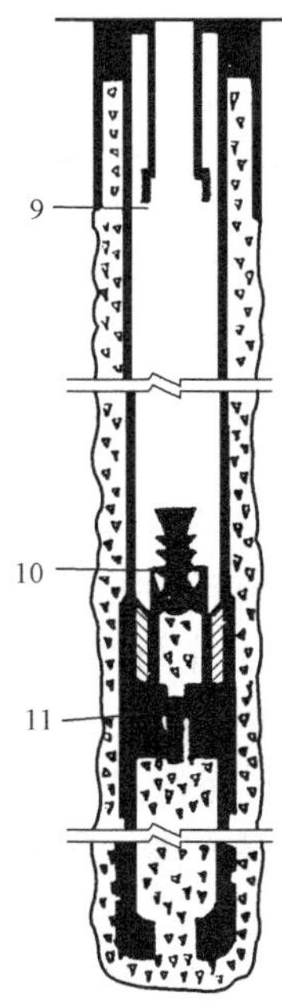

(c) 钻杆塞与中空胶塞结合并碰压

图 5 – 14　常规尾管注水泥流程

1—悬挂的外层套管；2—中心管；3—中空胶塞；4—水泥；5—尾管；6—浮箍（开）；7—浮箍；8—钻杆胶塞；9—中心管胶塞脱开；10—碰压；11—浮箍（关）

三、分级注水泥技术

一口井的注水泥作业可分为二级或三级完成。分级箍是分级注水泥的关键部件，其作用原理如图5－15所示。分级注水泥是先注下部井段的水泥，然后再注上段的水泥。

分级注水泥，可降低环空静液柱压力，从而不仅减少了注水泥作业发生井漏的可能性，而且降低了施工压力，缩短了固井时间；同时还可防止或能够减少水泥浆失重造成的油、气、水上窜现象，有利于提高固井的质量。此外，还可选择最佳井段进行水泥封固，节约水泥，降低固井成本，油田现场上大多采用二级注水泥。

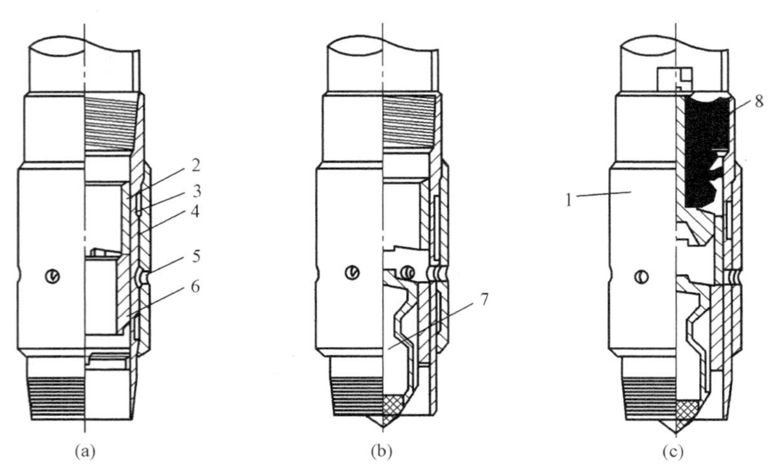

图5－15　分级箍作用原理

1—分接箍；2—上内套；3—液压孔；4—关闭套；5—注水泥孔；6—下内套；7—打开塞；8—关闭塞

常用的分级注水泥工艺有三种类型：正规非连续式双级注水泥、非正规连续式双级注水泥及三级注水泥。

（一）正规非连续式双级注水泥程序

正规非连续式双级注水泥流程见图5－16，图（a）为装置图，这种方法在油田现场使用得较多。具体做法是：当第一级按正常套管注水泥方法注完水泥并碰压后，井口卸压，证实下部浮鞋浮箍工作可靠，水泥浆不再回流，见图5－16（b）。再打开分级箍注水泥孔眼，可进行第二级注水泥工序，见图5－16（c）。当分级箍孔眼打开恢复循环，可依据井下情况，立即或延迟开始进行第二级注水泥工作。注水泥前可调整井下钻井液性能，按设计注入前置液及水泥浆，注水泥结束后置入关闭塞，碰压，并且使注水泥孔永久关闭，见图5－16（d）。

（二）非正规连续式双级注水泥程序

非正规连续式双级注水泥程序如图5－17所示。这种方法是：当一级水泥浆返至设计深度，按间隔量置入打开塞，随后注入二级水泥浆，见图5－17（a）。在第一级水泥浆被替到预计位置时，第二级水泥浆所推送的打开塞已打开分级箍上注水泥孔，见图5－17（b）。二级水泥浆由孔返出，按间隔量随之置入关闭塞，见图5－17（c）。由此，达到顶替出二级水泥浆并碰压

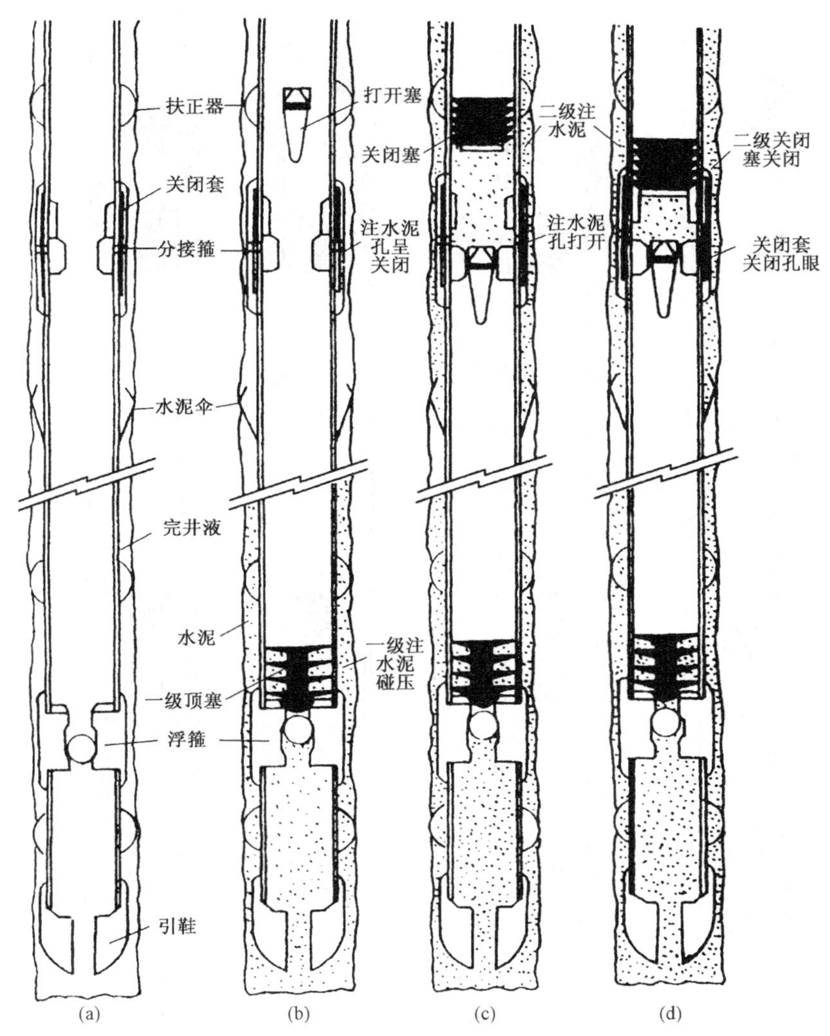

图 5-16　正规非连续式双级注水泥流程图

和关闭注水泥孔眼的目的,见图 5-17(d)。

非连续式与连续式在附件方面的差别主要体现在打开塞上,前者是重力式,置入后在钻井液中以自由落体形式下落至分级箍位置;后者由水泥浆推替至分级箍位置。

(三)三级注水泥程序

三级注水泥主要是在管串中设置两个分级箍,下分级箍的内滑套较上分级箍的孔径更小,一级注水泥使用有旁通作用的底塞,顶塞一般不碰压,靠控制替浆量掌握水泥塞高度。下分级箍的打开采取连续式打开塞,在二级水泥注替完,关闭下分级箍后,投入重力塞打开上分级箍注水泥孔,进行第三级注水泥。

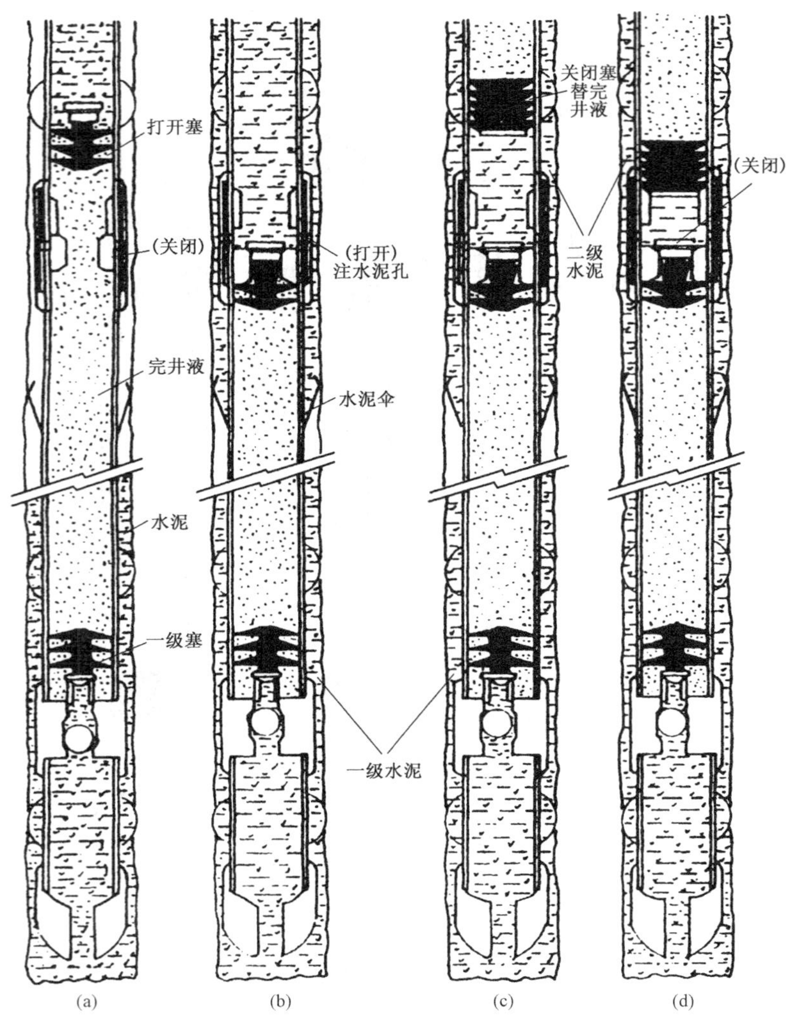

图 5－17　非正规连续式双级注水泥流程图

第六章　特殊钻井工艺技术

为了特殊目的而打破常规的钻井施工工艺称为特殊钻井工艺技术。由于特殊钻井要求的施工过程标准高、技术难度大、涉及范围广，因此越来越受到重视。

本章仅介绍取心钻井、侧钻技术、深井和超深井钻井技术及欠平衡钻井技术。

第一节　取 心 钻 井

取心钻井是利用特殊钻头，对井底岩石进行环状切削，形成圆柱体的岩心，然后从井内取出。

钻井取心可有效地取得研究地下岩层和储层的层位资料，直接了解地下岩层的沉积特性、岩性特征、地下构造情况，准确了解生油层和储油层特征，为油气田勘探开发提供基础数据。

在油气田勘探、开发各阶段，为查明储油、储气层的性质或从大区域的地层对比到检查油气田开发效果，评价和改进开发方案，每项研究步骤都离不开对岩心的观察和研究。

衡量取心钻井技术水平高低用岩心收获率来评价。其计算公式为：

$$\text{岩心收获率} = \frac{\text{实际取心长度}}{\text{本次取心进尺}} \times 100\%$$

此外，根据所采用取心方式的不同，评价指标还有岩心密闭率、岩心保压率和岩心定向成功率。岩心密闭率是指岩心密闭、微浸块数之和与岩心取样总数之比的百分数；岩心保压率是指地面实测岩心压力与井底液柱计算压力之比的百分数；岩心定向成功率是指岩心有刻痕标记的定向成功点数与总定向点数之比的百分数。取心钻进时，首先要保证较高的岩心收获率，在此前提下尽量提高钻速。

一、取心工具及其使用

(一)取心工具的组成

取心工具种类很多，基本组成包括三个部分：取心钻头、岩心筒及其悬挂装置、岩心爪，如图 6－1 所示。

1. 取心钻头

取心钻头用于钻取岩心。取心钻头环状破碎井底岩石，在中心部位形成岩心柱。岩心收获率的大小、钻进的快慢都与钻头质量和选择有关。取心钻头的结构设计要有利于提高岩心收获率。钻头钻进时应平稳以免振动损坏岩心，钻头外缘与中心孔应同心，钻头水眼位置应使射流不直射岩心处并减少漫流对岩心的冲蚀。钻头的内腔应能使岩心爪尽量靠近岩心入口处，这样可使岩心形成后很快经岩心爪进入岩心筒而被保护起来，同时可使割心时尽量靠近岩心根部减少井底残留岩心。

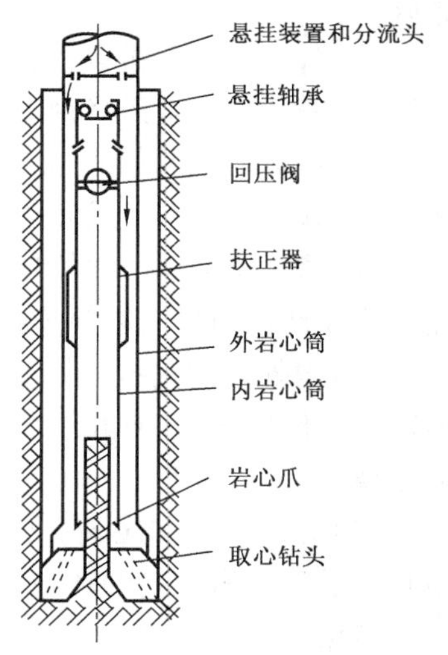

图 6－1　取心工具组成示意图

根据取心所钻地层不同,取心钻头分为牙轮、刮刀和金刚石几种类型,如图 6－2 所示。

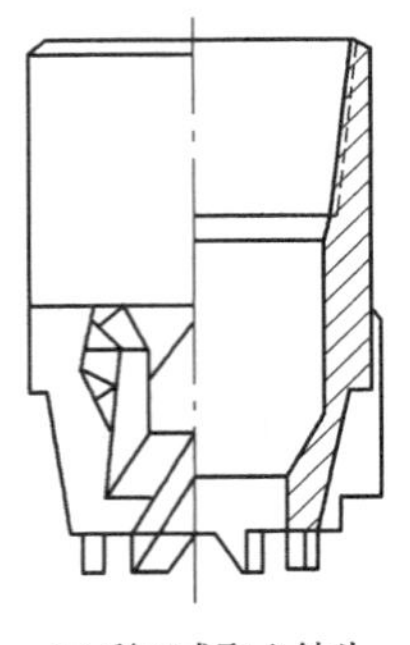

(a) 刮刀式取心钻头

(b) 牙轮取心钻头

(c) 金刚石取心钻头

图 6－2　取心钻头的种类

(1)牙轮取心钻头。牙轮取心钻头有四牙轮和六牙轮两种,牙轮取心钻头适用中硬及硬地层。因钻头结构关系的限制,岩心直径不能太大。

(2)刮刀取心钻头。刮刀取心钻头以切割方式破碎岩石。与全面钻进刮刀钻头相同,在刀刃部镶焊硬质合金,刮刀片对称均布在一个同心圆的环状面积上,钻头多制成阶梯状以提高钻进效率。

(3)金刚石取心钻头。其结构形式多样,适应地层范围较广,有天然金刚石取心钻头、人造金刚石取心钻头和聚晶复合片取心钻头。

2. 岩心筒及其悬挂装置

岩心筒及其悬挂装置包括内岩心筒、外岩心筒、内岩心筒悬挂总成、内外岩心筒扶正器和分流头及回压阀等部件。

(1)内岩心筒。内岩心筒的作用是接受、储存和保护岩心,防止岩心受钻井液的冲蚀和旋转钻具对其磨损与碰撞。为了使岩心顺利进入内筒,要求内筒内壁光滑、无弯曲和变形,并用悬挂轴承将其悬挂在外筒顶部。钻进时内筒不随外筒旋转,它一般由壁厚较小的无缝钢管制成。

(2)外岩心筒。外岩心筒上接钻柱,下接取心钻头,传递和承受钻压,带动钻头旋转和保护内筒,一般为优质无缝钢管制成。

(3)内岩心筒悬挂总成。内岩心筒悬挂总成包括悬挂轴承组和悬挂装置。目前常用的悬挂装置有螺纹式、销钉式和球座式三种。螺纹式悬挂是用螺纹将内岩心筒悬挂到外岩心筒顶部;销钉式悬挂是在对称的位置上用销钉将内外岩心筒连接起来;球座式悬挂是用钢球通过悬挂套等部件将内外岩心筒连接起来。

(4)内外岩心筒扶正器。一般取心工具的内外筒均装有扶正器。外筒扶正器可保持外筒和钻头工作平稳,并有利于防斜;内筒扶正器可保持内筒稳定,使内筒居中,岩心易于进入且不被偏磨。

(5)分流头及回压阀。分流头是装在岩心筒顶部的一个分水接头,其作用是使钻柱内的钻井液沿内外岩心筒的环隙下行。通常在分流头上还装有悬挂内筒的悬挂轴承。回压阀是装在内筒顶部的一个单流阀,用以防止钻井液自内筒顶部进入冲刷岩心,起到保护岩心的作用;同时,岩心顶部的钻井液还可以从阀处排出,保证岩心顺利进入岩心筒。

3. 岩心爪

岩心爪的作用是在取心钻进结束后用以割断岩心，并在起钻时承托已割取的岩心以防脱落。岩心爪有多种不同的类型以适应不同的地层及取心工具结构。其中包括：

（1）卡箍式：它的形状如圆箍，一圈开有数道缺口，把它分成许多瓣，每瓣内有数圈卡牙，适用于软及中硬地层，见图6－3(a)。

（2）卡瓦式：它由挂套、销轴、扭簧及卡瓦牙组成，适用于中硬及硬地层，见图6－3(b)。

（3）卡板式：它由外座、扭簧及片状卡板组成，适用于中硬及硬地层，见图6－3(c)。

（4）卡簧式：它适用于硬地层地质钻探，石油钻探取心使用较少，见图6－3(d)。

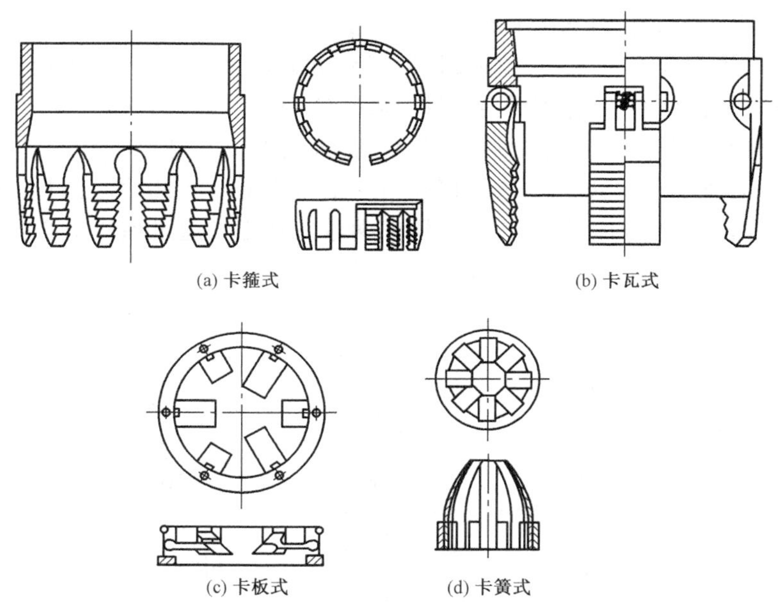

图6－3　岩心爪

（二）取心工具分类

（1）常用取心工具按工具结构可分为单筒取心工具和双筒取心工具。单筒取心工具无内岩心筒，双筒取心工具有内岩心筒和外岩心筒。

（2）按取心长度可分为短筒取心工具和中长筒取心工具。短筒取心工具一般钻进取心为一个单根长度以内，即取心钻进时不接单根。它的工具只含有一节岩心筒，结构最简单。此方式在任何地层条件下均可采用。中、长筒取心工具是指钻进中途要接单根的取心工具，可连续取心钻进几十米至上百米。它含有两节以上岩心筒，通常只有在地层岩石的胶结性与可钻性较好时才选用。

（3）按割心方法可分为加压式取心工具、自锁式取心工具和差动式取心工具。加压式取心工具割心时岩心爪需要外力直接加压、强迫收缩的工具，适用于松软地层。自锁式取心工具岩心爪不需要直接加压，靠自身结构通过提钻操作而收缩的工具，是一种应用较为广泛的工具。差动式取心工具割心时不用投球或外部加压，而是通过取心工具本身的结构特点，内、外筒产生相对位移，使岩心爪收缩，割包岩心。

（4）按取心方式可分为常规取心工具和特殊取心工具。常规取心工具对取心无特殊要求，是钻井取心中最常见的。特殊取心工具对岩心有一定的特殊要求，如防止污染岩心、保持井下原始状态、定向取心等。

此外，还有适合于破碎地层取心的橡皮套式取心工具（即取心工具中含有特制的橡皮筒，通过橡皮筒与工具的协调作用，能将钻出的岩心及时有效地保护起来的取心工具），用于井底动力钻具进行取心的工具等。

（三）常规取心工具及其使用

对岩心无特殊要求时常使用常规取心工具。

1. 机械式加压取心工具

机械式加压取心工具的特点在于取心工具上部连接一加压接头，其工作原理如图6－4所示。工具下钻时，加压钢球不装入。钻进时，钻压和扭矩通过加压接头和外筒总成传递给钻头钻取岩心，岩心通过岩心爪进入内筒得到保护，循环的钻井液经过悬挂总成的分水接头、内外筒环隙、钻头水眼而清洗井底，携带岩屑。当取心钻进结束加压割心时，上提钻具0.4～0.5m，使加压接头的滑动部分全部拉开，让加压接头的加压内球面位于加压中心杆的球座之上，待加压钢球分次投入钻具并入球座后，下入钻具压住钢球。其压力通过加压中心杆传递给内筒组合的承压座，使悬挂销钉被剪断。继续加压便使岩心爪沿钻头内斜坡收缩变形，从而割断并卡紧岩心，达到取心的目的。

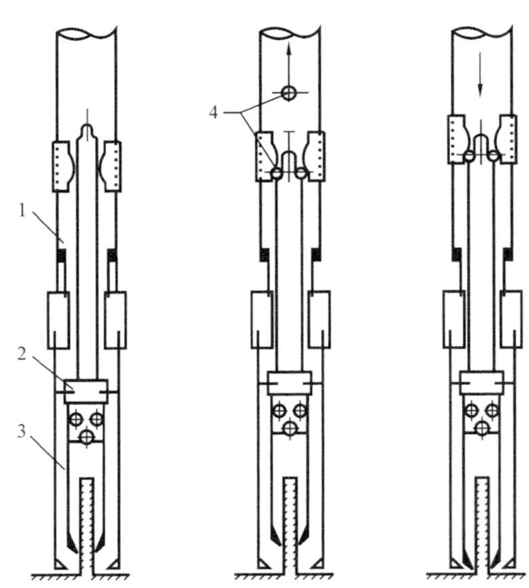

图6－4　机械式加压取心工具

1—加压接头；2—销钉；3—取心工具；4—钢球

2. 自锁式取心工具

自锁式取心工具是在中硬地层、硬地层中取心的基本工具，对岩心成柱性较好的地层也适用。

工具的结构一般由取心钻头、岩心爪、岩心筒组合和安全接头等部件组成。岩心筒组合也有内外之分：外筒组合包括外岩心筒、短节和稳定器；内筒组合包括缩径套、短节、内岩心筒和悬挂总成。安全接头下端内连悬挂总成，外接外筒组合。岩心爪内径小于钻头内径并放在缩径套内。

钻进取心时，岩心直径略大于岩心爪内径，两者之间始终存在摩擦力。当钻进结束上提钻具时，因岩心爪与岩心之间有摩擦力而相对静止，在缩径套随钻具上行的过程中，缩径套的内锥面迫使岩心爪收缩、自锁，最终卡紧并拔断岩心，达到取心的目的。

3. 中长筒取心工具

中长筒取心时，钻进中途需接单根，但在松软地层取心钻进过程中不允许钻头提离井底，此工具装有一滑动接头用于接单根，如图6－5所示。

(四)取心工艺

1. 准备工作

井眼必须清洁、畅通。保证井眼畅通，起下钻遇阻遇卡井段必须处理正常，保证井底清洁；出井钻头外径不得小于取心钻头外径，否则将用与取心钻头外径相适应的钻头通井。钻井液按设计要求处理其性能。了解地质预告取心井段的岩性情况及取心前的钻时、扭矩和钻井参数。

取心前，必须对绞车刹车系统、钻井泵、仪表、传动系统、动力系统、动力设备、钢丝绳等设备进行检查，确保设备能正常运转和工作，保证取心工作顺利进行。

检查安全接头的使用情况，应保证灵活可靠；取心工具必须严格丈量、计算和选配，组装后符合要求才能使用；稳定器外径不得大于取心钻头的最大外径，也不能小于取心钻头外径4mm；内外筒弯曲度不超过二千分之一，内外筒无咬扁、无裂纹、无严重环槽、螺纹完好；取心工具的辅助工具，如岩心钳、内筒卡盘、岩心爪、顶心胶皮等应配套；未入井的新取心工具应全面检查，涂油并紧扣。

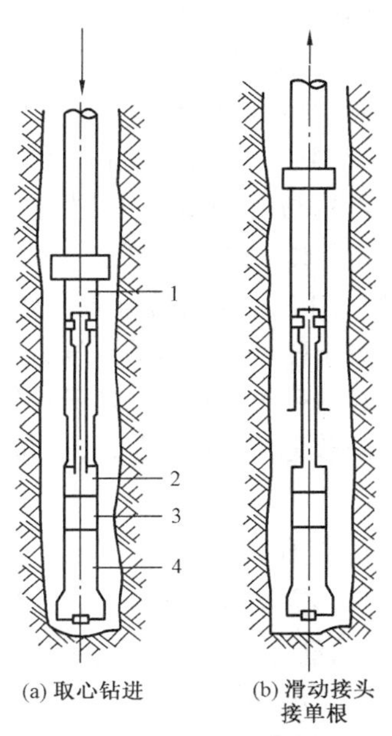

图6－5 中长筒取心接单根示意图
1—滑动接头；2—下接头；3—加压接头；4—取心工具

2. 取心工具的组装及下钻

1)组装

短筒取心工具应在地面组装好，上、下钻台应平稳，出入井口用游车提吊；无台肩的外筒出井口时必须使用安全卡瓦。长筒取心工具应在井口连接。内筒螺纹用链钳上紧；外筒螺纹用大钳按紧扣扭矩值要求上紧。

上(卸)取心钻头应用钻头装卸器，防止因碰撞而损坏取心钻头。取心钻头紧扣后，应检查内筒在取心钻头内是否能转动，否则应查明原因并整改。

2)下钻

下钻操作要平稳，严禁猛刹、猛放、猛顿。遇阻不超过50kN，经上下活动无效时，应循环钻井液，不硬压强下。钻头离井底最后一根单根应接方钻杆循环下入，如遇阻可轻压慢转划眼到底。严重遇阻井段，应下牙轮钻头通井，不能用取心钻头大段划眼。

3)取心钻进

钻进前实探井底，校对到底方入，循环15～30min后卸方钻杆投球，同时调好方入；投球10min后，校好灵敏表，按指令调好转速、泵冲数；正常后，下入钻具树心，转动并慢放钻具到井底试运转，待转动平稳，用10～30kN钻压树心；树心0.3m后，按每次10kN钻压逐渐加压到规定钻压；如果地层为特别疏松的砂岩，一开始就可加足钻压，无需树心。

取心钻进由正副司钻操作，均匀送钻，不能随意将钻头提离井底，注意各种参数变化，遇异常情况及时向钻井监督反映。

4）割心

如果取心钻进到达规定井深，就要进入割心阶段。目前国内采用的割心方式主要有差动式、机械加压式和水力推进式三种。

（1）差动式割心。钻完取心进尺，保持原悬重，停止送钻，原转速转动 15 ~ 20min，检查割心效果（采用不同高度、不同方向下放探查有无阻卡现象）。

（2）机械加压式割心。钻完取心进尺，确定投球方入（钻完进尺后停止送钻转动 5 ~ 10min 后方入），拉开加压接头、投球，加压剪销，上提割心，检查割心效果。

（3）水力推进式割心。钻完取心进尺，投球憋压、促使卡套下移，卡瓦或卡箍式岩心爪插入岩心，上提割心，检查割心效果。

对于砂泥岩互层段，避免在易水化剥落的泥岩段或松散砾石段割心，应选择钻速较快成柱性较好的砂岩段割心；对于较致密地层割心，应先刹住刹把磨一段时间，使岩心变细容易拔断；对于松散地层，快割心时，提前 1m 加大钻压 10kN，适当降低转数，使岩心变粗，但禁止干钻割心。

5）起钻和出心

割心完毕应及时起钻，如果在油气层井段，按井控工作细则进行。起钻操作平稳，不猛刹、猛顿，用液压大钳或旋绳卸扣，防止甩掉岩心。起钻过程中应及时向井内灌满钻井液。

岩心出筒，用岩心钳在钻台上进行。应有地质人员把住岩心出筒关，井队人员负责岩心出内筒，并按要求放置合适地点。

出完心，检查、保养岩心筒、轴承、易损件，确定岩心爪组合件和钻头是否需要更换，并重新组配好取心工具，以备下次取心。如果是最后一次取完心，就将外筒各螺纹拉松并进行清洗，平稳吊下钻台。

6）井下情况的判断及处理

钻时变化是判断卡心与否的重要依据。一般来讲，钻时增加到正常钻压的 1.5 倍时，应引起足够的重视，并进行综合分析和处理。若怀疑钻遇泥岩夹层，应与泥岩地层对比。可加密钻时记录进行分析，判断是否卡心。转盘负荷轻，扭矩小，几乎不波动，可能卡心。泵压忽高忽低，钻时为零，可能卡心。返出岩屑明显增多，可能卡心、磨心。一旦判断卡心，应果断割心起钻。

泵压升高，或是钻头底面磨损，或是流道被堵，或是内筒串松扣引起轴向间隙减小；泵压下降，应怀疑循环短路。无论哪种症状，都应立即起钻。

二、特殊取心工具及其使用

（一）密闭取心工具

密闭取心就是用密闭液将钻取的岩心迅速保护起来的取心技术。通常在油田开发过程中，为检查油田注水效果、了解油层水洗情况及油水动态需要取心时采用该方式。它适用于砂岩油田的各种地层。

密闭取心工具根据割心方式的不同，也分为加压式和自锁式两种，前者适用于松软地层密闭取心，后者主要适用于中硬—硬地层密闭取心，对岩心成柱性较好的软地层也适用。

1. 加压式密闭取心工具

加压式密闭取心工具的结构与加压式常规取心工具基本相同，其不同点在于：

(1)整个内筒是密闭的，里面装满了密闭液，上端用丝堵密封，无回压阀，既保证了密闭液不从顶部溢出，又可防止钻井液侵入；下端装有密闭活塞，取心前由销钉将其固定在钻头进口处，以防密闭液流出。

(2)内筒的悬挂总成中无轴承，而是通过销钉将内筒挂在外筒上。两者无相对运动，因此岩心筒简称为“双筒双动式”结构。

(3)取心钻头多采用斜水眼，且偏向井壁，以保证钻出的岩心不受钻井液污染。

(4)岩心爪比钻头内径大 10 ~ 12mm。

2. 自锁式密闭取心工具

如图 6 -6 所示，自锁式密闭取心工具与加压式密闭取心工具相比，除了去掉加压装置采用自锁岩心爪外，不同处还有以下几点：

(1)内筒组合与外筒组合采用螺纹连接，简单、可靠(仍为双筒双动结构)。

(2)内筒顶部采用浮动活塞结构，以消除井内液柱压力对工具密封性能的影响。在下钻过程中，工具密闭区内外的压力能自动保持平衡，从而使其适用井深增加。同时，也使钻头处的密封活塞基本不受力，有效地避免了因取心前专门大荷载剪销操作对取心钻头的冲击。

(3)钻头全部采用斜水眼结构。

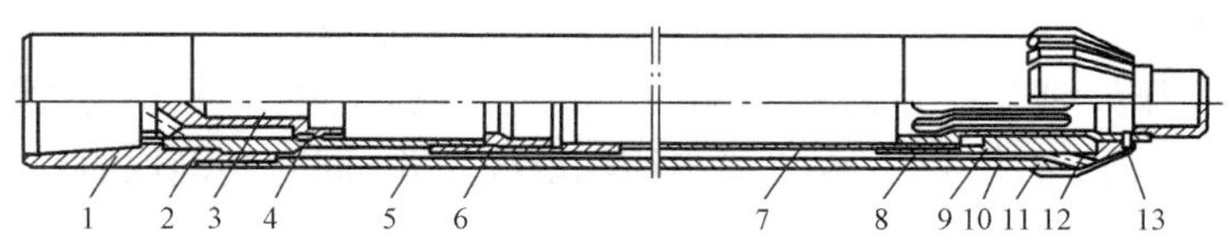

图 6 -6　自锁式密闭取心工具结构图

1—上接头；2—分水接头；3—浮动活塞；4—Y 形密封圈；5—外筒总成；6—限位接头；7—内筒总成；8—密封活塞；9—缩径套；10—取心钻头；11—岩心爪；12—O 形密封圈；13—活塞固定销

3. 作用原理

取心钻进前，在钻井液中加入示踪剂——硫氰酸铵(NH_4SCN)，开泵循环，使其分散均匀且含量达到规定要求。然后将工具缓慢下到井底，逐渐加压。由于活塞头伸出钻头一段距离，所以在钻头接触井底之前，活塞上的固定销钉先被剪断，整个活塞上行，筒内的密闭液开始排出，并在井底逐步形成保护区，从而为密闭岩心做好准备。取心钻进时，岩心不断形成，并推着活塞上行。由于内筒上端是密封的，则密闭液就被进入筒内的岩心挤压下行，经过岩心柱与内筒的环隙等体积排出，并连续不断地黏附在岩心柱表面，形成一层保护膜，从而达到保护岩心不受钻井液污染的目的。

密闭液也称保护液。它是一种高黏度、黏附性强、流动性好、无触变性并具有化学惰性的高分子液体。根据配制的不同分为油基型和水基型两种，油基型密闭液应用得较多。

由于密闭取心不可能做到绝对禁止钻井液浸入岩心，因此为了准确判断和精确计算岩心密闭率，取心前在钻井液中加入了示踪剂。当岩心受到钻井液污染时，示踪剂也必然浸入岩心。这样，通过分析测定岩样中示踪剂含量的多少，就可测出岩心的密闭率。将达到密闭要求的岩心进行含水饱和度分析，从而最终达到确定岩心原始含油饱和度的目的。

4. 使用要求

密闭取心工具在使用与操作上除了与常规取心工具的使用一般要求相同外，还有以下几点不同：

(1)钻井液的 API 滤失量不大于 3mL，密度应控制在近平衡钻井所要求的范围内。

(2)在钻达取心层之前，要进行一次“基值”取心，即在钻井液中不加示踪剂、工具中也不加密闭液的条件下，为确定地层对显色剂的原始显色数值(基值)而进行的一次常规取心。

(3)在定“基值”取心后，进入取心层位之前，在钻井液中加入示踪剂，工具中加入密闭液，至少要进行一次试取心。

(4)正式取心下钻时，将密闭液加热到 50℃左右，在井口向内筒缓慢灌入，要保证内筒中的空气同时排出。当液面至分水接头水眼位置后要静待 5min，保证灌满。对加压式工具，应将带密封圈的丝堵上紧，装加压中心杆，连接加压接头。对自锁式工具应将平衡活塞装入分水接头。

(5)下完钻开泵循环时，按规定数量均匀地向钻井液中加入示踪剂。加药时间不少于一个循环周，使其在钻井液中的含量达到(1 ±0.2) kg/m^3，并要求分散均匀，以连续 4 个检查测值符合规定时为合格。

(6)取心钻进时，应先将钻头放到井底加压 100kN，剪断密闭活塞上固定销钉，然后调整钻压至 20kN，启动转盘。在钻进 0.3m 的时间内将钻压由小逐渐调整到正常值。

(7)起钻后若下雨，则岩心不能出筒，并不得将工具提出井口，同时还要保持井眼灌满钻井液。岩心正常出筒时，要求在 2h 内完成出筒和取样工作，同时要确保岩心不与水接触。

(二)保压密闭取心

保压密闭取心是指采用特殊的取心工具和取心工艺，使钻取出的岩心仍保持它在地层压力状态条件下的一种取心方式。通常在砂岩油田的开发后期，为准确求得储层流体饱和度、储层压力等资料时采用该方式取心。

其使用要求可参照常规加压式取心工具和密闭取心工具使用要求。

(三)定向取心

定向取心是指采用定向取心工具和相应的工艺技术，钻取岩心并确定其在原地层的方位。其目的是了解地层的倾角、倾向、走向以及地层及裂缝的产状、裂缝分布规律等，为制订开发方案提供依据。

定向取心工具由岩心筒和测斜仪器两大部分组成。定向取心工具、测斜仪和无磁钻铤必须配套，其性能应满足使用要求。浅井段定向取心可选用磁力多点照相测斜仪，深井定向取心选用电子多点测斜仪，测斜仪必须处于无磁钻铤中部。

根据井深、地层选择相适应的取心钻头和岩心爪，工具和仪器入井前要按规定进行认真检查，悬挂接头、内筒、连接套、岩心爪座依次连接，正确装配。

下钻时，取心工具上、下钻台应平稳吊升或下放。下钻操作要平稳，应在延迟启动时间前 40min 下完钻具，循环钻井液，清洗井底；在延迟启动时间前 5min 连续转动钻具，同时校对指重表。

钻进时先低速转动并慢放钻具到井底试运转，待转动平稳后，再树心，然后逐步调整到正常的取心参数钻进。取心钻进送钻要平稳、均匀，若地层软硬变化或发生蹩跳钻应及时调整取心参数，直到获得最佳取心效果。取心钻进中无特殊情况，不停泵、不停转，钻头不提离井底。取心钻进时，随时观察钻时、钻压与转盘扭矩的变化，发现异常情况果断处理。

应根据地层预告和钻时，尽可能选择在岩心成柱性较好的地层割心，割心操作要平稳，严禁猛提、猛放。一般层割心应匀速上提钻具，指重表显示岩心被抓牢，继续上提直至岩心断，即可起钻。

起钻操作平稳，用液压大钳或旋绳卸扣，起钻过程中，应连续向井内灌满钻井液。正常情况下，测斜仪应随起钻取出，特殊情况可用打捞矛单独捞出。测斜仪取出后，及时阅读定向参数（井斜角、方位角、标记方位角）。取心结束，凡用大钳旋紧的外筒螺纹必须卸松再吊下钻台。岩心出筒及时除去岩心表面的钻井液，茬口对准，依序摆放，丈量岩心，计算岩心收获率。

三、提高岩心收获率

影响岩心收获率的因素是多方面的，包括地层因素、岩心直径、取心钻进参数和井下复杂情况等。

一般来说，提高岩心收获率要制订合理的取心作业计划，正确地选择取心钻头和取心工具，工具在下井前应仔细检查；制订合理的取心钻进参数，严格执行操作技术规范，并认真总结经验，不断提高取心工艺技术水平。

第二节　侧钻技术

定向侧钻是在已钻主井眼内，按预定方向和要求侧钻一口新井的工艺过程。根据侧钻方法可分为套管开窗侧钻和裸眼侧钻。套管开窗侧钻又分为套管锻铣和斜向器开窗侧钻。

一、侧钻的目的

遇到井下事故无法处理或不易处理时，如井内有复杂的井下落物、严重的大井段卡钻、套管严重损坏、油层坍塌砂埋等，常采用定向侧钻技术。

为经济有效勘探开发油气藏，采用定向侧钻技术。利用原井眼侧钻开发新区块，可大幅度提高油井产量，减少投资，充分利用老井；利用原井眼钻斜井、水平井、多底井，增加油层渗滤面积，扩大开采范围，提高油井的产油能力和油田的采收率。

侧钻取心可以取得油田勘探开发所需的地质资料，用于发现新产层或新区块，也可用于评价开发区块的开发程度。

二、侧钻位置的选择

对于裸眼侧钻，侧钻段应尽可能选择稳定而易钻的地层，利用原井眼已有台肩（井径由大变小处）或井斜变化转折处，以利造台肩侧钻。

对于套管开窗侧钻，侧钻开窗部位以上套管必须完好，应无变形、无漏失、无穿孔与破裂等现象；侧钻开窗部位必须在套管损坏部位 30m 以上，以利于侧钻中有一定的水平位移，而避开原井眼；尽量选择固井质量好、井斜小、地层硬的井段开窗，以使其有一个稳定的窗口；开窗侧钻点要避开套管接箍和扶正器位置；对于老井开窗侧钻加深，开窗位置应选择在原射孔层位以下部分，避免原开采层位高压层的影响。

对出砂严重和严重漏失的井，侧钻长度与倾角均应加大。在开窗位置选定后，为保证侧钻效果，水平位移必须大于出砂与窜漏的径向范围。

在上述原则确定的基础上，进行严格的通井、试压、分析井史与电测资料，发现不合适的地方，应随时研究修改侧钻方案。

三、裸眼侧钻技术

当井很深，卡点在钻头或钻铤上，用倒扣方法处理很费时间，可采用爆炸法将未卡部分钻具起出，侧钻新井眼。

侧钻前应选择好侧钻点，侧钻段有效厚度一般不小于50m。为了保证水泥塞的质量，要求水泥塞顶部高出侧钻点10m左右，并充分候凝。如果在洗井液中悬空注水泥塞，应考虑加承托液垫底和留有适当的下沉距离（钻井液10～15m，高黏度洗井液4～6m）。

也可以用井底动力钻具定向侧钻，其钻具组合一般采用：井底动力钻具+弯接头+钻铤（1～3）根+钻杆。侧钻时尽量不改变原井眼的方位，以减少复杂情况。为保证以后顺利钻进，造斜尽量平缓，一般控制在小于或等于1°/10m。开始侧钻要轻压，适当的小排量，送钻速度要慢、要均匀，以保证钻头切削上井壁造出台肩。如重压、快速则易滑回老井眼，造成侧钻失败。凭返出岩屑、水泥占的百分比和提钻阻力等判断井眼是否形成。若已形成新井眼，则可逐渐增大钻压，恢复正常钻进。

四、套管开窗侧钻技术

套管开窗侧钻，即在套管某一深度下入并固定一个导斜器，利用其斜面的导斜作用，采用铣削工具在套管上定向铣出一定长度的窗口（其孔为椭圆形），然后定向侧钻出分支井的钻井工艺。这种工艺技术是油田勘探开发过程中提高探井成功率和油气采收率，增加产能的重要手段。

侧钻的目的不同，侧钻方式也不同，常见的有自由侧钻、斜向器侧钻和斜向器定向侧钻三种。自由侧钻对侧钻位置没有特殊要求，对新井眼的方位和井斜也没有太具体的规定，一般只要求侧钻时与老井眼有一定距离即可。自由侧钻常用于套管严重错断无法补接的井中，或油层部位井斜方位变化较大和复杂落物事故井。斜向器侧钻是在侧钻部位固定一个没有方位的斜向器，铣锥依靠斜向器导斜开出窗口，其方位也是不确定的。斜向器定向侧钻和斜向器侧钻基本相同，只是需要斜向器定好方位后再下铣锥开窗，侧钻井眼。其侧钻井眼方位取决于斜向器的定向方位，目前应用较为广泛。

（一）套管开窗侧钻工具

1. 通井规

通井规实际上是用大于导斜器外径和长度的钻铤改制的一种通井工具。它的作用是对下导斜器的井眼进行通径，以检查套管是否变形。只要它能顺利下入，导斜器也能顺利下入，便可保证施工的安全。

2. 导斜器（定斜器、斜向器）

导斜器是一个带一定斜面，具有一定强度和一定几何形状的圆柱体，是开窗侧钻的关键工具，在侧钻过程中起到造斜、导斜和定向的作用。目前，矿场使用的导斜器断面形状有平面和弧面两种,如图6-7所示。平面导斜器开窗时负荷小、定向较弱、窗口不太规则;而弧面导斜器开窗时负荷大、定向性强、窗口较规则。目前常用的导斜器有以下三种。

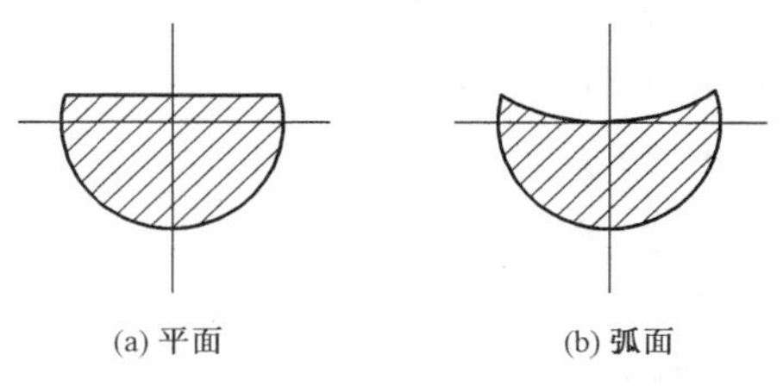

图6-7　导斜器

1)插杆式定斜器

插杆式定斜器的特点是制造简单、加工方便、成本低、对井况适应性强;不足之处是起下钻次数增加,受水泥浆初凝时间限制而只适用于浅井。其送斜器、定斜器及连接形式如图6-8所示。使用过程中根据油层套管内径选择定斜器尺寸,原则上定斜器外径应小于套管内径8~12mm。

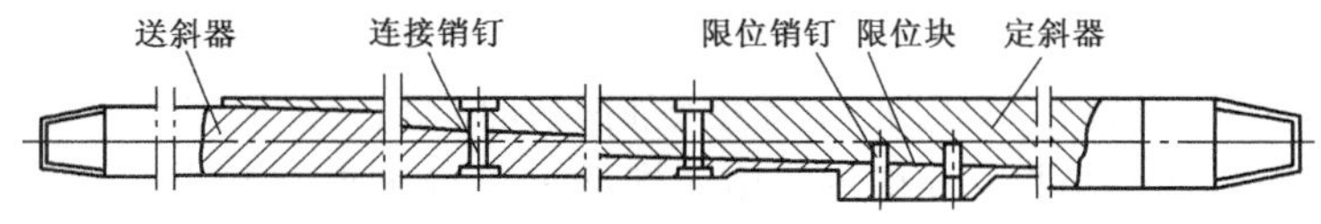

图6-8　插杆式定斜器

送斜器斜度和形状与定斜器相同,用销钉与定斜器连接。其作用是将定斜器送至预定深度,然后利用钻具的重力剪断与定斜器连接的销钉,实现分离并起出。

插杆式定斜器尾部结构的主要作用是固定定斜器,使定斜器在侧钻的全过程中不发生上下左右位移。目前常用的是带有钻孔的长度为6~8m的钻杆或油管,周围呈螺旋状地焊上一定尺寸的钢筋,用水泥浆将尾部结构内外固死,达到牢固固定定斜器的目的。

由于该定斜器无循环通道,因此要先注水泥浆,起出管柱后再将定斜器送到预定位置,待水泥浆凝固固定。

2)插管式定斜器

插管式定斜器、送斜器的作用和技术要求与插杆式基本相同,不同的是在送斜器、定斜器中间留有可以循环的通道。将可循环的插管式送斜器送到预定位置后,可以进行洗井、注水泥等。因此,使用这种定斜器是将定斜器送到预计井段直接注水泥浆,然后利用钻具的重力剪断并与定斜器分离,起出送斜管柱候凝固定。插管式定斜器一般用钢材制造。其特点是可缩短施工周期、提高效率、安全可靠,适用于中深井,但制造较复杂、成本高。

3)封隔器固定式定斜器

封隔器固定式定斜器有机械坐封式和爆炸坐封式两种。

机械坐封式固斜装置主要由封隔器、丢手接头、插入接头、定斜器和送斜器组成。其作用原理是利用封隔器双向卡瓦坐封于套管开窗的下部位置,达到密封油层和支撑定斜器的目的。采用机械坐封式固定定斜器可节省施工周期,且技术先进、作业安全可靠,适用于任何井深,但加工制造较复杂。

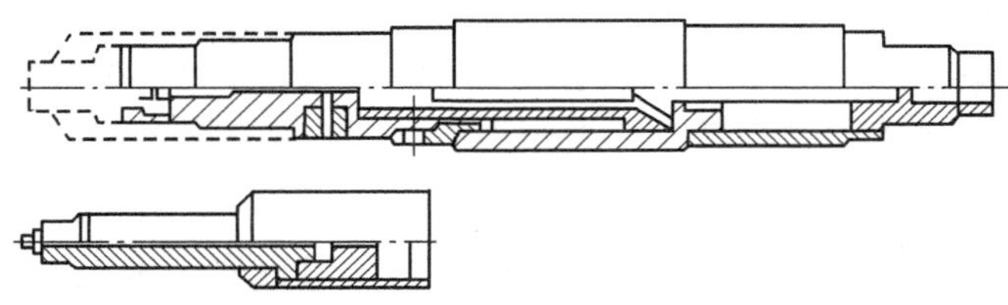
图6-9　爆炸坐封式定斜器

爆炸坐封式的封隔器送入时不需管柱，采用电缆送入封隔器至预定位置，爆炸坐封。这种封隔器可节约时间，定位准确，适用于任何井深坐封，其结构如图 6-9 所示。

4）地锚固定式定斜器

地锚固定式定斜器由地锚和定斜器两部分组成。先将地锚总成下入井内预定深度，注水泥浆后投尼龙球，泵入顶替液，在一定压力下剪断悬挂销钉，活塞下行裸露出悬挂钢球，起出中心管关井候凝；然后将定斜器总成用送斜器下入井内预定深度，慢探至地锚接头处，慢转慢下钻具，此时筒体内的引鞋可寻到锚管；再下放钻具，筒体内键槽与嵌装在锚管外的定向键对接，卡瓦与锚管上端锯齿形牙对接，剪断销钉，起出送斜器。地锚结构如图 6-10 所示。

5）液压固定式定斜器

将送入管柱下到预定深度后投球，钢球把销钉碰断后落在球座上，开泵。当压力升到一定时，先把上活塞的定位销钉剪断，活塞向上移动推动上锥体剪断上锥体定位销，随着上锥体不断向上移动，上卡瓦牙张开卡在套管壁上，然后继续升压；当压力增加到一定值后剪断下活塞定位销，下活塞推动下锥体使下卡瓦张开，卡在套管壁上。下移同时也将锁紧球座的定位销剪断，锁紧球座下移，钢球裸露。停泵后，上提入井管柱，剪断连接斜轨和斜轨卡子的螺栓，提出斜轨卡和送入管柱。液压式斜向器具有施工周期短、坐挂可靠性高、不易出现斜向器上下滑动及扭转现象等优点，其结构如图 6-11 所示。

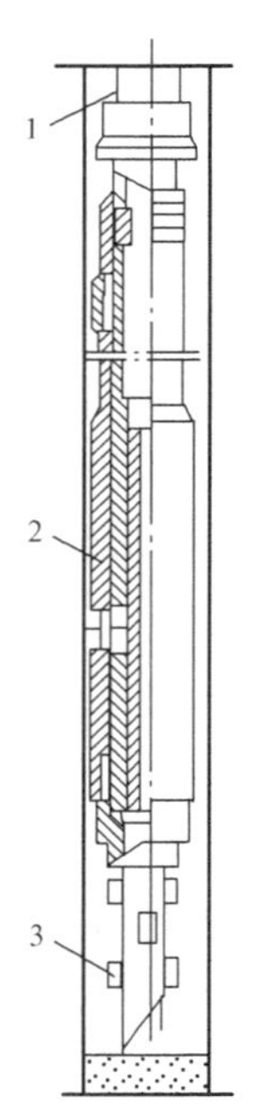

图 6-10　地锚结构示意图

1—上接头；2—锚定总成；3—尾管

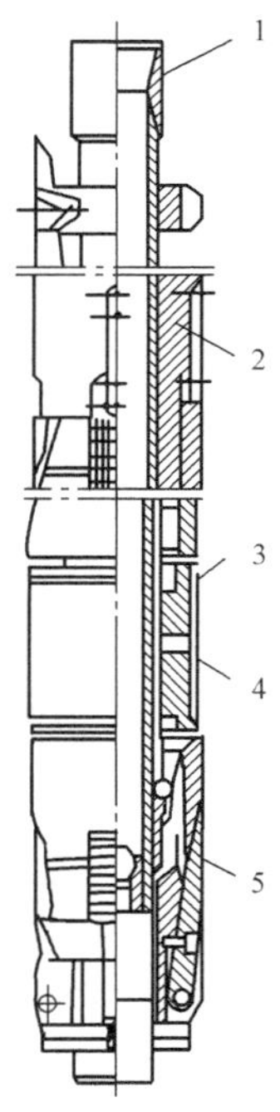

图 6-11　液压固定式定斜器

1—送入部分；2—定斜器；3—锁紧机构；4—活塞推动部分；5—坐卡部分

除以上定斜器外，还有一种一体式定斜器开窗工具，可以实现坐挂、开窗一次完成。但其结构较为复杂，可靠性降低。

3. 开窗磨铣工具

各种形状的开窗磨铣工具的结构如图 6－12 所示。

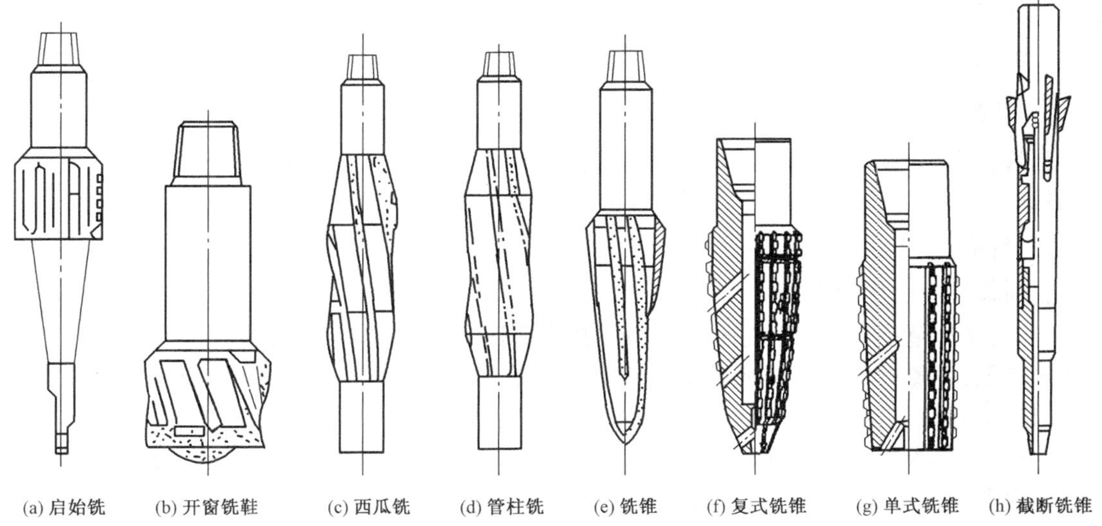

图 6－12　开窗磨铣工具

(1)启始铣。启始铣是专用于套管内开始磨铣套管的工具。下井时,用钻柱将启始铣带着定斜器一起下入,使定斜器坐于封隔器上。一旦定斜器被锚定后,加入一定压力同时利用钻柱自重剪断螺栓,在转盘的驱动下启始铣便可磨铣套管。

(2)开窗铣鞋。开窗铣鞋底面略凹,而中心隆起,像个盘子。凹边的作用是有助于使铣鞋处于磨铣套管状态,保证铣鞋的磨铣作用。一般用它沿定斜器铣完后再铣入地层 1～2m。

(3)西瓜铣。西瓜铣随同开窗铣一起下井,其中间部分为最大直径,长度约 0.25m,两头锥形部分各为 0.25m 左右。西瓜铣紧接在开窗铣鞋之上,其作用是在铣出的套管窗口上加长窗口的顶部,修光开窗时留下的毛口,使窗口加长、平滑。

(4)管柱铣。管柱铣与西瓜铣非常相似,其刀刃部分长度也相近,仅仅是中间部分的刀刃较长,而两头的锥形部分较短。一般情况与铣锥或刚开始钻进时的钻头同时下井,目的是最终加长并修磨窗口。

(5)铣锥。铣锥具有长而尖的鼻锥,一般与管柱铣一起下井,作为最终修光前面遗留的任何棱角或毛口之用,也可以用于铣去遗留在定斜器底部的套管突出部分、变形套管等。

(6)复式铣锥。复式铣锥采用优质钢做本体,工作面镶焊硬质合金刃或用碳化钨焊成,是铣穿套管的主要工具。复式铣锥主要由四级不同锥度的锥体组成,自上而下锥度逐渐增大。最下一级锥体称为引子,其作用是引导铣锥铣进,防止提前滑出套管。当铣进到导斜器斜面与套管的间隙小于引子直径的位置时,引子就不再起引导作用。第Ⅲ级刀刃长度最长,是向下磨铣套管的主要段。第Ⅱ级锥体斜度与定斜器斜度基本相同,其作用是稳定铣锥扩大窗口。第Ⅰ级锥度为零,主要作用是修整窗口。

(7)单式铣锥。单式铣锥的钢体工作面镶焊硬质合金,刀刃排列合理,利于切削。在复式铣锥开出窗口以后,用单式铣锥继续加长窗口。其作用是修整窗口,使其光滑规则,便于下步工作进行;主工作面是底部刀刃,侧面锥度与导斜器斜面一致,可沿导斜器斜面加长窗口至最低位置。

(8)截断铣锥。截断铣锥是一种简单的水力工具。使用时，将截断铣锥下入预定开窗的位置后，泵入的修井液在活塞两端形成的压差迫使活塞下移，将刀臂挤开，开始切割套管。套管切割开后刀臂达到扩张时的极限位置，此时逐渐加压开始磨铣套管。磨铣过程中，承受的机械荷载几乎全部加在连接磨鞋与本体刀臂的铰链上。

开窗结束后，用平底磨鞋磨碎，再用磁铁打捞器打捞金属屑。

(二)套管侧钻开窗方式

套管开窗技术经过不断研究和完善，在开窗机理、技术、工具、操作等方面都有了很大进展。目前，常用的两种开窗方式分别为斜向器开窗和锻铣开窗。

1. 斜向器开窗

斜向器开窗的优缺点为：

优点：使用范围广，能适用于大井斜角、套管损坏井和多层套管井；磨铣铁屑量少，钻井液性能要求低；开窗后不需要打水泥塞候凝；成本低，周期短；工具加工简单，可重复使用；井眼条件要求不严。

缺点：原井眼为直井时，用陀螺确定斜向器方位；井斜不小于5°时，用陀螺或有线随钻测斜仪确定斜向器方位；出窗后定向易受磁干扰；斜向器坐封必须牢固，在整个钻井过程中窗口处容易引起事故。

2. 锻铣开窗

锻铣开窗的优缺点为：

优点：锻铣后可在任意方向侧钻；使用工具较少，只需下一趟锻铣工具或更换刀片即可；工艺简单，不需修磨窗口。

缺点：磨铣铁屑量大且形状大，清除困难，影响后续施工；稍有不慎刀片被卡造成卡钻，处理困难；成本高，锻铣段长时，频繁起下钻更换刀片，影响周期；锻铣后打水泥塞候凝，水泥强度要求高，钻水泥塞后才可侧钻。

(三)斜向器套管开窗侧钻施工程序

套管开窗侧钻施工程序如图6－13所示。

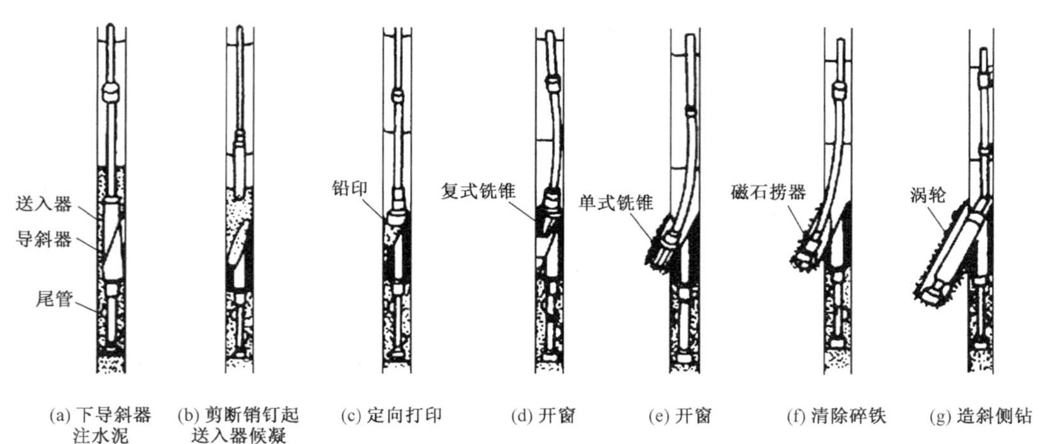

图6－13　套管开窗侧钻施工程序示意图

确定窗口位置主要依据侧钻目的层的深度、水平位移、工具的侧钻能力、套管质量等确定。另外，要求窗口处套管完好，避开接箍，地层稳定。

根据设计，在窗口以下打水泥塞 80 ~ 100m，封隔下部地层，防止地层流体互相串通，并作为承托斜向器的坚固井底。

为了便于斜向器组合能顺利下入，必须用大于斜向器外径和长度的通井规通井，并充分清洗井眼。起钻前，按剪断铜螺钉的力量加压求钻杆的压缩距。

上部套管试压，掌握上部套管的承受压力和完好程度，为下尾管固井试压打下基础。

下斜向器并固定。斜向器与送入器的连接铜螺钉必须预先作剪切强度试验，不合格者不得下井。下斜向器到预定井深后注水泥浆，要求水泥浆返至斜向器顶部以上 10m。

加压剪断铜螺钉后，继续加压压紧铅楔，然后上提钻具 10m，循环冲出多余的水泥浆，起钻候凝 3 ~ 5d。

套管开窗。钻水泥塞至斜向器以上 0.5 ~ 1.0m 处，用梨形铣锥（该铣锥外径最大部分不焊碳化钨粉，主要用于钻水泥塞防止磨损套管）继续钻水泥塞至斜向器顶部以下 0.2 ~ 0.3m。然后对斜向器定向打铅印，以校核斜向器斜面的实际倾斜方位。下复式铣锥开窗，铣进至最大铣进长度前换单式铣锥。

用复式铣锥反复修整窗口后清理井底。

侧钻斜井眼的工艺技术与定向钻井相同，但是必须控制起下钻速度并经常检查钻具的磨损情况。

第三节　深井和超深井钻井技术

对于油气井而言，深井是指完钻井深为 4500 ~ 6000m 的井；超深井是指完钻井深为 6000m 以上的井。由于深井、超深井钻遇地质情况复杂（诸如山前构造、高陡构造、难钻地层、多压力系统及不稳定岩层等，有些地区也存在高温、高压效应），井下复杂与事故频繁，建井周期长，工程费用高，从而极大地阻碍了勘探开发的步伐，同时增加了勘探开发的直接成本。深井、超深井钻井技术是保证勘探和开发深部油气资源必不可少的关键技术。

深井、超深井钻井技术问题主要包括：复杂深井井身结构及套管柱优化设计、深井高效破岩及钻井参数优选技术、深井用系列高效钻头、深井钻井装备以及其他配套技术在深井中的应用等问题。

一、复杂深井井身结构及套管柱优化设计

（一）井身结构设计

传统的井身结构设计方法对生产井和探井没有区分，都是自下而上进行设计，这种设计可以使所设计的套管层次最少，每层套管下入的深度最浅，节省成本。对于深井钻井，尤其是深探井钻井来说，一般对所钻地区的情况掌握不清，要切实保证钻达目的层、提高深井钻井的成功率，就必须有足够的套管层次储备，以便一旦钻遇未预料到的复杂层位时能够及时封隔，并继续钻进。但目前的套管、钻头系列有限，只能有两到三层技术套管，只能封隔钻井过程中的两到三个复杂层位。因而，希望每一层套管都能尽量发挥其作用，希望上部裸眼尽量长些，上部大尺寸套管尽量下得深一些，以便在下部地层的钻进时有一定的套管层次储备和避免小井

眼完井。

自上而下的设计方法能很好地体现上述想法，可以使设计的套管层次最少，每层套管下入的深度最深，从而有利于保证实现钻探目的，顺利钻达目的层位。

自上而下的设计方法的基本过程是：根据裸眼井段必须满足的约束条件，首先从地表开始向下确定表层套管的下入深度，然后向下逐层设计每一层技术套管的下入深度，直至目的层位。裸眼井段必须满足的约束条件均为：

$$\rho_{\mathrm{mmax}} = \max\{(\rho_{\mathrm{pmax}} + S_{\mathrm{b}}), \rho_{\mathrm{cmax}}\} \tag{6-1}$$

$$(\rho_{\mathrm{mmax}} - \rho_{\mathrm{p}i}) H_i \times 0.089 \leqslant \Delta p \tag{6-2}$$

$$\rho_{\mathrm{mmax}} + S_{\mathrm{g}} + S_{\mathrm{f}} \leqslant \rho_{\mathrm{f}i} \tag{6-3}$$

$$\rho_{\mathrm{mmax}} + S_{\mathrm{f}} + \frac{S_{\mathrm{k}} H_{\max}}{H_i \leqslant \rho_{\mathrm{f}i}} \tag{6-4}$$

即

$$\rho_{\mathrm{mmax}} + S_{\mathrm{f}} + \frac{S_{\mathrm{k}} H_{\max}}{H_i} \leqslant \rho_{\mathrm{f}i}$$

式中 i——计算点序号，在设计程序中每米取一个计算点；

ρ_{mmax}——裸眼井段的最大钻井液密度，g/cm³；

ρ_{pmax}——裸眼井段钻遇的最大地层孔隙压力系数，g/cm³；

S_{b}——抽汲压力系数，g/cm³；

ρ_{cmax}——裸眼井段的最大井壁稳定压力系数，g/cm³；

$\rho_{\mathrm{p}i}$——计算点处的地层孔隙压力系数，g/cm³；

H_i——计算点处的深度，m；

Δp——压差卡钻允值，MPa；

S_{g}——激动压力系数，g/cm³；

S_{f}——地层破裂压力安全增值系数，g/cm³；

$\rho_{\mathrm{f}i}$——计算点处的地层破裂压力系数，g/cm³；

$H_{\max}$——裸眼井段的最大井深，m；

S_{k}——井涌允量系数，g/cm³。

在以上的裸眼段约束条件中，比传统的设计方法增加了坍塌压力的约束条件，从而使井身结构设计更加趋于合理。

(二)复杂深井超深井套管和钻头系列

国外深井超深井的套管和钻头系列的特点是井眼直径大，多数采用一层或两层较大尺寸的导管来封隔疏松表层，常用的导管尺寸有 20in(1in = 25.4mm)、24in、26in、30in、36in、42in 等，最大到 48in。许多深井超深井都采用了较大尺寸的表层套管，最终井眼尺寸都为 8½in，下入 7in 套管或尾管完井，或下入最小直径为 5in 的油层套管。其优点是：

(1)全井都能用 5in 或更大尺寸钻杆钻进，可使用性能合适的配套钻井设备及工具，使水力、钻头类型等钻井参数得以优化，钻具扭断和钻杆扭断机械事故大大减少。

(2)有利于取心作业、打捞作业和生产测试等。

(3)井深结构留有一定的余地，在遇到较大的钻井问题时可以多下一层套管柱。

国内深井钻井中通常采用的套管程序为：20in—$13\frac{3}{8}$in—$9\frac{5}{8}$in—7in—5in，少数陆地深井和海洋钻井已采用30in—20in—$13\frac{3}{8}$in—$9\frac{5}{8}$in—7in—5in的套管程序。对于地质条件相对复杂的深井、超深井来说，其井身结构一般采用3～4层技术套管。

现有的套管程序适用于地质条件不太复杂的地区，但在复杂地质条件下的深井超深井中，这种单一的套管程序对钻井液的依赖性太强，井身结构方案调整余地小，很难满足复杂地层深井钻井的要求。其主要存在以下几个方面的问题：

(1)套管层数少，不能满足封隔多层复杂地层的要求。

(2)现有深井的套管设计程序中套管柱之间的间隙大，钻井成本高，机械钻速低。目的层套管与井眼的间隙小，易发生套管阻卡，难以保证固井质量。

(3)下部井眼尺寸小，不能满足采气和井下作业的要求，不利于快速、优质、安全地钻井，也不利于进一步加深钻进。

(三)套管柱优化设计

套管柱优化设计是在满足安全的条件下确定费用最低的套管柱组合方案。优化设计模型的具体实现有多种方法，其中利用数据库的结构化查询语言实现优化模型的求解是直接高效的方法。由于深井和超深井的井底温度与压力很高，套管柱所处的工作环境的特点不同于浅井，此时高温高压对套管柱内部气柱压力分布影响显著，需要用更准确的方法计算。温度对油、套管柱的强度、螺纹密封性及腐蚀性具有较大的影响，在套管柱设计中应给予考虑。

二、深井高效破岩及钻井参数优选技术

如何提高深井超深井钻井速度是钻井工程领域迫切需要解决的重大技术难题之一。它涉及钻井工程的各个环节，是一个十分复杂的系统工程问题。

上部井段虽然地层较软，但常见砾石层，同时由于机械破岩能量不足，大直径井段钻井速度普遍较低；中部井段一般层岩性变化较大、复杂情况较多，而且ϕ311.2mm($12\frac{1}{4}$in)井眼在2500m以下井段的机械钻速也不高；深部井段，由于高围压下岩石强度大幅度增加，岩石可钻性变差，岩石破碎难度增加，加之水力能量不足，在深部井段更慢。

由此可见，深井和超深井从整体上看机械钻速较低，而且由于钻井周期长还容易导致各种井下复杂情况和钻井事故的发生，这样又会给快速钻井技术的实施带来不利影响。

(一)深井大直径井段高效破岩及洗井技术

通常把井眼直径在ϕ311.2mm以上的井段称为大直径井段。按我国目前主要采用的套管程序，大直径井段主要指井深超过1500m的ϕ444.5mm($17\frac{1}{2}$in)井段及井深超过2500m的ϕ311.2mm井段。

大直径井段钻井速度慢主要表现为：随着井眼增大和井深增加，机械钻速明显下降，单只钻头进尺减少。在一些地区的相同井段，用ϕ215.9mm($8\frac{1}{2}$in)钻头钻进，平均机械钻速为6～8m/h；用ϕ311.2mm钻头钻进，平均机械钻速为3～4m/h；而用ϕ444.5mm钻头钻进，平均机械钻速为1～2m/h。当大直径钻头钻遇致密泥页岩地层时，平均机械钻速甚至可能低于0.5m/h。

1. 大直径井段的钻井技术问题

大直径井段的钻井技术问题主要是洗井、破岩、钻头和装备问题。

1）大直径井眼的洗井问题

与常规 $\phi215.9$mm 井眼相比，由于井眼尺寸增大，$\phi444.5$mm 井眼在水力参数、井底清洗和岩屑携带能力等方面发生了明显的变化，它们在很大程度上影响了大直径井段的钻井速度。

大直径井眼钻进需要的排量大及钻头可利用的水力能量随着井深增加而急剧下降。80%以上的水功率损耗在循环系统上，井底和钻头清洗状况不良，影响钻井速度，在软地层中使用 $\phi444.5$mm 钻头普遍存在泥包现象。因此，大直径井段较深时在水马力利用方面就存在着严重的问题。

随着井眼尺寸增大，环空返速大幅度减小，岩屑举升效率急剧下降，较大粒径砾石难以被清洗携带出来，增加重复破碎。大直径井眼中岩屑携带能力降低也是导致大直径牙轮钻头在砾石层中机械钻速很低的一个重要原因。

2）大直径井眼中破岩问题

对旋转钻井来说，破岩机械能量可以采用比钻压（即钻压/钻头直径）与转速的乘积来衡量。由于目前使用钻具的限制，大直径钻头上施加的钻压普遍不足。在上部软地层所需机械破岩能量小，水力因素影响较大，机械破岩能量对钻速的影响不显著。但随着井深的增加，地层逐渐变硬，大尺寸钻头机械破岩能量不足的影响就越来越显著。遇到难钻地层，机械能量不足会明显影响钻头的机械钻速。

3）大尺寸牙轮钻头方面的问题

目前，国产大尺寸牙轮钻头系列不全，可选型号少；大尺寸牙轮钻头齿面结构存在问题，一是随牙齿直径增大，同一齿圈上相邻牙齿之间的齿顶间距加大，影响破岩效率。二是随牙齿直径增大，齿顶圆柱面半径相应增大，这会明显降低齿顶与井底的接触应力，影响破岩效率。

4）钻井装备方面的问题

在大直径井段钻井过程中，钻井装备的实际能力也制约了钻井速度的提高。由于大直径井段要求钻井液排量较大，对钻井泵配备和工况提出更高的要求；$\phi444.5$mm 井眼每米进尺的岩屑量是 $\phi215.9$mm 井眼的 4.23 倍，因此对钻井液固控设备的处理能力提出了更高的要求；国内普遍缺少 $\phi139.7$mm 以上的大钻杆和 $\phi254$mm 以上的大钻铤系列，极大地制约了钻头的水力能量和机械能量的发挥，限制了大直径井段钻井速度的提高。

2. 大直径井段高效破岩及洗井技术

当前，深井大直径井段钻井技术的根本问题就是钻具、钻头与钻井工艺要求不相适应。因此，解决问题的关键就是要进行钻井装备与钻井工艺的配套，使之与深井大直径钻井的工艺要求相适应。

（1）采用大尺寸钻杆，改 $\phi127$mm 内加厚钻杆为 $\phi139.7$mm 内平钻杆或 $\phi168.3$mm 钻杆，降低沿程压耗，解放水力能量，强化水力参数，提高井底水功率和喷射速度。

（2）强化水力参数，合理使用喷嘴组合，改善井底清洗状况，消除井底清洗死角，充分发挥水力清岩和辅助破岩作用。

（3）应针对地层岩性特点，改进钻头齿面结构和水力结构，提高钻头质量；研制新型钻头，完善大尺寸钻头系列，加强钻头合理选型。

（4）使用大尺寸钻铤，强化钻井参数，提高井底破岩机械能量。

（5）采用中转速大扭矩的井下动力钻具，通过提高转速来提高机械钻速。

（6）提高钻井装备的配套能力。对于较长的大直径井段，应尽可能配备 3 台钻井泵保证双泵打钻,减少修泵停钻时间,提高钻井时效。

另外,对于深井上部的大直径井段,井身质量是至关重要的问题。必须采取适当的钻具组合和防斜措施,加强井斜监测,保证井身质量的要求。

(二)深部井段高效破岩技术

1. 深部井段的钻井技术问题

1)深部井段高围压作用

深部井段由于高围压作用,岩石机械性能明显变化,致密泥页岩、泥质砂岩和砂质泥岩等地层岩石的强度、硬度增加,而且岩石从常压下的脆性向塑—脆性或塑性转化,牙轮钻头牙齿的破岩效果变差;同时深部致密地层岩石的孔隙压力很低,在高密度钻井液条件下井底的岩屑压持效应十分明显,机械钻速很慢。

2)深部井段井底水力能量严重不足

在深部井段,由于钻柱长、钻井液密度高、黏度大,沿程压耗非常大,水功率利用率很低,井底清洗不良,不能发挥水力辅助破岩作用。

3)深部井段钻头选型和使用受限

在深部井段,由于牙轮钻头轴承密封系统的橡胶元件在井底高温高压作用下容易出现永久变形、老化、应力松弛等问题而失效,工作寿命较短。目前,除了因地层原因不得不选用牙轮钻头外,一般情况下不选用。而且由于深井起下钻时间长,工作寿命短就会导致行程钻速低,因此一般选用无运动件、耐磨且寿命长的金刚石类钻头。

如果深部地层适合 PDC 钻头钻进,PDC 钻头是最佳选择。但往往深部地层硬度较高,PDC 钻头不一定适用。这样,就只能以 TSP 钻头或孕镶金刚石钻头作为主要选择对象。而这类钻头吃入深度有限,在转盘方式下机械钻速不高。

2. 深部井段高效破岩技术

1)采用井下动力钻具钻井方式

采用井下动力钻具钻井方式,配合自锐式金刚石钻头,高转速钻进,提高机械钻速。

在欧洲地区,采用涡轮钻具配合自锐式金刚石钻头钻进,单只钻头进尺一般在 200 ~ 500m,机械钻速在 2.5 ~ 5.0m/h,已成功地应用到深井段的致密泥页岩和泥质砂岩地层中。在 3500 ~ 6700m 井深范围内,钻井液密度一般在 1.3 ~ 2.0g/cm^3,在高转速条件下可以较大幅度地提高难钻地层的机械钻速。我国四川和塔西南地区使用巴拉斯金刚石钻头配合动力钻具,也取得了较高的机械钻速。

2)采用大钻杆或复合钻杆

采用大钻杆或复合钻杆,尽量减小沿程压耗,发挥水力能量。采用 ϕ139.7mm 钻杆或内平式 ϕ127mm 钻杆,尽量优化井底水力参数,以强化井底水功率。使用牙轮钻头时,应采用新型加长组合喷嘴、新型侧喷嘴等改善井底流场,加强水力清岩和辅助破岩作用,及时清除井底岩屑,提高钻头的破岩效率,避免井底重复破碎。

3)正确选用牙轮钻头

由于岩屑录井的要求和岩性等原因,有时必须使用牙轮钻头。此时要正确选用合适的牙轮钻头,对于研磨性低的泥页岩难钻地层可选用钢齿钻头。选用金属密封的中转速滑动轴承牙轮钻头或高转速的滚动轴承牙轮钻头,配合中转速(转速为 200 ~ 250r/min)、低压降、大扭矩的减速器涡轮钻具,可较大幅度地提高难钻地层的机械钻速。

4)合理设计井身结构

合理设计井身结构,做好地层压力预测和监测,减少井下复杂情况。对于初探井来说,在井身结构设计时应留有余地,保证在遇到复杂的地质情况时仍能顺利钻进,达到勘探目的。

国外一些石油公司在设计井身结构时往往采用 ϕ311.1mm 钻头钻达目的层,留下一层技术套管的余地。这样初探井的勘探成本可能更高,但勘探成功率可能更大。我国的初探井一般在设计井身结构时采用 ϕ215.9mm 钻头完钻,如发生井下复杂情况而无法处理时,由于小井眼钻井速度较慢,一般就被迫事故完井。这样就达不到预定的勘探目的,延误勘探进度。因此,井身结构设计时要做好地层压力预测工作,掌握可靠的基础数据,考虑到现有钻井工艺技术水平及新技术的应用。在施工过程中,做好地层压力监测,及时发现异常情况,减少井下复杂情况和钻井事故的发生,这是提高钻井速度的前提条件。

5)合理调整钻井液性能

由于深部井段钻速慢,泥页岩地层在钻井液中长期浸泡下因水化作用造成岩石强度降低,容易引起井壁不稳定。因此,应通过合理调整钻井液性能,降低滤失量,提高滤液的抑制性,防止泥页岩水化。同时,合理控制钻井液的密度和黏度,在保证井下安全的情况下,尽量降低钻井液密度和黏度,为充分发挥水力能量、清洗井底、降低井底压差、提高破岩效率创造有利条件。

(三)深井钻井参数优选技术

1. 深井钻井参数优选遇到的问题

钻井过程是一个十分复杂的多因素相互作用过程,参数多变而且有的参数难以准确取得,在深井条件下优选钻井参数,受到的约束条件更多,计算误差更明显。所以,需要综合考虑各方面因素,权衡利弊,才能得到一个相对合理的结果。

2. 深井钻井参数优选技术及其应用

深井钻井参数优选技术应立足于现场,对有的参数通过现场实际数据进行反演计算,再代入计算模型,利用现场的实际数据对计算结果进行实时校正和优化。这样可以消除理论计算模型的系统误差,从根本上保证钻井参数优选结果的可靠性和实用性。

实际应用都是采用“深井、超深井的钻井参数优选软件”,对钻压、转速优选,进行钻井水力参数计算与优化。在优化模型中,用钻头实际使用结果来校正理论计算结果,以消除各种因素带来的计算误差,并实时更新“校正系数”。这样,得出的优化计算结果能较好地符合现场钻井条件。对钻井水力参数,用实际泵压来校正理论计算泵压,以消除各种因素带来的计算误差,并实时更新“校正系数”,再将“校正系数”带入理论计算模型中对水力参数优化计算。这样得出的优化计算结果具有很好的现场一致性。

三、深井钻井装备与工具简介

深井钻井装备与工具是影响深井钻井技术水平的重要因素。下面主要介绍我国近年来围绕深井钻井需求所研发的一些重要装备、工具和仪器。

(一)顶部驱动钻井装置

顶部驱动钻井装置(简称“顶驱”)是机—电—液一体化的较为复杂的钻井装置,DQ－60P是我国第一台拥有自主知识产权的顶驱装置。采用顶部驱动钻井装置能大大降低钻井卡钻事故概率,提高作业效率和工作的安全性。顶部驱动钻井装置具有结构新颖、工作可靠、性能完善、制造容易、维护方便等特点,完全满足现场钻井工艺要求,是复杂地质条件下的深井超深井钻井的重要装备。可以说,顶驱已成为石油钻井行业的标准配备装置之一。

(二)液控盘式刹车系统

盘式刹车是20世纪80年代后期出现在钻井、修井设备上的一种新型刹车,是以液压和气动(或电—液)控制,以刹车盘与多副刹车钳为制动偶件的一种机—电—液一体化系统。该系统能够提高钻井机械钻速、改善井眼质量、降低钻井成本、保证生产安全,易于实现自动送钻及自动化钻井,大大减轻司钻的劳动强度,比传统的带刹车具有突出的优越性。特别是在复杂地质条件下深井、超深井钻井作业中表现出的优越性,越来越受到国内外油公司和钻井承包商的欢迎。

(三)FZ28－105液压防喷器

FZ28－105液压防喷器包括FZ28－105单闸板防喷器、FZ28－105双闸板防喷器、FS28－105钻井四通及FH28－35/105环形防喷器。该防喷器组是国内最先研制成功且工作压力(105MPa)为目前较高的井控装备,填补了国产超高防喷器的空白,使我国在深井、超深井油气勘探作业中压力控制能力得到提高。

FZ28－105液压防喷器工作介质为油、气、水和钻井液,适用温度范围为－29～121℃。可配备液控系统单独使用,也可与其他防喷器组合配套使用。

(四)深井涡轮钻具

随着我国石油工业的发展,复杂地质条件下的深井、超深井的比例不断增加。为了解决复杂地质条件下的深井、超深井钻井中深井段机械钻速低、钻井成本高的突出问题,国内成功研制了WZ系列深井涡轮钻具和新型复式涡轮钻具。经现场应用证明,用涡轮钻具快速打井可以提高井身质量和机械钻速,缩短建井周期,降低钻井成本。如果钻井工艺措施得当并配用合适的金刚石钻头,在深部地层和复杂地质条件下更能发挥它的作用。

(五)新型高效钻头

1. 适用于深井钻头的特点

钻头选型主要取决于所钻进的地层。在深井钻井中,井底岩石实际上是处于一种特殊的状态。随着井深的增加,作用在井底岩层上的围压也随着增大,岩石的压入硬度有明显的提高,岩石的塑性也随着增大,岩石的破碎形式随着围压增加而由脆性破碎转变为塑性流动。为了克服深井中围压与液柱压力对破岩效果的影响,最有效的破岩方式是剪切。PDC钻头是以剪切作用破碎岩石,所以PDC钻头比较合适在深井钻井中使用,而对深井中岩石可钻性较差的岩层,使用TSP钻头比较合适。

2. 深井用金刚石钻头

TSP钻头是以热稳定聚晶金刚石为切削齿,这种三角聚晶齿在高温下仍能保持高的耐磨性，而且尖的齿易切入地层，具有犁削作用的切削机理，因此适于中硬地层。这种钻头的特点是：双锥形冠部，适用于高抗压强度中硬地层，在碳酸岩及致密地层更有效；可用于转盘或井下电动机；深井和高密度钻井液条件下效果更好。

PDC抗回旋钻头为中圆轮廓，七刀翼开放式深流道，中等密度布齿。外锥PDC切削齿后布有若干金刚石孕镶齿，其作用是限制PDC切削齿的切削深度及钻压突变引起的扭矩突变和降低钻头振动，保护PDC切削齿，起到抗回旋作用；金刚石孕镶齿还起到辅助切削作用。这种钻头的特点是：抗回旋设计扩展了钻头在硬地层中的应用；特殊的布齿与角度设计可保持切削刃锐利，提高钻速；中圆锥冠部，中等布齿密度；适用于中硬—硬地层；可换式螺纹喷嘴；可用于转盘或井下电动机，钻进推荐使用高比水马力。

此外，还有针对山前构造地层软硬交错、夹层研磨性强等特点结合钻头保径易磨损、高密度钻井液带来井底压持效应强等问题，联合设计和改进的各种类型的钻头。改进后的钻头增强了钻头的抗冲击性、耐磨性和穿透地层的能力，减少钻头回旋时出现的侧向振动，提高钻头穿越夹层的稳定性，从而提高了钻头的使用寿命。

3. 深井用牙轮钻头

适用于深井的三牙轮钻头有多种型号，其中E系列钻头是综合金属密封、浮动轴承、大覆盖布齿设计、侧向切削等技术而开发的新型钻头系列，适应高转速和大钻压钻进。

单牙轮钻头结构简单，应用领域比较广，兼有三牙轮钻头和PDC钻头的优点，又分别弥补了二者的不足，工作扭矩比PDC钻头在相同钻压和地层的条件下更低，比三牙轮钻头更适用于强度和塑性都大的地层，同时也适用于PDC钻头难于对付的硬夹层和其他复杂地层。镶金刚石复合齿的单牙轮钻头，使用寿命长。

四、深井、超深井其他配套技术

（一）复杂地层孔隙压力评估技术

不确定性异常地层孔隙压力，给油气勘探、开发及钻井工程带来了很大的困难，对于深井和超深井，地层孔隙压力评价尤其重要。了解地层孔隙压力空间分布，更有利于对特殊地质环境下的油气藏进行评价，指导油气勘探。

地层孔隙压力评估技术在利用地震资料钻前预测地层孔隙压力、利用测井资料钻后评价地层孔隙压力、利用MWD（随钻测量）和LWD（随钻测井）资料随钻检测地层孔隙压力以及利用钻井资料随钻监测地层孔隙压力诸方面都取得了新的进展。与传统方法相比，不论在理论基础还是计算精度方面都有了很大的提高，使得地层孔隙压力确定技术由过去的经验、半经验阶段走上了科学化阶段。

（二）随钻同心扩孔技术

大直径井段采用“随钻同心扩孔”或“两次成孔”的阶梯式钻井钻进技术提高钻井速度。

“随钻同心扩孔”钻井工艺为：采用ϕ311.2mm钻头作为领眼钻头，在领眼钻头上方适当距离处接ϕ444.5mm的牙轮扩孔钻头或PDC扩孔钻头，领眼钻头和扩孔钻头同时工作，领眼钻头钻出ϕ311.2mm井眼，扩孔钻头再随钻同心扩孔至ϕ444.5mm。这样，不仅可以提高钻速，而且有利于防止井斜。

“两次成孔”钻井工艺为：先采用ϕ215.9mm或ϕ311.2mm钻头钻出井眼后，再用

ϕ444.5mm 的牙轮扩孔钻头或 PDC 扩孔钻头扩至 ϕ444.5mm，分两步完成。这样可以缓解 ϕ444.5mm 钻头机械能量和水力能量严重不足的问题。

这两种钻井工艺在破岩机理上的共同特点是形成阶梯井底剖面，增大井底岩石的自由面，使得外环台阶的岩石产生拉应力破碎，破岩难度大大降低，同时领眼由常规尺寸钻头钻进，机械钻速显著提高。

采用随钻同心扩孔工艺时，还可以用转盘带动阶梯式扩孔钻头，转盘 + 动力钻具带动领眼钻头，实现复合钻井。

第四节　欠平衡钻井技术

欠平衡钻井是指钻井过程中钻井液液柱压力低于地层孔隙压力，允许地层流体流入井眼、循环出并在地面得到有效控制的一种钻井方式。20 世纪 90 年代，由于勘探开发难度日益增加，国际石油市场竞争更加激烈，应用欠平衡钻井技术提高了产量、降低了成本。因此，成为国际上继水平井技术之后的第二个钻井技术发展热点，在 90 年代中后期发展极快。

采用欠平衡钻井技术，减少了压差，可以阻止滤液和固相进入储集层，因而能够最大限度地发现和保护中、低压油藏，以获取比常规过压钻井高得多的经济效益；欠平衡钻井可以克服液柱的压持效应，提高破岩效率，解放钻速，缩短建井周期；减少钻井液对储集层的浸泡时间，可以安全钻过严重水敏性地层及漏失层，避免大量钻井液漏失，从而降低钻井成本；欠平衡钻井还具有防止压差卡钻和延长钻头使用寿命等优点。

但是，由于欠平衡钻井钻井设备多、井场面积大，钻井费用较高；采用注氮方式进行欠平衡钻井时，特别是在边远地区采用现场制氮设备制氮时，制氮设备的费用较高；存在井喷、井塌等安全隐患；如果完井作业期间不能保持连续的欠平衡状态，无泥饼的井壁无法阻止液相和固相对地层侵入，有更大的污染可能。

我国欠平衡钻井技术早在 20 世纪 60 年代已在四川油田磨溪构造进行过试验，当时只是用清水钻进。20 世纪 90 年代以来，我国欠平衡钻井技术也在加速发展，尤其是塔里木油田解放 128 井欠平衡钻井的成功，将我国欠平衡钻井推向了一个新的阶段。据统计，中国石油天然气集团公司 2000—2005 年共钻各类欠平衡井 187 口。现在已经完成了流钻欠平衡钻井、充气钻井、空气或其他气体钻井以及全过程欠平衡钻井试验，并取得了突破。我国欠平衡钻井技术将迎来一个快速发展阶段。

一、欠平衡钻井的类型

欠平衡钻井分为两种类型，即流钻和人工诱导欠平衡钻井。所谓流钻欠平衡钻井，就是用合适密度的钻井液（包括清水、混油钻井液、原油、柴油、添加空心固体材料钻井液等）进行的欠平衡钻井；而人工诱导欠平衡钻井，就是用充气钻井液、泡沫、雾、气体作为循环介质进行的欠平衡钻井。一般而言，当地层压力当量密度大于或等于 1.10g/cm^{3}时，用流钻欠平衡钻井，否则可用人工诱导欠平衡钻井。这两类方法不是绝对的，实际应用时应根据具体情况进行选择。

欠平衡钻井技术经过几十年的发展，至目前已经发展了空气钻井、氮气钻井、天然气钻井、雾化钻井、泡沫钻井、充气钻井液钻井、边喷边钻等多种欠平衡钻井技术。

（一）气体钻井技术

气体钻井技术是指采用空气、天然气、废气和氮气钻井，密度适用范围为 0～0.02g/cm^3。采用空气欠平衡钻井可较大地节约钻井材料费用。采用氮气钻井，主要优点是氮气和烃气的混合物不易燃烧，可消除井下着火的可能性。采用天然气钻井，天然气排放到大气时，会形成易燃的混合物存在着火的潜在危险，对大气也有污染。

（二）雾化钻井技术

雾化钻井技术的密度适用范围为 0.002～0.040g/cm^3，气体体积为混合物体积的 96.0%～99.9%。在空气钻井过程中，如出现少量的地层水，通常做法是将空气钻井转变成雾化钻井。雾化钻井的具体做法是，在压缩的空气流未注入钻柱之前，向其注入少量的含有起泡剂的水。注入的这种液体与地层产出的水就会分散成不连续的液滴。

（三）泡沫钻井技术

泡沫钻井技术的密度适用范围为 0.04～0.60g/cm^3，井口加回压时可达到 0.8g/cm^3以上，气体体积为混合物体积的 55%～96%。泡沫用作钻井的循环流体，它具有静液柱压力低、漏失量小、携屑能力强、对油气层损害小等特点，适用于低压、易漏、水敏性地层。欠平衡泡沫钻井技术是应用较为广泛的一项钻井技术。

（四）充气钻井液钻井技术

充气钻井液钻井技术包括钻杆和井下注气两种方式。井下注气是通过寄生管、同心管在钻进的同时向钻井液中连续注气，其密度适用范围为 0.7～0.9g/cm^3或更高，气体体积低于混合物体积的 55%。充气钻井液的连续相通常为未稠化的液体，如水、盐水、柴油或原油等，气相为氮气、空气或其他气体。充气钻井液一般不含有表面活性剂，在井下具有较高的液体体积分数。

（五）高压地层的欠平衡钻井技术

随着欠平衡钻井技术的进一步发展成熟及能承受高压的旋转防喷器引入油田后，发展了使用液体钻井液对高压地层进行欠平衡钻井技术，这种技术国外称为 Flow Drilling（国内译为“边喷边钻”）。

欠平衡钻井作业的关键技术包括产生和保持欠平衡条件、井控技术、产出流体的地面处理和电磁随钻测量技术等。近年来，欠平衡钻井技术的进展主要集中在井控、钻井液、程序设计、特殊工具等方面。国外已经成熟运用新一代欠平衡钻井技术，即在钻进、接单根换钻头、起下钻等全部作业过程中始终保持井下循环系统中流体的静水压力小于目标油气层压力。欠平衡连续油管钻井技术与常规钻井技术相比，具有钻井效率高，在整个作业过程中因不连接钻杆，可始终保持负压条件，能有效地减少地层损害和钻井安全可靠等优点，适合其他欠平衡钻井方法不适合的高压和含 H_2S 地层的钻井。同时，欠平衡钻井技术也越来越多地与水平井、开窗侧钻、多分支井及小井眼钻井技术相结合，有效地开发了一些新老油田，其应用范围日益广泛。

欠平衡完井是欠平衡钻井的延伸，如欠平衡钻井后不能进行欠平衡完井，那么就不能充分发挥欠平衡钻井发现和保护油气层的优势。

二、欠平衡钻井的必备条件

(一)准确掌握地层压力

欠平衡钻井必须首先准确掌握所钻地层的三个压力系数(破裂、孔隙、坍塌)。只有准确掌握地层压力系数,特别是地层孔隙压力,才能有效确定井身结构、钻井流体密度、欠压值、所采用的井口装置及钻井施工措施,否则易使欠平衡钻井达不到预期目的。

(二)所钻井或井段井壁稳定、储层适合欠平衡钻井

经验认为,实施欠平衡井段以上地层应是稳定的,或对不稳定井段下入技术套管加以封隔。同时要掌握欠平衡井段层位的物化性能,判定是否可进行欠平衡钻井。

(三)配备相应的地面装备

除具有常规钻井井口井控装置和节流管汇外,井口还应增加一个相应尺寸的单闸板防喷器和旋转防喷器、液动闸阀及液气分离器、油水分离器、真空除气器、燃烧管线及火炬、安全可靠的点火系统、防回火装置、循环系统的各种电器防爆装置、流量计等。

当地层压力系数较小时,要实现欠平衡钻井还应另配充气(或雾化、泡沫、氮气)装置。

在条件允许的情况下,应配备强行起下管串设备,以满足低压低渗产层欠平衡钻井作业不压井强行起下管柱的需要。

(四)配备相应的监测仪器

欠平衡钻井需配备地质录井仪、套压表、立管压力表、环空压力测试仪、二氧化碳、硫化氢、天然气报警仪、天然气流量计等仪器仪表。

(五)制定一套安全操作规程和因地制宜的施工措施

欠平衡钻井需制定行之有效的工艺技术措施、应急措施、井控操作规程和 HSE 规定等。

(六)配齐训练有素的技术人员和熟练的操作人员

在欠平衡井场,要求指令下达果断、准确和及时,人员操作熟练、持证上岗、态度端正、工作细致,组织分工明确、管理严格。

三、欠平衡钻井工艺技术

欠平衡钻井技术与常规钻井技术不同之处主要在于它是允许地层流体进入井筒内,核心就是井底压力的研究与控制。井底负压值的大小直接影响到地层流体进入井筒内量的多少,关系到能否安全、快速钻进。井底压力控制是欠平衡钻井成功的关键,能否设计和保持一个理想的欠平衡状态会影响到整体勘探开发效果。

(一)欠平衡钻井技术中井底的压力控制

欠平衡钻井技术将平衡控制的概念应用于井筒压力体系中,采用控制环空井口回压的方法达到使井底环空压力低于地层流体压力,从而实现压力欠平衡。通常,对于地层压力系数在 1.00 ~ 1.10 的地层,采用常规钻井液欠平衡钻进;对于地层压力系数在 0.50 ~ 1.00 的地层,利用充气无固相钻井液实现欠平衡较好;而对于地层压力系数在 0.5 以下的地层,则可采用泡沫、空气等钻井流体钻进。因此,在对地层压力系数充分了解的前提下,通过对钻井液液柱压

力的控制来对井底压力进行有效的控制，使欠平衡钻井的实施具备了可行性。

受井口装置、地质条件等因素的制约，井口压力需保持在设计的范围内，井底负压值也不易过大，在实钻中需通过调节节流阀控制井口压力和井底负压差。在调节节流阀时需收集立压、套压、油（气）量、钻井液密度等相关参数，并制定相关操作规程。

1. 油气侵量增大时的调节原则

随着油气侵入量的增大，环空液柱压力减小，井底负压值增大，同时由于大量油气的侵入，套压随之升高。为了使井底负压差值稳定在设计范围内，应关小节流阀，使泵压升高（泵压升高值即为减少的井底负压值）。由于需要一个循环周才能将侵入的油气携带出来，控制效果只有在一个循环后才能有显示。因此，在这期间，绝不能因油气量的增加而继续增大回压，以免造成过平衡钻进或压漏、压死目的层。

2. 排量不变，泵压下降时的调节原则

在欠平衡钻进时，排量不变，如果泵压下降，在排除钻头水眼、钻具或泵等故障的前提下，可以判断为钻遇油气层，因为油气柱在环空中上升、膨胀而造成液柱压力降低。此时，应调节节流阀使泵压回升到原值以便控制井底压力不变。在此期间应随时注意泵压的变化，当泵压继续减少时，继续调节节流阀使泵压回升，避免欠平衡钻进过程中油气侵入量急剧增加而导致压力失控。

（二）欠平衡钻井井控技术

1. 欠平衡钻井井控

由于欠平衡钻井井底存在负压，所以井控技术是欠平衡钻井安全实现的保证。实现欠平衡钻井，必须使用技术规定的井控设备，并保持设备完好、灵活。

欠平衡钻井是通过旋转防喷器（或旋转控制头）和节流管汇控制井底压力，允许井涌和适度井喷。只有在井口回压（套压）超过一定值时，才采用常规井控技术来控制井底压力，以防止井喷失控。欠平衡钻井不存在一级井控阶段。

欠平衡钻进过程中若套压升高，升高值至7MPa不再变化，可选用密度稍高的钻井液循环或采用回压控制。若套压逐渐升至7MPa以上，并且继续升高，应关井，适度放喷，进行压井作业。

2. 井口装置

目前，常用的欠平衡钻井井口可以归类为三级。

1）一级井口装置

一级井口装置自下而上分别是套管头、单闸板防喷器、钻井四通、双闸板、环形防喷器和旋转头。图6－14是最基本的一级井口装置。

一级井口装置风险最大，对装备级别要求最高，地面环境要求高，适用于探井和含少量硫化氢或二氧化碳气井。可根据具体井下情况增加双闸板防喷器、单闸板防喷器和四通及高压排除管汇。

图6－15和图6－16均为一级井口装置。

2）二级井口装置

二级井口装置自下而上分别是套管头、钻井四通、双闸板、环形防喷器和旋转头，见图6－17。

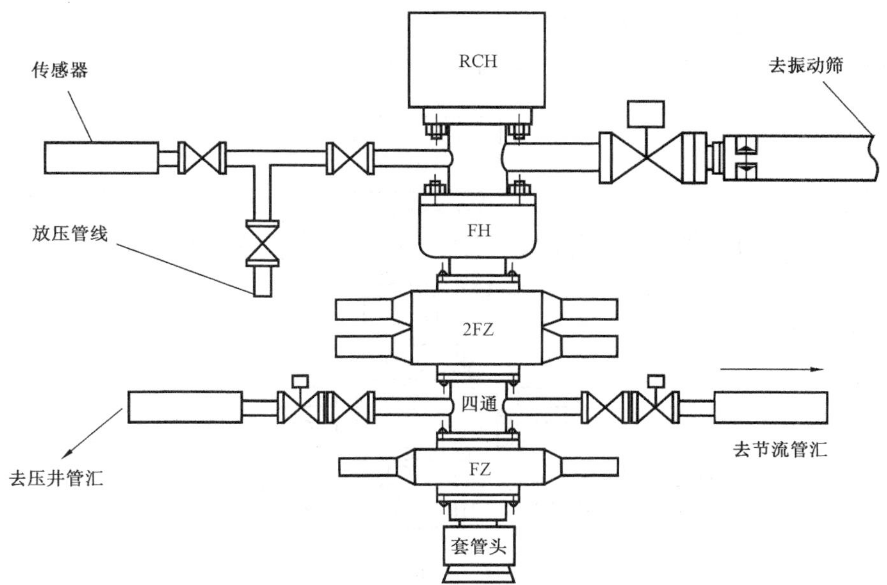

图 6－14　一级井口装置（Ⅰ）

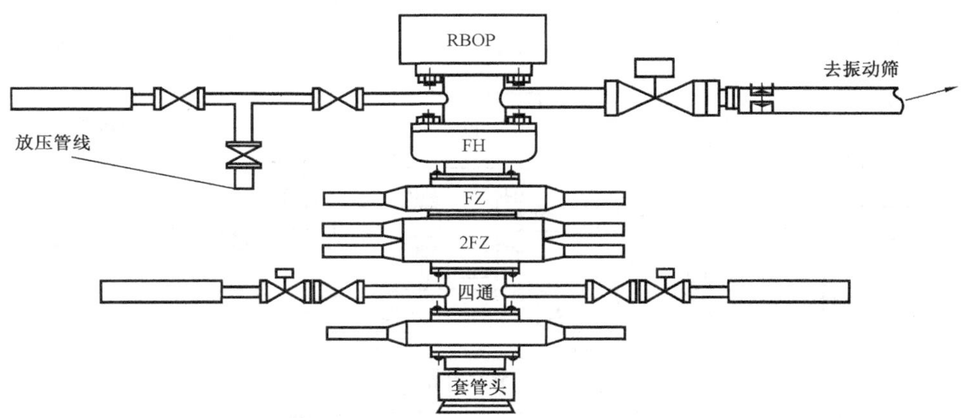

图 6－15　一级井口装置（Ⅱ）

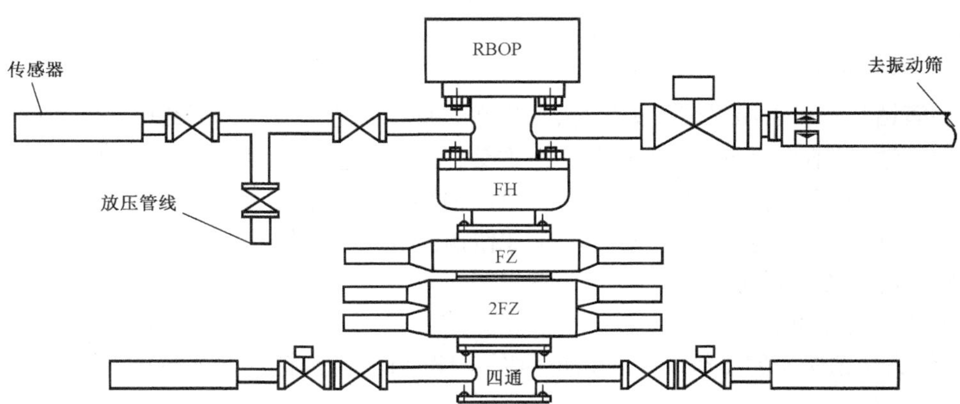

图 6－16　一级井口装置（Ⅲ）

二级井口装置属中等装备级别，适用于风险不大，地层压力低于35MPa的井，无硫化氢的生产井，以及对产层压力和流体性质资料掌握较好的油气藏。

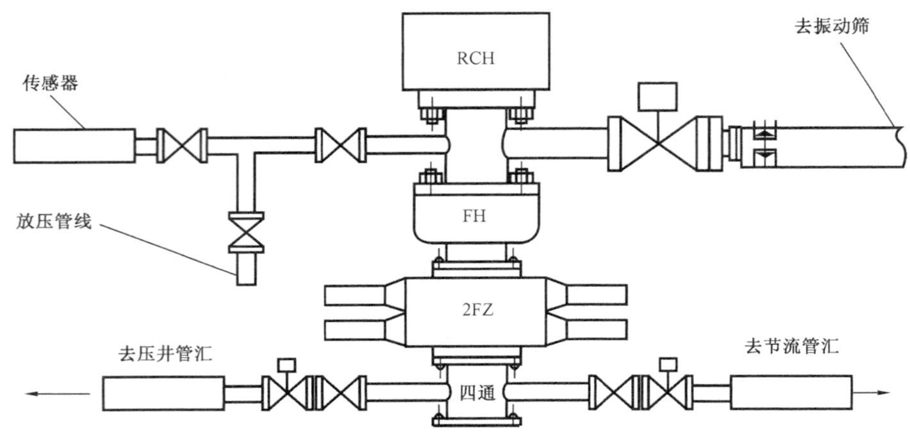

图6-17　二级井口装置

3）三级井口装置

三级井口装置自下而上分别是套管头、钻井四通、双闸板和旋转头，见图6-18。

三级井口装置装备级别最简单，适用于无大风险、低压油井、原油稠和溶解气少的生产井。

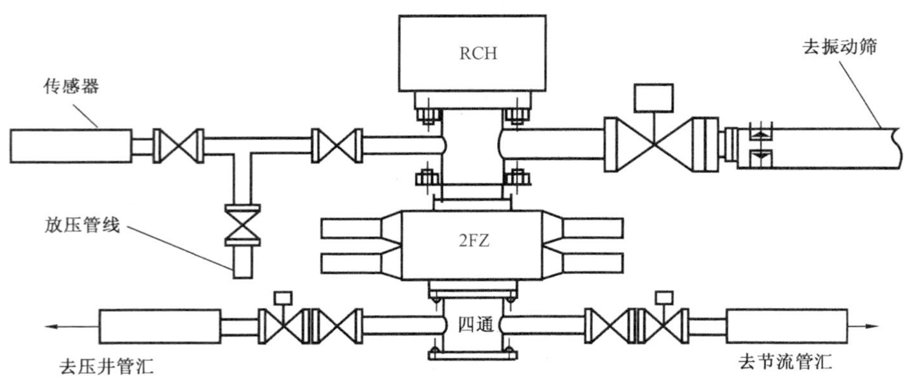

图6-18　三级井口装置

（三）欠平衡钻井的钻具组合

欠平衡钻井一般采用斜坡接头钻杆，如果在欠平衡状态下进行起下钻作业，钻具组合中严禁使用螺旋钻铤，不带顶驱的钻机应使用六方钻杆。为防止接单根、起下钻过程中钻柱内液气外溢或失控，在钻具组合中应安装内防喷工具。内防喷工具的连接主要考虑工作方便和不互相干扰，在保证安全的前提下，以少接为妥（内防喷工具安装的位置和数量没有固定的模式，应根据施工的具体需要而定）。

常规钻具组合如下：

（1）钻头+钻铤+回压阀+投入式止回阀+18°斜坡接头钻杆+下旋塞+六方钻杆+上旋塞。

（2）钻头+回压阀+钻铤+投入式止回阀+18°斜坡接头钻杆+下旋塞+六方钻杆+上

旋塞。

根据需要，还有在井内钻柱中适当位置接旁通阀的，也有接下旋塞的；下旋塞与箭形回压阀成对使用时，旋塞在上、回压阀在下。其中回压阀也有串接两只的，回压阀也可用阀瓣带小孔的浮阀。

要求六方钻杆与钻杆接头外径接近，如 ϕ88.9mm 钻杆应与 ϕ88.9mm 或 ϕ108mm 六方钻杆相配，ϕ127mm 钻杆应与 ϕ133.4mm 六方钻杆相配，下旋塞外径应与方保接头及钻杆接头外径相同。

采用气体欠平衡钻井技术时，为防止在接单根时气液倒返，还要在钻进中每几个单根中加接一只回压阀（常闭式）。例如：钻头 + 回压阀 + 钻铤 + 投入式止回阀 + 18°斜坡接头钻杆 + 回压阀 + 几个单根 18°斜坡接头钻杆 + 回压阀 + 几个单根 18°斜坡接头钻杆 + 回压阀 + 下旋塞 + 六方钻杆 + 上旋塞。

第七章 钻井事故处理和预防

钻井作业中，由于钻遇特殊地层、钻井液的类型与性能选择不当及井身质量较差等原因造成井下钻具的遇阻遇卡、钻进时严重蹩跳钻、井漏、井涌等，不能维持钻进与其他钻井作业正常进行的现象，均称为井下复杂情况。由于检查不周，操作失误，处理井下复杂情况的措施不当或疏忽大意而造成的钻具折断、卡钻及井喷、失火等现象，统称为钻井事故。

井下复杂情况与钻井事故给钻井带来很大困难，降低钻井效率、增加钻井成本，严重的甚至造成油气井报废、人员伤亡和巨大经济损失。因此，必须高度重视井下复杂情况和钻井事故的预防与处理，严格执行钻井作业操作规程及相关技术措施，了解复杂情况和事故发生的原因及过程，掌握处理的常规技能和方法，保障钻井工作安全顺利进行。

第一节 井漏与堵漏

井漏是指在油气钻井作业中，钻井液或水泥浆漏入地层孔隙空间的现象。井漏的直观表现是地面泥浆罐液面下降，或井口无钻井液返出，或井口钻井液返出量小于钻井液排量（不包括井下正常消耗）。

井漏是石油钻井工程作业中常见的井下复杂情况之一，可以发生在钻井作业的各个环节。井漏不仅损失大量的钻井液和堵漏材料、耗费钻井时间、延长建井周期，还会影响地质录井工作的正常进行，造成储集层伤害，甚至可能引起井喷、井塌、卡钻等一系列其他井下复杂情况和事故，甚至导致全井段报废，造成重大经济损失。

一、井漏的原因及分类

（一）井漏的原因

井漏发生的基本条件，一是地层中存在漏失通道和足够容纳液体的空间，如孔隙、裂缝或溶洞。漏失通道要有足够大的开口尺寸，其开口尺寸至少应大于钻井液中的固相颗粒直径，才能使钻井液进入漏失通道并构成一定数量的漏失。二是井筒与地层之间存在能使钻井液在漏失通道中发生流动的正压差。同时，该压差应大到足以克服钻井液在漏失通道中的流动阻力时才会发生井漏。

在钻井作业过程中采用措施不当，比如钻井液密度过高、下钻速度过快、在易漏层开泵过猛等，都会使地层中原本不会产生井漏的漏失通道的开口尺寸扩张、相互连通而发生井漏，或使原本无漏失通道的地层压裂而引发井漏。如果地层破裂压力小于钻井液液柱压力和环空压耗或激动压力之和时，地层被压裂，产生井漏。

除钻井液密度对井漏有影响外，钻井液的黏度、切力及流变性也会影响井漏的发生和井漏的严重程度。

（二）井漏的分类

1. 按漏速分类

井漏的直观表现是地面循环罐中钻井液液面下降，并有一定的漏失速度。因此，漏速是最直观、最易测量、最能被人们所接受的参数，是目前现场对井漏分类最常用的方法。按漏速分类的方法，可把井漏分为以下五类，见表7－1。

表7－1　按漏速分类

漏速，m^3/h	≤5	5～15	15～30	30～60	≥60
井漏类型	微漏	小漏	中漏	大漏	严重漏失

2. 按漏失通道形状分类

按漏失通道形状，往往把井漏分为以下四类，见表7－2。

表7－2　按漏失通道形状分类

漏失通道形状	孔　隙	裂　缝	孔隙—裂缝	溶　洞
井漏类型	孔隙性漏失	裂缝性漏失	孔隙—裂缝性漏失	溶洞性漏失

3. 按引起井漏的原因分类

按引起井漏的原因，往往把井漏分为以下三类，见表7－3。

表7－3　按井漏原因分类

井漏类型	压差性漏失	诱导性漏失	压裂性漏失
井漏的原因及特点	钻遇天然孔隙或裂缝时引起的井漏，在有限压力作用下，漏失通道的开口尺寸及连通性不发生变化	在井筒钻井液动压力的作用下，地层中不足以引起井漏的通道相互连通，并向地层深部延伸，形成更大的通道而引起井漏，漏失通道的开口尺寸及连通性随外部压力变化	地层中本身不存在漏失通道，只有当井筒中作用于井壁的动压力大于地层的破裂压力时，造成地层被压裂，形成新的漏失通道而引起井漏

二、井漏的预防

（一）设计合理的井身结构

井身结构的设计必须依据地层压力、地层破裂压力、坍塌压力和漏失压力剖面，同一裸眼井段钻井液密度应同时满足防喷、防塌和防漏的要求。当上述条件无法同时满足时，则应下套管将低破裂压力地层与高压层分开。

（二）确定合理的钻井液性能

在确定裸眼井段钻井液性能，尤其是钻井液密度时，应使作用于井壁上的总压力小于地层的最小破裂压力和漏失压力，大于地层坍塌压力和孔隙压力。

对于孔隙、裂缝、溶洞十分发育的地层和易破碎地层，为防止井漏的发生，所选用的一定密度的钻井液产生的液柱压力尽可能地接近或略低于地层孔隙压力，实现近平衡或欠平衡钻井。

钻井液黏度和切力也是影响动压差和漏失压力的主要因素之一。钻井液密度确定后，依据井下具体情况确定合理的钻井液流变性，同样可有效地预防井漏的发生。对于地层松软、地层压力低的浅井段，采用大直径钻头钻进时，应选用低密度、高黏切钻井液，以增大漏失阻力，防止井漏；而对于深井的高压小井眼井段或深井压力敏感层段，应选用低黏切钻井液，以尽可能降低环空循环压耗,防止井漏。

(三)合适的钻井工程措施

1. 确定合理的钻井参数与钻具结构

在易漏层段钻进时,尤其是深井小井眼,应确定合理的钻井参数与钻具结构,以达到降低环空循环压耗的目的,防止井漏的发生,主要有以下措施:

(1)在满足携带钻屑的前提下,尽可能降低钻井液排量。

(2)选用合理的钻具结构,一方面增大环空间隙,另一方面防止起下钻时破坏井壁滤饼。

(3)在高渗透易漏层段钻进时,降低钻井液滤失量,改善滤饼质量,防止形成厚滤饼而引起环空间隙缩小。

(4)在软的易漏层段钻进时,应控制钻压,适当降低机械钻速,力求环空钻屑浓度小于5%,降低实际环空钻井液密度。

2. 钻井工程措施

研究表明,起下钻激动压力为钻井液静液柱压力的20% ~100%,地层在这种交变荷载的作用下,会造成井壁的破裂而发生井漏。因此,减小激动压力可有效地预防井漏。在深井、小井眼或钻井液黏切较高时,尤其要重视激动压力引起井漏的问题。在钻井作业中,为防止因激动压力过高而引起井漏,应采取如下措施:

(1)下钻、接单根或下套管时控制下放速度,尤其是在易漏裸眼井段更是如此。

(2)开泵循环时,应采用"先转动后开泵、小排量、缓慢开泵"的原则。

(3)因井塌或砂桥等原因引起下钻遇阻时,应小排量缓慢开泵,循环钻井液控制划眼速度。

(4)在软地层、易缩径地层、高渗透地层钻进时,要注意提高钻井液的抑制性,降低钻井液滤失量,改善滤饼质量。防止出现钻头泥包、缩径或形成厚滤饼等情况引起环空间隙减小或憋泵。

(5)加重钻井液时,要控制加重速度,防止加重不均或加重过快造成井内液柱压力过高而引起井漏。

(6)在符合欠平衡钻井条件时,采用欠平衡钻进也是防止井漏的有效措施。

(四)先期堵漏

当同一裸眼井段存在多个压力系统,由于受条件限制,无法采用下套管的办法将上部低压层与下部高压层分开时,可按所需最高当量钻井液密度进行漏失试验。若上部地层不能承受所要求的当量钻井液密度,可对上部地层进行先期堵漏,直至符合要求为止。

在一些探井钻井中,由于地层压力预测不准确或因其他原因发生溢流或井喷,需要提高钻井液密度压井时,也可在压井钻井液中加入堵漏材料,防止压井过程中上部地层井漏。

三、井漏的处理

(一)漏失的判断

井漏发生后,首先要确定漏层位置。确定漏层的方法较多,主要有综合分析法、测井法、井漏前后泵压变化法、正循环法等。现场最常用的方法是综合分析法,下面简单加以介绍。

钻进过程中发生井漏,要观察分析钻进情况。在钻开天然裂缝性岩石段时,钻井液通常会突然快速漏失，并伴随有钻速加快、扭矩增大和蹩跳钻等现象。若上部井段未曾遇到过井漏问题，表明漏层位置在井底。

若在改变钻井泵排量、钻井液性能等参数或压井、试压、起下钻等作业时发生井漏，漏层位置往往不好确定。现场常常通过对比分析确定漏层位置。首先要分析原来曾发生过井漏的层段重新漏失的可能性；其次，根据地层压力和破裂压力的资料对比，最低压力点是首先要考虑的地方，特别是已钻过的油、气、水层及套管鞋附近；再次，根据地质剖面图和岩性对比，漏层往往在裂缝发育的地方；最后，与邻井相同井段进行对照分析来确定发生漏层的位置。

确定漏层位置后，需再确定漏层压力。漏层压力是指漏失停止后，漏层所能承受的静液柱压力。最后，对漏失通道性质进行大致判断，漏失通道的性质及判断规则见表 7 -4。

表 7 -4　漏失通道的性质及判断规则

判 断 规 则	漏失通道的性质
砂泥岩地层井漏，漏速每小时达到几立方米至失返	孔隙性漏失
泥岩地层井漏，漏速一般小于 $30m^3/h$	孔隙或微小裂缝性漏失，裂缝开度小于 1mm
碳酸盐岩地层井漏，漏速小于 $30m^3/h$	微小裂缝性漏失，裂缝开度小于 1mm
碳酸盐岩地层井漏，漏速 $30 \sim 60m^3/h$	中等裂缝性漏失，裂缝开度 2 ~5mm
在碳酸盐岩地层钻进过程中，出现钻速加快，钻具蹩跳，发生井漏且井口很快失返	大裂缝性漏失，裂缝开度大于 5mm
在碳酸盐岩地层钻进过程中，出现钻具放空，井口突然失返	溶洞性井漏

（二）处理井漏的常规方法与措施

在充分认识井漏性质的基础上，结合现场实际情况，确定处理井漏的具体方法和措施，其目的是简单、有效、经济、合理、安全，尽可能最大限度降低井漏造成的损失。

1. 调整钻井液性能与钻井工程措施

调整钻井液性能与钻井工程措施主要包括降低钻井液密度、改变钻井液黏度和切力、降低钻井液排量、简化钻具结构、控制钻进速度、起钻静置等。其目的是降低井内液柱压力、环空压耗、波动压力或增加钻井液在漏失通道中的流动阻力，降低或消除井漏压差，达到处理井漏的目的。

需要注意的是降低钻井液密度时要分阶段缓慢进行，同时又要使钻井液的其他性能不要有太大波动，防止因钻井液密度的降低而引起井喷、井塌等井下复杂情况的发生。

2. 强行钻进与随钻堵漏

钻井工程作业中，有时会钻遇长段天然孔洞、裂缝，造成严重井漏，如果采用堵漏作业往往事倍功半。对于这样的井漏，在条件允许的情况下，采用强行钻进，完全通过漏层以后，再下入套管封隔漏层会收到好的效果。

随钻堵漏是把桥接堵漏材料加入到钻井液中边钻进边堵漏，与停钻堵漏相比，可以节省较多的处理井漏的时间。对于微小裂缝和孔隙性地层引起的部分漏失或钻遇长段易漏破碎带时，若漏速小于 $30m^3/h$，一般可采用随钻堵漏。

3. 桥浆堵漏和水泥浆堵漏

桥浆堵漏是利用不同形状、尺寸的桥接材料，根据不同的井漏性质，以不同的配方混于钻井液中配成堵漏浆液直接注入漏层的一种堵漏方法。由于该方法使用方便、施工安全，对孔隙和裂缝造成的部分漏失或失返漏失一般具有较好的堵漏效果，目前已被现场普遍采用。

水泥浆在凝固状态前呈流态状，可以适应各种漏失通道的需要。对于大裂缝或溶洞等引起的严重井漏、破碎性地层引起的诱导性井漏，首先考虑水泥浆堵漏。水泥浆堵漏几乎能解决所有井漏问题，其堵漏工艺正处在不断发展和完善之中。

（三）不同性质井漏处理方法优选

1. 砂岩、泥岩孔隙性漏失的处理方法

（1）继续钻进或降低排量继续钻进，让钻井液中的固相颗粒在漏失通道及井壁上堆积、形成滤饼后自身封堵。

（2）起钻静止堵漏。

（3）若这类井漏发生在上部大井眼井段，可提高钻井液黏切或向漏层中挤入一定量的高黏钻井液进行处理。

（4）正确使用固控设备，在平衡地层压力的前提下，降低钻井液密度。

（5）若为长井段孔隙性漏失，可在钻井液中加入堵漏材料进行随钻堵漏。

（6）若地层缝隙十分发育，井漏相对比较严重，可配制桥浆进行停钻堵漏。

2. 碳酸盐岩地层裂缝性井漏的处理方法

（1）表层长井段严重漏失，清水强行钻过后下套管封隔。

（2）天然孔隙、裂缝引起的压差性漏失，漏失程度不同，处理方法不同，可采取降低排量钻进、降低密度和提高黏切、随钻堵漏、桥浆堵漏、水泥浆堵漏等方法。

（3）因激动压力引起的压裂性漏失，则起钻静止堵漏。

（4）因井眼中当量钻井液密度过高引起的压裂性漏失，可采用降密度、降排量、降黏切处理。

（5）诱导性或压力敏感性地层漏失，可采用降密度、降排量、降黏切处理或水泥浆堵漏。

（6）长井段易破碎地层漏失，可采用随钻堵漏后下套管封隔或水泥浆逐段堵漏。

3. 复杂恶性井漏的处理方法

（1）溶洞恶性井漏，若为表层，则采用清水强钻下套管封隔或速凝水泥浆堵漏；若为中深部地层，可采用水泥浆堵漏、桥浆与水泥浆复合堵漏，先投入石子充填后，再注桥浆和水泥浆堵漏。

（2）压力敏感性水层漏失，则采用化学凝胶与水泥浆复合堵漏。

（3）对于井漏、井喷同时存在的情况，一般可在压井液中加入桥接堵漏材料，采用环空压井堵漏同步作业的方法处理。

四、井漏案例分析

某油田某井的基础资料包括技术套管直径为 ϕ244.5mm，下深 4609m，裸眼段使用直径为 ϕ215.9mm 钻头，钻深 5745m，钻井液的密度为 1.37～1.42g/cm^3，黏度为 55～80s，塑性黏度为

21 ~ 31mPa · s,屈服值为 4.8 ~ 17.6Pa,初切为 1.5 ~ 6.2Pa,终切为 8.6 ~ 18.1Pa。

在发生井漏时,正处于井深 5382m 下钻取心,距井底 20m 左右开泵,井口不返钻井液。起钻至套管鞋处开泵仍不返,又起至 2500m,才恢复循环。处理钻井液后,下钻至套管鞋,开泵不返。继续下钻至 5150m,循环不漏。下钻至井底,取心钻进,这趟钻共漏失钻井液 20.5m^3。以后下钻分段循环时也发生过几次轻微漏失,但都能很快恢复循环。

根据以上情况,对漏层进行判断,可能漏失的地层有两段,一段是套管鞋附近的灰岩地层,在做地层破裂压力试验时它的承压能力的当量密度是 1.52g/cm^3,一段是 5358m 附近的石炭系与志留系之间的不整合面,也是灰岩地层,根据液柱压力和漏失时的泵压计算,当量密度为 1.72g/cm^3 时不漏,由此可以确定漏层在套管鞋附近。

根据判断,钻进时采取以下防漏措施:

(1)维持良好的钻井液性能,减少触变性,降低开泵压力。

(2)控制起下钻速度,尤其在漏失层段下钻速度控制在 1.5 ~ 2min/柱。

(3)下钻在井深 3000m、4200m、5150m 分三段循环,开泵时上下活动并转动钻具,在上提钻具时以低速开泵,以抽吸压力抵消激动压力。

本井下入 ϕ178mm 尾管,为顺利下完尾管并固好井采用以下防漏措施:

(1)彻底处理钻井液,保持低黏低切低失水,降低环空阻力。

(2)根据地层压力、破裂压力和钻井液密度设计合理的水泥浆密度和流变性,使静液柱压力平衡地层孔隙压力,循环压力也不超过地层破裂压力。

(3)减少扶正器数量,原设计尾管悬挂处装 4 个扶正器,为了不减少环空流道面积,减为 1 个。

第二节 卡钻与解卡

在钻井作业过程中,常因地层条件复杂、钻井液性能不好、技术措施不当及设备故障等原因,使钻具陷在井内产生不能自由活动的现象,称为卡钻。

一、各种卡钻的原因、特征和预防

(一)黏吸卡钻(又称泥饼黏附卡钻或压差卡钻)

在钻井过程中,由于井眼不规则、不完全垂直,当井下钻具静止不动时,在井下压差作用下钻柱的一些部位贴于井壁,与井壁泥饼紧密结合(陷入泥饼中),同时井内压差继续作用使钻具向井壁压得更紧,由此产生的卡钻称为黏吸卡钻,如图 7 - 1 所示。

黏吸卡钻的原因、特征、预防及处理见表 7 - 5。

(二)泥包卡钻

所谓泥包卡钻就是软泥、泥饼、钻屑黏附在钻头或扶正器周围,或填塞在牙轮或刀片间隙之间,或镶嵌在牙齿间隙之间,轻则降低机械钻速,重则把钻头或扶正器包成一个圆柱状活塞,使其在起钻过程中遇阻遇卡甚至造成卡钻。另外,它的抽汲作用极易把松软地层抽垮,把产层抽喷,如图 7 - 2 所示。

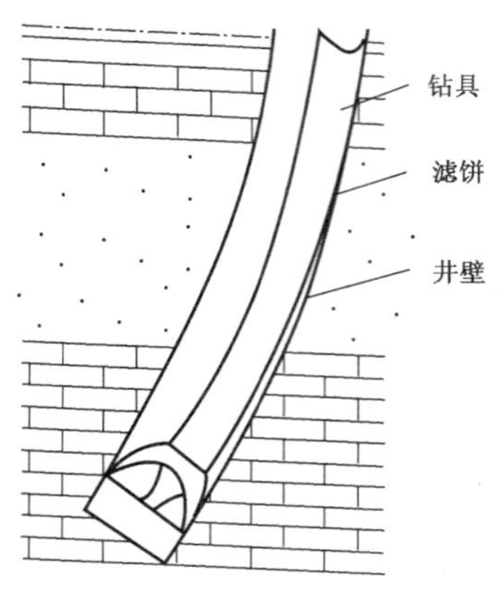

图 7－1　黏吸卡钻示意图

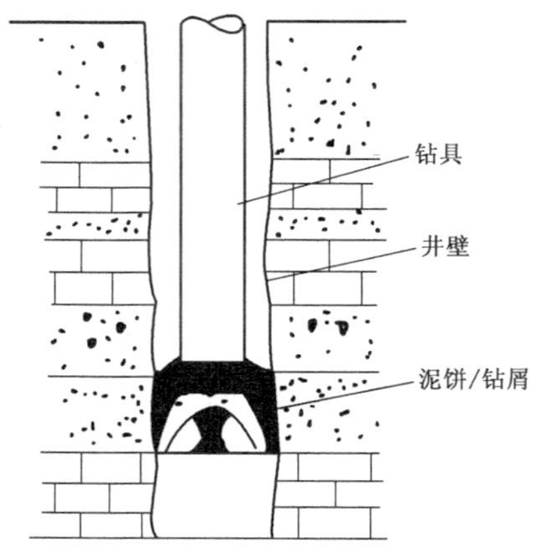

图 7－2　泥包卡钻示意图

表 7－5　黏吸卡钻的原因、特征、预防及处理

原因	井内压差大小、钻井液性质、泥饼摩擦系数、钻具与井壁的接触面积
特征	钻柱静止状态下发生；卡点在钻铤或钻杆部位；钻井液循环正常； 黏吸卡钻后，如活动不及时，卡点有可能上移，甚至移至套管鞋附近
预防	使用高价阳离子、防黏卡钻井液体系；搞好固控工作，减少滤饼的摩擦阻力系数；只要没有高压层、坍塌层存在，应该近平衡压力钻进；加重材料经充分搅拌后再混入井内钻井液中；设计合理的钻柱结构，特别是下部钻柱结构，减少钻柱和滤饼的接触面积，带随钻震击器；保持良好的井身质量；在正常钻进时，如水龙头、水龙带发生故障，绝不能将方钻杆坐在井口进行维修，如果一旦发生卡钻，将失去下压和转动钻柱的可能
处理	在不超过钻杆安全负荷的前提下，可适当强力上提下放，转动钻具；震击解卡；浸泡解卡；钻具倒扣套铣解卡等

泥包卡钻的原因、特征、预防及处理见表 7－6。

表 7－6　泥包卡钻的原因、特征、预防及处理

原因	钻遇黏结性较强的泥岩；钻井液循环排量太小，不足以把岩屑携离井底；泥饼质量差，起钻时被钻头或扶正器刮削、堆积；钻具刺漏部分钻井液循环短路
特征	机械钻速逐渐降低，转盘扭矩逐渐增大；泵压有所上升；上提钻头有阻力；起钻时，软遇阻阻力随着井径不同变化；起钻时，井口环形空间的液面不降，或下降很慢，或随钻具的上起而外溢
预防	要有足够的钻井液排量，软地层中钻进，维持低黏、低切的钻井液性能，优先选用刮刀钻头，控制机械钻速或增加循环钻井液的时间； 钻进时，要经常观察泵压和钻井液出口流量有无变化，如发现有泥包现象，应停止钻进，提起钻头，高速旋转，快速下放，利用钻头的离心力和液流的高速冲刷力将泥包物清除
处理	在井底发生泥包卡钻时，开大泵量，降低钻井液的黏度和切力，同时在不超过钻杆安全负荷的前提下，用最大的拉力上提（或用上击器上击）； 在起钻中途遇卡，应用钻具的重量尽全力下压（或用下击器下击），在条件允许时，大排量循环钻井液，大幅度降低粘度和切力并加入清洗剂，争取把泥包物冲洗掉； 注入解卡剂，倒扣或爆炸倒扣套铣解卡

（三）井壁坍塌卡钻

井壁坍塌卡钻是指井壁不稳定，井壁岩石的碎块落入井内卡住钻具的现象。一般发生在吸水膨胀的泥岩、页岩，胶结不好的砾岩、砂岩和断层的破碎带等地层，是因井壁失稳、坍塌造成的。它是卡钻事故中最为恶劣的一种事故，所以在钻井过程中应尽力避免这种事故的发生，如图 7－3 所示。

1. 井壁坍塌卡钻的特征

1）在钻进过程中发生坍塌

如果是轻微的坍塌，则返出钻屑增多，可以发现许多棱角分明的片状岩屑。如果坍塌层是正钻地层，则钻进困难，泵压上升，扭矩增大，钻头提起后泵压下降至正常值，但钻头放不到井底。如果坍塌层在正钻地层以上，则泵压升高，钻头提离井底后泵压不降，且上提、下放钻具遇阻，甚至井口返出钻井液流量减少或不返。

2）起钻时发生井塌

正常情况下，起钻时不会发生井塌。但在发生井漏后，或在起钻过程中未灌钻井液或少灌钻井液，则随时有发生井塌的危险。井塌发生后，上起、下放钻具遇阻，而且阻力越来越大；阻力不稳定，忽大忽小。钻具可以转动，但扭矩增大。开泵时泵压上升，悬重下降，井口钻井液流量减少甚至不返，停泵时有回压，钻杆内反喷钻井液。

3）下钻前发生井塌

井塌发生后，由于钻井液的悬浮作用，塌落的碎屑不集中时，下钻时可能不遇阻，但井口不返钻井液，或者钻杆内反喷钻井液。如果塌落的碎屑集中，则下钻遇阻。当钻头未进入塌层以前，开泵正常；当钻头进入塌层以后，则泵压升高，悬重下降，井口返出钻井液流量减少或不返。但当钻头一提离塌层，则一切恢复正常。

2. 井壁坍塌卡钻的预防

（1）采取适当的钻井工艺措施。设计合理的井身结构，尽量减少套管鞋以下的口袋长度，调整钻井液性能使其适应钻进地层，保持钻井液液柱压力，减少压力激动。

（2）使用油基、钾基等具有防塌性能的钻井液。

3. 井壁坍塌卡钻的处理

（1）如果钻井液能小排量循环，必须控制进口流量和出口流量的基本平衡。在循环稳定后，逐渐提高钻井液的黏度和切力，以提高钻井液的携砂能力，然后再逐渐提高钻井液的排量，争取把坍塌物带到地面。

（2）如果钻井液失去循环，只有钻具倒扣套铣解卡，不能硬拔钻具。

（四）砂桥卡钻

上部松软易塌或易溶性地层，在钻井液的浸泡下便会造成井径扩大，特别是裸眼井段很长，钻速很慢的井。由于井径扩大，钻井液上返速度便会在该处减慢，岩屑会淤集于“大肚子”处。当其他岩屑下沉到该处时，与已经存在的堆积物形成砂桥。起钻时，钻具起到该处便会卡住，如图 7－4 所示。

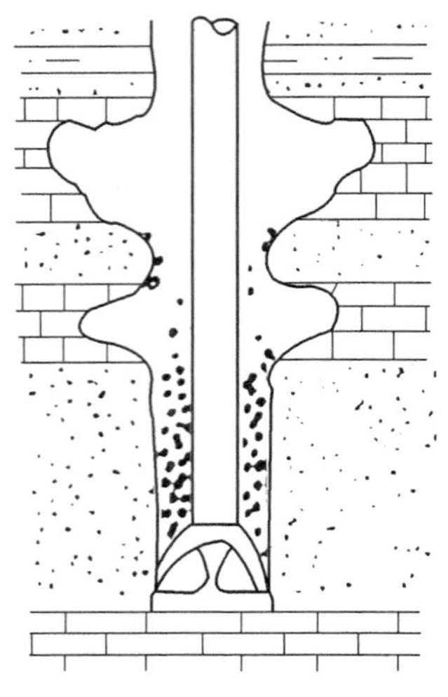
图 7－3　井壁坍塌卡钻示意图

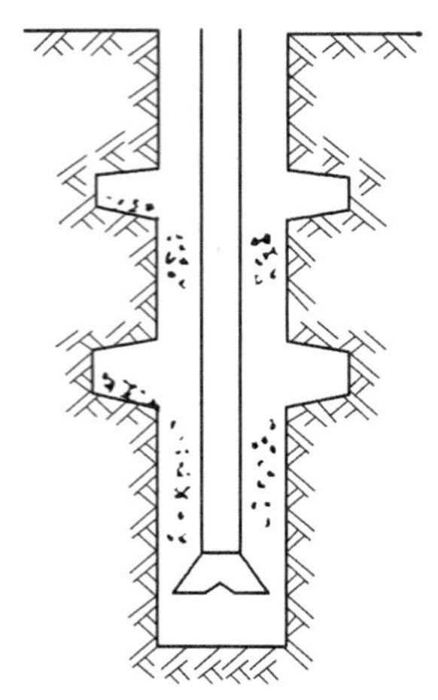
图 7－4　砂桥卡钻示意图

砂桥卡钻的原因、特征、预防及处理见表 7－7。

表 7－7　砂桥卡钻的原因、特征、预防及处理

原因	表层套管下得太少，松软地层暴露太多；在钻井液中絮凝剂加入过量；机械钻速快，钻井液排量跟不上，钻井液中岩屑浓度过大；钻井周期长，或井内钻井液静止时间长
特征	下钻时，井口不返钻井液或者钻杆内反喷钻井液；起钻时，环空液面不降，钻具内液面下降很快；钻具进入砂桥，开泵前上下活动与转动自如，开泵则泵压升高，悬重下降，井口不返钻井液或者返出很少；钻进时，如排量小或携砂能力不好，循环过程钻具上下活动、转动均无阻力，一旦停泵则钻具提不起来，特别是对无固相钻井液这种情况发生得较多
预防	优化钻井液设计；钻进时，根据地层特性选泵的排量；在胶结不好的地层不要划眼；下钻时，发现井口不返钻井液或者钻杆水眼内反喷，应停止下钻；起钻时，发现环空液面不降应停止起钻；控制井径扩大率；在地层松软、机械钻速较快时适当延长循环时间；在裸眼井段，钻井液静止的时间不能过长
处理	如果能小排量循环钻井液的话，就维持小排量循环，逐渐提高钻井液的粘度和切力，以提高钻井液的携砂能力，然后再逐渐提高钻井液的排量，力争把循环通路打开；如果失去钻井液的循环，只有利用钻具倒扣套铣解卡，不能硬拔钻具

（五）沉砂卡钻

在清水开钻的钻进中，由于钻速很快且清水悬浮岩屑的能力差，未能将所钻岩屑及时携带上来，接单根或起钻停泵后，岩屑下沉堵塞环空，埋住钻头和部分钻具形成卡钻。此时，若开泵过猛还会憋漏地层，卡钻变得更紧。

沉砂卡钻的原因、特征、预防及处理见表 7－8。

表 7－8　沉砂卡钻的原因、特征、预防及处理

原因	用清水钻进时悬浮岩屑能力差；岩屑未能及时上返，清水中岩屑浓度大；在接单根或起钻停泵后，岩屑下沉
特征	接单根或起钻卸开立柱后，钻井液倒返、反喷；接上单根开泵时，泵压很高或憋泵；上提遇卡、下放遇阻且不能转动或转动时蹩劲很大
预防	调整钻井液性能，适当增大泵排量；缩短接单根量时间；发现泵压升高及岩屑返出较少时应控制钻速，或停钻活动钻具，加大排量循环；遇卡不要硬拔钻具，应尽快循环钻井液和活动钻具；若循环失灵，要立即停泵放回水，使堆积压紧的沉砂松一下，立即上提钻具，拔出后再划眼通井
处理	处理方法与砂桥卡钻相同

（六）缩径卡钻

缩径卡钻也称小井眼卡钻，无论何种原因，钻头通过的井段，其直径小于钻头直径，均可造成卡钻。这些小于钻头的井径，有些是缩径造成的，有些是原本就存在的，如图7－5所示。

缩径卡钻的原因、特征、预防及处理见表7－9。

（七）键槽卡钻

键槽卡钻多发生在硬地层井斜全角变化率大，形成狗腿的井段，如图7－6所示。钻进时，钻杆紧靠狗腿井段旋转，起下钻时钻杆在狗腿井段上下刮拉，硬地层钻速慢，时间长了在井壁上磨出一条细槽，它比钻杆接头稍大而小于钻头直径。起钻时钻头拉入键槽底部被卡住。

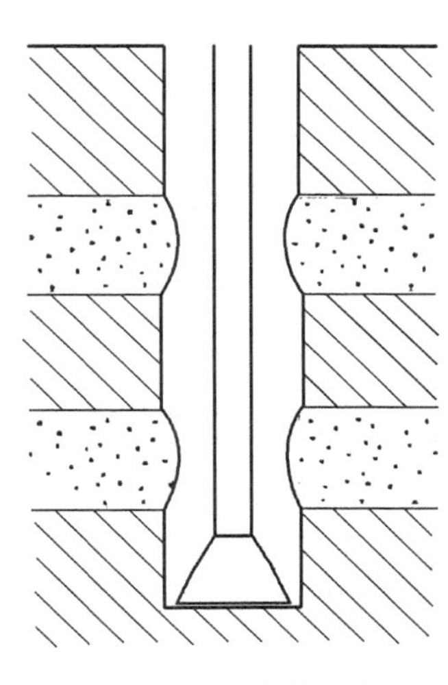

图7－5　缩径卡钻示意图

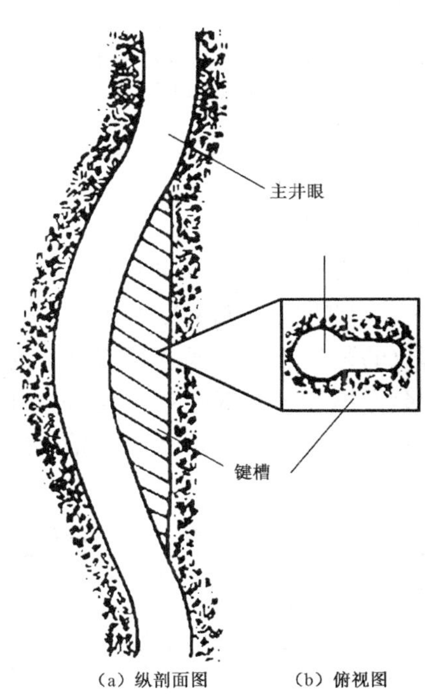

图7－6　狗腿井段示意图

表7－9　缩径卡钻的原因、特征、预防及处理

原因	砂砾岩、泥页岩、盐岩和深部石膏层的缩径；原已存在的小井眼和弯曲井眼；地层错动造成井眼横向位移；将大一级的钻头下入小一级的井中；钻井液性能发生了较大的变化，滤饼增厚或形成假滤饼
特征	单向遇阻，遇阻卡点固定在井深某一点；多数发生在上提、下放时，而不是静止时，只有少数发生在钻进中（钻遇盐岩、含水软泥岩、沥青层），这时泵压会逐渐升高，甚至会失去循环；离开遇阻点上下活动、转动正常，起出的钻杆接头上部经常有疏松的泥饼；卡点是钻头或大直径工具，不可能是钻杆和钻铤
预防	下入钻头、扶正器或其他直径较大的工具时，应仔细丈量其外径；改变下部钻具结构，增加刚性；下钻遇阻绝不可强压，应向下划眼，消除阻力；起钻遇阻不能硬提，应循环钻井液，采取倒划眼的办法起出；控制钻井液滤失量及固相含量
处理	遇卡初期，应大力活动钻具，争取解卡；用震击器震击解卡；如果是缩径与黏吸的复合式卡钻，应先浸泡解卡剂，然后再进行震击器震击解卡；如果缩径是盐层造成的，而且能够维持钻井液循环，可以泵入淡水至盐层缩径井段溶化盐层，同时用震击器震击解卡；如果缩径是泥页岩造成的，可以泵入油类（清洗剂、润滑剂），同时用震击器震击解卡；如果以上方法无效，只有利用钻具倒扣或爆炸倒扣套铣解卡

键槽卡钻的原因、特征、预防及处理见表7－10。

表7－10　键槽卡钻的原因、特征、预防及处理

原因	井眼有较大的井斜全角变化率井段；起下钻次数多，钻井周期较长；多发生在硬地层（个别软地层）
特征	只发生在起钻时；如果钻铤外径大于钻杆接头，则钻铤顶部接触键槽下口时即遇阻遇卡；在岩性均匀的地层中，键槽是向上下两端发展的，如果井径规则，则每次起钻的遇阻点是向下移动的，而且移动的距离不多；键槽中遇阻遇卡，开泵循环钻井液时，泵压无变化，进出口流量平衡；在键槽中遇阻，拉力稍大，启动转盘很困难，但只要下放钻柱脱离键槽（悬重必须恢复）则旋转自如
预防	保证井眼质量，使井斜全角变化率合乎要求，避免钻出狗腿井段；钻定向井时，在地质条件允许的情况下，尽量简化井身轨迹，多增斜、少减斜；使用高效能钻头，提高钻进速度，减少起下钻次数；发现键槽后，再次下钻时应在键槽井段反复划眼，主动、及时破除键槽
处理	利用钻具的重量大力下压，一次将压力加上去，直至解卡为止；在钻柱上带随钻震击器，一旦遇卡可启动下击器下击解卡；如震击无效，只有利用钻具倒扣或爆炸倒扣套铣解卡；如果在石灰岩、白云岩地层形成键槽卡钻，可以用抑制性盐酸来处理

（八）落物卡钻

落物的来源不同，有的从井口落入，如井口工具、手工具等；有的从井下落入，如钻头、牙轮、刮刀片等；有的从井壁落入，如砾石、岩块、水泥块及原来附在井壁上的其他落物；能够造成卡钻事故的是处于钻头或扶正器以上的落物。由于井眼与钻柱之间的环形空间有限，较大的落物会像楔铁一样嵌在钻具与井壁中间，较小的落物嵌在钻头、磨鞋或扶正器与井壁中间，使钻具失去活动能力，造成卡钻，称为落物卡钻。落物卡钻原因、特征、预防及处理见表7－11。

表7－11　落物卡钻的原因、特征、预防及处理

原因	责任心不强，违背操作规程；工程和地质方面的因素
特征	在钻进中有落物蹩钻现象，上提钻具有阻力，小落物有可能提脱，大落物则越提越死；起钻过程有落物则会突然遇阻，只要上提力不大，下放比较容易；卡点一般在钻头或扶正器位置，较大落物也可能卡在钻杆接头处；循环正常，泵压、排量、钻井液性能均无变化
预防	定时检查井口工具，防止井口落物；尽量减少套管鞋以下的口袋长度（1～1.5m较好），同时要保证套管鞋处有高质量的水泥，防止水泥块破落；在悬重不正常或泵压不正常的情况下，不能向钻杆内投入测斜仪、钢球等物件
处理	钻头在井底发生落物卡钻要争取转动解卡，在不超过钻杆安全负荷的前提下，用最大的拉力上提；起钻时发生落物卡钻，在不超过钻杆安全负荷的前提下，用全部钻具的重量猛力下压；用震击器下击解卡；如果是水泥块造成的卡钻，可以用抑制性盐酸来处理；如果下压、震击均无效，只有利用钻具倒扣套铣解卡

（九）干钻卡钻

所谓干钻就是钻头部位失去钻井液循环，钻头对岩石做功所产生的热量散发不出去，切削的岩屑携带不上来，积累的热量达到一定程度，足以使钢铁软化甚至熔化，钻头甚至钻铤下部在外力作用下产生变形，与岩屑熔合在一起，这就造成了干钻卡钻。干钻卡钻原因、特征、预防及处理见表7－12。

表 7 – 12　干钻卡钻的原因、特征、预防及处理

原因	钻具刺漏；管线之间的阀门刺漏或未关死；钻井泵上水不好，钻井液黏度太高，含气量太多，均可减少钻井液的排量；泵房与钻台工作配合不好，造成钻井液循环中断
特征	钻具刺漏，在正常排量下，泵压会逐步下降；泵上水不好，泵压下降，井口返出量减少；机械钻速明显下降；转盘扭矩增大；干钻的第一阶段是泥包，可以活动钻具，但上提时有阻力；随着干钻程度的加剧，阻力越来越大，直至无法活动，造成卡钻；干钻的结果，一般都是钻头水眼堵死，除钻具刺漏外，是无法开泵循环的
预防	注意泵压和井口钻井液返出流量，如泵压下降，返出流量减少，应停钻检查；如发现机械钻速下降，转盘扭矩增大，甚至有蹩钻、打倒车现象时，应结合泵压、井口钻井液返出流量、正钻地层特性进行综合分析；泵房与钻台工作要配合协调，因故停泵时，必须先通知司钻；若停止循环时间较长，应将钻具提离井底，上下活动或转动，绝不允许将钻头压在井底用转盘转动的方法活动钻具；对气侵钻井液加强除气工作，提高钻井泵的上水效率
处理	在干钻不太严重、钻头尚未变形时，用震击器上击解卡；爆炸切割；用原钻具直接倒扣或爆炸倒扣解卡；如果井比较浅，用扩眼、套铣解卡；填井、侧钻

二、卡钻事故的处理方法

在任何情况下，一旦发生卡钻事故都要上提、下放、转动钻具，并设法接方钻杆循环钻井液，以便迅速解卡。但在上提、下放、转动钻具时，应根据卡钻的特征、性质，灵活掌握，以免使钻具卡得更紧。

发生卡钻后，要根据上提、下放、转动、开泵循环情况、卡点的位置、井眼情况、卡钻前的各种现象，卡钻后的特征，分析卡钻原因，准确地判断卡钻的性质，采取相应的处理措施。

对于各种卡钻，采用上提、下放、转动钻具、循环钻井液等简单办法处理无效时，则考虑以下方法解卡。

(一)浴井解卡法

通过井内浸泡解卡剂(原油、柴油、煤油、盐酸、土酸、清水、盐水、碱水等)，泡松黏稠的泥饼，降低泥饼的黏滞系数和钻具接触面积，减小压差，从而活动钻具解卡。这种方法是处理黏吸卡钻、泥包卡钻、缩径卡钻、沉砂卡钻、砂桥卡钻简单而有效的方法。

在进行浸泡解卡剂之前，应先确定卡点的位置，算出卡点以上钻具的长度。

1. 求准卡点的位置

最准确的办法是利用测卡仪测量。但现场常用的办法是根据钻柱在一定拉力下的弹性伸长来计算。依据虎克定律可知，自由钻柱的伸长和拉力与钻柱的长度成正比，与钻柱的横截面积及钢材的弹性系数成反比，即：

$$l = \frac{L_{\mathrm{fpu}}F}{ES} \tag{7-1}$$

移项后得：

$$L_{\mathrm{fpu}} = \frac{ESl}{F} \tag{7-2}$$

式中　L_{fpu}——卡点以上自由钻柱的长度，m；

F——自由钻柱所受的超过自身悬重的拉力，kN；

S——自由钻柱的横截面积，cm^2；

l——自由钻柱在 F 力作用下的伸长量，cm；

E——钢材的弹性系数，2.1×10^5 MPa。

在使用该公式时，应注意计算结果与实际情况的偏差。若使用两种不同尺寸的钻杆，应先根据虎克定律求出上部钻杆在 F 力作用下的伸长量 l_1，若 $l_1 > l$，说明卡点在上部钻杆上；否则就在另一尺寸的下部钻杆上。

2. 求解卡剂用量

解卡剂总用量等于预计要浸泡的环空容量和钻柱内容量两部分。环空容量为钻头至卡点位置的环空容量，还要增加一定的附加量。钻柱内容量的计算要考虑三个问题：

(1)若解卡剂密度小于钻井液密度，为了保证钻柱内外压力平衡，钻柱内解卡剂液面不能低于环空解卡剂液面，否则管内解卡剂会自动外流。同时需考虑液柱压力降低对地层的影响，必要时进行安全校核。

(2)为了防止钻头水眼或环空砂堵，必须定期(一般为 0.5～1.0h)活动管内外液体，每次要顶入钻井液 0.3～0.5m^3，按浸泡 6～8h 计算，管内需多留解卡剂 3.6～4.8m^3。

(3)如果解卡剂与钻井液密度相近或略高，则不考虑压差问题，管内留足顶替时所需要的解卡剂即可。

因此，解卡剂总用量可用式(7－3)计算：

$$Q = Q_1 + Q_2 + Q_3 = 0.785(D^2 - d_o^2)HK + 0.785d_i^2H + Q_3 \tag{7-3}$$

式中 Q——解卡剂总用量，m^3；

Q_1——黏卡段环空容量，m^3；

Q_2——黏卡段管内容量，m^3；

Q_3——预留顶替容量，m^3；

K——附加系数，一般取 1.2；

H——黏卡段钻柱长度，m；

D——钻头直径，m；

d_o——钻铤或钻杆外径，m；

d_i——钻铤或钻杆内径，m。

如果使用的是复合钻柱、阶梯式井眼，则应按不同的井径、不同的管柱内外径分段进行计算，累加后即可得总用量。

(二)震击器解卡法

钻具遇卡后，上提、下放活动钻具，或采用浴井解卡等方法后仍不能解卡，需考虑利用震击解卡工具解卡。震击解卡是指利用震击器震击被卡钻具，使其受突然的强烈震击而松动解卡的办法。该方法也是现场经常使用的方法。它们的共同特点是：能与上下钻柱相连，有循环通道，能传递扭矩，密封可靠、储存能量，突然释放，有震击偶件。

钻进中遇到垮塌、黏性、膨胀性等易卡钻地层，可在钻杆与钻铤之间或在钻铤之间接震击器，一旦遇卡，便立即上击或下击解卡。

起钻中遇卡，如缩径、键槽等引起的卡钻经活动不能解除时，可以在卡点处倒开，再接下击器对扣后下击解卡。然后循环钻井液，慢慢上提钻柱，还有卡钻现象时可以转动倒划眼轻轻上提。

下钻中遇阻，未能及时发现而卡钻，以及较轻的黏吸卡钻，均可用上击器向上震击解卡。

（三）倒扣、套铣和切割解卡法

有些卡钻事故，如井壁坍塌卡钻、砂桥卡钻、沉砂卡钻、干钻卡钻，浸泡解卡剂和震击器往往不起作用。这时只好倒扣套铣，或套铣切割。

倒扣是用转盘把扣倒开，将井内卡点以上的正扣钻杆倒出，然后下入铣筒将卡点以下钻具与裸眼之间的环空岩屑或垮塌的碎石等铣掉，再倒出钻具。

井下落鱼未卡部分或已套铣解卡部分，不是用倒扣的办法而是用切割的办法分段取出。切割工具分内割刀和外割刀两种；机械式割刀和水力式割刀两类。各种割刀对钻杆、套管、油管均可切割，可以先切割后打捞，也可以切割与打捞同时进行，以提高效率。

（四）爆炸倒扣解卡法

这是处理卡钻事故的一种倒扣方法。用电缆将导爆索从钻具水眼内送到卡点以上第一个接头螺纹处，在导爆索中部对准接头的同时，将钻具悬重提至卡点，给钻具施加一定的倒扣力矩，点火爆炸；导爆索爆炸时产生剧烈的冲击波及强大的振动力，足以使接头部分发生弹性变形，及时把扣倒开，这与钻杆接头卸不开时，用大锤敲打钻杆内接头后就可卸开的原理一样。同时，由于雷管爆炸，放出大量的热能，使钻杆接头处受热，溶化其中螺纹脂，并产生塑性变形，这与钻杆接头卸不开时，用喷灯加热钻杆内螺纹后就可卸开一样。

这种方法具有安全、可靠、速度快、钻具一般不易损坏，不需要反扣钻具和打捞工具及取材方便的优点，同时也加快了处理卡钻的速度。

（五）侧钻解卡法

当井下事故难以处理或虽然处理但耗资巨大，在经济上难以承受时，往往采取侧钻的办法解卡。侧钻就是使用特殊工具或工艺，从落鱼旁边侧钻，超过鱼底数米后，设法活动，再进行打捞，或者钻出新井眼。

可以用井下动力钻具定向侧钻。如果没有定向钻井的条件，可以采取以下三种办法。

1. 吊打

把水泥塞打在井斜变化较大的井段，采用纠斜打直的办法，即利用下部钻具的悬垂作用，让钻头切削井壁下限，抠出一个台肩，让它逐渐离开水泥塞。

2. 压弯下部钻具造斜

在钻头上接一根钻杆，在钻杆上再接 3 ~ 4 柱钻铤。在钻头接触水泥塞后，加压 80 ~ 100kN，然后慢慢启动转盘，钻头即可沿着钻杆弯曲的方向钻出一个新井眼。

3. 利用斜向器进行侧钻

在鱼顶上打一个水泥塞，水泥塞以上安装一个斜向器，然后下磨铣工具沿斜面铣出一个新井眼，最后顺着这个新井眼钻下去。

三、卡钻事故案例分析

某油田某井其基础资料包括表层套管为 ϕ339.7mm，下深 50.64m，裸眼段采用 ϕ215.9mm 钻头，钻深 2195m，黏井液的密度为 1.03g/cm^3，黏度为 32s，滤失量为 8mL。

钻进至井深 2195m，循环好钻井液，准备起钻。因吊卡不能用，等吊卡一个多小时，也没有循环钻井液，活动钻柱不及时，造成卡钻。经判断初步确定为压差卡钻，采用如下处理措施：注解卡

剂 $12m^3$ 浸泡,未解卡;第二次注原油 $10m^3$ 浸泡,未解卡;第三次注解卡剂 $12m^3$,浸泡 24h,解卡。

此卡钻案例说明:本井钻井液密度 $1.03g/cm^3$,接近海水密度,仍然发生卡钻,说明压差并不是决定性因素;等吊卡一个多小时,不循环钻井液,不及时活动钻具,是极大的错误;本井连续注三次解卡剂才解卡,说明注一次解卡剂不能解卡,并不等于绝望,可以改变解卡剂类型及浸泡时间,就有可能取得效果。

第三节　井塌与防塌

井塌是指井壁岩石碎块掉入井内的现象。井塌的发生与所钻地层的岩性有关,与地层应力有关。井塌的发生一般是由于钻井液液柱压力不能平衡地层压力或不能平衡地层的坍塌压力所造成。当然有些井塌是由于地层的岩性水敏性较好,钻井液中的水进入地层,造成井壁剥落。

一、井塌的现象和原因

(一)井塌的现象

钻进和循环:振动筛处岩屑返出量比正常返出量增多;岩屑形状和大小发生变化;泵压增加或蹩泵,泵压增加的量值与井塌严重程度成正比;顶驱/转盘扭矩增加,扭矩增加的量值与井塌严重程度成正比,严重时,顶驱/转盘有被蹩死的可能;井径扩大,出现糖葫芦井或大肚子井。

接单根或立柱:卸扣时如果钻具上没有浮阀,有钻井液从钻杆水眼返出;接单根或立柱后,开泵可能有蹩泵和蹩转现象;接单根或立柱后,可能有阻卡现象。

起、下钻:起钻遇卡,开泵后遇卡现象减轻;下钻遇阻,下不到井底,井底沉砂较多。

(二)井塌发生的原因

井塌发生的原因有很多,但主要由地质因素、钻井工艺因素所引起。主要原因为:钻井液液柱压力不能平衡地层压力;钻井液失水较大;地层对钻井液中自由水反应比较敏感;钻井液对地层的抑制性能较差;上提钻具时造成抽汲现象使下部井筒压力下降;在起钻过程中,未及时回灌钻井液造成井内液柱压力下降;停钻时间过长,钻井液性能发生严重变化;裸眼暴露时间过长,大排量循环;井温较高,钻井液不适。

二、井塌的预防及处理

(一)井塌的预防

1. 防塌的基本原则

正确的钻井工程设计和钻井液设计;维持良好的钻井液性能;随时观察返出岩屑的变化;采用防塌钻井液体系;现场储备足够的钻井液材料。

2. 防塌措施

(1)各种情况下,都要尽力保持井内液面到井口;

(2)保持维护钻井液性能良好、稳定,对易塌地层要保持钻井液中防塌剂的浓度,处理时要缓慢,防止性能突变;

(3)如发现上部井段掉块增多,要及时提醒司钻,坚持大排量循环,切忌停泵;

（4）起钻前发现钻井液从钻杆内倒流，应及时接方钻杆循环，调整钻井液性能，待井下正常后再起钻；

（5）若井下静止时间较长，下钻时应分段循环；

（6）缩短建井周期，防止地层浸泡时间过长，造成井塌；

（7）起钻发现上提遇阻时，应设法下放同时接方钻杆大排量循环，轻提慢转倒划眼，不得硬提。

（二）井塌的处理

1. 井塌处理的基本原则

（1）井塌发现的越早，处理越及时，井塌就越容易处理；

（2）提高钻井液黏度及时带出垮塌物；

（3）时时保证循环通路的畅通，其次是活动钻具，因为这是复杂情况和事故的分界线，钻具被卡（埋），复杂情况转为事故；

（4）如果井塌比较严重，想尽办法将钻具提至安全井段或套管鞋内，而后再进行处理；

（5）当井塌比较严重，又没有较好的方法抑制时，让其坍塌，并不断地循环出沉砂，坍塌压力释放完后会达到一个压力平衡，然后再进行下一步作业。

2. 井塌处理措施

（1）如果井塌较轻微时，只有少量的掉块和剥落物，可停止钻进循环观察，如掉块减少，可继续钻进同时加强做岗观察。如掉块继续增加，应立即起钻至套管内，同时向甲方请示汇报，提高钻井液密度。

（2）井塌造成井径扩大，可适当提高钻井液黏度和循环排量，充分携砂。为防止砂子、掉块堆积造成阻卡，可采用高黏度钻井液塞举砂。垮塌严重产生大井腔时，应用水泥及时补壁。

（3）钻进中发现泵压升高、悬重下降、扭矩增加、打倒车严重、钻杆内倒返浆严重现象，应停止钻进或接单根，上提钻具到畅通井段，采取冲、通、划的方法处理。

（4）钻进中遇严重井塌，由于漏失造成井壁失去平衡，则应边灌钻井液，同时组织人员迅速起钻。如非井漏引起的井塌，不能硬提钻具，应尽可能保持大排量循环，保持钻具转动，待泵压正常，转动蹩劲不大时再采取轻提慢转倒划眼解除，如钻头不在井底应设法下放，严禁硬提，以免将落物挤紧而卡死，增加处理难度。

三、井塌处理案例

某井队钻至1200m时因钻机故障停钻27d，当时钻井液相对密度为1.07，漏斗黏度为22s，失水量为8mL/30min。下钻到820m时遇阻，划眼6次也加不了钻杆，估计井内直罗组就有坍塌物60m。原浆已不能达到治塌携粉的功效，重新调配钻井液已迫不得已。

经计算井内有钻井液37m^3，地面用小循环有钻井液23m^3，共计60m^3。需膨润土4t，纯碱4袋，高黏防塌剂300kg，纤维素（1300cP）200kg，硅酸钾600kg，广谱护壁剂Ⅱ型300kg，采用边循环边加料的办法依次将上述浆材用漏斗冲枪加到钻井液中，加完后再循环4h就可以开始划眼了。

划眼加杆时特别谨慎，因治理井塌需要8～12h，加上直罗段已形成大肚子，头几根划眼都是反复4～6次，将井壁稳定住，将井内掉块全部携带井外，卸掉方钻杆后钻杆内不喷浆，才开始加杆。经过36h划眼，井深已达940m，下部井眼是畅通的，但为了安全，井队决定每下一立柱钻杆，开泵循环1h。经过26h划眼到井底。

正常钻进后，准备使用大循环。在大钻井液池里放 15m^3 清水，按硅酸钾 1%，高黏防塌剂 0.5%，磺化褐煤树脂 1%，广谱护壁剂Ⅱ型 1% 加量依次将 150kg 硅酸钾，75kg 高黏防塌剂，150kg 磺化褐煤树脂，150kg 广谱护壁剂Ⅱ型加到 15m^3 清水里，然后改大循环，经过 3h 的充分循环，新浆、旧浆已拌和均匀，此时钻井液相对密度为 1.10，漏斗黏度为 37s，失水量为 4.5mL/30min。随后就用广谱护壁剂Ⅱ型一种材料到完钻。其间，井壁稳定，未发现掉块坍塌，携屑正常，起下钻畅通。

第四节　落物与打捞

井下落物种类繁多，广义上说，凡钻具、套管、油管、电缆、钢丝绳等落入井下，都是井下落物，而且是大型落物。本节所说的井下落物是指那些碎小的、不规则的、没有打捞部位可与打捞工具连接的落物，如钻头的牙轮、巴掌、刮刀片等，手工具中的锤子、扳手、撬棍等，井口工具零部件中的卡瓦牙、吊钳牙、安全销等。这些落物，有的掉到井底，成为钻进的拦路虎；有的掉到钻头或扶正器以上部位，成为造成卡钻的直接原因；有的掉在井眼中途，横梗在井眼中，阻断了钻具运行的通路，这些事故不消除是无法继续钻进的。落物事故是井下事故中发生频率最多的事故，造成的损失也是非常大的。

一、落物的相关定义

（一）落鱼

落入井内的物体称为落鱼。

（二）鱼顶及鱼尾

落鱼的顶端称为鱼顶，也称鱼头；而落鱼的尾端称为鱼尾。

（三）鱼长

落鱼的长度称为鱼长。而鱼顶距转盘面的距离称为鱼顶井深，鱼尾距转盘面的距离称为鱼尾井深。

（四）打捞

捞出落鱼的过程称为打捞。

二、落鱼发生的原因

落鱼发生的原因有产品质量有问题；使用参数不当；起下钻过程遇阻遇卡时，操作不当，猛提猛压；超时使用，超出可供参考的使用寿命；顿钻造成的事故；从井口落入物件。

三、井内有落物的象征

井底有较大的落物时，钻头一接触落物就会发生蹩钻或跳钻，钻压越大，蹩、跳越厉害，根本不会有进尺。起出钻头检查，有明显的伤痕。

井底有较小的落物时，有较轻的跳钻或蹩钻现象，时而有，时而没有，没有一定的规律性；机械钻速相对较低；起出钻头检查，若是镶齿则有断齿或掉齿现象，若是铣齿则齿顶有被锤击的现象。

井底有更小的落物如牙轮的牙齿及轴承的滚珠、滚柱等，在钻进时井底也比较平稳，不发生跳钻和蹩钻现象，但钻头磨损很快，特别是对 PDC 钻头为害甚大，达不到预期的进尺和工作时间。起出钻头检查，有折齿和掉齿现象，钻头巴掌外缘有明显的横向刻痕，甚至下部钻铤和配合接头上也有刻痕。

若钻具在井内，从外环空中掉入落物，若掉在井径大的地方，待在壁阶上，则起下钻无妨碍；若掉在井径小的地方，则会对钻具的起下形成阻力，严重时会造成卡钻。若落物正好在钻头以上，往往是上提遇阻下放不遇阻，在没有阻力的情况下，可以转动钻具，但上提有阻力时，转动就相当困难。这种落物不一定是从井口落入的，往往是从井壁掉下的，如坍塌的砾石、水泥块、岩块等。

若有较大的落物落不到井底，而是横梗在井眼中部，则下钻会遇阻，转动有蹩劲，起出钻头或其他工具检查，会有明显的伤痕。

四、预防井内落物的措施

防止从井口落入任何物件。首先对井口常用的专用工具如吊卡、卡瓦、安全卡、吊钳等进行仔细的检查，每一个螺钉、轴销、穿销都要紧固齐全。一般情况下，井口不许使用撬杠、榔头等手工具，不得已采用时，要采取防掉措施，如盖好井口、拴保险绳等。上卸钻头必须使用钻头盒。双吊卡起下钻要用小补心。总之，要堵塞一切可能落物的漏洞。

钻头使用要根据井下实际情况掌握，若井下有异常情况如蹩钻、跳钻、扭矩增大，应仔细判断是什么原因造成，一般来说有三种情况：

(1)井下有落物，调整钻压、转数不起作用，进尺锐减或无进尺；

(2)钻遇特殊地层，如钻遇砾石层就会跳钻，钻遇某些泥页岩层也会蹩钻，但有进尺，且钻速基本均匀，调整钻压转数后会见到明显效果；

(3)钻头早期磨损如轴承旷动、牙轮互咬、牙轮卡死，都会发生蹩钻、跳钻现象，但有进尺而钻速降低。

遇到这些情况，如果一时判断不清，虽然钻头使用时间不够，也要及早起钻，勿贪小利而酿大祸。

井下情况不正常，如悬重下降、泵压下降、在地面查不出原因时，绝对禁止从钻具水眼内投入任何物件如测斜仪、憋压钢球等。

裸眼井段井径不规则，有多个壁阶存在，下钻时在此井段要慢速下放，以防某个牙轮接触壁阶受力过大而折落。因为壁阶遇阻和缩径遇阻不一样，缩径遇阻是三个牙轮同时受力，而壁阶遇阻只有一个牙轮受力，很容易发生顿落牙轮事故，而且顿落的牙轮不是掉到井底，而是待在壁阶上，状态很不稳定，一旦下落，便会造成恶性卡钻。

表层套管和技术套管的套管鞋必须与管体本身连接牢固，并且用黏结剂粘牢或用电焊焊死，套管鞋与井底的距离越小越好，而且应坐在不易垮塌的砂岩井段，因为这部分的水泥石往往固结不好，很容易掉水泥块和套管鞋，给正常钻进带来麻烦。

另外，钻头的配合接头螺纹规范必须与钻头连接螺纹的规范一致，防止整个钻头脱扣入井。

五、井下落物的处理

井下落物妨碍正常钻进，必须及时处理。但井下落物有大有小，形状各异，因此，处理井下落物的方法也是多种多样。

处理落物就是打捞井下落鱼的过程。因此，在处理前应根据鱼顶和井眼的实际情况，选择适当的打捞工具，必要时另行设计特殊的打捞工具，以便迅速捞出落鱼。下面简单介绍几种常用的打捞方法。

(一)卡瓦打捞筒

1. 结构和原理

卡瓦打捞筒是打捞工具中最常用的工具。它是从落鱼外径抓捞落鱼的一种工具，主要用于打捞钻杆、钻铤、接头、接箍、油管、随钻工具和测试仪器等外径平滑的管类落鱼。由于它和落鱼接触面积大，能经受强力提拉、扭转和震动。LT 型卡瓦打捞筒的结构如图 7-7 所示。

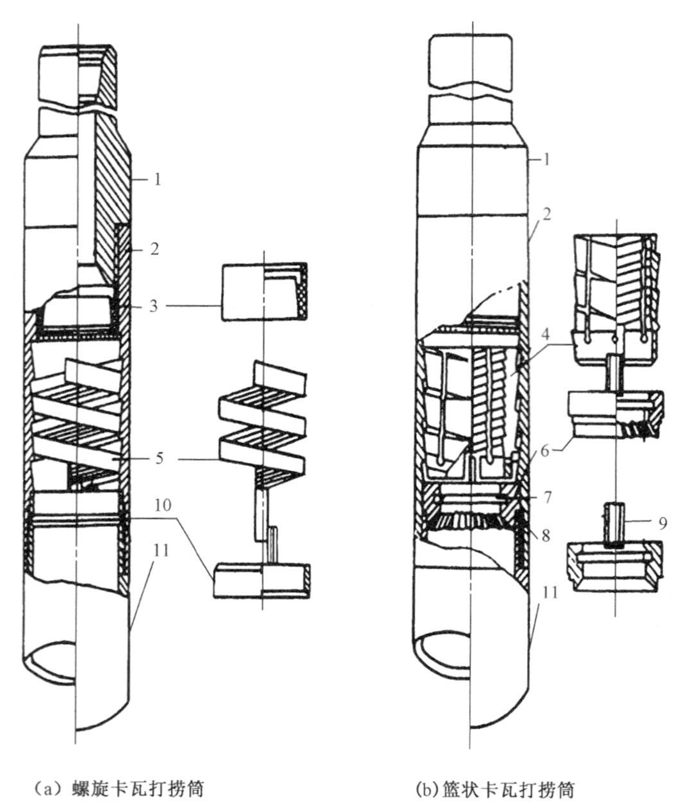

(a) 螺旋卡瓦打捞筒　　(b) 篮状卡瓦打捞筒

图 7-7　LT 型卡瓦打捞筒

1—上接头；2—筒体；3—A 形密封圈；4—篮状卡瓦；5—螺旋卡瓦；6—铣鞋；7—R 形密封圈；8—O 形密封圈；9—控制环；10—螺旋卡键；11—标准引鞋

筒体上部与上接头相连，下部与引鞋相连；筒体内部装有卡瓦和上下密封填料。筒体带有特殊宽锯形左旋内螺纹，它和卡瓦的锯形外螺纹配合，并约束卡瓦的胀大缩小。每种卡瓦打捞筒的筒体都能装换数种打捞尺寸的卡瓦。

打捞筒的抓捞部件是卡瓦，有螺旋卡瓦和篮状卡瓦两种，卡瓦的外锯齿左旋螺纹与筒体的内锯齿左旋螺纹相配合。但配合的间隙较大，能使卡瓦在筒体中一定的行程范围内胀大和缩小。所配卡瓦的内径一定要小于鱼头外径 1 ~ 2mm，当鱼头被引入捞筒后，只要施加一轴向压力，鱼头迫使卡瓦上行并将卡瓦胀大而进入卡瓦。卡瓦在弹性力的作用下，紧紧抱住鱼头。当上提钻柱时，筒体和卡瓦配合的锯齿螺纹产生相对运动，迫使卡瓦收缩，卡瓦牙将鱼头咬住，拉力越大，卡得越牢。

当井内被卡落鱼需要释放时，可用钻柱下压或震击器下击，使筒体和卡瓦产生相对运动，锯齿螺纹斜面松开，然后右旋管柱同时上提，每次上提1～2cm，使捞筒受拉力不大于10kN即可，直至捞筒脱离鱼头。

2. 使用

组装时，卡瓦和筒体的锯齿要涂抹钙基黄油，其他螺纹涂抹螺纹脂。组装好后，必须检查卡瓦在筒体的行程，上下运动要灵活。A形密封圈必须装平到位，否则会形成上接头与筒体的连接螺纹拧不到位，发生不密封或更为严重的事故。

下钻前，先计算好3个方入，即鱼顶方入、铣鞋方入、落鱼进入卡瓦后捞住落鱼时的方入。一般打捞钻具组合是：卡瓦打捞筒＋安全接头＋下击器＋钻具。

打捞落鱼的简单过程为：将入井的打捞钻具下到鱼顶上方→缓慢向右旋转和下放钻具→使落鱼进入引鞋并碰控制环带的铣齿→再缓慢向右旋转铣去鱼头毛刺→继续下放打捞钻具使鱼顶碰篮式卡瓦→加压（30～50kN）使卡瓦内径变大→落鱼沿斜面进入卡瓦→上提打捞钻具→卡瓦内径缩小咬住落鱼从而建立新的连接→上提捞柱抓紧落鱼（必要时可开泵循环）→将落鱼提出井外→下击器下击松动篮式卡瓦→正转打捞筒退出落鱼。

若井下落鱼被卡，解卡无效，利用下击器下击松开卡瓦，上提到打捞钻具悬重时，右转钻柱几圈，无蹩劲说明卡瓦已松开。

（二）卡瓦打捞矛

1. 结构和原理

卡瓦打捞矛是一种从落鱼内孔打捞落鱼的打捞工具，其结构简单、强度较高、操作简便、工作可靠，不仅可用于打捞钻杆、钻铤，还可以用于打捞油管、套管。特别是内切割作业时，能与内割刀工具配用，使打捞切割一次完成。LM型卡瓦打捞矛结构如图7－8所示。

LM型卡瓦打捞矛主要由心轴、卡瓦、释放环和引鞋组成。卡瓦内部是左旋锯齿扣与心轴锯齿扣相配合；释放环凸缘与引鞋端面凸缘是一个安全装置，它能抵抗打捞矛锁紧、黏结或卡住，以保证容易释放。打捞矛是从落鱼内进行打捞的，因为它咬合落鱼的面积较大，所以不会损坏落鱼。当捞住落鱼提不起时，打捞矛容易松脱和退出，把落鱼丢掉。

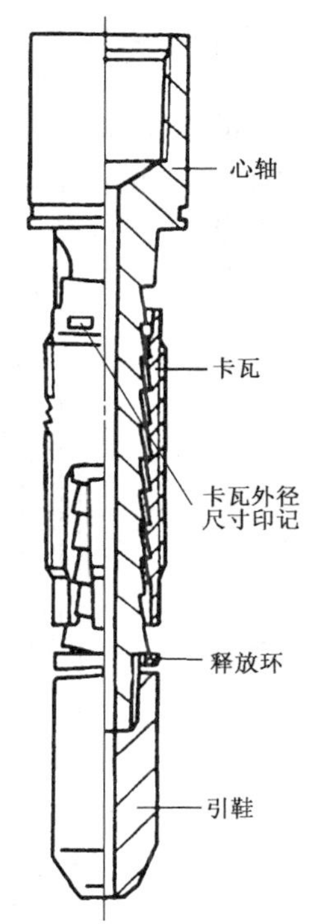

图7－8　LM型卡瓦打捞矛

2. 使用

1）打捞钻具的组合

预计捞后不易发生卡钻现象时，打捞钻具的组合是：打捞矛＋下击器＋钻具。

预计捞后容易发生卡钻现象时，其组合是：打捞矛＋安全接头＋下击器＋上击器＋钻具。

与内割刀配合时的组合是：内割刀＋小钻具＋打捞矛＋下击器＋钻具。

为防止捞后卡钻，一般情况打捞矛上方不接钻铤。LM型卡瓦打捞矛带有一些附件，如铣齿型引鞋可代替标准引鞋，用来磨鱼顶变形和内孔毛刺，也可钻通落鱼砂堵；斜口标准引鞋可将靠在井壁上的落鱼找正；封堵器总成需局部循环时用。

2)操作

使用各种规格型号的LM型卡瓦打捞矛配有不同外径尺寸的卡瓦，卡瓦外径与落鱼水眼（内径）的差值为1～3mm。知道落鱼水眼（内径），可由此关系计算选用卡瓦。

选择卡瓦后，组装、上紧引鞋，下井前，卡瓦处于释放位置，即卡瓦应下旋抵住释放环。

下钻前应计算出鱼顶方入和打捞方入。当鱼顶变形或有内翻毛刺时，应先设法磨铣掉。是否开泵打捞和下封堵器打捞要十分明确。下放钻柱要慢慢进行，直到打捞矛进入落鱼内的预计深度。顺时针向左旋转1.5～2圈，然后慢慢上提钻具，这时卡瓦的外径被心轴锯齿扣斜面胀大，使卡瓦外齿紧紧咬住落鱼的内壁，从而捞住落鱼。当落鱼被卡，可先进行活动解卡，仍不奏效则利用下击器下击解卡。

要在井下退出打捞矛，首先是向右转动3～3.5圈，使卡瓦靠近释放环；然后利用钻具重量配合下击器下击，使卡瓦与心轴锯齿扣的咬合松开；最后用大于打捞矛以上的悬重5～10kN慢慢上提，直到打捞矛甩掉落鱼，此时也可以边旋转边上提。如果不行，继续重复前面的操作。

（三）公锥、母锥打捞

这两种打捞工具也是打捞钻柱的常用工具，是由高强度合金钢制成。

公锥的结构如图7－9所示，它是一个圆锥体，中间带水眼，上部有粗螺纹和钻具相接。圆锥体上车有打捞螺纹，有的公锥表面带有切削槽，用来积存造扣时的钢屑。公锥有正螺纹和反螺纹之分，使用公锥打捞落鱼时，是把公锥插入落鱼水眼内，然后加压旋转造扣，以达到捞起落鱼的目的。只要鱼顶水眼规则管壁较厚能够造扣，可以使用公锥来打捞。

母锥的结构如图7－10所示，其作用与公锥相同，所不同的是母锥是从落鱼外部来造扣打捞的，所以在内锥面上车有打捞螺纹。使用母锥打捞要求鱼顶外径要规则，扁的或椭圆形的鱼顶造扣不紧，不易捞住。鱼顶是钻杆本体时多用母锥打捞，而不能用于打捞接头。因此，母锥使用不如公锥普遍。母锥也有正螺纹和反螺纹之分。

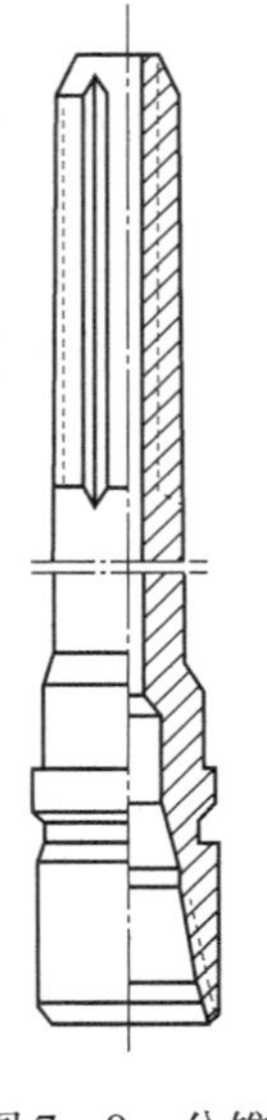

图7－9　公锥

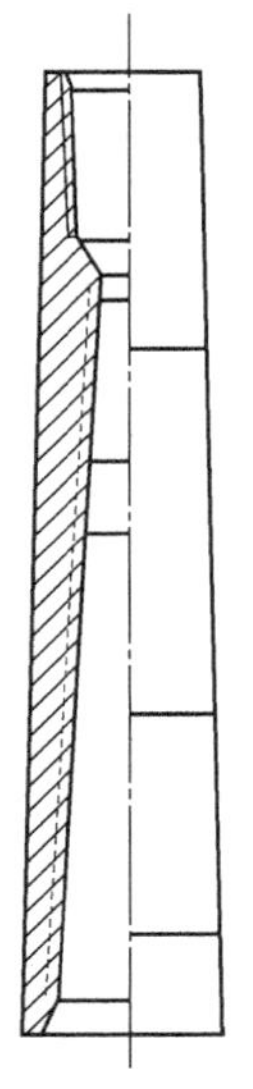

图7－10　母锥

（四）辅助打捞工具

除以上几种打捞工具外，还有一些起辅助作用的工具。

1. 安全接头

安全接头是连接在钻柱和井下各种作业的工作管柱上的一种安全倒扣工具，也是一个由宽螺纹配合的螺纹接头。

AJ 型安全接头构如图 7－11 所示，它主要由上接头、O 形密封圈和下接头组成。上接头的上端为钻杆内螺纹，下端是粗的外螺纹；下接头的上端是粗的内螺纹，下端为钻杆外螺纹。粗的内螺纹和外螺纹配合有较大的间隙，易于卸扣。粗螺纹上紧时，使安全接头形成一个刚性的整体，上下两个 O 形密封圈用以封隔安全接头内外钻井液的压力，并使粗螺旋扣不受钻井液的腐蚀。

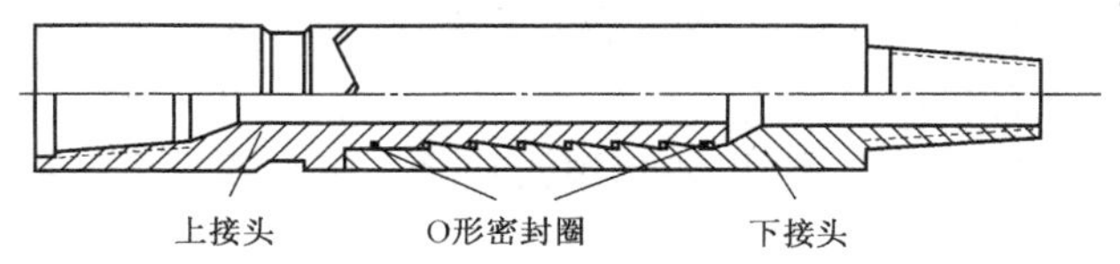

图 7－11　AJ 型安全接头

安全接头用于钻具打捞和测试管柱中，以保证在复杂情况下管柱能从预计处倒开或重新接上。由于工作目的不同，安放的位置也不同。用于打捞时，它安放在打捞工具和震击器之间；用于测试时，它安放在震击器和其他辅助工具之下，而在封隔器和地层测试器之上。

下井前，先要检查密封圈是否完好，粗螺纹处要涂抹好润滑油或润滑脂，然后用大钳上紧。

井下脱开安全接头。先给安全接头一个反扭矩，然后用下击器下击或用原钻具下顿，使安全接头解除自锁；然后，上提钻具，使安全接头处保持 5～10kN 压力，反转退扣。反转时悬重下降，应及时上提，一直保持 5～10kN 压力，直到完全退开。

井下对接安全接头。外接头下到对接面处，加压 3～6kN，缓慢转动钻具上扣，当扭矩增加时，表明安全接头已上紧。

2. 铣(磨)鞋

如果落鱼的鱼头有变形、破裂、弯曲或鱼顶不平，妨碍打捞工具进入或无法造扣，需要修整鱼顶。常用的工具是套筒铣(磨)鞋和领眼铣(磨)鞋，其结构如图 7－12 所示。

套筒铣(磨)鞋也称外引铣(磨)鞋，因其面积大，容易套住鱼头，可以防止鱼顶偏磨。如果鱼顶在套管内，它还可以起到保护套管的作用。

领眼铣(磨)鞋也称内引铣(磨)鞋。如果鱼顶胀裂，或环形空间太小，不便下入套筒铣(磨)鞋时，可以下入领眼铣(磨)鞋修整鱼顶。

需要修整鱼顶时应禁止用平底磨鞋或锅底磨鞋。

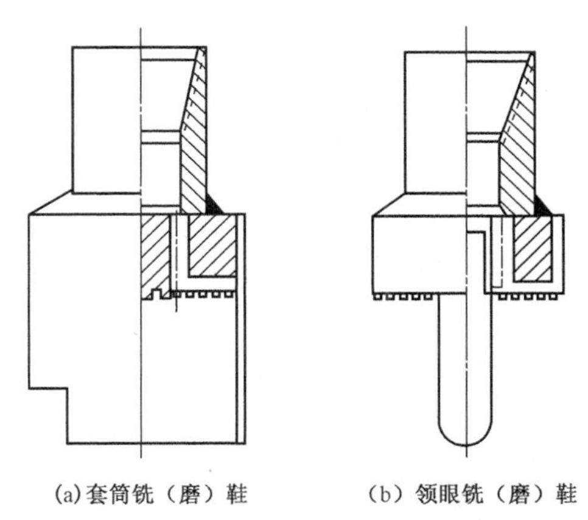

图 7－12　铣(磨)鞋

3. 印模

当落鱼情况比较复杂，为了弄清井内落鱼的状况，就需要下印模进行打印。印模一般是铅印，但在浅井中打印，有时使用蜡模或泥巴模。打铅印时，加压一般不超过 15～50kN。

(五)磁铁打捞器

磁铁打捞器主要打捞落入井内的牙轮、弹子及碎铁等,其结构见图 7-13。该打捞器有一个长圆筒形的永久性的磁铁芯子,此芯子的上下端为磁极,上端磁极板被上接头与体部用螺纹连接压紧。下端磁极板被体部与铣鞋用螺纹连接压紧,磁铁与体部之间是一个绝缘的衬筒,由黄铜或铝制成。

钻杆的下部接磁铁打捞器。因为井眼中钻井液磁阻较大,因此打捞时应使磁铁芯子尽量靠近落物。当磁铁打捞器下放到离井底 0.5~1.0m 左右时,循环钻井液,冲洗磁铁芯子和井底后停泵,在不同方向慢慢下放,指重表稍有降落显示即可,不应加压过大以防将落物压入地层。若牙轮在井底挤压很紧,或小落物靠井壁不易捞获时,可先下尖钻头或一个三牙轮钻头的巴掌去拨中后,再下磁铁打捞器打捞。

打捞起钻时,不得使用转盘卸扣,以防止被捞获之落物重新掉入井底。

(六)反循环打捞篮

反循环打捞篮是一种打捞牙轮及零碎落物的打捞工具,LL 型反循环打捞篮结构如图 7-14所示。

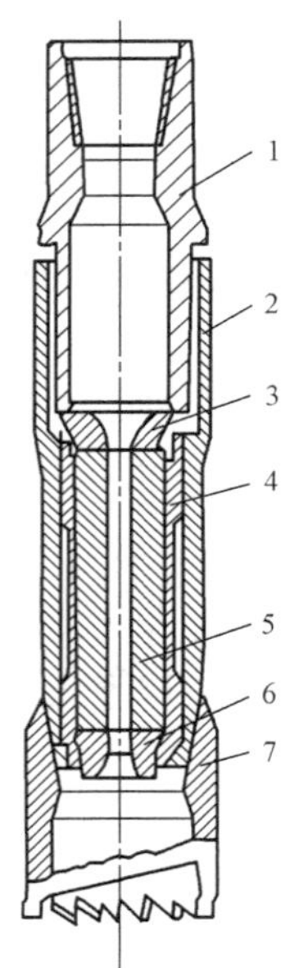

图 7-13　磁铁打捞器

1—接头;2—体部;3—上磁极;4—衬筒;
5—磁铁芯;6—下磁铁;7—引鞋

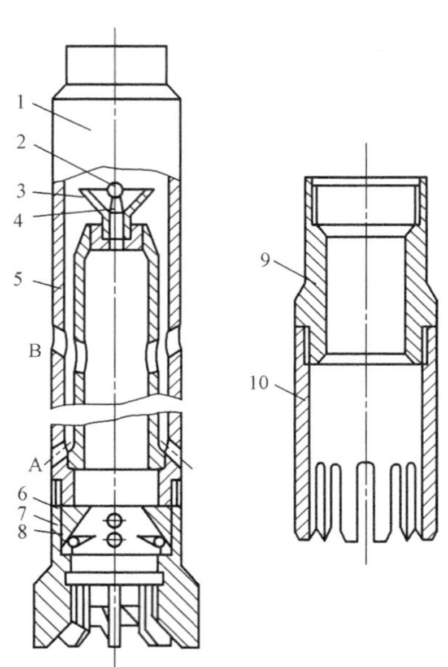

图 7-14　LL 型反循环打捞篮

1—接头;2—阀球;3—阀杯;4—阀座;5—筒身;
6,8—岩心爪;7—铣鞋;9—接头;10—指形打捞篮

使用反循环打捞篮在软地层中打捞时,下部接铣鞋和岩心爪;在硬地层中打捞时,接指形打捞篮。

打捞钻具组合有两种情况:

(1)LL 型反循环打捞篮+钻铤+钻杆;

(2)LL 型反循环打捞篮+打捞杯+钻铤+钻杆。

打捞步骤是:下钻使打捞篮距井底 1~3m,大排量循环钻井液 5~10min。将方钻杆卸掉投入钢球后开泵,当钢球进入阀座后泵压会突然上升 0.5~2MPa,下放钻具使打捞篮距井底

0.1～0.2m，边循环边上下活动及转动钻具。这时，钻井液从A孔流出至井底，再由井底返至筒内经B孔上返至环空而形成反循环，这样即可将井底落物冲向中心。如用打捞篮时，可加压20kN左右，转动2～3圈，再加压40～50kN转6～7圈，即可将落物包住。如用铣鞋和岩心爪时，加压5～30kN，低速慢转，用1～2挡（即75～125r/min）取心钻进0.2～0.5m，上提钻具使岩心爪插入岩心割心，便可将落物与岩心一并起出。

（七）随钻打捞杯

随钻打捞杯能随钻头一起下钻，捞出掉在井内的钻头脱齿、断齿、弹子等粒状落物。随钻打捞杯的结构如图7－15所示，它是由主体与杯筒焊接而成。入井时，接在钻头和钻铤之间（尽可能接近钻头），下钻到井底打捞时，井内粒状金属物经大排量冲至杯筒上方时，因钻井液上返流道增大，流速减小而下沉至杯筒内。粒状较小的落物则采用停泵的办法，使它在自重的作用下沉入杯中。

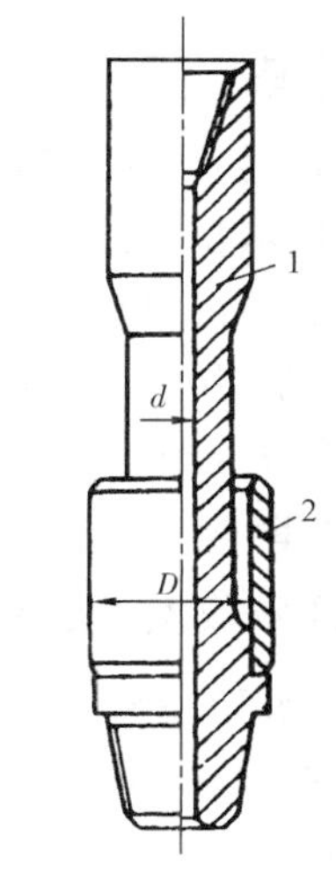

图7－15　随钻打捞杯

1—杯体；2—杯筒

使用方法：当钻头下到距井底0.5m左右时，开泵循环，同时以1挡转动并慢慢下放钻柱到井底，循环5～10min，停止转动和停泵2～3min，随后上提钻柱重复操作2～3次。打捞后开始钻进。起钻前应再次重复以上打捞操作。

（八）一把抓

一把抓用来打捞钻头牙轮之类的落物。它具有结构简单、制造容易和使用方便的特点，一般是用套管割制而成，其结构如图7－16所示。靠近斜指部位要退火处理。

使用方法：下至井底稍微循环后，下探几个方位，在方入最多的方位，加压1～2t转动3～4圈，然后再加压3～4t转动5～6圈；在加压转动过程中若无蹩劲，而且悬重较快恢复，即是捞住的象征，则可起钻。

一把抓在井斜较大、起下钻遇阻遇卡的井不宜使用，以免在下钻途中将齿包拢。

（九）磨鞋

磨鞋主要用于磨碎井底不易打捞的落物，如碎铁块等，其结构见图7－17。它底部有辐射状牙齿，牙齿表面锥焊有硬质合金层，使用时应加够一定的钻压；用一挡转速，保持铣磨平稳，每磨10～15min，提起划眼一次，以便将挤入井壁的碎金属块划下再铣磨。在铣磨的过程中，如发现泵压升高，可能是牙齿磨平，应起钻另换磨鞋。磨鞋可以和磁铁打捞器交替使用。一般在硬地层中使用磨鞋效果都较好。

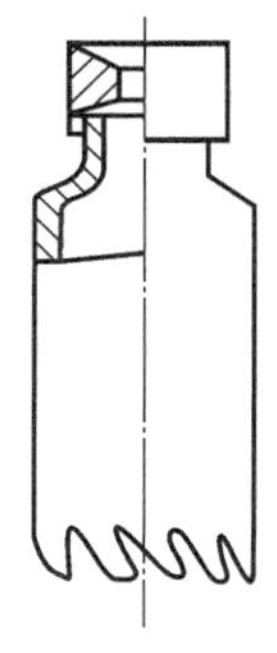
图7－16　一把抓

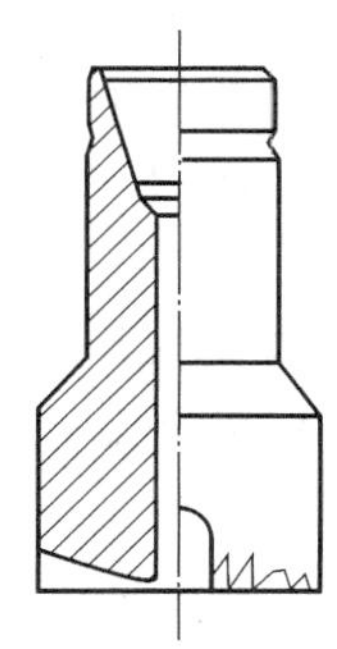
图7－17　磨鞋

落物种类很多，打捞工具也是多种多样，除了上述几种常用工具外，有时还要根据落物的特殊形状设计专门的打捞工具，如钢丝打捞筒等。

六、打捞案例

胜利油田：Y－1井。

（一）基础资料

（1）表层套管：ϕ339.7mm，下深199.04m。

（2）技术套管：ϕ244.5mm，下深1958.15m。

（3）裸眼：ϕ215.9mm钻头，钻深2372.90m。

（4）钻进参数：钻压140～160kN，转速75r/min，排量32L/s，泵压18MPa。

（5）钻井液性能：密度1.20g/cm^3，黏度23s，切力0～10mg/cm^2，滤失量8mL，含砂量0.2%，pH值为12。

（二）事故发生经过

下入ϕ215.9mm三牙轮钻头，装双加长喷嘴，在孔二段砾岩层中钻进，钻头在井下工作五天半，进尺1344.82ft❶。在钻进后期，有间断蹩钻现象，未引起注意，继续钻进4h后，蹩钻严重，上提钻具遇卡，由原悬重800kN提至1200kN，起钻后，发现三个牙轮落井。

（三）事故处理过程

（1）下一把抓，捞出一个牙轮壳体。

（2）下ϕ200mm磨鞋磨铣，进尺0.2m，起出后，碳化钨齿全部磨光。

（3）下Y－8120取心筒接单锥取心钻头，取心0.7m，取出岩心全为杂色砾岩，未发现碎铁。

（4）恢复正常钻进。

（四）认识与建议

（1）加长喷嘴钻头不适宜在砾岩层中钻进，因为容易折断牙齿或别落加长喷嘴。

（2）钻头使用后期有蹩钻现象，就是不好的兆头，可能是加长喷嘴别落，也可能是牙轮卡死，也可能是已经掉了一个牙轮，此时，绝不该再继续钻进4h。

（3）牙轮的脱落，不可能是三个一起脱落，总是先掉一个，另外的两个牙轮是先掉的牙轮别掉的，所以本井如在发现蹩钻现象时立即停钻，最多只能掉一个牙轮，那就好处理了。

（4）三个牙轮一起落井，占据井底面积太大，下一把抓不太合适，因为一把抓内容不下三个平放的牙轮，反而容易把抓齿别掉。本井能捞出一个牙轮壳，算是不小的收获。

（5）在三个牙轮落井的情况下，应该先下磨鞋，把落物磨碎，然后用打捞器打捞，比较稳妥。

（6）下取心筒为的是取出碎铁，结果却取出了砾岩岩心，说明井下已经磨铣干净。一只磨鞋能磨掉两只牙轮，效率是够高的了，这可能和地层有关系，因为砾石层也在磨落物。

---

❶ 1ft＝0.3048m。

第八章　钻井 HSE 管理体系

随着社会的进步，健康、安全与环境（HSE）管理工作受到越来越广泛的重视。维护员工健康、安全，保护生态环境，不仅是企业应承担的责任和义务，也是参与市场竞争的评估标准和必要条件。20 世纪 90 年代，西方一些石油公司从行为学分析和危害管理理论入手，把“以人为本、线性管理、风险控制、持续发展”的 HSE 指导思想融入企业的管理运行之中，联手开发出一套科学、完整、规范的 HSE 管理体系，并逐步被各国石油公司所接受，现已公认为国际石油界健康、安全与环境管理共同遵守的规则。在钻井作业中全面推行和实施 HSE 管理体系标准，有利于防范和消减钻井作业中的各种风险，充分体现“以人为本，预防为主，防治结合，持续改进”的原则，使经济效益、社会效益和环境效益有机地结合在一起。

第一节　HSE 管理体系概述

健康、安全与环境管理体系简称为 HSE 管理体系，或简单地用 HSE MS（Health，Safety and Environment Management System）表示。HSE MS 是近几年出现的国际石油天然气工业通行的管理体系。它集各国同行管理经验之大成，体现当今石油天然气企业在大市场环境下的规范运作，突出了预防为主、领导承诺、全员参与、持续改进的科学管理思想，是石油天然气工业实现现代化管理，走向国际大市场的准行证。

一、HSE 管理体系运行模式和基本思想

HSE 管理体系是企业管理体系中的一种，它将企业的健康、安全与环境纳入了一个管理体系之中，体现了企业一体化管理思想。HSE 管理体系为企业实现持续发展提供了一个结构化的运行机制，并为企业提供了一种不断改进 HSE 表现和实现既定目标的内部管理工具。HSE 管理体系的主要作用就是在全面管理 HSE 事项的基础上，确定 HSE 的关键活动及其风险和影响，加强有效控制，预防事故的发生，将风险降低到尽可能低的水平。HSE 体系的基本思想包括所有事故都是可以认识的；所有事故都是可以预防的；所有事故都是可以避免的等。

HSE 管理体系借鉴了先进的 PDCA 管理模式（戴明模式）的思想。HSE 管理体系运行模式如图 8－1 所示。

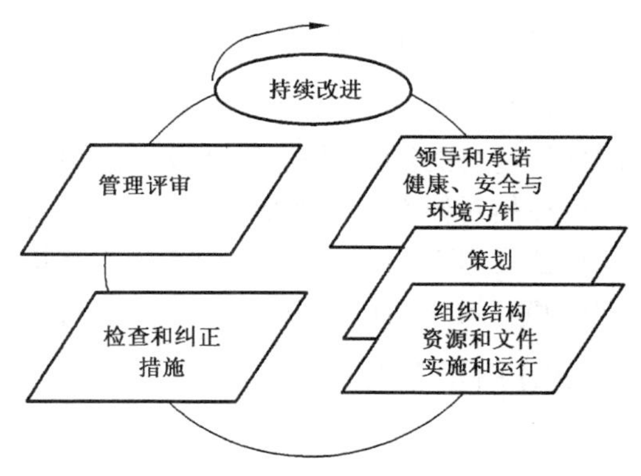

图 8－1　HSE 管理体系运行模式

HSE 管理体系是一个不断变化和发展的动态体系，其设计和建设也是一个不断发展和交互作用的过程。随着时间的推移，随着对体系各要素的不断设计和改进，体系经过良性循环，不断达到更佳的运行状态。

二、HSE 管理体系的基本要素

管理体系要素是指为了建立和实施体系，将 HSE 管理体系划分成一些具有相对独立性的条款。

（一）领导和承诺

承诺是 HSE 管理的基本要求和动力，高层领导的承诺是 HSE 管理体系的核心，自上而下的承诺和企业 HSE 文化的培育是体系成功实施的基础。

（二）组织机构、资源和文件

组织机构、资源和文件是保证 HSE 表现良好的必要条件，是体系运行的基本要素。

（三）方针和目标

方针和战略目标是由高层领导为公司制定的 HSE 管理方面的指导思想和行为准则，是公司对健康、安全与环境管理的意向和原则的陈述，是体系建立和运行的依据与指南。

（四）规划

公司在自己的全部工作程序中应制定和保持实现 HSE 目标及表现准则的计划，对 HSE 关键任务制定程序文件和工作指南，还包括变更管理和应急反应计划。

（五）评价和风险管理

评价和风险管理是通过调查和分析公司中已有和可能会产生的健康、安全与环境危害和影响，以及对当前的管理、控制现状进行全面分析和系统评价的过程。通过这一过程可识别公司的现状和存在的健康、安全与环境问题，为建立 HSE 管理体系提供背景条件和基础，为事故和风险的控制及预防打下可靠的基础。

（六）实施和监测

实施和监测主要包括活动的实施、监测和必要时采取的纠正措施。不同层次的人员负有不同的职责和担当不同的任务，应根据 HSE 方针，在计划阶段或更早阶段按照工作程序与指南开展和执行相应活动与任务；公司应建立和保持工作程序，监测 HSE 表现的有关情况，记录和保存相应的监测结果，以利于 HSE 表现的持续改进。

（七）审核和评审

审核和评审是 HSE 管理体系的最后一环，是定期对 HSE 管理体系的表现、有效性和持续适用性所进行的评估，是体系持续改进的必要保证。

审核是对体系是否按照预定要求运行的检查和评价活动，其可分为内部审核（审核组成员来自公司内部）和外部审核（应公司要求，由外部审核机构进行）；评审是对体系的充分性、适宜性和有效性进行的检查，由公司最高层组织进行。

（八）纠正与改进

纠正与改进不作为单独要素列出，而是贯穿于循环过程的各要素中。

三、HSE 管理体系发展趋势

随着全球一体化和石油经济的发展，健康、安全与环境管理体系已在国际石油工业界得到广泛实施。许多大型石油天然气公司在建立和实施 HSE 管理体系的过程中获得了许多有益经验，如企业文化的建立，健康、安全与环境创优计划，HSE 表现年报的外部验证，ISO 14000 认证的 HSE 管理体系的实施，以及一体化质量、健康、安全与环境（QHSE）管理体系建立等。

一体化 QHSE 管理体系主要是从并存的几种管理体系之间整合一些共同点，如方针制定、法规符合、培训、文件控制、监督、不符合控制、审核和管理评审等；而对一些特殊要素则分类进行控制，如质量管理体系中加工、储运、包装、服务以及产品和服务的检查；健康、安全与环境管理体系中风险消减或应急管理控制等。

中国石油天然气集团公司健康、安全和环境管理体系标准是对国际标准化组织 ISO/CD 14690《石油天然气工业健康、安全与环境管理体系》（标准草案）的等同转化，该标准草案已得到世界上主要石油公司的认可。

第二节　钻井 HSE 管理体系

石油天然气钻井作业是勘探和开发油气田的主要手段，是高投入、高风险和高技术水平的特殊作业，存在各种各样的风险。由于钻井工艺和钻井场所的特殊性，在钻井作业的不同阶段和不同的环节中，均存在对人员身体健康、人员与设施安全和生态环境等不同程度、不同形式的影响和危害，也存在不同程度、形式各异的风险。

一、钻井 HSE 管理体系的产生与作用

原中国石油天然气总公司于 1997 年 6 月 27 日发布了 SY/T 6276—1997《石油天然气工业健康、安全与环境管理体系》，并于 1997 年年底发布了 SY/T 6283—1997《石油天然气钻井健康、安全与环境管理体系指南》等标准。在 1999 年发布了《中国石油天然气集团公司 HSE 管理体系管理手册》，标志着中石油 HSE 管理体系全面推行。2007 年，中国石油发布了最新的《健康、安全和环境管理体系》标准 Q/SY 1002. 1—2007，拓展了原标准的内涵。

在钻井作业中全面推行和实施 HSE 管理体系标准，有利于防范和消减钻井作业中的各种风险，充分体现“以人为本、预防为主、防治结合、持续改进”的原则，使钻井队（平台）员工接受“安全是最大的节约，安全出效益”的理念。

在钻井作业中全面推行和实施 HSE 管理体系标准，符合国家的可持续发展战略，有利于促进石油工业的发展，能有效地控制钻井作业全过程中对健康、安全与环境的影响，满足安全生产、人员健康和环境保护的需要，为保护人类生存和实现国民经济的可持续发展作出应有的贡献。

在钻井作业中全面推行和实施 HSE 管理体系标准，增强员工对安全事故和环境污染事故的预防意识，有助于减少钻井作业中各种事故、特别是重大恶性事故的发生，降低钻井作业风险，减少钻井作业成本，节约能源和资源，有利于提高钻井行业的健康、安全与环境风险管理水平。

在钻井作业中全面推行和实施 HSE 管理体系标准，促进我国石油天然气钻井企业的健康、安全与环境管理与国际接轨，可以增强钻井队伍的市场竞争能力，促进我国钻井企业进入国际市场。

总之，在钻井作业中实施健康、安全与环境风险管理，一方面可以通过提高 HSE 的管理质量，改善企业的形象；另一方面，通过减少和预防事故的发生，降低和预防 HSE 风险，提高经济

效益,增强市场竞争力,使经济效益、社会效益和环境效益有机地结合在一起,为保护人类生存和发展作出应有的贡献。

二、风险管理的基本概念

HSE 管理体系明确定义了有关的术语,其内涵有别于其他管理体系。

(1)风险:发生特定危害事件的可能性以及事件结果的严重性。

(2)危害:可能引起的损害,包括引起疾病和外伤,造成财产、工厂、产品或环境破坏,导致生产损失或增加负担。

(3)危害评价:依据现有的专业经验、评价标准和准则,对危害分析结果做出判断的过程。

(4)危险源:是指可能造成人员伤害、财产损失或环境破坏的根源,可以是一件设备、一处设施或一个系统;也可能是一件设备、一处设施或一个系统中存在的一部分。

(5)事故隐患:隐患是指客观存在的对人和物的潜在危害。事故隐患是指作业场所、设备或设施的不安全状态、人的不安全行为和管理缺陷。

(6)风险管理:是指对系统存在的危险性进行定性和定量分析,得出系统发生危害的可能性及其后果严重程度的评价。根据评价结果,对危害尤其是重大危害因素制定风险消减措施,编制应急反应计划,以实现对风险及其影响的管理。

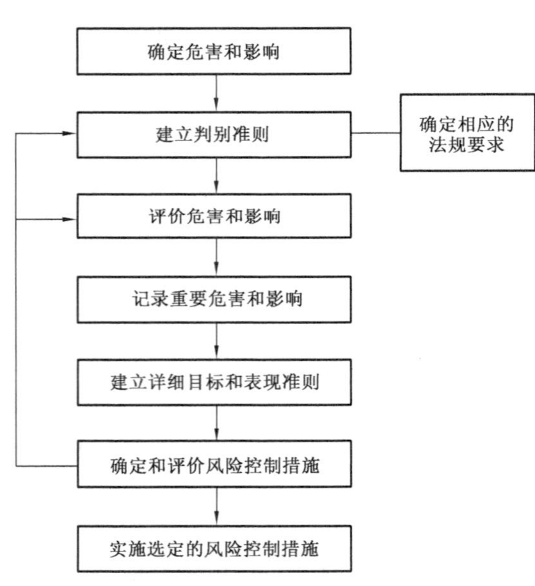

图 8-2 风险管理过程

风险管理充分体现对事故危害及影响以预防为主、突出控制和消减风险的管理思想。图 8-2 显示了风险管理的过程。

三、钻井作业 HSE 风险识别

众所周知,钻井是高风险的行业,在整个钻井作业活动中都可能潜在对健康、安全与环境产生危害的影响因素。钻井作业风险识别具有差异性、严重性、多样性、时间性、隐蔽性、变化性等特征,识别钻井作业活动中潜在的 HSE 风险与危害影响因素,是有效控制和消减钻井过程中给健康、安全与环境带来的危害及影响的重要基础。

(一)钻井作业 HSE 风险因素的识别方法

根据钻井作业地区环境调查结果和钻井作业活动中易发生事故环节以及日常管理经验,从人的行为、物理状态、环境因素等方面进行分析,对钻井作业项目的全过程进行风险因素识别。可采用危险点源分级挂牌、危害程度分级挂图、环境监测、关联图等定性方法和定量方法进行风险识别。

钻井作业 HSE 风险识别,通常可采用关联图分析法,它是通过一种假设方法用图表示危害如何产生及如何导致一系列后果的危险分析法。

（二）钻井及相关作业的主要风险

钻井作业过程中，存在相关承包方的技术服务作业，产生的 HSE 风险会影响整个全局。因此，在进行风险识别时，不但要识别共同风险，也要识别相关作业风险。

1. 共同作业风险

共同作业风险包括：

（1）井喷及井喷失控可能造成地层碳氢化合物的溢出。

（2）火灾及爆炸：地层碳氢化合物的溢出，特别是轻质油、硫化氢等可燃气体溢出，汽油及柴油、润滑油、机油等泄漏造成火灾爆炸危险事故。

（3）营房火灾。

（4）电器火灾。

（5）现场易燃纤维或其他物品着火。

（6）高空作业人员坠落。

（7）高空物品坠落。

（8）起吊重物坠落。

（9）人员施工操作过程中造成物体打击危险。

（10）机械伤害。

（11）触电伤害。

（12）食物中毒。

（13）化学品中毒。

（14）硫化氢中毒。

（15）噪声伤害。

（16）交通事故。

（17）恶劣天气或大自然灾难造成的危害，如山洪、地震、雷击等。

（18）环境污染：包括修建道路、井场对植被的破坏、作业及生活污水、有害气体对大气的污染。

（19）海上钻井的风险：海浪、台风等恶劣天气的危害，平台倾斜、倒塌、撞船、迷航。

（20）社会环境带来的风险：如不法分子侵袭、战争、骚乱等。

2. 相关作业风险

相关作业风险包括：

（1）测井作业风险：放射性伤害、射孔弹误发伤人危险、测井仪器落井危险。

（2）录井作业风险：使用的天然气样标瓶泄露、野蛮装卸可能造成火灾爆炸、使用三氯甲烷等有毒物料可能造成中毒危害、使用强酸性物质可能造成人员皮肤腐蚀或烧伤危险等。

（3）定向井作业风险：测斜绞车伤人、定向井工具落井危险。

（4）固井作业风险：高压管汇泄漏可能造成人员伤亡、严重窜槽、未封住高压油气水层发生井喷危险。

（5）试油作业风险：管线爆炸、接头泄漏、井口采油树刺漏、压爆等。

（6）相关作业产生的废水、废渣、废气对环境的污染。

四、钻井作业 HSE 风险消减措施

钻井作业 HSE 风险消减措施就是根据钻井工艺的特点及所在地理环境和条件，利用先进的科学技术，采用一些有效的预防措施将风险降低至实际合理的最低水平或将无法承受的风险危害转化成中等以及可以承受的水平。

在钻井作业中应本着“安全第一，预防为主”的方针，建立一套完善的 HSE 保障体系，制订出具体的预防控制、消除险情的措施。钻井作业 HSE 风险消减措施的制定和实施，涉及钻井施工过程中 HSE 管理的各个方面，既需要有消减风险措施的保障体系，也需要各级领导的承诺和人、财、物的支持。

（一）钻井作业 HSE 风险管理措施

钻井活动中的风险管理措施，是达到风险控制目标、保证风险消减措施的落实以及顺利实施钻井活动的重要保证。

1. 管理措施的内容

管理措施应包括以下内容：

（1）建立完善钻井 HSE 风险防范保障体系和运行机制，保证有关风险消减措施的实施。

（2）组织落实风险防范和消减措施必备的人、财、设备等条件和手段，并制订有关保护设备、工具的配制和采购计划。

（3）识别钻井活动中各个阶段和不同工艺施工作业中可能产生的 HSE 风险，制订防止和消减措施。

（4）制订钻井作业中各种险情和危害发生的应急反应计划以减少影响。

（5）钻井安全生产管理措施应形成文件形式，以规定、制度和条例形式下发，指导钻井安全生产。

（6）制订危害影响的恢复措施。在钻井作业中，某些危害是不可避免的。

（7）对提出的风险防范、消减和恢复措施可能产生的危害进行再识别和评估。

（8）监控措施。

2. 钻井作业 HSE 管理监测

实施 HSE 管理，对健康、安全与环境表现的有关情况进行监测，并建立和保存相应结果与记录，有利于健康、安全与环境表现的持续改进，也是审核和评审的重要客观证据。

建立钻井健康、安全与环境管理的监测检查制度，是强化 HSE 管理的重要手段，督促 HSE 各项消减风险措施落实到实处，也保证 HSE 管理质量的必要条件。

（二）硬件措施

在消减风险危害的措施中，硬件措施必不可少。消减钻井作业 HSE 风险的硬件措施包括：配备控制和消除危害的设备、仪器、工具、防护装置以及安全劳保用品等硬件的配置和保证钻井设备、设施的完整性及有效使用措施。硬件措施具体包括：

（1）钻井搬家安装要求。

（2）灭火器材配置。

（3）劳动保护措施。

(三)系统措施

消减钻井作业 HSE 风险的系统措施,主要包括钻井施工中各种工程事故及安全隐患的预防和环境保护等措施。通过实施这些措施,消除和减少事故隐患,防止事故升级,从而降低系统风险。系统措施具体包括:

(1)钻井中一般事故的防范与处理措施。

(2)钻井工程事故预防措施。

(3)钻井作业现场防火和营地火灾预防措施。

(4)钻井作业现场环境保护措施。

(5)预防硫化氢中毒措施。

(6)恶劣天气危害的预防措施。

第三节　钻井作业 HSE“两书一表”的编制

钻井作业 HSE“两书一表”,即《钻井作业 HSE(工作)指导书》、《钻井作业 HSE(工作)计划书》和“钻井作业 HSE 管理检查表”,是指导和实施 HSE 管理的重要作业文件,是钻井队(平台)运行 HSE 管理体系的具体体现,是预防 HSE 风险的有效措施。

“两书一表”通常由负责 HSE 管理的有关人员、相关的技术专家或有经验的技术人员进行编制,初稿完成后交项目负责人审查修改,然后再交指定专家审核。根据专家审核意见修改定稿,由公司 HSE 管理小组进行讨论认可后,由主管健康、安全与环境的领导签发批准实施。

钻井作业 HSE“两书一表”的编制,应严格按照中国石油天然气集团公司中油质字〔2001〕199 号文件“关于印发《中国石油天然气集团公司 HSE 作业指导书编写指南》(试行)、《中国石油天然气集团公司 HSE 作业计划书编写指南》(试行)”的通知进行。

一、《钻井作业 HSE(工作)指导书》的编制

钻井作业 HSE 指导书是 HSE 管理体系文件的重要组成部分,是对钻井岗位 HSE 工作的基本要求,是对现有的岗位操作规程和 HSE 作业文件的有效补充,是钻井队(平台)运行 HSE 体系的具体体现,是预防事故的有效措施,对现场作业的 HSE 管理和实施起着指导作用。

编写《钻井作业 HSE(工作)指导书》时,要在总结作业规程和 HSE 管理经验的基础上,二级单位(钻井公司)可集中人力和精力,共同开发。

(一)《钻井作业 HSE(工作)指导书》的编制原则

该指导书的编制应体现 HSE 管理中“共同性”、“普遍性”、“通用性”和“指导性”原则。贯彻 HSE 管理体系及相关法律、法规要求,落实岗位 HSE 职责,消减和控制岗位 HSE 风险。一般来说,《钻井作业 HSE(工作)指导书》使用的时间长、范围广,内容相对固定或“静态”不变,适用于本公司大多数钻井队作业中的健康、安全与环境管理实施的指导,并保持相对稳定,一般不随项目改变。

(二)《钻井作业 HSE(工作)指导书》编制的基本要求

《钻井作业 HSE(工作)指导书》是指导实施 HSE 管理的正式书面文件,应体现严肃性和严谨性,内容和格式应严格按照《中国石油天然气集团公司 HSE 作业指导书编写指南》(试

行)和编写规范的要求进行编制,术语和定义应符合 Q/SY 1002.1—2007 标准和《中国石油天然气集团公司 HSE 管理体系管理手册》。内容的描述应符合 HSE 和 OSH 标准、HSE 相关的法律法规、公司管理体系文件的要求。

(三)《钻井作业 HSE(工作)指导书》的结构和内容

《钻井作业 HSE(工作)指导书》的结构包括以下几部分:封面、审核(审批)项、目录、正文和附录。

《钻井作业 HSE(工作)指导书》的内容分为六个层次:概述部分、HSE 管理体系、作业情况和岗位分布、岗位 HSE 职责的操作指南、风险及控制、记录与考核。

除此之外,还可增加编写说明、更改记录等项内容。

二、《钻井作业 HSE(工作)计划书》的编制

《钻井作业 HSE(工作)计划书》是针对某一口井的特定环境和工艺设计要求,通过对健康、安全与环境风险识别和评价,制订出的消减及控制风险的工作计划,是钻井队(平台)项目实施过程中的 HSE 管理作业文件,是《钻井作业 HSE(工作)指导书》的支持文件,而不是取代现有的 HSE 管理体系文件。根据《钻井作业 HSE(工作)指导书》有关风险管理、应急预案等内容,结合具体的钻井施工项目作出细化和补充,在钻井项目实施前编写完成。在编制过程中,应严格按照《中国石油天然气集团公司 HSE 作业计划书编写指南》(试行)的要求进行编写。

(一)《钻井作业 HSE(工作)计划书》的编制原则

编制时应遵循"针对性"、"实用性"、"可操作性"和"计划性"的原则,尽可能做到简单、实用、全面。使内容容易理解、容易管理、容易操作,达到职责清、程序清和目标清的要求。在制定一口井 HSE 管理措施、预案和计划时,应根据该井的实际地理环境、钻井工艺设计以及 HSE 管理方针、目标和要求来制定,并从经济效益、社会效益和环境效益三个方面来考虑,制订出的方案和措施能有效地付诸实施。

(二)《钻井作业 HSE(工作)计划书》编制的基本要求

编制时应针对具体实施的钻井项目,充分考虑业主、承包商以及其他相关方的要求,在开工前编写完毕后,经项目方评审实施。内容和格式应严格按照《中国石油天然气集团公司 HSE 作业计划书编写指南》(试行)和编写规范的要求进行编制,术语和定义应符合 Q/SY 1002.1—2007 和《中国石油天然气集团公司 HSE 管理体系管理手册》。

由于钻井作业场所、地域环境和工艺的特殊性、复杂性,其 HSE 危害程度不同,在编写计划书时,可在不影响健康、安全与环境保护的前提下,对部分内容进行调整。

(三)《钻井作业 HSE(工作)计划书》的结构

《钻井作业 HSE(工作)计划书》篇章的结构应包括:封面、审核和审批项、目录、正文、附件及变更记录等。

三、"钻井作业 HSE 管理检查表"的编制

"钻井作业 HSE 管理检查表",是监测现场 HSE 管理实施效果,评价 HSE 管理体系运行有效性的重要工具,通过检查表对监测检查结果的记录,有利于发现事故隐患,降低作业 HSE 风

险,促进 HSE 管理体系的顺利运行。

(一)“钻井作业 HSE 管理检查表”的编制原则和要求

针对不同的检查项目和要求,编制成不同的表格形式,使文字形式的检查制度、检查内容与要求,以及检查结果或结论内容形式表格化,防止漏检,方便检查操作。在编制“钻井作业 HSE 管理检查表”时,应遵循针对性、实用性和简明性的原则,编制规范表格。

(二)“钻井作业 HSE 管理检查表”的内容

钻井作业 HSE 管理检查项目较多,检查项目的类型也各不相同。因此,不同检查表的栏目设置就存在差异,但通常应包括表头和表格两部分。

“钻井作业 HSE 管理检查表”表头的内容通常包括:井号、队(平台)号、检查人、监督人、记录人、检查日期、编码和顺序号等。

“钻井作业 HSE 管理检查表”表格内容的设置应根据不同的检查项目设置不同的栏目,通常包括但不限于以下内容:检查项目(包括被检查部位、岗位、设备名称等),检查标准或要求,检查结果,存在的问题和整改意见、措施或方案,责任人,整改日期等。

四、钻井作业 HSE 管理检查内容

根据建立的健康、安全与环境管理的监测检查制度和有关 HSE 管理检查项目的要求,制订“钻井作业 HSE 管理检查表”,以方便检查操作。“钻井作业 HSE 管理检查表”通常有上级(如钻井公司)对钻井队 HSE 管理的检查和钻井队 HSE 自检表两种。

(一)“钻井队 HSE 管理实施情况检查表”

此表主要反映钻井队(平台)实施 HSE 管理的情况,检查表主要内容包括:

(1) 钻井队 HSE 管理小组人员配备和职责落实情况。

(2)井队是否按 HSE 管理运作情况。

(3)井队有关 HSE 管理的规章制度的制定情况。

(4)钻井作业 HSE 指导书、计划书的执行情况。

(5)钻井队 HSE 检查的执行情况、检查表及记录情况。

(6)有关 HSE 管理的法律、法规、规程、规定等文件资料和资料管理情况。

(7)对井队员工进行健康、安全与环境保护方面的宣传、教育和培训情况。

(8)有关 HSE 的规章制度、措施是否贴在墙上,危险部位警示标志或警示牌的配备和管理情况等。

(二)“开钻前验收检查表”

开钻前应对所有的钻前准备工作进行一次 HSE 方面的全面检查,未达到健康、安全与环境保护的要求不能开钻。其内容包括:井场、钻井设备、消防设施、营地、人员安全检查等。

(三)“每周钻机安全检查表”

此表是为常规钻机、设备的例行安全检查设置的表格。其内容包括设备及部件的工况、安全防护设施、卫生等情况。

(四)“钻井设备维护检查表”(月检查表)

此表主要是为钻井设备维护月检查设置的表格,主要检查内容包括井架和底座、提升系

统、传动系统、循环系统以及气控系统,重点检查设备的磨损、变形情况及工况。该表也可作为大型施工(如下套管、固井等作业)前的设备检查用表。此外,表格内容应包括设备维护岗位责任人等项目。

(五)"钻井设备维护检查表"(周检查表)

此表主要是为钻井设备维护每周检查设置的表格,主要检查内容包括提升系统、传动系统、循环系统以及气控系统,重点检查各部件的工况。

(六)"钻井设备维护检查表"(班检查表)

此表主要是为钻井设备维护每班检查设置的表格,主要检查内容包括提升系统、传动系统、循环系统以及气控系统,重点检查各部件的工作性能、可靠性能以及每班需要维护设备正常运行所要求的性能。

(七)"井控装置安全检查表"

此表是专为井控装置安全检查设置的表格,主要内容包括防喷器组、防喷管汇、节流压井管汇、远程控制台、司钻控制台的全套井控装置,重点检查安装是否符合要求、是否处于良好的工况以及维护保养情况等。

(八)"每周营房安全与卫生检查表"

此表是为每周的例行检查营房、营地安全与卫生情况设置的表格,主要内容包括浴室、厕所、厨房、餐厅、营房的清洁卫生、防火及用电安全等。该表格的设计可有多种形式,如卫生检查结果可给出检查评比的等级。

(九)"钻井队(平台)污水治理检查表"

此表主要是为检查钻井队(平台)的污水排放及治理情况设置的表格,主要内容包括现场监测和室内分析两部分。现场监测内容包括污水类型、污水来源(作业污水或生活污水)、污水量、污水处理方法、回用量以及达标排入量等情况。室内分析内容包括按规定要求的监测项目、分析方法、分析结果等项目。

(十)"钻井队(平台)易燃易爆及有毒危险品安全检查表"

此表主要是为检查钻井队(平台)易燃易爆及有毒危险品设置的表格,主要内容包括易燃、易爆及有毒危险品名称、数量、用途、危险类型、存放保管要求和管理人员等。

(十一)"钻井队(平台)医疗设施配备情况检查表"

此表是为检查钻井队(平台)医疗设施配备情况设置的表格,主要内容包括钻井队(平台)医疗设施状况、医疗器材和药品的配备情况等。该表格也可以按规定设置钻井队(平台)应配备的医疗器材和药品数量、药品规格等,以便对照检查。

(十二)"钻井队(平台)HSE 管理检查班报表"(行政班)

此表是专为检查行政班各岗位 HSE 管理检查设置的表格,主要内容包括行政班所有人员岗位职责落实情况及存在的问题。

(十三)"钻井队(平台)HSE 管理检查班报表"(生产班)

此表是专为检查生产班各岗位 HSE 管理检查设置的表格,主要内容包括生产班所有人员岗位职责落实情况及存在的问题。

（十四）"钻井队（平台）HSE 管理检查周报表"

此表主要是为每周 HSE 管理检查的结果进行小结和统计设置的表格，主要内容包括设备工况、工程事故及事故隐患、员工健康、安全情况和营地安全与环境情况以及存在的问题、整改措施和方案等。

（十五）"钻井队（平台）HSE 管理检查月报表"

此表主要是为每月 HSE 管理检查的结果进行小结和统计设置的表格，一般应报送上级（钻井公司），主要内容包括本月的生产简况、设备工况、工程事故、员工健康、安全情况和营地安全与环境情况、应急措施、培训演习、HSE 管理实施情况以及存在的问题和整改意见等。

（十六）"钻井队（平台）HSE 管理完井评估（审核）检查表"

此表是为完井后对钻井队（平台）HSE 管理进行评估检查设置的表格，表格应有"检查内容"、"检查结果"、"实施 HSE 管理的效果"与"评审结论"等项目。检查的主要内容包括：

（1）承诺是否实现。

（2）预定目标是否达到 HSE 计划。

（3）措施实施是否顺利、HSE 计划是否完成。

（4）安全预防措施的效率、工程事故预防措施的效果如何。

（5）环境污染预防措施效果如何。

（6）应急措施的有效性。

（7）制订的 HSE 计划、措施是否有误。

（8）有无重大变更、有无重大安全事故。

（9）有无重大环境污染事故。

（10）有无重大人身伤亡事故。

（11）环境恢复情况。

（12）所有 HSE 管理资料情况。

（13）实施 HSE 管理存在的主要问题。

（14）其他需要检查的内容等。

五、附件的编制

在钻井作业 HSE 管理及计划书中，除了"两书一表"外，还可根据需要编制一些有关 HSE 管理的附件，如"钻井队（平台）员工体检情况登记表"、"钻井队（平台）HSE 管理入场登记表"、"钻井队（平台）HSE 管理员工综合成绩评比表"、"钻井队（平台）HSE 管理隐患整改情况统计表"、"钻井队（平台）HSE 管理事故报告表"、"钻井队（平台）不安全问题及事故隐患报告表"等实用表格。

六、参考样式

（1）"钻井作业 HSE 管理检查表"参考样式 1。

钻井队(平台)HSE管理检查表

井　号：________________　队　号：________________

检查人：________________　记 录 人：________________

监督人：________________　检查日期：________________

编　码：　顺序号：

序号	检查内容	检查结果	存在问题	整改日期	责任人
1	HSE 管理小组人员配备情况				
2	HSE 管理小组人员职责落实情况				
3	HSE 管理运作情况				
4	HSE 管理规章制度制定情况				
5	HSE 作业指导书、计划书执行情况				
6	HSE 管理自检执行情况				
7	HSE 管理自检问题及整改处理情况				
8	应急措施落实情况				
9	是否发生过重大人身伤亡事故、流行病或传染病				
10	是否发生过重大安全事故				
11	是否发生过重大环境污染事故				
12	重大 HSE 事故的影响和处理情况				
13	有关 HSE 管理的法律、法规、规定等文件资料的管理情况				
14	HSE 方面的宣传、教育和培训及应急演习情况				
15	警示标志设立和管理情况				
⋮					
被检查钻井队经理：(签字)　年　月　日					
检查部门人员：(签字)　年　月　日					

（2）“钻井作业 HSE 管理检查表”参考样式 2。

钻井队（平台）HSE 管理开钻验收检查表

井　号：________________　　队　号：________________

检查人：________________　　记 录 人：________________

监督人：________________　　检查日期：________________

编　码：　　　　　　　　顺序号：

检查项目	序号	检查标准及要求	检查结果	存在问题	整改日期	责任人
井场	1	井位坐标是否符合设计				
	2	井场位置是否在矿井、公路、铁路涵洞之下				
	3	是否可能受江河淹没、山洪冲袭或在不良地质滑坡地段				
	4	井口距民房 100m 以外				
	5	井场边缘距铁路、高压线及其他永久性设施不小于 50m				
	6	值班房、发电房、库房、化验房、油罐区相距井口不小于 50m				
	7	发电房与油罐区相距不小于 20m				
	8	井场场地平整、干净、无积水油污				
	9	废物堆放整齐，道路畅通，行走方便				
	⋮					
井架与底座	1	底座无裂缝、无开焊、无明显变形，底座与基础接触无悬空				
	2	井架各部位拉筋、附件规格齐全且紧固				
	3	各部位梯子、扶手、栏杆齐全且紧固、完好				
	4	各种平台板面齐全、平整、牢固，间隙不大于 59mm				
	5	二层台、天车台完好、无损，栏杆齐全、固定、可靠				
	⋮					
绳索部分	1	上下绷绳规格为 $\phi18 \sim 22$mm 钢丝绳				
	2	绷绳安装与地平夹角约 45°，绳坑在井架对角线的延长线上，上下坑分开				
	3	绷绳上端用绳卡，下端用花篮螺钉固定				
	4	内外钳吊绳用 $\phi12.7$mm 钢丝绳，两端用 2 只与绳径相符的绳卡卡紧				
	⋮					
传动系统	1	绞车水平度允许误差：≤2/1000（滚筒面）				
	2	转盘水平度允许误差：≤2/1000（旋转平面）				
	3	绞车刹把曲轴无垫物、无油污				
	⋮					

续表

检查项目	序号	检查标准及要求	检查结果	存在问题	整改日期	责任人
循环系统	1	钻井泵前后水平度允许误差(阀箱顶平面):≤3mm				
	2	钻井泵左右水平度允许误差(皮带轮):≤2mm				
	3	人行道平整,安全护栏整齐				
	4	钻井仪表固定,有减震和避震装置				
	⋮					
仪表部分	1	指重表、压力表位置正确,灵敏可靠,压力等级相匹配				
	2	气控、液控管线排列整齐,标志清晰,固定牢靠				
	3	储油罐流量计计量准确,有过滤装置				
	4	其他仪表灵敏、准确、可靠				
	⋮					
电器设备	1	发电机接地良好,消声合格,固定牢靠				
	2	配电盘、闸刀接线正规,电缆完好,各表盘指示正常,配电柜前地面铺有绝缘胶垫				
	3	照明及各电缆、电线保护层完好无损				
	4	电线无破损、无漏电、无裸露现象				
	⋮					
污水处理装置	1	梯子、栏杆网、装置盖齐全、牢固				
	2	电动机绝缘性能好,接地良好,开关防雨,安装符合要求				
	3	管线连接牢固,不漏,污水池符合要求				
	⋮					
消防器材配置	1	消防房:100L 泡沫灭火器 2 个,8kg 干粉灭火器 10 个,5kg 二氧化碳灭火器 2 个,消防斧 2 把,防火锹 6 把,消防桶 6 只,防火砂 $4m^3$,75m 长消防水龙带 1 根,ϕ19mm 直流水枪 2 支				
	2	钻台:100L 泡沫灭火器 2 个				
消防器材配置	3	钻台下:100L 泡沫灭火器 2 个				
	4	固控系统:8kg 干粉灭火器 1 个				
	5	油罐:8kg 干粉灭火器 1 个/罐				
	6	材料房:8kg 干粉灭火器 1 个/房				
	7	值班房:8kg 干粉灭火器 1 个				
	8	录井房:8kg 干粉灭火器 1 个				
	⋮					

续表

检查项目	序号	检查标准及要求	检查结果	存在问题	整改日期	责任人
营地	1	营房状况良好,卫生、整洁				
	2	有足够的卫生设备				
	3	电器线路符合要求,无乱接电源线路现象				
	4	电器设备工况良好				
	5	浴室清洁、卫生				
	6	厨房、餐厅清洁、卫生,所有厨房设备工况良好				
	7	备有垃圾桶,并有适当处理措施				
	8	生活污水排入化粪池				
	9	饮用水符合标准				
	10	医务室配备专职卫生员,有足够的必备药品和器材				
	⋮					
劳保用品	1	劳保用品配置齐全				
	2	备有足够的防毒面具、氧气呼吸器等防护用品				
	⋮					

整改措施或方案建议:

检查部门人员:(签字)　　　　年　　月　　日

第九章　钻井工程设计

钻井工程设计是钻井施工作业必须遵循的原则，是组织钻井生产和技术协作的基础及搞好单井预算和决算的唯一依据。

搞好钻井工程设计也是提高技术管理和加强企业管理水平的一项重要措施，是钻井生产实现科学化管理的前提。本章论述的钻井工程设计内容和要求只适用于陆上油气田。

第一节　钻井工程设计的主要内容

钻井工程设计的基本内容应包括地质设计、工程设计、施工进度计划及费用预算四个部分，且应按 SY/T 5333—2012《钻井工程设计格式》的规定进行设计。钻井工程设计应包括钻井井场环境保护要求和装备。

一、地质设计的主要内容

地质设计应为钻井工程设计提供全井地层压力梯度曲线、破裂压力梯度曲线、邻区邻井资料、试油压力资料、设计地层、油气水及岩性矿物、物性、设计地质剖面、地层倾角及故障提示等资料。

新区探井应提供设计井位区域构造及地理位置图、主要目的层的局部构造井位图、过井“十字”地震时间剖面图、过井地质解释横剖面图、设计柱状剖面图。开发井应提供区块压力等高线图及 500m 井距以内注水井位图和注水压力曲线图。调整井应提供区块地质设计，为钻井单井设计提供地层分层设计内容，地质要求，设计井邻井油、水井地下压力动态数据资料，设计井位示意图，地下复杂情况，故障提示等。调整井地质设计分层误差应控制在 10m 以内。

地质设计基本内容见表 9－1。

表 9－1　地质设计基本内容

基本数据	井号、井位（井口地理位置、构造位置井口坐标和靶点坐标）、井别；设计井深、目的层、完钻层位、完钻原则、钻探目的；地面海拔、气象资料、地形地物、地表资料；下套管原则（阻流环位置、磁性短套管、水泥返高）
设计地质剖面	设计井及依据井地层分层：地层名称（界、系、统、组、段）、设计井号（井底垂深、对应层厚度）及依据井号（井底垂深、含油井段）
	邻井测井及钻探成果：依据井井口位于设计井井口的方位和距离；依据井的测井解释
	地层构造概况
取资料要求	岩屑录井和气测录井：井段和间隔要求及特殊要求（仪器型号、后效取样、钻井液真空蒸馏取样等）
	循环观察要求
	钻井液录井及氯离子测定：正常钻进时，分段定时测量密度、黏度；钻时加快或油气侵时，连续测量密度、黏度，并每 1～2 循环周测一次全套性能；打开油气层时，每次下钻到底，密度、黏度的测量间隔定时，观察后效反应；参数井、重点预探井进行氯离子滴定，其余井根据实际情况确定

续表

取资料要求	荧光录井：按照岩屑录井密度逐包进行荧光湿照和干照，发现油气显示怀疑层进行滴照，油气显示层每1~2包进行定级
	钻井取心及井壁取心：层位、取心井段、取心进尺、岩心直径、机动取心进尺、取心收获率及取心目的要求
	地球物理测井：中途对比电测、完井电测、钻开油气层综合测井、特殊测井及完钻测井
	实物剖面或岩样汇集、选送样品要求、中途测试要求、水平位移允许及其他取资料要求
孔隙压力预测和钻井液性能要求	邻井试油地层压力成果、邻井钻井液使用情况、邻井试油压力结果、钻井液类型及性能使用原则要求
邻井注水情况及故障提示	邻井注水情况、邻井复杂情况及本井故障提示
要求及注意事项	工程施工要求及注意事项、地质录井要求及注意事项
钻井工程质量要求	井身质量要求、中靶要求（其他要求按石油管理局标准执行）、固井质量要求（按石油管理局标准执行）及完成井井口质量要求（按石油管理局标准执行）
设计依据	依据邻井定井位数据表，依据邻井实钻、试油资料，依据本井所在地区局部构造图
附图附表	依据井地层分层数据表、本井井区井位图、测井项目附表、本井区块油层顶面构造图及本井区块地震剖面图

二、钻井工程设计的内容

钻井工程设计必须以地质设计为依据。钻井工程设计要有利于取全、取准各项地质工程资料；有利于发现油气层、保护油气层，充分发挥每个产层的生产能力；要保证油气井井眼轨迹符合勘探开发的要求；油水井的完井质量满足油田各种作业的要求，保证油气井长期开采的需要；要充分体现采用本地区和国内外钻井先进技术，保证安全、优质、快速钻井，实现最佳的技术经济效益。

钻井设计应根据地质设计提供的地层孔隙压力梯度曲线及地层破裂压力梯度曲线或邻井邻区试油压力资料，设计钻井液密度、水泥浆密度和套管程序。设计的钻井液密度附加值，油井为1.5~3.5MPa，气井为3.0~5.0MPa。此附加值也适用于调整井。对设计钻探多套压力层系的探井，应采用多层套管程序，以利于保护油气层、钻杆中途测试和安全钻井。

调整井钻井液密度应根据钻井区块所在采油厂（站）提供的地层压力进行设计。调整井钻井设计应考虑新钻井的套管防断、防挤毁问题。

探井应开展随钻压力监测，如 d_c 指数压力监测方法等。若随钻压力监测值与地质设计提供的地层孔隙压力梯度不符，应以随钻压力监测值及时调整钻井液密度，但应报地质设计审批部门备案。探井钻井设计中，应根据工程需要，设计一定数量的工程取心。

钻井工程设计主要内容见表9-2。

表 9－2 钻井工程设计主要内容

<table>
<tr><td>设计依据</td><td colspan="2">钻井地质设计、邻区邻井实钻资料、有关技术规范及技术法规</td></tr>
<tr><td rowspan="2">技术指标和质量要求</td><td>直井段井身质量</td><td>全角变化率、水平位移</td></tr>
<tr><td>各井段井身质量</td><td>测斜间距、全角变化率、井斜角、井底水平位移、平均井径扩大系数</td></tr>
<tr><td rowspan="22">工程设计</td><td>井身设计</td><td>井身结构设计（开钻次序、井深、钻头尺寸、套管尺寸、套管下入深度、水泥封固段）、井身结构设计系数及井身结构设计示意图</td></tr>
<tr><td rowspan="2">轨道设计</td><td>设计基本参数（井号、轨道类型、井底设计垂深、井底闭合距、井底闭合方位、造斜点井深、最大井斜角、第一靶垂深）、分井段轨道参数和轨道设计各点数据</td></tr>
<tr><td>井眼轨道垂直投影示意图及井眼轨道水平投影示意图</td></tr>
<tr><td>钻机及钻机主要设备</td><td>钻机型号、提升系统、井架、转盘、钻井泵、柴油机、压风机、罐类、固控系统、自动灌钻井液装置、仪器及仪表</td></tr>
<tr><td rowspan="2">钻具组合</td><td>钻具组合：按开钻次序各井段井眼尺寸及钻头、减震器、扩大器、稳定器、震击器、钻铤、钻杆等外径、长度的组合</td></tr>
<tr><td>钻柱强度校核，定向井、水平井井下专用工具及仪器</td></tr>
<tr><td>钻井液设计</td><td>钻井液体系及基本配方、钻井液性能、钻井液维护处理、钻井液用量及材料储备、钻井液材料消耗</td></tr>
<tr><td>取心设计</td><td>取心井段及工具选择、取心钻具组合及钻进参数设计、取心技术措施</td></tr>
<tr><td rowspan="4">钻头及钻井参数设计</td><td>钻头：尺寸、型号、数量、钻进井段、进尺、纯钻进时间、机械钻速</td></tr>
<tr><td>针对钻头序号、层位、井段、喷嘴组合的钻进参数和水力参数设计</td></tr>
<tr><td>钻进参数：钻压、转速、排量、立管压力</td></tr>
<tr><td>水力参数：钻头压力降、环空压耗、冲击力、喷射速度、钻头水功率、比水功率、上返速度及功率利用率</td></tr>
<tr><td>油气井压力控制</td><td>各次开钻井口装置示意图、节流管汇及压井管汇示意图、各次开钻试压要求、井控主要措施及井控要求</td></tr>
<tr><td>油气层保护设计</td><td>推广使用与储层配伍的钻井液体系、控制固相含量及固井施工中的油气层保护措施，堵漏材料应为易解堵的材料</td></tr>
<tr><td rowspan="3">固井设计</td><td>固井主要工艺要求：表层套管串结构、注水泥方案及技术要求</td></tr>
<tr><td>二开套管串结构、扶正器及注水泥方案</td></tr>
<tr><td>各层套管柱设计，水泥用量，各层固井外加剂用量及主要附件</td></tr>
<tr><td colspan="2">分井段施工重点要求：防卡、防斜、防漏、防喷、定向井及其他</td></tr>
<tr><td colspan="2">地层孔隙压力监测</td></tr>
<tr><td colspan="2">地层漏失试验</td></tr>
<tr><td colspan="2">完井井口装置：套管头规范、井口保护措施、采油设备及油管规范</td></tr>
<tr><td colspan="2">环保要求</td></tr>
</table>

三、施工进度计划和成本预算

施工进度计划和成本预算应建立在本地区切实可靠的定额基础上，且每隔 2～3 年进行一次定额指标的修订与核算。施工进度计划和成本预算见表 9－3。

表 9－3 施工进度计划和成本预算

<table>
<tr><td rowspan="2">施工进度计划</td><td colspan="2">钻井进度计划表:序号、钻头尺寸、井段、施工作业项目、计划天数、累计天数</td></tr>
<tr><td colspan="2">钻井进度计划图</td></tr>
<tr><td rowspan="3">成本预算</td><td>主要材料消耗计划表</td><td>材料名称、规格型号、单位、数量、单价、金额</td></tr>
<tr><td rowspan="2">成本预算</td><td>直接材料费、燃料及动力费、人工费、折旧费、钻前准备、井控及固井、运输及修理及其他直接费用</td></tr>
<tr><td>间接费用及利润等</td></tr>
</table>

四、钻井技术经济指标

在钻井技术经济指标中反映钻井效率的指标有钻机月速度(也称经济钻速)、周期钻速、纯钻速(也称机械钻速)、行程钻速和平均月进尺;反映钻井工程质量的指标有油层固井合格率、井身质量合格率、岩心收获率、钻井工程质量合格率;反映井队钻井水平的指标有最高队月进尺、上万米最短时间、长筒取心最高纪录、完成井平均井深、完成井钻头平均进尺、完成井平均建井周期;反映钻机使用情况的指标有钻机利用率、每钻机台月耗柴油、每钻机台月耗机油等指标。

五、钻井时效分析

钻井时效分析是把钻井工作时间加以分类,分析钻井工作时间的利用情况,为提高钻井速度和钻井经济效果提供依据。

钻井工作时间是指从开钻起到钻井完成止的全部时间,分为生产时间和非生产时间。

(一)生产时间

生产时间是指正常的钻井工作必须占用的时间。生产时间按工作内容不同可以分为进尺工作时间、固井工作时间、测井时间和辅助工作时间。

(1)进尺工作时间:是指与钻井直接有关的时间。它包括纯钻井时间、起下钻时间、划眼和扩眼时间、换钻头时间和接单根时间等。

(2)固井工作时间:是指为固井所进行的一切正常工艺措施所占用的时间。它包括准备工作(如下套管前的划眼试下套管)、正式下套管、循环钻井液、替钻井液、候水泥凝固、试泵、探水泥面、钻水泥塞、井口安装等全部时间。

(3)测井时间:是指在钻井过程中电测、气测、放射性测井等各种测井时间。测井时间包括测井过程中的起下钻、换钻具、电测时下入电缆、循环钻井液等全部工作时间。

(4)辅助工作时间:是指在钻井过程中除去进尺工作时间、固井工作时间、测井时间以外必须进行辅助工作所占用的时间。

(二)非生产时间

非生产时间是指钻井过程中因钻井事故、设备修理、组织停工和处理复杂情况等所损失的时间,不影响钻井生产时间的修理、事故等均不计入非生产时间。

第二节　钻柱与下部钻具组合设计

一、钻柱设计与计算

合理的钻柱设计是确保优质、快速、安全钻井的重要条件。尤其是对深井钻井,钻柱在井下的工作条件十分复杂与恶劣,钻柱设计就显得更加重要。

钻柱设计包括钻柱尺寸选择和强度设计两方面内容。在设计中,一般遵循以下两个原则:第一,满足强度(抗拉强度、抗挤强度等)要求,保证钻柱安全工作;第二,尽量减轻整个钻柱的重力,以便在现有的抗负荷能力下钻更深的井。

(一)钻柱尺寸选择

具体对一口井而言,钻柱尺寸的选择首先取决于钻头尺寸和钻机的提升能力,同时还要考虑每个地区的特点,如地质条件、井身结构、钻具供应及防斜措施等。常用的钻头尺寸和钻柱尺寸的配合见表9-4。

表9-4　钻头尺寸与钻柱尺寸的配合

钻头直径,mm(in)	钻铤外径,mm(in)	钻杆外径,mm(in)	方钻杆方宽,mm(in)
>299(11¾)	203(8)	168(6⅝)	152(6)
248~299(9¾~11¾)	178~203(7~8)	140(5½)	133,152(5¼,6)
197~248(7¾~9¾)	152~178(6~7)	114,127(4½,5)	108,133(4¼,5¼)
146~216(5¾~8½)	146(5¾)	89(3½)	89,108(3½,4¼)

(二)钻铤长度的确定

钻铤长度取决于钻压与钻铤尺寸,其确定原则是:保证在最大钻压时钻杆不承受压缩荷载,即保持中性点始终处在钻铤上。由中性点距井底的高度公式可得钻铤长度计算公式:

$$L_c = \frac{S_N W_{max}}{q_c K_B \cos\alpha} \tag{9-1}$$

式中　L_c——钻铤长度,m;

W_{max}——设计的最大钻压,kN;

S_N——安全系数,防止遇到意外附加力(动载、井壁摩擦力等)时,中性点移到较弱的钻杆上,一般取S_N为1.15~1.25;

q_c——每米钻铤在空气中的重力,kN/m;

K_B——浮力系数;

α——井斜角度数,直井时,$\alpha=0°$。

(三)钻杆柱强度设计

由钻柱的受力分析可知,不论是在起下钻还是在正常钻进时,经常作用于钻杆且数值较大的力是拉力。而且,井越深,钻杆柱越长,钻杆柱上部受到的拉力越大。但对某种尺寸和钢级的钻杆,其抗拉强度是一定的,即按抗拉强度确定其可下深度。在一些特殊作业(如钻杆测试等)中,也需要对抗挤及抗内压强度进行校核。

在以抗拉伸计算为主的钻杆柱强度设计中,主要考虑由钻柱重力(浮重)引起的静拉荷载,其他一些荷载(如动载、摩擦力、卡瓦挤压力的影响及解卡上提力等)通过一定的设计系数考虑。

1. 钻杆柱设计的强度条件

钻杆柱任一截面上的静拉伸荷载应满足以下条件:

$$F_t \leqslant F_a \tag{9-2}$$

式中 F_t——钻杆柱任一截面上的静拉伸荷载,kN;

F_a——钻杆柱的最大安全静拉力,kN。

钻杆柱所能承受的最大安全静拉力的大小取决于钻杆材料的屈服强度、钻杆尺寸以及钻柱的实际工作条件。

(1)钻杆所承受的拉伸荷载必须小于钻杆材料的屈服强度下的抗拉力(F_y):

$$F_y = 0.1\sigma_y A_p \tag{9-3}$$

式中 σ_y——钻杆钢材的最小屈服强度,MPa;

A_p——钻杆的横截面积,cm^2;

F_y——最小屈服强度下的抗拉力,kN。

(2)钻杆的最大允许拉伸力 F_p:如果钻杆所受拉伸荷载达到 F_y时,材料将发生屈服而产生轻微的永久伸长。为了避免这种情况发生,一般取 F_y的 90% 作为钻杆的最大允许拉伸力 F_p,即:

$$F_p = 0.9F_y \tag{9-4}$$

式中 F_p——钻杆的最大允许拉伸力,kN。

(3)钻杆的最大安全静拉力 F_a:最大安全静拉力是指允许钻杆所承受的由钻柱重力(浮重)引起的最大荷载。考虑到其他一些拉伸荷载,如起下钻时的动载及摩擦力、解卡上提力及卡瓦挤压的作用等,钻杆的最大安全静拉力必须小于其最大允许拉伸力,以确保安全。目前,用于确定钻杆的最大安全静拉力的方法有三种:

一是安全系数法。考虑起下钻时的动载及摩擦力,一般取一个安全系数 S_t,以保证钻柱的工作安全,即:

$$F_a = \frac{F_p}{S_t} \tag{9-5}$$

式中 S_t——安全系数,一般取 1.30。

二是设计系数法(考虑卡瓦挤压)。对于深井钻柱来说,由于钻柱重力大,当它坐于卡瓦中时,将受到很大的箍紧力。当合成应力(大于纯拉伸应力)接近或达到材料的最小屈服强度时,就会导致卡瓦挤毁钻杆。为了防止钻杆被卡瓦挤毁,要求钻杆的屈服强度与拉伸应力的比值不能小于一定数值。此值可根据钻杆抗挤毁条件得出,由式(9-6)确定:

$$\frac{\sigma_y}{\sigma_t} = \left[1 + \frac{d_p K_s}{2L_s} + \left(\frac{d_p K_s}{2L_s}\right)^2\right]^{\frac{1}{2}} \tag{9-6}$$

式中 σ_y——钻杆材料的屈服强度,MPa;

σ_t——由悬挂在吊卡下面钻柱重力引起的拉应力,MPa;

d_p——钻杆外径,cm;

K_s——卡瓦的侧压系数(以平均值计算,$K_s=4$);$K_s=\dfrac{1}{\tan(\alpha+\phi)}$;

L_s——卡瓦长度,cm;

α——卡瓦锥角,一般为9°27′45″;

ϕ——摩擦角,$\phi=\arctan\mu$,μ为摩擦系数(约为0.08)。

为便于应用,现将K_s值和σ_y/σ_t比值计算结果列入表9-5中,设计时可直接查表。

考虑卡瓦挤压的影响,要限制钻杆的拉伸荷载,使屈服强度σ_y与拉伸应力σ_t的比值不能小于表9-5中的数值,并以此值作为设计系数,确定钻杆的最大安全静拉力,即:

$$F_a = F_p\left(\frac{\sigma_y}{\sigma_t}\right)^{-1} \tag{9-7}$$

表9-5 防止卡瓦挤毁钻杆的σ_y/σ_t比值

卡瓦长度 mm	摩擦系数 μ	横向负载系数 K_s	钻杆尺寸,mm						
			60.3	73.0	88.9	104.6	108.0	127.0	139.7
			最小比值,σ_y/σ_t						
304.8	0.06	4.35	1.27	1.34	1.43	1.50	1.58	1.66	1.73
	0.08	4.00	1.25	1.31	1.39	1.45	1.52	1.59	1.66
	0.10	3.68	1.22	1.28	1.35	1.41	1.47	1.54	1.60
	0.12	3.42	1621	1.26	1.32	1.38	1643	1.49	1.55
	0.14	3.18	1.19	1.24	1.30	1.34	1.40	1.45	1.50
406.4	0.06	4.36	1.20	1.24	1.30	1.36	1.41	1.47	1.52
	0.08	4.00	1.18	1.22	1.28	1.32	1.37	1.42	1.47
	0.10	3.68	1.16	1.20	1.25	1.29	1.34	1.38	1.43
	0.12	3.42	1.15	1.18	1.23	1.27	1.31	1.35	1.39
	0.14	3.18	1.14	1.17	1.21	1.25	1.28	1.32	1.365

注:摩擦系数0.08用于正常润滑的情况。

三是拉力余量法。考虑钻柱被卡时的上提解卡力,钻杆柱的最大允许静拉力应小于其最大安全拉伸力的合适数值,并以它作为余量,称为"拉力余量"(记为MOP),以确保钻柱不被拉断,其计算式为:

$$F_a = F_p - MOP \tag{9-8}$$

式中 MOP——拉力余量,一般取200~500kN。

在采用拉力余量法设计钻柱时，必须使钻柱每个断面上的拉力余量相同，这样在提拉钻柱时就不会因某个薄弱面影响和限制总的提拉荷载的大小。

若用 F_y代替 F_p可得：

$$F_a = \frac{0.9F_y}{S_t} \tag{9-9}$$

$$F_a = \frac{0.9F_y}{\dfrac{\sigma_y}{\sigma_t}} \tag{9-10}$$

$$F_a = 0.9F_y - MOP \tag{9-11}$$

一般地，在钻杆柱设计中，钻杆的最大安全静拉力取决于安全系数、σ_y/σ_t比值和拉力余量三个因素。可分别计算 F_a，然后从三者中取最低者作为最大安全静拉力，据此计算钻杆柱的最大允许长度。

2. 钻杆柱设计

1）单一钻杆柱长度设计

对同一尺寸、壁厚和钢级的钻杆柱，可以计算出它的最大安全静拉力 F_a，从而算出该钻杆柱的最大允许长度 L，因为：

$$F_a = (Lq_p + L_c q_c)K_B \tag{9-12}$$

所以，最大允许长度为：

$$L = \frac{\dfrac{F_a}{K_B} - L_c q_c}{q_p} \tag{9-13}$$

式中 F_a——钻杆柱的最大安全静拉力，kN；

L——钻杆柱的最大允许长度，m；

q_p——单位长度钻杆在空气中的重力，kN/m；

L_c——钻铤柱长度，m；

q_c——单位长度钻铤在空气中的重力，kN/m。

如果最大允许长度 L 满足不了设计井深的要求，则重新选择更高一级的钻杆进行计算，直到满足要求为止。

2）复合钻杆柱长度设计

在深井和超深井钻井中，经常采用复合钻杆柱，即采用不同尺寸（上大下小），或不同壁厚（上厚下薄）、或不同钢级（上高下低）的钻杆组成的钻杆柱。这种复合钻杆柱和单一钻杆柱相比具有很多优点，它既能满足强度要求，又能减轻钻柱的重力，允许在一定钻机负荷能力下钻达更大的井深。如果再采用高强度钻杆或铝合金钻杆，还可以进一步提高钻柱的许下深度和钻机的钻井深度。

设计复合钻杆柱时，应自下而上逐段确定各段钻杆的最大长度。承载能力最低的钻杆应置于钻铤之上，承载能力较强的钻杆置于较弱钻杆之上。自钻铤上面第一段钻杆起，各段钻杆的最大长度按下列公式计算：

$$L_1 = \frac{F_{a1}}{q_{p1}K_B} - \frac{q_c L_c}{q_{p1}} \tag{9-14}$$

$$L_2 = \frac{F_{a2}}{q_{p2}K_B} - \frac{q_c L_c + q_{p1}L_{p1}}{q_{p2}} \tag{9-15}$$

$$L_3 = \frac{F_{a3}}{q_{p3}K_B} - \frac{q_c L_c + q_{p1}L_{p1} + q_{p2}L_2}{q_{p3}} \tag{9-16}$$

式中 L_1,L_2,L_3——分别为钻铤上面第一、第二、第三段钻杆的最大允许长度,m;

F_{a1},F_{a2},F_{a3}——相应各段钻杆的最大安全静拉力,kN;

q_{p1},q_{p2},q_{p3}——相应各段钻杆单位长度在空气中的重力,kN/m。

注意:如果各段钻杆的实际长度不等于理论计算长度,则应把实际长度代入公式计算。

3)抗外挤强度计算

由钻柱受力分析得知,钻杆在钻杆测试作业中承受很大的外挤力。此外,下入带回压阀的钻柱或下入喷嘴被堵塞的钻头时,若未向钻柱内灌钻井液,也会产生较大的外挤压力,由于这些原因把钻杆挤毁的情况并不少见。因此,为了避免钻杆管体被挤毁,要求钻杆柱某部位所受最大外挤压力应小于该处钻杆的最小抗挤强度。为安全起见,一般以一个适当的安全系数去除钻杆的最小抗挤强度作为其允许外挤压力,即:

$$p_{ca} = \frac{p}{S_c} \tag{9-17}$$

式中 p_{ca}——钻杆许用外挤压力,MPa;

p——钻杆的最小抗挤强度,MPa;

S_c——安全系数,一般应不小于1.125。

4)抗扭强度

在钻斜井、深井、扩眼和处理卡钻事故时,钻杆受到的扭矩很大,抗扭强度计算也就显得极其重要。API RP 7G 标准中给出了各种尺寸、钢级及不同级别钻杆的抗扭强度数据。

在钻井过程中,钻杆承受的实际扭矩很难准确计算,可用式(9-18)近似估算:

$$M = 9.67\frac{P}{n_r} \tag{9-18}$$

式中 M——钻杆承受的扭矩,kN·m;

P——使钻柱旋转所需的功率,kW;

n_r——转速,r/min。

应特别注意的是,在一般情况下加于钻杆上的扭矩不允许超过钻杆接头的紧扣扭矩,推荐的钻杆接头紧扣扭矩在 API RP 7G 标准中已有规定,钻杆接头的紧扣扭矩是防止钻杆接头损坏的唯一主要的因素。要求施加于钻杆上的扭矩不应超过规定值,若施加扭矩过大,则会在接头螺纹处产生很高的轴向荷载,造成螺纹变形、折断,外接头伸长、剪断,内接头胀大、胀裂等钻具事故。

5)抗内压强度

钻杆柱偶尔也会受到较大的静内压力。不同尺寸、钢级和级别的钻杆的最小抗内压力可在 API RP 7G 标准中查得,用适当的安全系数去除它,即得其许用净内压力。

3. 典型钻柱的设计举例

例 9－1 设计参数：井深为 5000m；井径为 215.9mm（8½in）；钻井液密度为 1.2g/cm^3；钻压为 180kN；井斜角为 3°；拉力余量为 200kN（假设）；卡瓦长度为 406.4mm；安全系数为 1.30（假设）。

解：(1) 钻铤选择：选用外径 158.75mm（6¼in）、内径 57.15mm（2¼in）钻铤，每米重力 q_c ＝1.35kN/m。计算钻铤长度：

$$L_c = \frac{W_{max} S_N}{q_c K_B \cos\alpha}$$

计算得

$$L_c = \frac{180 \times 1.18}{1.35 \times \cos 3°} = 185(m)$$

按每根钻铤 10m 计，需用 19 根钻铤总长 190m。

(2) 选择第一段钻杆（接钻铤）：选用外径 127mm、内径 108.6mm，最小抗拉荷载 F_y ＝1760kN，计算最大长度。

最大安全静拉荷载计算式为：

$$F_{a1} = \frac{0.9 \times F_y}{S_t} = 0.9 \times 1760 \div 1.30 = 1218.46(kN)$$

$$F_{a1} = \frac{0.9 \times F_y}{\frac{\sigma_y}{\sigma_t}} = 0.9 \times 1760 \div 1.42 = 1115.49(kN)$$

$$F_{a1} = 0.9 \times F_y - MOP = 0.9 \times 1760 - 200 = 1384(kN)$$

由上面的计算可以看出，按卡瓦挤毁比值计算的 F_{a1} 最小，则第一段钻杆的许用长度为：

$$L_1 = \frac{F_{a1}}{q_{p1} K_B} - \frac{q_c L_c}{q_{p1}}$$

$$= 1115.49 \div (284.69 \div 1000 \times 0.857 - 190 \times 1.35 \div (284.69 \div 1000)$$

$$= 3725(m)$$

显然，需要增加一段较高强度的钻杆，方能达到设计井深。

(3) 选择第二段钻杆：选用外径 127mm、内径 108.6mm，每米重 284.69N/m，X－95 级的新钻杆，最小抗拉荷载为 F_y ＝2229.71kN。最大长度计算如下：

$$F_{a2} = 0.9 \times 2229.71 \div 1.3 = 1543.645(kN)$$

$$F_{a2} = 0.9 \times 2229.71 \div 1.42 = 1413.196(kN)$$

$$F_{a2} = 0.9 \times 2229.71 - 200 = 1806.739(kN)$$

那么，第二段钻杆的最大允许长度为：

$$L_2 = \frac{F_{a2}}{q_{p2} K_B} - \frac{q_c L_c + q_{p1} L_{p1}}{q_{p2}}$$

$$= 1413.196 \div (284.69 \div 1000 \times 0.847) - 1.35 \times 190 + 284.96 \div 1000 \times 3725 \div (284.69$$

$\div 1000)$

$= 1235(m)$

许用钻杆的总长度为：

$$L = 190 + 3725 + 1235 = 5150(m)$$

钻柱总长已超过设计井深。最后设计的钻柱组合见表9－6。

表9－6　钻柱组合设计结果

规　　范	长度，m	在空气中重，kN	在钻井液中重，kN
钻铤：外径158.75mm，内径57.15mm，线重1.35kN/m	190	256.50	217.26
第一段钻杆：外径127mm，内径108.60mm，线重284.69N/m E级	3725	1060.47	898.21
第二段钻杆：外径127mm，内径108.60mm，线重284.69N/m，X－95级	1085	308.89	261.63
合　　计	5000	1625.86	1377.10

二、下部钻具组合设计

（一）满眼钻具组合中扶位置的计算

中扶位置的计算是满眼钻具组合设计的核心。根据杨勋尧建立的力学模型建立数学模型，然后求解，即可得到L_p的计算公式；最后对公式进行简化，得到如下计算式：

$$L_p = \left(\frac{16CEJ}{q_m \sin\alpha}\right)^{0.25} \tag{9-19}$$

式中　L_p——中扶距钻头的最优长度，m；

C——扶正器与井眼的半间隙，$C = (d_h - d_s) \div 2$，m；

d_h——井眼直径，m；

d_s——扶正器外径，m；

E——钻铤钢材的杨氏模量，kN/m^2；

J——钻铤截面的轴惯性矩，m^4；

q_m——钻铤在钻井液中的线重，kN/m；

α——允许的最大井斜角，(°)。

例9－2　已知钻头直径216mm，扶正器直径215mm，钻铤钢材的杨氏模量为205.94kN/m^2，钻铤外径178mm，内径71.4mm，钻井液密度1.25g/cm^3，钻铤线重为1.6kN/m，允许的最大井斜角为3°，求中扶距钻头的最优长度。

解：据已知条件，可得：

$$J = \frac{\pi}{64}(d_c^4 - d_{ci}^4) = 0.48 \times 10^{-4}(m^4)$$

$$q_m = q\left(1 - \frac{\rho_m}{\rho_s}\right) = 1.34(kN/m)$$

$$C = 0.0005\text{m}$$

代入式(9－19)中,可求得 $L_p = 5.789\text{m}$。

例 9－3　已知钻头直径 311mm,扶正器直径 309.5mm,钻铤钢材的杨氏模量为 205.94kN/m²,钻铤外径 203.2mm,内径 71.4mm,钻井液密度 1.25g/cm³,钻铤线重 1.8367kN/m,允许的最大井斜角为 3°,求中扶距钻头的最优长度。

解:根据给定条件,可求得:

$$J = 0.8241 \times 10^{-4}\text{m}^4$$

$$q_m = 1.5442\text{kN/m}$$

$$C = 0.00075\text{m}$$

代入式(9－19)中,可求得 $L_p = 7.085\text{m}$。

(二)钟摆钻具组合的设计

钟摆钻具组合设计的关键在于计算扶正器至钻头的距离 L_z,此距离太小则钟摆力小;此距离太大则扶正器和钻头间的钻柱与井壁会产生新的接触点,所以 L_z 称为最优距离。其计算式为:

$$L_z = \sqrt{\frac{\sqrt{B^2 + 4AC} - B}{2A}} \tag{9－20}$$

$$A = \pi^2 q_m \sin\alpha$$

$$B = 82.04Wr$$

$$C = 184.6\pi^2 EJr$$

$$r = (d_h - d_c)/2$$

式中　W——钻压,kN;

d_h——井径,m;

d_c——钻铤直径,m。

考虑到扶正器的磨损和井径的扩大,在实际使用时,扶正器至钻头的距离可比计算的 L_z 降低 5%～10%。

(三)金刚石钻头下部钻具组合

金刚石钻头的切削元件——天然金刚石、人造聚晶金刚石复合片及热稳定性人造金刚石聚晶块的耐磨性很高,但脆性较大,在冲击荷载下易碎断,保证钻头工作稳定对提高使用寿命意义极大。

钻头的稳定性对钻头的磨损也有十分直接的关系,钻头的倾斜不仅会因部分切削刃过载而引起早期不正常磨损,而且会破坏钻头面上钻井液的均匀流动,这就造成一部分金刚石切削元件不能充分冷却而烧损,最终使钻头报废。

综上所述,采用合理的下部组合,尽量减小钻头的倾斜和震动以保证钻头工作平稳,对使用金刚石钻头的技术经济效果是十分重要的。

为了保证金刚石钻头的稳定性,使用满眼钻具无疑是必要的,特别是天然金刚石钻头和热稳定性人造聚晶金刚石钻头。组合形式及设计方法与上述满眼钻具组合相同。当井斜问题不突出时,用三个稳定器的满眼组合即可,近钻头稳定器可只用一个短型稳定器,但必须与钻头直接连接,并充分“填满”井眼,即其外径应与钻头外径基本一致。

相对来说,稳定性对人造聚晶金刚石复合片(PDC)钻头的工作性能的影响要小些,这种钻头不仅可以在软或极软的地层使用,还可以采用加两个稳定器的钟摆钻具,但不应采用光钻铤组合。

第三节　钻进参数设计

一、水力参数优化设计

例 9－4　某井使用 21.6cm 三牙轮钻头,17.78cm 钻铤 135m,12.7cm 钻杆,设计井深 4300m,所用钻井液密度 1.40g/cm^3,钻井液黏度 0.02Pa·s,地面管汇最高承压能力为 27MPa,井场配有 2 台 3NB1300 型钻井泵。试按最大钻头水功率工作方式设计水力程序。

(1)确定携带岩屑所需的最小钻井液排量(Q_a)。根据该地区的实钻资料,确定环空携带岩屑的最小返速 $v_a = 1$m/s,则:

$$Q_a = \frac{\pi(d_h^2 - d_p^2)}{40}v_a = \frac{\pi(21.6^2 - 12.7^2)}{40} \times 1.0 = 23.98(\text{L/s})$$

(2)计算压耗系数,查表得:17.78cm 钻铤内径 $d_{ci} = 7.144$cm,12.7cm 钻杆内径 d_{pi} =11.2cm。

$$K_c = \rho_m^{0.8}\mu_{pv}^{0.2}L_c\left[\frac{0.51655}{d_{ci}^{4.8}} + \frac{0.57503}{(d_h - d_c)^3(d_h + d_c)^{1.8}}\right]$$

$$= 1.40^{0.8} \times 0.02^{0.2} \times 135 \times \left[\frac{0.51655}{7.144^{4.8}} + \frac{0.57503}{(21.6 - 17.78)^3 \times (21.6 + 17.78)^{1.8}}\right]$$

$$= 4.444 \times 10^{-3}$$

地面管汇压耗系数 K_g 由经验公式得:

$$K_g = 3.77 \times 10^{-4}\rho_m^{0.8}\mu_{pv}^{0.2}$$

$$= 3.77 \times 10^{-4} \times 1.40^{0.8} \times 0.02^{0.2}$$

$$= 2.257 \times 10^{-4}$$

$$m = \rho_m^{0.8}\mu_{pv}^{0.2}\left[\frac{0.51655}{d_{pi}^{4.8}} + \frac{0.57503}{(d_h - d_p)^3(d_h + d_p)^{1.8}}\right]$$

$$= 1.40^{0.8} \times 0.02^{0.2} \times \left[\frac{0.51655}{11.2^{4.8}} + \frac{0.57503}{(21.6 - 12.7)^3 \times (21.6 + 12.7)^{1.8}}\right]$$

$$= 3.685 \times 10^{-6}$$

$$\begin{aligned} a &= K_g + K_c - mL_c \\ &= 2.257 \times 10^{-4} + 4.444 \times 10^{-3} + 3.685 \times 10^{-6} \times 135 \\ &= 4.172 \times 10^{-3} \end{aligned}$$

(3) 选择缸套直径，确定钻井泵的实际工作压力。

因为地面管汇的最高耐压值为27MPa，考虑安全因素，确定实际工作泵压为25MPa。根据实际工作泵压和携带岩屑所需的最小排量即可选择缸套直径。查3NB 1300型钻井泵性能表，除直径为130mm缸套外，其他缸套均能满足携带岩屑所需最小排量的要求，都在可选之列。从提高钻头水力功率的途径分析，应当是高泵压、大功率。但泵压的提高受到地面管汇耐压条件的限制时，应考虑充分发挥机泵功率。因此，这里应选择直径为150mm的缸套。直径为150mm的缸套：$Q_r = 31.4$L/s，$p_r = 27.3$MPa，实际选用：$Q_r = 31.4$L/s，$p_r = 25$MPa。

(4) 计算临界井深，根据最大钻头水功率临界井深公式得：

$$\begin{aligned} D_c &= \frac{p_r}{2.8mQ_r^{1.8}} - \frac{n}{m} \\ &= \frac{0.357 \times 25}{3.685 \times 10^{-6} \times 31.4^{1.8}} - \frac{4.172 \times 10^{-3}}{3.685 \times 10^{-6}} \\ &= 3764(\mathrm{m}) \end{aligned}$$

$$\begin{aligned} D_a &= \frac{p_r}{2.8mQ_a^{1.8}} - \frac{n}{m} \\ &= \frac{0.357 \times 25}{3.685 \times 10^{-6} \times 23.98^{1.8}} - \frac{4.172 \times 10^{-3}}{3.685 \times 10^{-6}} \\ &= 6823(\mathrm{m}) \end{aligned}$$

(5) 计算各井段的排量、循环系统的压力损耗和钻头压力降等水力参数利用第二章相应公式，将计算结果列在表9－7中。

表9－7 水力参数计算

最低返速、排量	$v_a = 1$m/s；$Q_n = 23.89$L/s									
泵参数	3NB钻井泵；缸径＝140mm；$Q_r = 31.4$L/s；$p_r = 27.3$MPa；实际选用25MPa									
钻铤压耗系数(K_c)	4.444×10^{-3}									
地面管汇压耗系数(K_g)	2.257×10^{-4}									
m	3.685×10^{-6}									
n	4.172×10^{-3}									
临界井深	$D_{pc} = 3764$m；$D_{pa} = 6823$m									
井深(D)，m	500	1000	1500	2000	2500	3000	3500	3580	4000	4300
循环系统压耗系数(K_L)，$\times 10^{-3}$	6.015	7.857	9.700	11.54	13.38	15.23	17.07	17.36	18.91	20.02
钻井液排量(Q)，L/s	31.4	31.4	31.4	31.4	31.4	31.4	31.4	31.4	30.6	29.6
循环系统压降(Δp_l)，MPa	2.976	3.888	4.800	5.712	6.623	7.535	8.447	8.593	8.929	8.929
钻头压降(Δp_b)，MPa	22.024	21.112	20.200	19.288	18.377	17.465	16.553	16.407	16.071	16.071

续表

钻头水功率(p_b),kW	691.54	662.91	634.28	605.65	577.03	548.40	519.77	515.19	491.62	476.35
射流冲击力(F_j),kN	7.639	7.479	7.316	7.149	6.978	6.803	6.622	6.593	6.357	6.160
射流喷速(v_j),m/s	173.83	170.19	166.48	162.68	158.79	154.80	150.70	150.04	148.49	148.49
射流水力功率(p_j),kW	664.62	637.11	609.59	582.08	554.56	527.00	499.53	495.13	472.49	457.81
喷嘴当量直径(d_e),mm	15.163	15.324	15.494	15.674	15.865	16.068	16.285	16.321	16.193	15.939
三等喷嘴直径(d_i),mm	8.754	8.847	8.946	9.049	9.160	9.278	9.402	9.423	9.349	9.202

(6)喷嘴直径的计算式为:

喷嘴当量直径为:

$$d_e = \left(\frac{0.081\rho_m Q^2}{C^2 \Delta p_b}\right)^{\frac{1}{4}} \tag{9-21}$$

若使用三个等直径喷嘴,则直径为:

$$d_i = \frac{\sqrt{3}}{3} d_e$$

(7)实际选用喷嘴直径。

由于计算出的喷嘴直径不一定恰好等于喷嘴系列中的直径,所以,在实际选用喷嘴时,既要考虑计算结果,又要考虑喷嘴直径系列。比如,在表9-7中,在井深1000m处,计算出的喷嘴当量直径 d_e = 15.324mm,若采用三等喷嘴,其直径为8.847mm,该尺寸的喷嘴在国产喷嘴系列中是不存在的。

在这种情况下,可采用组合喷嘴的方法。不妨设实际选用的喷嘴直径分别为8mm、9mm,可计算出实际选用喷嘴的当量直径为15.033mm,与计算出的喷嘴当量直径基本吻合。由于喷嘴直径的计算值与实际选用值存有误差,所以会导致计算出的钻头水力参数以及泵压或泵功率与实际值不同。在进行水力参数设计时,首先按照本例的方法计算出喷嘴的直径,然后根据喷嘴直径系列选择喷嘴,最后根据实际选用的喷嘴再计算有关的水力参数(计算结果略)。

二、钻进参数的优选

(一)钻进参数基本方程和成本目标函数

由第二章得到钻进参数基本方程和成本目标函数。

(1)钻速计算式为:

$$v_{pe} = K_R(W - M_0) n_r^{\lambda} \frac{1}{1 + C_2 h_f} C_p C_H \tag{9-22}$$

(2)牙齿磨损速度计算式为:

$$\frac{dH}{dt} = \frac{A_f(a_1 n_r + a_2 n_r^3)}{(Z_2 - Z_1 W)(1 + C_1 H)} \tag{9-23}$$

根据美国休斯公司的试验数据确定的 Z_1 与 Z_2 的值见表9-8。A_f 通称为地层研磨性系数,需要根据现场钻头资料统计计算确定。各类钻头转速影响系数见表9-9。

表 9－8　钻压影响系数

钻头直径，mm	159	171	200	220	244	251	270	311	350
Z_1	0.0198	0.0187	0.0167	0.0160	0.0148	0.0146	0.0139	0.0131	0.0124
Z_2	5.5	5.6	5.94	6.11	6.38	6.44	6.68	7.15	7.56

表 9－9　转速影响系数

齿型	适用地层	系列号	类型	a_1	a_2，$\times 10^{-4}$	C_1
铣齿钻头	软	1	1,2	2.5	1.088	7
			3,4	2.0	0.870	6
	中	2	1	1.5	0.653	5
			2,3	1.2	0.522	4
			4	0.9	0.392	3
	硬	3	1	0.65	0.283	2
			2,3,4	0.5	0.218	2
镶齿钻头	极软	4	1,2,3,4	0.5	0.218	2
	软	5	1,2,3,4			
	中	6	1,2,3,4			
	硬	7	1,2,3,4			
	极硬	8	1,2,3,4			

(3)轴承磨损量速度计算式为：

$$\frac{\mathrm{d}B}{\mathrm{d}t}=\frac{1}{\mathrm{b}}W^{1.5}n_{\mathrm{r}} \tag{9-24}$$

(4)成本目标函数计算式为：

$$C_{\mathrm{u}}=\frac{C_{\mathrm{b}}+C_{\mathrm{r}}(t+t_{\mathrm{r}})}{F_{\mathrm{b}}} \tag{9-25}$$

(5)含有 5 个变量的目标函数为：

$$C_{\mathrm{u}}=\frac{C_{\mathrm{r}}\left[\frac{t_{\mathrm{E}}A_{\mathrm{f}}(a_1 n_{\mathrm{r}}+a_2 n_{\mathrm{r}}^3)}{Z_2-Z_1 W}+h_{\mathrm{f}}+\frac{C_1}{2}h_{\mathrm{f}}\right]}{C_{\mathrm{H}}C_{\mathrm{P}}K_{\mathrm{R}}^2(W-M_0)n_{\mathrm{r}}^{\lambda}\left[\frac{C_1}{C_2}h_{\mathrm{f}}+\frac{C_2-C_1}{C_2^2}\ln(1+C_2 h_{\mathrm{f}})\right]} \tag{9-26}$$

令：

$$S=\frac{A_{\mathrm{f}}(a_1 n_{\mathrm{r}}+a_2 n_{\mathrm{r}}^3)}{Z_2-Z_1 W} \tag{9-27}$$

$$F=h_{\mathrm{f}}+\frac{C_1}{2}h_{\mathrm{f}}^2 \tag{9-28}$$

$$J = C_H C_P K_R (W - M_0) n_r^{\lambda} \tag{9-29}$$

$$E = \frac{C_1}{C_2} h_f + \frac{C_2 - C_1}{C_2^2} \ln(1 + C_2 h_f) \tag{9-30}$$

则:

$$C_u = \frac{C_r}{JE}(t_E S + F) \tag{9-31}$$

(二)约束条件

(1)牙齿磨损量 h_f:$0 \leqslant h_f \leqslant 1$;

(2)轴承磨损量 b_f:$0 \leqslant b_f \leqslant 1$;

(3)钻压 W:$M_0 > 0$ 时,$M_0 < W < Z_2/Z_1$; (9-32)

$M_0 < 0$ 时,$0 < W < Z_2/Z_1$;

(4) 转速 n_r:$n_r > 0$

$$b_f = \frac{(Z_2 - Z_1 W) n_r W^{1.5}}{A_f (a_1 n_r + a_2 n_r^3) b} \left(h_f + \frac{C_1}{2} h_f^2 \right) \tag{9-33}$$

(三)钻进方程中有关系数的确定

描述钻进过程基本规律的钻速方程和钻头磨损方程,是在一定条件下通过试验和数学分析处理而得到的。方程中的各参数与钻井的实际条件和环境有密切关系,需要根据实际钻井资料分析确定。

1. 门限钻压 M_0和转速指数 λ 的确定

求取门限钻压和转速指数的基本方法是五点法钻速试验。试验条件为:

(1)试验中钻井液性能不变,水力参数恒定,且维持在本地区的通用水平上,以保证试验中 C_p和 C_H不变,同时避免水力破岩条件变化对 M_0值的影响。

(2)在不影响试验精确性的条件下,尽可能使试验井段短一些或试验时间短一些,以保证试验开始和结束时的牙齿磨损量相差很小。

五点法钻速试验的步骤如下:

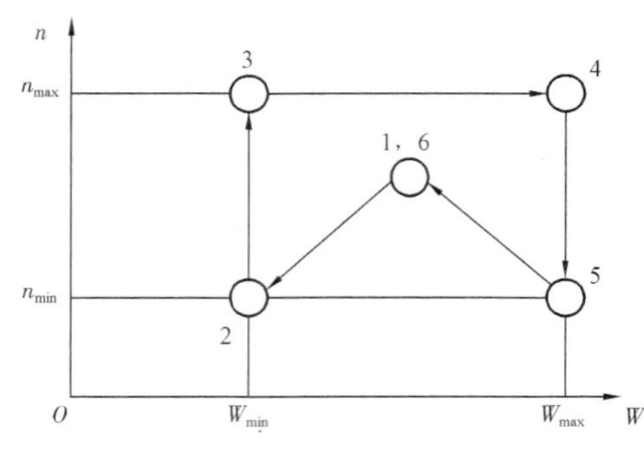

图 9-1 五点法钻速试验

(1)根据本地区、本井段可能使用的钻压和转速范围,确定试验中所采用的最高钻压 W_{max}和最低钻压 W_{min}、最高转速 n_{max}和最低转速 n_{min}。同时,选取一对近似于平均钻压和平均转速的钻压 W_0和转速 n_0。

(2)按照图 9-1 上各点的钻压、转速配合从第一点(W_0,n_0)开始,按图中所示的方向,依点的序号进行钻进试验,每点钻进 1m 或 0.5m,并记录下各点的钻时,直至钻完第 6 点,完成试验。

(3)将试验数据填入表 9-10 中,同时将钻时转换为钻速。

表 9－10　五点钻速试验记录

实测点序号	钻压,kN	转速,r/min	钻时,s/m	钻速,m/h
1	W_0	n_0	Δt_1	v_{pe1}
2	W_{min}	n_{min}	Δt_2	v_{pe2}
3	W_{min}	n_{max}	Δt_3	v_{pe3}
4	W_{max}	n_{max}	Δt_4	v_{pe4}
5	W_{max}	n_{min}	Δt_5	v_{pe5}
6	W_0	n_0	Δt_6	v_{pe6}

试验中设置同一钻压、转速配合的第 1 点和第 6 点，目的在于求取试验的相对误差。试验的相对误差$|v_{pe1}-v_{pe6}|/v_{pe1}$应小于 15%，试验才算成功。

根据试验记录中恒转速下，将 2、3 两点和 4、5 两点的试验数据代入转速方程可得：

$$M_1 = W_{min} - \frac{W_{max} - W_{min}}{v_{pe5} - v_{pe2}} v_{pe2}$$

$$M_2 = W_{min} - \frac{W_{max} - W_{min}}{v_{pe4} - v_{pe3}} v_{pe3}$$

取 M_1和 M_2的平均值，即为该地层的门限钻压值 M_0：

$$M_0 = \frac{1}{2}(M_1 + M_2) \tag{9-34}$$

同样，则可获得 2 个钻压下的转速指数 λ_1和 λ_2：

$$\lambda_1 = \frac{\lg\left(\frac{v_{pe2}}{v_{pe3}}\right)}{\lg\left(\frac{n_{min}}{n_{max}}\right)}$$

$$\lambda_2 = \frac{\lg\left(\frac{v_{pe5}}{v_{pe4}}\right)}{\lg\left(\frac{n_{min}}{n_{max}}\right)}$$

取 λ_1和 λ_2的平均值，即为试验地层的转速指数 λ：

$$\lambda = \frac{1}{2}(\lambda_1 + \lambda_2) \tag{9-35}$$

五点法钻进试验求门限钻压和转速指数较适用于钻速较快的地层。对于钻速极慢的地层，可以参考有关资料，采用释放钻压法求门限钻压和转速指数。

2. 地层可钻性系数 K_R的确定

根据新钻头的试钻资料，此时牙齿磨损量 $h=0$，由钻速方程式可得：

$$K_R = \frac{v_{pe}}{C_H^2 C_P (W - M_0) n_r^{\lambda}} \tag{9-36}$$

3. 牙齿磨损系数 C_2 的确定

假定在钻进过程中岩石性质基本不变，各项钻进参数又基本保持一致，起出钻头的牙齿磨损量为 h_f，开始钻进时的牙齿磨损量 $h_0=0$，开始钻进和起钻时的钻速分别为 v_{pc0} 和 v_{pcf}，则由钻速方程式得：

$$C_2 = \frac{v_{pe0} - v_{pef}}{v_{pef} h_f} \tag{9-37}$$

4. 岩石研磨性系数 A_f 的确定

由牙齿磨损速度方程式得：

$$A_f = \frac{Z_2 - Z_1 W}{(a_1 n_r + a_2 n_r^3) t_{bf}} \left(h_f + \frac{C_1}{2} h_f^2 \right) \tag{9-38}$$

根据钻头类型及其影响系数，钻进过程中的平均钻压、转速和钻头工作时间，以及起出钻头的牙齿磨损量，便可求出该钻进过程内的岩石研磨性系数 A_f。

（四）钻头的最优磨损量、最优钻压和最优转速

目标函数、极值条件和约束条件确定后，就可以通过最优化数学方法，求解出在约束条件限定范围内使钻井成本最低的一组最优钻压、最优转速和最优钻头磨损量组合。但由于其数学推导和计算过程十分复杂，这里从略。需要时可查阅有关参考书。

下面介绍在一定参数组合条件下的最优磨损量、最优转速和最优钻压。

1. 最优磨损量

对于一只在一定钻压、转速条件下工作的钻头，当钻头磨损到什么程度时起钻，钻井成本最低，这就涉及求最优磨损量的问题。根据成本函数表达式（9－26）和决定最优磨损量的必要条件，可以导出最优磨损量的表达式，即：

$$\frac{C_1}{2} h_f^2 + \left(\frac{C_1}{C_2} - 1 \right) h_f - \frac{C_1 - C_2}{C_2^2} (1 + C_2 h_f) \ln(1 + C_2 h_f) - \frac{A_f t_E (a_1 n_r + a_2 n_r^3)}{Z_2 - Z_1 W} = 0 \tag{9-39}$$

把每一组 W 和 n_r 的数值代入式（9－39），都可以解出一个最优磨损量 h_f。但因钻进成本函数要受到约束条件式（9－32）和式（9－33）的限制，凡超出约束范围的最优磨损量是不可取的，这时只能用钻头牙齿或轴承的极限磨损量作为最优磨损量。

2. 最优转速

在 W—n_r—h_f 三维约束条件范围内，任取一对钻压和磨损量的值，都可找到一个使钻进成本最低的转速，此转速即为所取钻压或磨损量时的最优转速。由成本函数表达式（9－26）可以导出给定钻压 W 和钻头磨损量 h_f 求最优转速的表达式：

$$n_{opt} = \sqrt[3]{\frac{V}{2} + \sqrt{\left(\frac{V}{2}\right)^2 + \left(\frac{U}{3}\right)^3}} + \sqrt[3]{\frac{V}{2} - \sqrt{\left(\frac{V}{2}\right) + \left(\frac{U}{3}\right)^3}} \tag{9-40}$$

式中：

$$V = \frac{F(Z_2 - Z_1 W)\lambda}{t_E A_f a_2 (3 - \lambda)}$$

$$U = \frac{(1 - \lambda) a_1}{(3 - \lambda) a_2}$$

3. 最优钻压

同样在约束条件范围内，任取一对转速和磨损量值，都可以求得一个使钻进成本最低的最优钻压：

$$W_{opt} = \frac{Z_2}{Z_1} + \frac{R}{F} - \sqrt{\frac{R}{F}\left(\frac{R}{F} + \frac{Z_2}{Z_1} - M_0\right)} \tag{9-41}$$

式中：

$$R = t_E A_f \frac{a_1 n_r + a_2 n_r^3}{Z_1}$$

在实际工作中，一般都是根据邻井或同一口井上一个钻头的资料，先确定牙齿或轴承的合理磨损量，然后根据钻机设备条件，确定转速的允许范围，最后求出不同钻压、转速配合时的钻进成本，从中找出最低的最优钻压、转速配合。

例 9－5 某井段的地层可钻性系数 $K_R = 0.0023$，研磨性系数 $A_f = 2.28 \times 10^{-3}$，门限钻压 $M_0 = 10\text{kN}$，转速指数 $\lambda = 0.68$。用 ϕ251mm 适合于中硬地层的 21 型钻头钻进，$C_2 = 3.68$，$C_H = 1$，$C_P = 1$，钻头成本 $C_b = 900$ 元/只，钻机作业费 $C_r = 250$ 元/h，起下钻时间 $t_t = 5.75\text{h}$；所用钻机的转盘转速只有三挡，分别为 $n_1 = 60\text{r/min}$，$n_2 = 120\text{r/min}$，$n_3 = 180\text{r/min}$，根据邻井资料，所选钻头在该井段的牙齿磨损量一般为 T6 级（$h_f = 0.75$），试求最优的钻压、转速组合及其工作指标。

解：查表可得 ϕ251mm 适合于中硬地层的 21 型钻头参数为：

$$Z_2 = 6.44, Z_1 = 0.0146, a_1 = 1.5, a_2 = 6.53 \times 10^{-5}, C_1 = 5$$

$$t_E = \frac{C_b}{C_r} + t_t = 9.35(\text{h})$$

$$E = \frac{C_1}{C_2} h_f - \frac{C_2 - C_1}{C_2^2} \ln(1 + C_2 h_f) = 0.89$$

$$F = h_f + \frac{C_1}{2} h_f^2 = 2.156$$

不同转速时的最优钻压可由式（9－41）求得，不同转速时的最优钻压及其工作指标见表 9－11。

表 9-11 不同转速时的最优钻压及其工作指标

n_r,r/min	60	120	180
$a_1 n_r + a_2 n_r^3$	104.105	292.838	650.830
R	15.487	43.563	96.817
R/F	7.183	20.205	44.906
W_{opt},kN	323.34	285.96	261.73
S	0.1383	0.2951	0.5671
t_{bf},h	15.59	7.31	3.80
J	11.898	16.790	20.179
F_b,m	76.57	50.64	31.67
C_{pm},元/h	81.43	82.23	103.73

由表 9-11 可见,转速为 120r/min 和 180r/min 时的最优钻压都是局部最优值,只有 n_r = 60r/min 时的最优钻压才是该设备条件下钻进成本最低的最优转速和最优钻压组合。

第四节 井身结构设计

合理的井身结构是钻井工程设计的重要内容,其主要根据是地层压力和地层破裂压力剖面。

一、井身结构设计的原则和依据

(一)井身结构设计的原则

(1)能有效地保护油气层,使油气层不受钻井液损害。

(2)要能够避免漏、喷、塌、卡等复杂情况产生,能保证全井顺利钻进,使钻井周期达到最短。

(3)钻达下部高压地层时所用的较高密度的钻井液产生的液柱压力,不至于把上一层套管鞋处薄弱的裸露地层压裂。

(4)下套管过程中,钻井液液柱压力和地层压力之间的压差,不至于造成压差卡阻套管。

(二)井身结构的设计依据

(1)钻井地质设计:

① 地层孔隙压力、地层破裂压力及坍塌压力剖面。

② 地层岩性剖面。

③ 完井方式和油层套管尺寸要求。

(2)相邻区块参考井、同区块邻井实钻资料。

(3)钻井装备及工艺技术水平。

(4)井位附近河流河床底部深度、饮用水水源的地下水底部深度、附近水源分布情况、地下矿产采掘区开采层深度、开发调整井的注水(汽)层位深度。

(5)钻井技术规范。

二、井身结构设计的基础数据

井身结构设计所需地质数据有岩性剖面及其故障提示，地层孔隙压力剖面和地层破裂压力剖面。

井身结构设计所需工程数据：

(1) 抽吸压力系数 S_b：上提钻柱时，由抽吸作用产生的使井内液柱压力的降低值，用当量钻井液密度表示。

(2) 激动压力系数 S_g：下放钻柱时，由钻柱向下运动产生的激动压力使井内液柱压力的增加值，用当量钻井液密度表示。

(3) 地层压裂安全系数 S_f：是避免上层套管鞋处裸露地层被压裂的地层破裂压力安全系数，用钻井液当量密度表示。安全系数的大小与地层破裂压力的预测精度有关。

(4) 井涌允量 S_k：由于地层压力预测的误差所产生的井涌量的允许值，用当量钻井液密度表示。它与地层压力预测的精度有关。

(5) 压差允值 ΔP_N 和 ΔP_A：不产生压差卡阻套管所允许的最大压差值，其大小和钻井工艺技术及钻井液性能有关，也与裸眼井段的地层孔隙压力有关。ΔP_N 为正常压力井段的压差允值，ΔP_A 为异常压力井段的压差允值。一般 $\Delta P_A > \Delta P_N$。

需要说明的是，井身结构设计所需要的地质和工程数据不是绝对固定的，应根据本地的统计资料来确定。

三、井身结构设计方法

井身结构设计包括套管层次设计和下入深度设计，其实质是确定两相邻套管下入深度之差。在裸眼井段中，应使钻进过程中以及井涌压井时不会压裂地层而发生井漏，并且避免在钻进和下套管时发生压差卡钻事故。

井身结构设计时，首先要建立设计井所在地区的地层压力剖面和地层破裂压力剖面图，如图 9-2 所示。图中纵坐标表示井深，横坐标表示地层压力和地层破裂压力梯度，以当量钻井液密度表示。

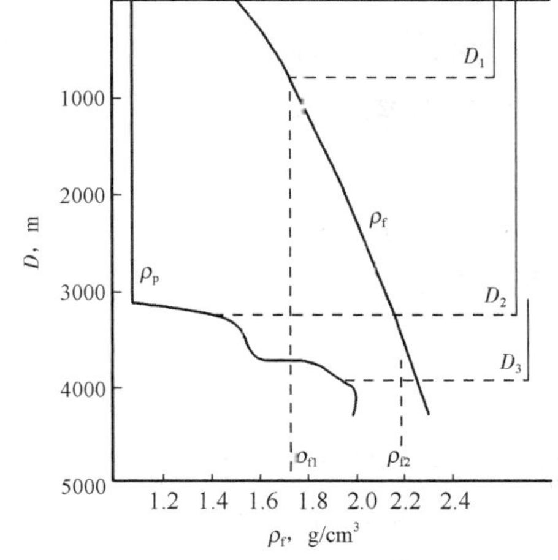

图 9-2　井身结构设计图

(一) 中间套管下入深度假定点的确定

确定中间套管下入深度的依据是在下部井段钻进过程中，所预计的最大井内压力不压裂套管鞋处裸露地层。利用压力剖面图中最大地层压力梯度，可求得上部地层不致被压裂所应有的地层破裂压力梯度所对应的当量钻井液密度 ρ_f。ρ_f的确定有两种方法：

(1) 当钻进下部井段肯定不会发生井涌时，可用式(9-42)计算：

$$\rho_f = \rho_{max} + S_b + S_g + S_f \tag{9-42}$$

式中　ρ_{max}——剖面图中最大地层压力梯度的当量钻井液密度，g/cm³。

在横坐标上找出地层的设计破裂压力梯度 ρ_f，从该点向上作垂线与破裂压力线相交，交点所在的深度即为中间套管下入深度假定点。

（2）当钻进下部井段预计发生井涌时，可用式（9－43）计算：

$$\rho_{f} = \rho_{max} + S_{b} + S_{f} + S_{k}\frac{D_{max}}{D_{2}} \tag{9-43}$$

式中 D_{max}——剖面图中最大地层压力梯度点所对应的深度，m。

D_2——中间套管下入假定深度，m。

D_2 可用试算法求得。试取 D_2 值代入式（9－43）中求 ρ_f，然后在设计井的地层破裂压力梯度曲线上求得 D_2所对应的地层破裂压力梯度。如计算值 ρ_f 与实际值相差不多且略小于实际值时，则 D_2即为中间套管下入深度的假定点。否则另取一个 D_2 值计算，直到满足要求为止。

（3）校核中间套管下到深度 D_{21}时是否会发生压差卡套管。

先求出该井段中最大钻井液密度与最小地层压力之间的最大静压差，计算公式如下：

$$\Delta p = 0.00981(\rho_{f} + S_{b} - \rho_{min})D_{min} \tag{9-44}$$

式中 Δp——实际井内最大静压差，MPa；

ρ_{min}——该井段内最小地层压力梯度的当量钻井液密度，g/cm^3；

D_{min}——该井段内最小地层压力梯度点所对应的深度，m。

当 $\Delta p < \Delta p_N$ 时，不易发生压差卡套管，则假定点深度即为中间套管下入深度；当 $\Delta p > \Delta p_N$ 时，则可能发生压差卡套管，这时中间套管下入深度应小于假定点深度。在第二种情况下，中间套管的下入深度按以下方法求得。

在压差允值 Δp_N 下所允许的最大地层压力的当量钻井液密度 ρ_{pp}为：

$$\rho_{pp} = \frac{\Delta p_{N}}{0.00981D_{min}} + \rho_{min} - S_{b} \tag{9-45}$$

由地层压力剖面图上查 ρ_{pp}所在井深即为中间套管下入深度 D_2。

（二）尾管下入深度假定点的确定

当中间套管下入深度小于假定点深度时，则需要下尾管，并确定尾管下入深度。

根据中间套管下入深度 D_2 处的地层破裂压力梯度 ρ_{f2}，由式（9－46）可求得允许的最大地层压力梯度：

$$\rho_{pp} = \rho_{f2} - S_{b} - S_{f} - S_{k}\frac{D_{31}}{D_{2}} \tag{9-46}$$

式中 D_3——钻井尾管下入深度的假定点，m。

式（9－46）的计算方法同式（9－43）。

尾管下到假定点深度 D_3 处，是否会发生压差卡套管校核方法可用式（9－44）计算，压差允值用 Δp_A。

（三）表层套管下入深度 D_1 的确定

根据中间套管鞋处的地层压力梯度，给定井涌条件 S_k，用试算法确定表层套管下入深度。每次给定 D_1，并代入式（9－47）计算：

$$\rho_{fE} = \rho_{f2} + S_b + S_f + S_k \frac{D_2}{D_1} \quad (9-47)$$

式中 ρ_{fE}——井涌压井时表层套管鞋处承受的压力的当量钻井液密度，g/cm^3；

ρ_{f2}——中间套管鞋处 D_{21} 的地层压力当量钻井液密度，g/cm^3。

试算的结果是：当 ρ_{fE} 接近或小于 D_{21} 处的地层破裂压力梯度 0.024～0.048g/cm^3 时符合要求，该深度即为表层套管的下入深度。

(四)必封点的确定

以上套管层次、下入深度的确定是以井内压力系统平衡为基础，以压力剖面为依据的。但某些地下复杂情况是不能反映到压力剖面上。如吸水膨胀易塌泥页岩、含蒙脱石的泥页岩、盐膏层、盐岩层蠕变、胶结不良的砂岩等复杂情况。某些复杂情况的产生又与时间因素有关，如钻进速度快，浸泡水时间短，复杂情况没有表现出来。相反，如果钻速慢，上部某些地层裸露时间长或在长时间浸泡下，则可能发生坍塌、膨胀、缩径等情况。这需要根据经验来确定某些应及时封隔的地层，即必封点。某些地区没有复杂情况则不必确定必封点。另外，为了求得控制复杂情况所需的坍塌压力梯度值是非常必要的，这样可以用来帮助确定必封点而不用单凭经验来确定。

四、套管尺寸与井眼尺寸选择及配合

套管尺寸及井眼尺寸(钻头尺寸)的选择和配合是井身结构设计时必须考虑的问题，它涉及采油及钻井工程的顺利进行和成本核算情况。

(一)设计中应考虑的因素

(1) 生产套管尺寸应满足采油方面的要求，根据生产层的产能、油管尺寸大小、增产措施及井下作业等要求来确定。

(2)对于探井，要考虑原设计井深是否需要加深，地质上的变化会使原来的预测值难以准确，是否要本井眼尺寸上留有余量，以便增下中间套管等。

(3)考虑工艺水平，如井眼情况、井眼曲率大小、井斜角以及地质复杂情况带来的问题。还要考虑管材、钻头等库存规格的限制情况等。

(二)套管和井眼尺寸的选择和确定方法

(1)设计井身结构尺寸一般由内向外依次进行，先确定生产套管尺寸，再确定下入生产套管的井眼尺寸，然后确定中层套管尺寸等，依此类推，直到表层套管的井眼尺寸，最后确定导管尺寸。

(2)依据采油方面要求来定生产套管，勘探井要按照勘探方面要求来确定。

(3)套管与井眼之间要有一定间隙，过小会导致下套管困难及注水泥后水泥过早脱水形成水泥桥，间隙过大则不经济。间隙值一般最小在 9.5～12.7mm 范围内，最好为 19.0mm。

(三)套管及井眼尺寸标准组合

目前国内外所生产的套管尺寸及钻头尺寸已标准化系列化。套管与其相应井眼的尺寸配合基本确定或在较小范围内变化。图 9－3 给出了套管和井眼尺寸的配合。

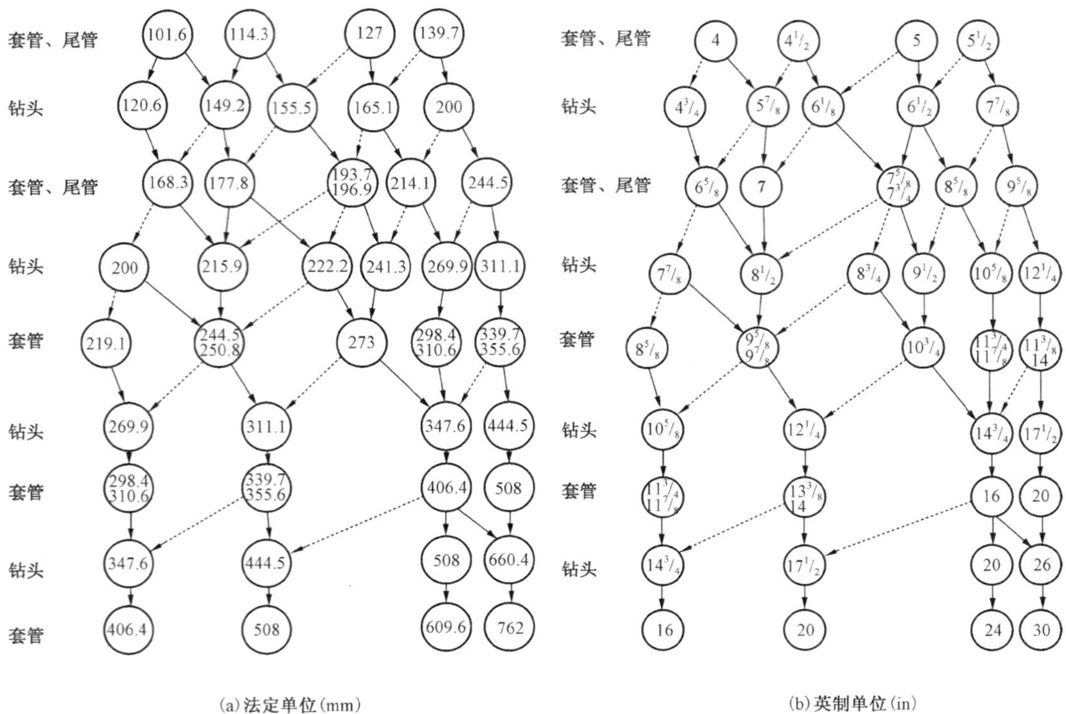

(a)法定单位(mm)　　(b)英制单位(in)

图 9－3　套管和井眼尺寸的配合

五、井身结构范例

范例 1:徐深 8－1 井身结构设计图如图 9－4 所示,表 9－12 给出了该井深结构设计的相关数据。

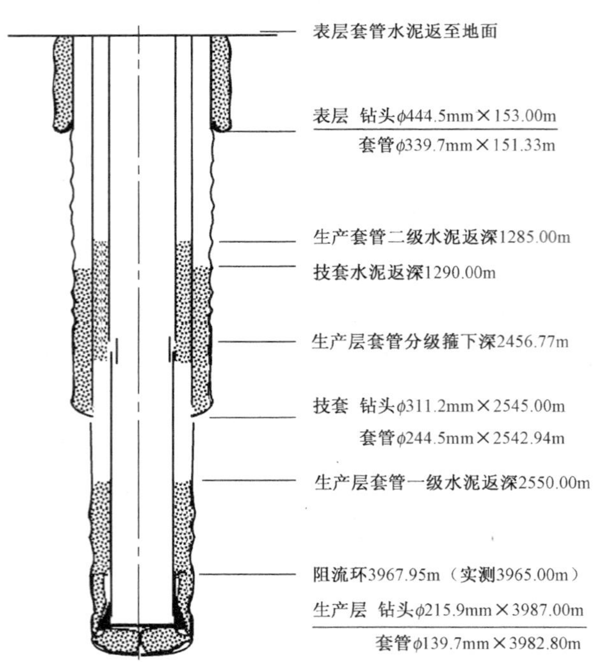

图 9－4　徐深 8－1 井身结构设计图

表 9－12　徐深 8－1 井身结构设计数据表

项目 \ 层次		导管	表层套管	技术套管	生产层套管
固井时井眼直径，mm			444.5	311.2	215.9
固井时井深，m			153.00	2545.00	3987
套管外径，mm			339.7	244.5	139.7
分级箍	下入深度，m				2456.77
	最小内径，mm				118
套管顶部深度，m			8.28	7.90	6.46
尾管挂	下入深度，m				
	最小内径，mm				
套管鞋深度，m			151.33	2542.94	3982.80
阻流环深度，m				2520.88	3967.95
水泥外返深度，m			地面	1290.00	1285.00/2550.00
套管扶正器个数，只			无	50	112

范例 2：花 121 平 1 井身结构设计图如图 9－5 所示，表 9－13 给出了该井身结构设计的相关数据。

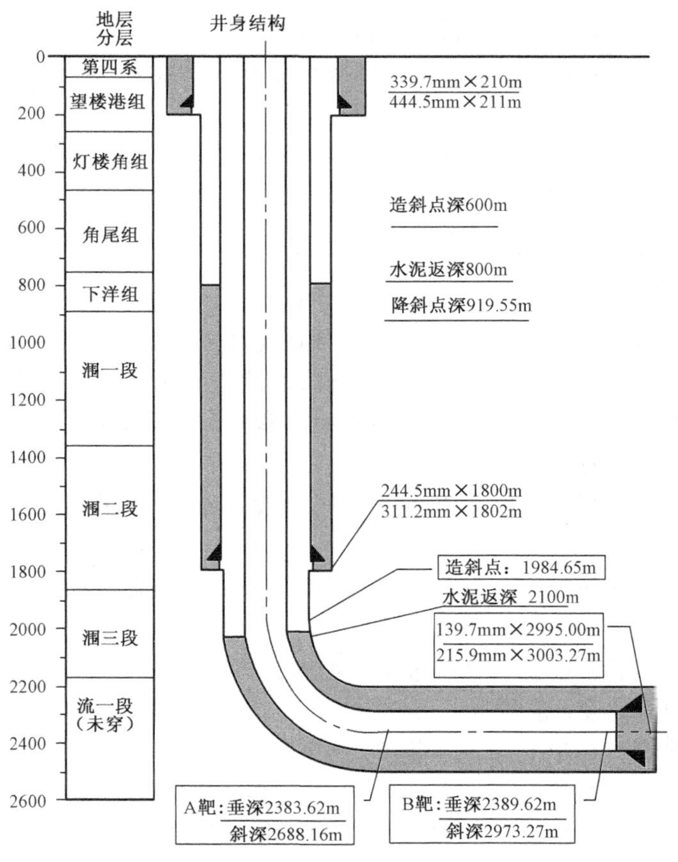

图 9－5　花 121 平 1 井身结构设计图

表 9-13 花 121 平 1 井身结构设计数据表

开钻次序	钻头尺寸 mm	钻达井深 m	套管尺寸 mm	套管下入 地层层位	套管下入深度 m	环空水泥浆返深 m
一开	444.5	211	339.7	望楼港组	210	地面
二开	311.2	1802	244.5	涠二段	1800	800
三开	215.9	3003.27	139.7	流一段	2995	2100

第五节 固井工程设计

一、套管强度设计

套管柱的强度设计是依据套管所受的外载,根据套管的强度建立一个安全的平衡关系:套管强度不小于外载×安全系数。

套管柱的强度设计是在确定了套管的外径之后,按照套管所受外部荷载的大小及一定的安全系数选择不同的钢级及壁厚的套管,使套管柱在每一个危险截面上都建立上述表达的关系。其中关于安全系数的规定为:抗外挤安全系数(S_c)=1.0;抗内压安全系数(S_i)=1.1;套管抗拉(抗滑扣)安全系数(S_t)=1.8。

常规套管柱设计是由下而上分段设计的。通常自下而上把最下一段套管称为第一段,其上为第二段,依次上推。套管柱的强度设计方法有等安全系数法、边界荷载法(也称拉力余量法)和最大荷载法。

在套管柱强度设计中,不宜将套管段分得太复杂,实际上应当采用 2~3 种套管。套管分段、种类多,虽然比较符合经济原则,但给现场管理造成过多麻烦。

(一)等安全系数法设计的具体方法和步骤

等安全系数法是一种较为简单的方法,它应用时间较久,在一般井中是比较安全的。

等安全系数法实质是使设计出的套管柱各段的最小安全系数等于(或大于)所规定的某个安全系数值,以达到既安全又经济的原则。此法设计步骤先由下而上按抗挤确定下部套管可下深度,并逐段校核其抗拉安全系数;而后对上部套管自下而上进行抗拉设计,最后校核抗内压强度。其具体步骤是:

(1)掌握已知条件:套管尺寸、下入深度、安全系数、钻井液密度、水泥浆返高及套管强度性能表等。

(2)根据外挤压力和抗挤安全系数确定下部第一段套管钢级和壁厚。

(3)确定第二段套管可下深度和第一段套管的使用长度。

(4)当按抗挤强度设计的套管柱超过水泥面时,应考虑下部套管柱浮重引起套管抗挤强度的降低,即按双向应力设计套管柱。

(5)按抗拉强度设计确定上部各段套管。

(6)抗内压安全系数校核。

根据资料表明,对中深井或深井,地层压力在正常压力梯度范围内,按以上步骤设计出的套管柱,一般能满足抗内压要求。若实际抗内压安全系数 S_i 小于所规定的抗内压安全系数,则在井控时控制井口压力。井口压力限制在套管（或井口装置）允许的最大压力之内，或将套管柱设计步骤改为先进行抗内压强度设计，选出满足抗内压强度的套管后再进行抗拉设计。

（二）举例说明

例 9－6 某井 177.8mm 套管柱设计。其下入深度为 3500m，井内完井液密度为 1.30g/cm^3，水泥浆返至井深为 2800m，抗挤安全系数为 1.125，抗拉安全系数为 1.80。

解：（1）确定第一段套管钢级和壁厚。

按抗挤强度设计下部第一段套管井底完井液柱外挤压力为：

$$
\begin{aligned}
p_{oc} &= 0.00981\rho_m D_1 \\
&= 0.00981 \times 1.3 \times 3500 \\
&= 44.636(\mathrm{MPa})
\end{aligned}
$$

下部第一段套管具有抗挤强度为：

$$
\begin{aligned}
p_{c1} &= p_{oc} S_c \\
&= 44.636 \times 1.125 \\
&= 50.212(\mathrm{MPa})
\end{aligned}
$$

由套管强度性能表查得钢级为 N－80，壁厚 11.51mm 套管，抗挤强度为 59.364MPa，每米重 0.467kN，抗拉强度为 2989kN。

实际抗挤安全系数为：

$$
S_{c1} = \frac{p_{c1}}{p_{oc}} = \frac{59.364}{44.636} = 1.33
$$

（2）确定第二段套管及其可下深度，并确定第一段套管长度。

第一段套管顶截面位置决定于第二段套管的可下深度。第二段套管选用抗挤强度低一级套管，可选 N－80 级钢，壁厚 10.36mm 套管，抗挤强度为 48.4MPa，每米重 0.432kN，抗拉强度为 2656kN。

第二段套管可下深度为：

$$
\begin{aligned}
D_2 &= \frac{p_{c2}}{0.00981\rho_m S_c} \\
&= \frac{48.4}{0.00981 \times 1.3 \times 1.125} \\
&= 3374(\mathrm{m})
\end{aligned}
$$

实际取第二段可下深度 3300m，则第一段套管段长 $L_1 = 3500 - 3300 = 200(\mathrm{m})$。

完井液浮力系数（K_B）为：

$$
K_B = 1 - \frac{\rho_m}{\rho_s} = 1 - \frac{1.3}{7.8} = 0.833
$$

第一段套管总重（T_1）和浮重（T'_1）为：

$$T_1 = L_1 q_1 = 200 \times 0.476 = 95.2(\text{kN})$$

$$T'_1 = K_B T_1 = 0.833 \times 95.2 = 79.3(\text{kN})$$

第一段套管抗拉安全系数（S_{t1}，不考虑浮力）为：

$$S_{t1} = \frac{F_{s1}}{L_1 q_1} = \frac{2989}{95.2} = 31.4 > 1.8$$

此系数安全。

第二段实际抗挤安全系数（S_{c2}）为：

$$S_{c2} = \frac{p_{c2}}{p_{oc}} = \frac{48.4}{0.00981 \times 1.3 \times 3300} = 1.150 > 1.125$$

此系数安全。

（3）确定第三段套管及其可下深度，并确定第二段套管长度。

第二段顶截面位置决定于第三段套管可下深度，第三段选 N－80 级钢，壁厚 9.19mm 套管，抗挤强度为 37.3MPa，每米重 0.379kN，抗拉强度为 2309kN。

第三段套管可下深度为：

$$D_3 = \frac{37.3}{0.00981 \times 1.3 \times 1.125} = 2600(\text{m})$$

第三段套管下入深度 2600m 时，第二段套管上部已位于水泥浆面（2800m）以上，所以在第二段水泥面处和第三段底部都应考虑双向应力的影响。在水泥面处套管能否满足抗挤要求，决定于水泥面以下套管柱的重量。第三段套管底部由于承受了第一、第二段套管重量，抗挤强度下降，抗挤安全系数必然低于 1.125。因此应将第二段套管增长，即减小第三段套管的下入深度，提高其底部抗挤安全系数，以补偿双向应力的影响。但第二段套管增长后，对第三段套管的轴向拉力增加，这又进一步引起第三段套管柱抗挤强度降低。为此可采用试算法，直至抗挤安全系数达到设计要求。

首先对水泥面处抗挤安全系数 S_{c2} 校核。第二段套管每米重力为 0.423kN，水泥面以下段长为：3300－2800＝500（m），水泥面以下套管柱浮重为：

$$T' = T'_1 + T'_{21} = 79.33 + (500 \times 0.423 \times 0.833) = 255.52(\text{kN})$$

式中，T'_{21} 为 2800～3300m 井段套管柱浮重。

计算轴向拉力下套管的抗挤强度。

由套管强度性能表查得第二段套管管体屈服强度为 3007kN，则轴向拉力下套管的抗挤强度为：

$$\begin{aligned} p_{cc2} &= p_{c2}\left(1.03 - 0.74 \times \frac{F_m}{F_s}\right) \\ &= p_{c2}\left(1.03 - 0.74 \times \frac{T'}{F_s}\right) \\ &= 48.4 \times \left(1.03 - 0.74 \times \frac{255.52}{3007}\right) \end{aligned}$$

$$= 48.4 \times 0.9671$$

$$= 46.81(\mathrm{MPa})$$

抗挤安全系数为：

$$S_{c2} = \frac{46.81}{0.00981 \times 1.3 \times 2800} = 1.311$$

此系数安全。

水泥面处套管抗挤强度符合要求。

用试算法求第三段在双向应力作用下的可下深度。现求第三段套管下深 2602m 时的抗挤强度降低多少，且抗挤安全系数是否安全。

第二段套管长为：

$$L_2 = 3300 - 2600 = 700(\mathrm{m})$$

第二段套管浮重（T'_2）为：

$$T_2 = 700 \times 0.423 = 296.1(\mathrm{kN})$$

$$T'_2 = K_B T_2 = 0.833 \times 296.1 = 246.7(\mathrm{kN})$$

第三段套管管体屈服强度为 2687kN，第一、第二段套管累计浮重为：

$$T'_1 + T'_2 = 79.33 + 246.7 = 326(\mathrm{kN})$$

第三段套管底部抗挤强度降为：

$$p_{cc3} = p_{c2}\left(1.03 - 0.74\frac{T'}{F_s}\right)$$

$$= 37.3 \times \left(1.03 - 0.74 \times \frac{326}{3007}\right)$$

$$= 35.43(\mathrm{MPa})$$

抗挤安全系数为：

$$S_{c3} = \frac{35.43}{0.00981 \times 1.3 \times 2600} = 1.07$$

此系数不安全。

第三段套管下至 2600m 井深时，套管抗挤强度不符合要求。用试算法计算，假设第三段下至 2300m 井深，第二段套管段长为：

$$L_2 = 3300 - 2300 = 1000(\mathrm{m})$$

第二段浮重（T'_2）为：

$$T_2 = 1000 \times 0.423 = 423(\mathrm{kN})$$

$$T'_2 = K_B T_2 = 0.833 \times 423 = 352.36(\mathrm{kN})$$

第一、第二段套管累计浮重为：

$$T'_1 + T'_2 = 79.33 + 352.36 = 431.69(\text{kN})$$

第三段套管底部抗挤强度降为：

$$p_{cc3} = 37.3 \times \left(1.03 - 0.74 \times \frac{431.69}{3007}\right)$$

$$= 37.3 \times 0.92$$

$$= 34.46(\text{MPa})$$

抗挤安全系数为：

$$S_{c3} = \frac{34.46}{0.00981 \times 1.3 \times 2300} = 1.175$$

此系数安全，第三段套管下至2300m井深时，套管抗挤强度符合要求。

校核第二段套管顶截面的抗拉安全系数（不考虑浮力），第二段套管抗拉强度 F_{s2} =2656kN。

第二段抗拉安全系数为：

$$S_{t2} = \frac{F_{s2}}{T_1 + T_2} = \frac{2656}{95.2 + 423} = 5.13$$

此系数安全，第二段套管抗拉强度符合要求。

校核第三段套管顶截面（井口）的抗拉安全系数（不考虑浮力）。第三段套管抗拉强度 F_{s3} =2309kN。

第三段抗拉安全系数为：

$$S_{t3} = \frac{F_{s3}}{T_1 + T_2 + (2300 \times 0.379)} = \frac{2309}{518.2 + 871.7} = 1.66$$

此系数不安全，第三段钢级为N－80，壁厚为9.19mm套管，延伸到井口抗拉强度不符合要求。

（4）确定第三段套管长度。作抗拉强度设计，求出第三段套管的许用长度为：

$$L_i = \frac{1}{q_i}\left[\frac{F_{s1}}{S_t} - \sum_{n=1}^{i-1} L_n q_{mn}\right]$$

$$L_3 = \frac{1}{0.379} \times \left[\frac{2309}{1.8} - (95.2 + 423)\right] = 2017.36(\text{m})$$

实取 L_3 =2000m，T_3 =2000×0.379=758(kN)，其顶截面实际抗拉安全系数为：

$$S_{t3} = \frac{2309}{95.2 + 423 + 758} = 1.81$$

此系数安全，第三段套管取2000m，抗拉强度符合要求。

(5)确定第四段套管和长度。

第四段选用 N－80 级钢，壁厚为10.36mm，套管长度 $L_4=3500-L_1-L_2-L_3=300(\mathrm{m})$，$T_4=300\times0.423=126.9(\mathrm{kN})$，井口抗拉安全系数（不考虑浮力）为：

$$S_{t4}=\frac{2656}{95.2+423+758+126.9}=1.89$$

此系数安全，第四段套管抗拉强度符合要求。

(6)套管柱设计结果列于表9－14。

表9－14 套管柱设计结果

段号	井深 m	段长 m	钢级	壁厚 mm	螺纹型	段重 kN	总重 kN	安全系数	
								抗拉	抗挤
4	0～300	300	N－80	10.36	长圆螺纹	126.9	1403.1	1.89	—
3	300～2300	2000	N－80	9.19	长圆螺纹	758	1276.2	1.81	1.175
2	2300～3300	1000	N－80	10.36	长圆螺纹	423	518.2	5.13	1.150
1	3300～3500	200	N－80	11.51	长圆螺纹	95.2	95.2	31.4	1.33

注：在井口下一小段（30m左右长）全井套管柱内径最小的套管，以便今后下井工具时只要能通过井口段，就可避免中途遇阻被迫起钻的事故。

二、注水泥计算

为了保证固井质量，使水泥浆返到预定高度，且套管内水泥塞长度符合设计要求，必须根据井眼大小、套管直径和下入深度以及水泥浆返高等，在注水泥前算出水泥浆、干水泥、替泥浆和清水等的用量，以及相应的最高泵压等。

(一)水泥浆用量

水泥浆用量应为环空水泥浆量和水泥塞的水泥浆量之和，按下式计算得：

$$V=\frac{\pi}{4}K_1(d_h^2-d_{co}^2)H+\frac{\pi}{4}d_{ci}^2h \tag{9-48}$$

式中 V——水泥浆量，m^3；

d_h——井眼平均直径，m；

d_{co}——套管外径，m；

d_{ci}——套管内径，m；

H——水泥浆返高，m；

h——水泥塞高度，m；

K_1——裸眼井段的水泥浆附加系数，按各地区实际情况由经验得出，一般取1.05～1.10。

实际井径是不规则的，计算时必须用电测井径分段求井径，分段计算出环空体积，再累计，得出全井环空体积。段分得细一些，误差则小一些。两层套管之间的环形容积计算应以外层套管内径作为井径。

(二)干水泥量

干水泥量计算式为：

$$W = K_2VQ \tag{9-49}$$

式中 W——干水泥重量,t;

V——水泥浆总体积,m^3;

K_2——地面损耗系数,取1.03~1.05;

Q——配1m^3水泥浆需干水泥量,t/m^3。

(三)水泥浆密度

水泥浆密度计算式为:

$$水泥浆密度 = \frac{水泥重量 + 水的重量}{水泥容积 + 水的容积}$$

$$= \frac{水泥和水的总重量}{水泥浆容积} \tag{9-50}$$

(四)1m^3水泥浆需用干水泥量

1m^3水泥浆需用干水泥量计算式为:

$$Q = \frac{\rho_c(\rho_s - \rho_w)}{\rho_c - \rho_w} \tag{9-51}$$

式中 Q——需用水泥重量,t;

ρ_c——水泥密度,kg/m^3;

ρ_s——水泥浆密度,kg/m^3;

ρ_w——水的密度,kg/m^3。

(五)1m^3水泥浆需用的水泥袋数

已知每袋50kg及水泥浆密度ρ_s,其计算式为:

$$N_c = 29.3(\rho_s - \rho_w) \tag{9-52}$$

式中 N_c——水泥袋数。

(六)水灰体积比(m)

水灰体积比计算式为:

$$m = \frac{\rho_w(\rho_c - \rho_s)}{\rho_c(\rho_s - \rho_w)} \tag{9-53}$$

(七)已知水灰体积比(m),求1m^3水泥浆需用干水泥量(Q)

1m^3水泥浆需用干水泥量计算式为:

$$Q = \frac{\rho_c}{1 + m\rho_c} \tag{9-54}$$

(八)已知水灰比,计算密度(ρ_s)

水泥浆密度为:

$$\rho_s = \frac{\rho_c\rho_w(1+m)}{\rho_w + m\rho_c} \tag{9-55}$$

(九)已知水灰比,计算 $1m^3$ 水泥浆用水量(V_w)

$1m^3$ 水泥浆用水量计算式为:

$$V_w = \frac{m\rho_c\rho_w}{\rho_w + m\rho_c}$$

当 $\rho_w = 1$ 时:

$$V_w = \frac{m\rho_c}{1 + m\rho_c} \tag{9-56}$$

式中 V_w——$1m^3$ 水泥浆用水量,m^3。

(十)替完井液量

当胶塞顶至浮箍位置时,替完井液即结束。因此,所需完井液量即为浮箍以上不同壁厚套管的内容积之和。其计算式为:

$$V_m = K_3\frac{\pi}{4}(L_1d_1^2 + L_2d_2^2 + \cdots + L_nd_n^2) \tag{9-57}$$

式中 V_m——替完井液量,m^3;

d_1, d_2, d_n——水泥塞以上各段不同壁厚套管的内径,m;

L_1, L_2, L_n——水泥塞以上各段不同壁厚套管的长度,m;

K_3——完井液压缩系数,即 1.03 ~ 1.05。

进行尾管固井替完井液量计算时,方钻杆、钻杆、水龙带内容积可查有关钻井手册,尾管替完井液量不考虑压缩系数值。

第六节 定向井井眼轨道设计

定向井井身剖面设计要根据油田勘探、开发布置要求,保证实现钻井目的;要根据油田的构造特征、油气产状,有利于提高油、气产量和采收率,改善投资效益;在选择造斜点,确定井眼曲率、最大井斜角等参数时,应有利钻井、采油和修井作业;在满足钻井目的的前提下,选择尽可能简单的剖面类型,力求使设计的斜井深度最短,以减小井眼轨迹控制的难度和钻井工作量,有利于安全、快速钻井,降低钻井成本。

井眼轨道设计内容包括:(1)选择剖面类型;(2)确定增斜率和降斜率,选择造斜点;(3)求得最大井斜角;(4)计算各井段的井斜角、方位角、垂直井深、水平位移及井深;(5)画出垂直剖面图和水平投影图,并标明该设计所允许的误差范围。

一、轨道类型选择

井身剖面一般由 4 种基本线段组成,即铅直井段、增斜井段、稳斜井段和降斜井段。这 4 种线段可组成多种剖面类型,如图 9-6 至图 9-9 所示。图中的字母 K 代表造斜点,b 代表增斜结束点,t 代表目标点,c 代表五段式的降斜始点或双增式的第二次造斜点,d 代表多目标井的目标终点,所有这些点称为关节点。这些关节点的参数均以相应字母为下标。

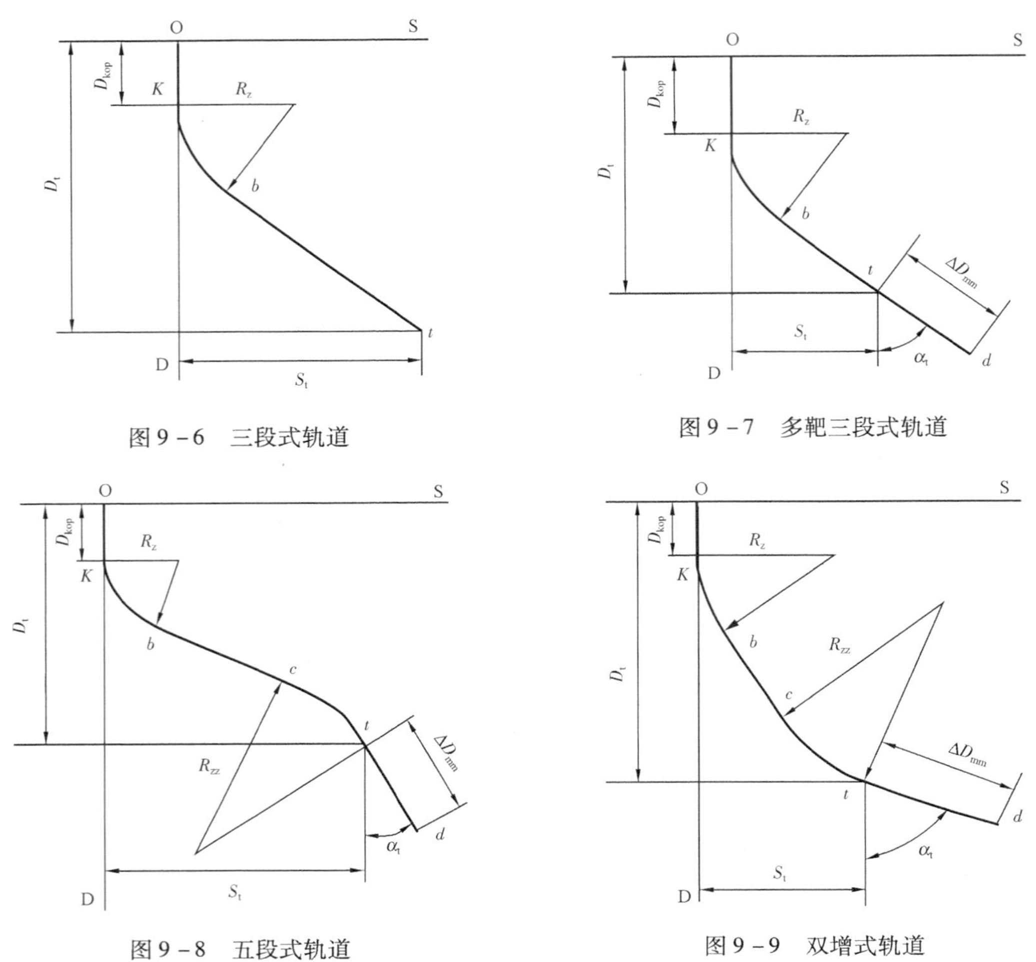

图 9－6　三段式轨道

图 9－7　多靶三段式轨道

图 9－8　五段式轨道

图 9－9　双增式轨道

二、造斜点位置、最大井斜角、增斜率和降斜率的选择

造斜点应尽可能选择在比较稳定的地层，一般应选在未经破坏或破坏性小的中硬地层。尽量避免在破碎带和其他易膨胀、易坍塌的复杂地层中开始造斜。

井斜角的大小对方位角的控制、机械钻速和电测都有明显的影响。一般认为井斜角小于15°的井，难于稳定方位，最大井斜角在15°～30°之间的井，既能有效地调整井斜角和方位角，又能顺利地进行钻进、电测和固井；井斜角在60°以上的井，易出现井壁坍塌，钻进、电测、下套管、采油作业都有较大困难，这类大斜度井多见于海洋密丛式井。

增斜率的选择受井眼最大曲率和套管弯曲允许的最大曲率限制。增斜率一般选为(7°～10°)/100m。井深和水平位移小的斜井，可选用较低的增斜率。

需要注意的是，造斜点位置、造斜率(K)和最大井斜角(α_b)这三个参数是相互联系、相互影响的，选择时要统筹考虑。

三、设计依据的条件

轨道设计依据的条件有两种。一种是由地质、采油部门提供的分层地质情况预告和目标点或目标井段的有关数据；一种是由钻井工程部门根据设计原则和钻井的条件选定的造斜点位置、造斜率的大小等。将给定和选定的条件汇集于表 9－15 中，表中符号含义同第三章。

表 9-15　轨道设计给定的条件

轨道类型	给定的条件	关键参数
三段式	$D_t, S_t, D_{kop}, K_z, \theta_o$	$\alpha_b, \Delta D_{mw}$
多靶三段式	$D_t, D_{kop}, K_z, \theta_o, \alpha_t, \Delta D_{mm}$	$S_t, \Delta D_{mw}$
五段式	$D_t, S_t, D_{kop}, K_z, \theta_o, \alpha_t, \Delta D_{mm}, K_n$	$\alpha_b, \Delta D_{mw}$
双增式	$D_t, S_t, D_{kop}, K_z, \theta_o, \alpha_t, \Delta D_{mm}, K_{zz}$	$\alpha_b, \Delta D_{mw}$

根据 K_z, K_n, K_{zz}，可分别算出对应的曲率半径 R_z, R_n, R_{zz}，见式(9-58)：

$$R = \frac{1719}{K_c} \tag{9-58}$$

式中　K_c——该测段的平均井眼曲率，(°)/30m。

表中“关键参数”栏，是指轨道设计中需要首先求得的参数，只有首先求得这些关键参数，才能进行轨道的其他计算。

四、五段式轨道设计

(一)计算公式

五段式轨道如图 9-10 所示，在直角三角形 Δkfg 中：

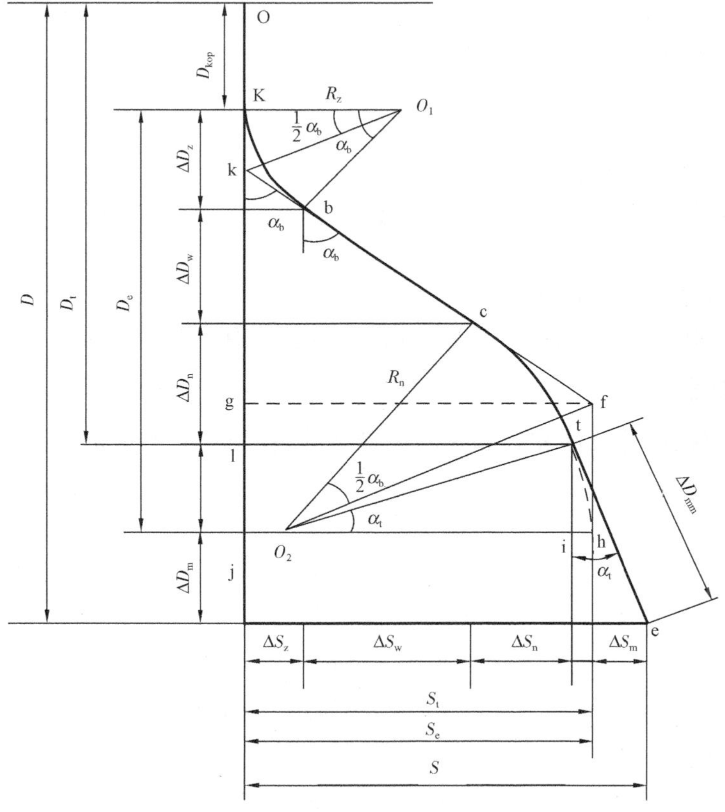

图 9-10　五段式轨道

$$\tan\alpha_b = \frac{fg}{kg} = \frac{S_e}{Kj - Kk - gj} = \frac{S_e}{D_e - (R_z + R_n)\tan\dfrac{\alpha_b}{2}}$$

令 $R_e = R_z + R_n$,则:

$$\tan\alpha_b = \frac{S_e}{D_e - R_e\tan\dfrac{\alpha_b}{2}}$$

变换上式得:

$$\tan\frac{\alpha_b}{2} = \frac{D_e - \sqrt{D_e^2 + S_e^2 - 2R_eS_e}}{2R_e - S_e} \tag{9-59}$$

从图中可得出:

$$D_e = D - D_{kop} - \Delta D_m + R_n\sin\alpha_t \tag{9-60}$$

$$S_e = S - \Delta S_m + R_n(1 - \cos\alpha_t) \tag{9-61}$$

$$R_e = R_z + R_n \tag{9-62}$$

式中 D——设计井垂深,m;

S——设计井水平位移,m;

D_{kop}——造斜点深度,m;

R_z——增斜段曲率半径,m;

R_n——降斜段曲率半径,m;

ΔD_m——降斜段之后的稳斜段垂直深度,m;

α_b——最大井斜角,(°);

α_t——降斜之后的井斜角,(°)。

若给定 ΔD_m,则 $\Delta S = \Delta D_m\tan\alpha_t$。以上 4 式是计算所有井身剖面的通式。

(二)井身参数设计

井段长度是根据设计条件和计算出的关键参数,算出每个井段的段长、垂增和平增三个参数。

(1)增斜段计算:

$$\Delta D_{mz} = \frac{R_z\alpha_b\pi}{180}$$

$$\Delta D_z = R_z\sin\alpha_b$$

$$\Delta S_z = R_z(1 - \cos\alpha_b)$$

(2)稳斜段计算:

$$\Delta D_{mw} = (D_e^2 + S_e^2 - 2S_eR_e)^{0.5}$$

$$\Delta D_w = \Delta D_{mw}\cos\alpha_b$$

$$\Delta S_w = \Delta D_{mw}\sin\alpha_b$$

(3)降斜段计算：

$$\Delta D_{mn} = \frac{R_n(\alpha_b - \alpha_t)\pi}{180}$$

$$\Delta D_n = R_n(\sin\alpha_b - \sin\alpha_t)$$

$$\Delta S_n = R_n(\cos\alpha_t - \cos\alpha_b)$$

(4)目标段计算：

$$\Delta D_m = \Delta D_{mm}\cos\alpha_t$$

$$\Delta S_m = \Delta D_{mm}\sin\alpha_t$$

(5)总井深：

$$D_L = D_{kop} + \Delta D_{mz} + \Delta D_{mw} + \Delta D_{mn} + \Delta D_{mm}$$

例9－7　已知设计条件为：$D_t = 2530\text{m}$，$S_t = 910\text{m}$，$D_{kop} = 300\text{m}$；$\alpha_t = 15°$，$\Delta D_{mm} = 120\text{m}$；$K_z = 2.7°/30\text{m}$，可求得：$R_z = 636.67\text{m}$；$K_n = 1°/30\text{m}$，可求得：$R_n = 1719.00\text{m}$。试设计五段式轨道。

解：根据公式，计算结果为：

$$D_e = D_t - D_{kop} + R_n\sin\alpha_t = 2530 - 300 + 1719 \times \sin15° = 2674.91(\text{m})$$

$$S_e = S_t + R_n(1 - \cos\alpha_t) = 910 + 1719 \times (1 - \cos15°) = 968.57(\text{m})$$

$$R_e = R_z + R_n = 636.67 + 1719.00 = 2355.67(\text{m})$$

$$\begin{aligned}\Delta D_{mw} &= \sqrt{D_e^2 + S_e^2 - 2R_eS_e} \\ &= \sqrt{2674.91^2 + 968.57^2 - 2 \times 2355.67 \times 968.57} \\ &= 1878.83(\text{m})\end{aligned}$$

$$\begin{aligned}\alpha_b &= 2 \times \arctan\frac{D_e - \Delta D_{mw}}{R_e - S_e} \\ &= 2\arctan\frac{2674.91 - 1878.83}{2 \times 2355.67 - 986.57} \\ &= 24.02(°)\end{aligned}$$

根据井段计算公式计算结果如下：

$$\Delta D_z = R_z\sin\alpha_b = 636.67 \times \sin24.02° = 259.11(\text{m})$$

$$\Delta D_w = \Delta D_{mw}\cos\alpha_b = 1878.83 \times \cos24.02° = 1716.19(\text{m})$$

$$\Delta D_n = R_n(\sin\alpha_b - \sin\alpha_t) = 1719 \times (\sin24.02° - \sin15°) = 254.70(\text{m})$$

$$\Delta D_m = \Delta D_{mm}\cos\alpha_t = 120 \times \cos15° = 115.91(\text{m})$$

$$\Delta S_z = R_z(1 - \cos\alpha_b) = 636.67 \times (1 - \cos24.02°) = 55.11(\text{m})$$

$$\Delta S_w = \Delta D_{mw}\sin\alpha_b = 1878.83 \times \sin24.02° = 764.65(\text{m})$$

$$\Delta S_n = R_n(\cos\alpha_t - \cos\alpha_b) = 1719 \times (\cos15° - \cos24.02°) = 90.23(\text{m})$$

$$\Delta S_m = \Delta D_{mm} \sin \alpha_t = 120 \times \sin 15° = 31.06(m)$$

$$\Delta D_{mz} = R_z \alpha_b \frac{\pi}{180} = 636.67 \times 24.02° \times \frac{\pi}{180} = 266.86(m)$$

$$\Delta D_{mw} = 1878.83m$$

$$\Delta D_{mn} = R_n(\alpha_b - \alpha_t) \frac{\pi}{180} = 1719 \times (24.02° - 15°) \times \frac{\pi}{180} = 270.49(m)$$

$$\Delta D_{mm} = 120.00m$$

以上计算结果如表 9－16 所示。

表 9－16　五段式轨道设计结果

井　段	垂直段	增斜段	稳斜段	降斜段	目标段
井斜角,(°)	0	0～24.02	24.02	24.02～15	15
垂增,m	300	259.11	1716.19	254.70	115.91
垂深,m	300	559.11	2275.30	2530.00	2645.91
平增,m	0	55.11	764.65	90.23	31.60
平移,m	0	55.11	819.76	909.99	941.59
段长,m	300	266.68	1878.83	270.49	120.00
井深,m	300	566.68	2445.51	2716.00	2836.00

第七节　钻井工程设计实例

以 S3－2H 井部分设计为例。

一、井位及地质概况

(一)井位

地理位置:S3－2H 井位于 S3 井西北方向,方位角 279°,平距 950m;位于 S3－1 井西北方向,方位角 281°19′,平距 3250m。

构造位置:雅克拉断凸轮台沙 3 构造。井口坐标(初测):X = 4635424.194,Y = 14776932.122。A 点坐标:X = 4635281.54,Y = 14777072.3,垂深:5067m。B 点坐标:X = 4634924.92,Y = 14777422.76,垂深:5067m。

钻井方位:135.5°,靶区要求:靶半高:A 点、B 点 <1m,靶半宽:A 点 <5m,B 点 <10m,靶前位移:200m,水平段长:500m,地面海拔:960.18m。

(二)钻井性质

开发准备井。

(三)目的层位

巴什基奇克组。

(四)设计井深

设计井深 5679.81m(垂深 5067m)。

(五)钻井地质任务

(1)通过地质录井、测井、测试等,获取巴什基奇克组凝析气藏资料。
(2)建成合格的开发井投入油气生产。

(六)完钻原则

钻到设计井深。

(七)完井方式

套管射孔完井。

(八)钻遇地层预测

钻遇地层深度预测及岩性见表9－17。

表9－17　地层深度预测及岩性简表

地层系统						深度 m	厚度 m	岩性简述
界	系	统	群	组	代号			
新生界	第四系				Q	82	82	土黄色表土层,灰黄色细砂岩,夹土黄粉砂质黏土层
	新近系	上新统		库车组	N_2k	2872	2790	黄棕、浅黄色泥岩、粉砂质泥岩、膏泥岩与浅灰、棕灰色泥质粉砂岩、粉砂岩、细砂岩、膏质粉砂岩不等厚互层
		中新统		康村组	N_1k	3894	1022	黄棕、棕褐色泥岩、粉砂质泥岩与黄灰、灰色泥质粉砂岩、灰质粉砂岩,细砂岩互层
				吉迪克组	N_1j	4594	700	上部为褐棕、蓝灰色泥岩与浅棕、浅灰色粉砂岩、细砂岩呈略等厚—不等厚互层;下部浅棕、褐棕色泥岩,浅棕、棕色膏质泥岩、含膏泥岩夹粉砂岩
	古近系	渐新统		苏维依组	E_3s	4810	216	棕灰、浅红棕色细砂岩夹灰白色砂质砾岩
		古—始新统	库姆格列木群		$E_{1-2}km$	4901	91	棕红色细砂岩、粉砂岩、粗砂岩,局部夹棕褐色泥岩薄层;上部为棕褐色泥岩与棕色细—中砂岩不等厚互层,下部以棕褐色细—中砂岩为主;与下伏地层呈平行不整合接触
中生界	白垩系	下统		巴什基奇克组	K_1bs	5223	322	上部为灰白、棕色细砂岩夹棕褐色泥岩红棕色、下部棕色细粒长石岩屑砂岩、岩屑长石砂岩、长石石英砂岩、中粒长石岩屑砂岩、岩屑长石砂岩与棕褐色泥岩
			卡普沙良群	巴西盖组	K_1b	5249	26	灰白、棕色细砂岩夹棕褐色泥岩
				舒善河组	K_1s	5328	79	绿灰、棕褐色泥岩夹浅绿灰、灰白色细砂岩、粉砂岩
				亚格列木组	K_1y	5356	28	浅灰、灰白色细砂岩、含砾砂岩、砂质砾岩夹棕褐及灰色泥岩
元古界	前震旦系		阿克苏群		AnZ	5406	50 (未穿)	蓝灰色千枚岩

注:深度由钻台面起算,补心高7.5m。

二、钻井装备

(一)钻机有关参数

(1)钻机型号:ZJ70/4500L5;
(2)最大施工深度:7000m;
(3)最大起升重量:4500kN;
(4)转盘面高度:7.5m。

(二)主要设备简介

钻井主要设备简介如表9-18所示。

表9-18 主要设备表

序号	名称	规格型号	功率或负荷	数量	备注
1	井架	JJ450/45-K8	4500kN	1	
2	天车	TC6-450	4500kN	1	
3	游动滑车	YC-450	4500kN	1	
4	水龙头	SL450-Ⅱ	4500kN	1	
5	转盘	ZP-375	5850kN	1	
6	绞车	JC-70B	1470kW	1	
7	泥浆泵	F-1600	1180kW	2	
8	柴油机	G12V190ZLGZ-3	810kW	4	
9	发电机	VOLVO	400kW	2	
10	双闸板防喷器	2FZ-35-70	69MPa	1	
11	环形防喷器	FH35-35/70	34.5MPa	1	
12	压井管汇	JG-YG70/65	69MPa	1	
13	节流管汇	JG-YL70/65	69MPa	1	
14	除砂器	LCS250×15×0.6		1	
15	除泥器	ZQJ100×15×0.6		1	
16	振动筛	ZS-1	50L/s	2	
17	离心机	LW450	$40m^3/h$	1	

三、井身结构设计及剖面设计

(一)邻井钻井情况

1. 沙3井

沙3井是位于沙雅隆起构造高点部位的一口探井,完钻井深为5554.9m,完钻层位是前震旦系。该井井身结构采用四级结构:一开采用ϕ444.5mm钻头钻至井深372.65m,下ϕ339.7mm套管;二开采用ϕ311.2mm钻头钻至井深3783.1m,下ϕ244.5mm套管;三开采用ϕ215.9mm钻头钻至井深5352.22m,下ϕ177.8mm尾管;四开采用ϕ149.2mm钻头钻至完钻井深,下ϕ127mm尾管。该井钻至井深4680m以后,因井斜形成键槽,造成连续四次卡钻,井内不安全,以致吉迪克组以下地层未能按设计要求完成取心任务。

2. S3 –1 井

S3 –1 井位于 S3 井东南方向 102°15′,完钻井深 5289. 77m,完钻层位震旦系奇格拉克组,钻井周期 89. 15d,平均机械钻速 5. 49m/h。井身结构:一开 ϕ444. 5mm 钻头钻至 505m,ϕ339. 7mm 套管下至 504. 01m;二开 ϕ311. 5mm 钻头钻至 3950m,ϕ244. 5mm 套管下至 3948. 08m;三开 ϕ215. 9mm 套管钻至完钻井深,ϕ177. 8mm 油层套管直下,下深 5287. 53m,全井安全无事故。

(二)井身结构与套管设计依据

1. 地层压力预测

地层压力预测见表 9 –19。

表 9 –19　地层压力预测表

层位	深度,m	地层压力当量密度,kg/L	地层破裂当量密度,kg/L	S3 –1 井实用钻井液密度,kg/L
Q – N_2k	2872	1. 10	1. 90 ~ 1. 95	1. 24 ~ 1. 25
N_1k	3894	1. 13	1. 93 ~ 1. 97	1. 25
N_1j	4594	1. 14	1. 95 ~ 1. 98	1. 25 ~ 1. 28
E_3s – E_1 –2km	4901	1. 14	1. 95 ~ 1. 97	1. 28 ~ 1. 29
K_1bs	5223	1. 14	1. 80 ~ 1. 92	1. 28
K_1kp	5356	1. 14 ~ 1. 16	1. 80 ~ 1. 92	1. 28
A_nZ	5406	1. 10	1. 70 ~ 1. 78	1. 28

注:深度从钻台面起算。

2. 设计系数

抽吸压力系数 S_b:0. 05;

激动压力系数 S_g:0. 05;

井涌条件系数 S_k:0. 06;

安全附加系数 S_r:0. 07;

正常压力段压差允许值:13 ~15MPa;

异常压差允许值:15 ~20MPa;

固井井口回压 p_t:0。

3. 井身剖面设计

1)剖面类型

本井采用的剖面类型为:直—增—稳—增—平。

2)剖面数据表

井身剖面参数见表 9 –20。

表 9-20 井身剖面参数

井号:S3-4H			剖面类型:直—增—稳—增—平					
井底设计垂深(m):5038			井底闭合距(m):700.00			井底闭合方位(°):135.5		
造斜点井深(m):4867.21				最大井斜角(°):90.00				
第1靶垂深(m):5067.00		靶点闭合距(m):200.00			靶半高(m):1.00		靶半宽(m):5.00	
第2靶垂深(m):5067.00		靶点闭合距(m):700.00			靶半高(m):1.00		靶半宽(m):10.00	
剖面参数								
井深,m	井斜,(°)	方位,(°)	垂深,m	水平位移,m	南北,m	东西,m	狗腿度(°)/100m	靶点
0.00	0.00	—	0.00	0.00	0.00	0.00	0.00	
4867.21	0.00	135.5	4867.21	0.00	0.00	0.00	0.00	
5017.21	45.0	135.5	5002.26	55.94	-39.90	39.21	30.0	
5034.39	46.37	135.5	5014.26	68.23	-48.66	47.82	8.0	
5179.81	90.00	135.5	5067.00	200.00	-142.65	140.18	30.0	A
5679.81	90.00	135.5	5067.00	700.00	-499.27	490.64	0.00	B

注:该井磁偏角 2.91°,磁倾角 61.63°,磁场强度 55.26(uT)。
计算软件:Landmark,使用版本:IGRF200510。

3)设计剖面投影图

钻井设计剖面图如图 9-11 所示。

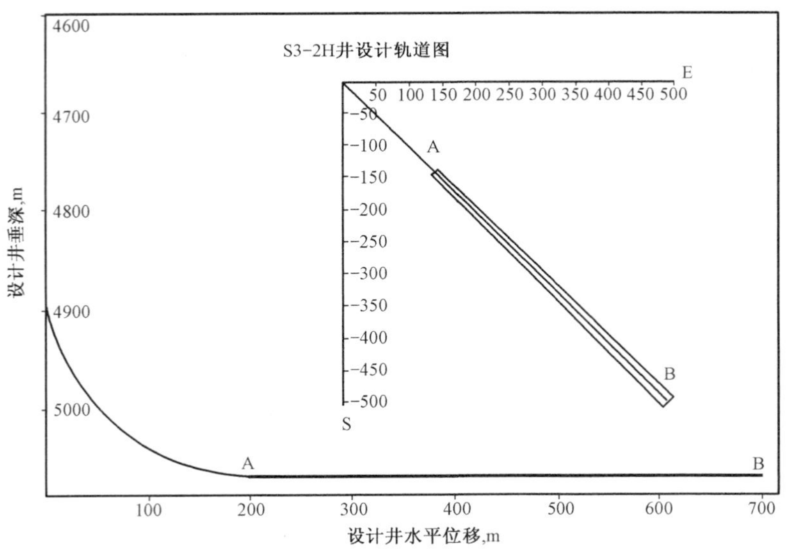

图 9-11 设计剖面图

4. 井身结构设计

钻井井身结构及套管程序方案如表 9-21 所示。

表 9－21 井身结构及套管程序方案

开钻次序	钻头尺寸(mm)×井深(m)	套管尺寸(mm)×井深(m)	水泥返高	固井方式
导管	φ660.4×50	φ508×49	地面	一次固井
第一次开钻	φ444.5×800	φ339.7×799	地面	一次固井
第二次开钻	φ311.2×4000	φ244.5×3998	地面	双级固井
第三次开钻	φ215.9×5406	导眼		
导眼回填侧钻	φ215.9×5679.81	φ177.8×(3848～5179) φ139.7×(5179～5676)	3748m	先悬挂后回接 φ177.8mm 套管

说明：

(1)采用 φ660.4mm 钻头，钻至井深 50m，φ508mm 导管封固地表上部松散易塌层，为安全井口控制装置提供条件，水泥返至地面。

(2)一开采用 φ444.5mm 钻头，钻至井深 800m，下入 φ339.7mm 表层套管，封固新近系库车组上部较疏地层，水泥返至地面。

(3)二开采用 φ311.2mm 钻头，钻至井深 4000m，φ244.5mm 技术套管封固库车组、康村组、吉迪克组上部地层，采用双级固井方式，双级箍位置选择相对稳定的泥岩层位，设计位置 2200±10m，水泥返至地面。

(4)三开采用 φ215.9mm 钻头，直导眼钻至 5406m(进入阿克苏群 50m)，测井后回填至造斜点以上 100m。侧钻后按水平井设计钻至完钻井深 5679.81m，下入复合管柱(φ244.5mm×φ177.8mm 悬挂器+φ177.8mm 套管+φ139.7mm 套管)复合管柱完井。完井回接 φ177.8mm 套管至井口，同时水泥浆返至地面。设计套管重叠段 150m，悬挂器要求采用带密封的悬挂器。

5. 井身结构图

钻井井身结构如图 9－12 所示。

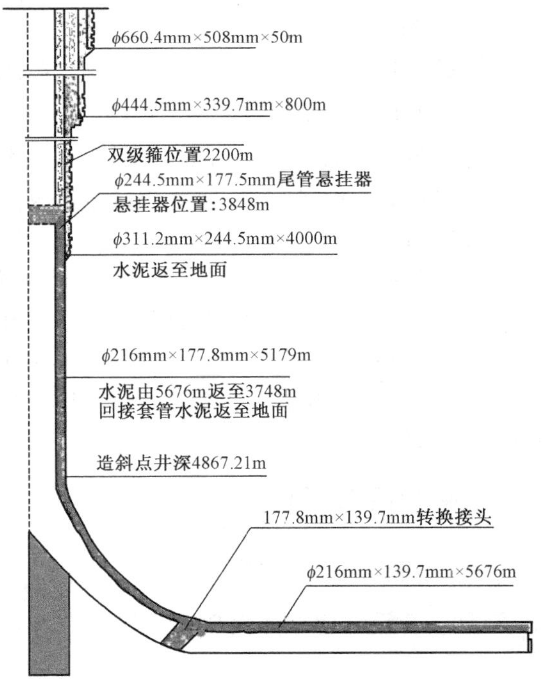

图 9－12 井身结构示意图

四、井身质量要求

(一) 井身质量要求

钻井井身质量要求如表 9－22 所示。

表 9－22 井身质量要求

井段,m	全角变化率,°/25m	最大井斜角,(°)	井底水平位移,m	井径扩大率,%
0～1000	≤1°00′	≤1°00′	≤15	≤15
1000～2000	≤1°00′	≤1°15′	≤15	≤15
2000～3300	≤1°15′	≤1°30′	≤15	≤15
3300～5406	≤1°15′	≤1°30′	≤15	≤15
斜井段	按剖面轨迹			

（二）测量方案设计

1. 直井段

（1）采用单点监控直井段井斜，直井段钻完后，测电子多点。

（2）单点监控每钻进 200～300m 测量一次。

（3）多点测量时，连续多点数据间距不超过 30m。

（4）监测控制时，如发现井斜或水平位移有超标趋势，采取吊打或动力钻具调整。

（5）钻至设计造斜点井深后，根据电子多点测量数据修正设计剖面。

2. 斜井段

（1）定向造斜采取 MWD 无线随钻跟踪监测，测量间距不超过 10m，井眼轨迹计算以电子多点数据为准。

（2）进入靶区 *A* 点前测电子多点，校正测量数据。

3. 水平段

（1）MWD 跟踪监控井眼轨迹，每 5m 取一组数据。

（2）完钻后测电子多点，取全全井多点数据。

（3）MWD 技术措施：

① 严格控制钻井液含砂量，保证其小于设计要求。

② 钻井泵工作稳定，上水良好，防止泵工作不稳影响 MWD 工作。

③ 井队进行开泵、倒泵及发电机停车、倒车等作业时应事先通知 MWD 工程师。

④ 为保证钻井液清洁无杂物，井队钻井泵、地面立管滤清器应在每趟起下钻前清洗一次，确保 MWD 仪器正常工作。

五、钻具组合设计

（一）钻具组合设计要求

钻具组合设计要求如表 9－23 所示。

表 9－23 钻具组合设计表

序号	井段,m	钻具组合
1	－800	φ444.5mm 钻头＋φ228.6mm 钻铤×27m＋φ203.2mm 无磁钻铤×9m＋φ203.2mm 钻铤×54m＋φ177.8mm 钻铤×63m＋φ177.8mm 震击器＋φ177.8mm 钻铤×18m＋φ127mm 钻杆
2	－4000	φ311.15mm 牙轮钻头＋φ228.6mm 钻铤×27m＋φ203.2mm 无磁钻铤×9m＋φ203.2mm 钻铤×54m＋φ177.8mm 钻铤×81m＋φ127mm 钻杆
		φ311.15mmPDC 钻头＋φ228.6mm 钻铤×18m＋φ311.15mm 稳定器＋φ203.2mm 无磁钻铤×9m＋φ203.2mm 钻铤×54m＋φ177.8mm 钻铤×72m＋φ127mm 加重钻杆×100m＋φ127mm 钻杆

<table>
<tr><th>序号</th><th>井段,m</th><th colspan="3">钻具组合</th></tr>
<tr><td rowspan="7">3</td><td rowspan="7">-5679.81</td><td>导眼段</td><td colspan="2">φ216mm 钻头 + φ159mm 无磁钻铤 ×9m + φ159mm 钻铤 ×9m + φ216mm 稳定器 + φ159mm 钻铤 ×9m + φ216mm 稳定器 + φ159mm 钻铤 ×135m + φ127mm 加重钻杆 ×450m + φ127mm 钻杆</td></tr>
<tr><td rowspan="2">侧钻井段</td><td colspan="2">φ216mm 钻头 + φ172mm 直螺杆 + φ165mm(2.5°)弯接头 + φ159mm 无磁钻铤 ×9m + φ165mmMWD 短节 + φ159mm 无磁承压钻杆 ×9m + φ127mm 加重钻杆 ×450m + φ127mm 钻杆</td></tr>
<tr><td colspan="2">φ216mm 钻头 + φ165m 单弯螺杆(1.75°) + φ159mm 无磁钻铤 ×9m + φ165mmMWD 短节 + φ159mm 无磁承压钻杆 ×9m + φ127mm 加重钻杆 ×450m + φ127mm 钻杆</td></tr>
<tr><td>增斜井段</td><td colspan="2">φ216mm 钻头 + φ172m 单弯螺杆 + φ159mm 无磁钻铤 ×9m + φ165mmMWD 短节 + φ159mm 无磁承压钻杆 ×9m + φ127mm18°斜坡钻杆 + φ127mm 加重钻杆 ×450m + φ127mm 钻杆</td></tr>
<tr><td rowspan="2">水平段</td><td>Ⅰ</td><td>φ216mm 钻头 + φ172mm 单弯螺杆 + φ159mm 无磁钻铤 ×9m + φ165mmMWD 短节 + φ159mm 无磁承压钻杆 ×9m + φ127mm18°斜坡钻杆 + φ127mm 加重钻杆 ×450m + φ127mm 钻杆</td></tr>
<tr><td>Ⅱ</td><td>φ216mm 钻头 + φ159mm 短钻铤 ×(2~3m) + φ214mm 稳定器 + φ159mm 无磁钻铤 ×9m + φ165mmMWD 短节 + φ127mm 无磁承压钻杆 ×9m + φ127mm18°斜坡钻杆 + φ127mm 加重钻杆 ×φ450m + φ127mm 钻杆</td></tr>
<tr><td>通井</td><td colspan="2">φ216mm 钻头 + φ214mm 稳定器 + φ159mm 无磁钻铤 ×9m + φ159mm 无磁承压钻杆 ×9m + φ127mm18°斜坡钻杆 + φ127mm 加重钻杆 ×450m + φ127mm 钻杆</td></tr>
</table>

(二)钻具使用要求

按照石油工业标准《石油钻具的管理与使用 方钻杆、钻杆、钻铤》(SY/T 5369—2012)第6.2.5条规定,每钻完一口超深井或遇到重大卡钻事故的井,要对钻具进行全面检查、探伤。

(三)钻具强度校核

钻具强度校核所需数据请查阅《钻井工程手册》相关数据。

六、钻头选型、钻井参数与水力参数设计

(一)钻头选型、钻井参数设计

根据预测地层岩性及邻井钻头使用情况,参考厂家推荐的参数进行钻头选型设计,如表9-24和表9-25所示。

表9-24 钻头选型表

井段,m	地层	井眼尺寸,mm	推荐钻头型号
50~800	N_2k	φ444.5	MP2
800~1600	N_2k	φ311.2	H136、H437
1600~4000	N_2k、N_1k、N_1j	φ311.2	PDC、HA517
4000~4200	N_1j	φ215.9	HJ517
4200~5406	N_1j、E_3s、$E_{1-2}km$、K_1bs、K_1kp、A_nZ	φ215.9	PDC、HJ517
4867.21~5679.81	$E_{1-2}km$、K_1bs	φ215.9	HJ517、PDC

表 9-25　钻头选型、钻井参数与机械钻速预测

序号	井段,m	钻头			钻井参数				预测指标		
		直径,mm	型号	只数	钻压,kN	转数,r/m	排量,L/s	泵压,MPa	进尺,m	纯钻,h	钻速,m/h
1	50~800	444.5	MP2	1	100~240	75~80	50~50	18~20	740	30	25
2	800~1600	311.2	H136	1	150~240	75~80	45~50	18~20	800	45	17.8
3	1600~4000	311.2	PDC	1	60~120	90~80	55~45	16~18	2400	320	7.5
					60~120	90~80	50~40	18~20			
4	4000~4200	215.9	HJ517	1	50~150	75~80	26	18~20	200	50	4.0
5	4200~4885	215.9	PDC	1	60~100	90~100	23~26	18~20	685	181	3.8
6	4885~5080	215.9	HJ517	3	50~150	75~80	22~25	18~20	195	85	2.3
7	5080~5406	215.9	PDC	1	60~100	90~100	20~24	18~20	326	136	2.4
7	4867.21~5179.81	215.9	HJ517L (PDC)	4	50~120	30~50	28	18~20	312.6	165	1.9
8	5179.53~5679.81	215.9	HJ517L (PDC)	5	50~120	30~50	27	18~20	500	228	2.2

注:1. 表中钻头型号供参考,现场可根据实钻情况选择钻头型号。

2. 建议二开、三开各使用一只 PDC 钻头,以提高机械钻速,同时斜井段、水平段由定向井工程师确定 PDC 钻头使用井段,以保证井眼轨迹的有效控制。现场备用一只 215.9mm 牙轮钻头。

(二)水力参数设计

水力参数设计见表 9-26。上部欠压实井段应充分发挥水马力的作用,增加水力破岩效果,同时保证排量不低于设计,以确保清、携岩。

表 9-26　水力参数设计表

序号	井段 m	井径 mm	喷嘴直径 mm	排量 L/s	泵压 MPa	钻头压降 MPa	循环压降 MPa	钻头水功率 kW	比水功率 kW/cm^2	喷射速度 m/s	冲击力 kN	环空返速 m/s	钻井液密度 g/cm^3
1	50~800	ϕ444.5	18×3	57	12.29	3.41	8.88	194.19	0.13	74.67	4.89	0.40	1.25
2	800~1500	ϕ311.2	18+17+16	52	13.42	3.45	9.96	179.65	0.24	76.19	4.44	0.82	1.22
3	1500~3000	ϕ311.2	18.5×5	48	16.11	0.79	15.32	37.74	0.05	35.71	1.99	0.76	1.26
4	3000~4000	ϕ311.2	18.5×5	45	18.01	0.74	17.27	33.24	0.04	33.48	1.87	0.71	1.26
5	4000~4500	ϕ215.9	11+12×2	26	17.92	4.32	13.60	112.24	0.31	80.94	2.61	1.09	1.28
6	4500~5406	ϕ215.9	11+12×2	24	17.53	3.80	13.73	91.13	0.25	74.71	2.30	1.00	1.28

七、固井设计

(一)套管柱强度设计

1. 设计依据

套管柱强度设计依据见表9-27。

表9-27　套管柱强度设计依据表

套管程序	套管尺寸 mm	井段 m	下套管时钻井液密度 g/cm³	下次钻进钻井液密度 g/cm³	设计校核方法
导管	508	7.5~50	1.05	1.25	
表层套管	339.7	7.5~800	1.25	1.26	40%掏空
技术套管	244.5	7.5~4000	1.26	1.28	60%掏空
油层尾管	177.8+139.7	3848~5676	1.28		全掏空
回接套管	177.8	7.5~3848	1.28		全掏空

2. 套管柱强度校核

套管柱强度校核数据见表9-28。

表9-28　套管柱强度校核数据表

套管程序	尺寸(mm)×钢级×臂厚(mm)×扣型	段长 m	井段 m	单位重量 kg/m	累重 t	抗拉	抗内压	抗挤
导管	508.0×J55×11.13×偏梯	43.3	6.7~50	139.89	6.06	—	—	—
表层	339.7×N80×10.92×偏梯	791.5	7.5~799	81.1	64.19	8.76	1.57	1.87
技术套管	244.5×P110×11.99×偏梯	192.5	7.5~200	69.94	259.34	2.61	2.23	16.38
	244.5×P110×11.05×偏梯	3798	200~3998	64.74	245.88	2.55	2.3	1.11
油层尾管	177.8×P110×11.51×FOX	1331	3848~5179	47.62	80.39	5.55	1.70	1.13
	139.7×P110×10.54×FOX	497	5179~5676	34.23	17.01	—	1.53	1.39
回接套管	177.8×P110×12.65×FOX	192.5	7.5~200	52.09	183.75	2.42	2.46	28.39
	177.8×P110×11.51×FOX	3648	200~3848	47.62	173.72	2.57	2.26	1.52

(二)注水泥浆设计

1. 固井基本参数

固井基本参数见表9-29。

表9-29　固井基本参数表

施工项目	钻头(mm)×钻深(m)	套管(mm)×下深(m)	上返深度,m	水泥塞长,m	固井方式
导管	ϕ650.4×50	508.0×49	7.5	20	一次
表层	ϕ444.5×800	339.7×799	7.5	30	一次
技术套管	ϕ311.2×4000	244.5×3998	7.5	60	双级固井,双级箍位置2200m±
				30	

续表

施工项目	钻头(mm)×钻深(m)	套管(mm)×下深(m)	上返深度,m	水泥塞长,m	固井方式
油层尾管	ϕ215.9×5679.81	(177.8+139.7)×5676	3748	60	尾管悬挂,与上层套管重叠150m±
回接套管	—	177.8×3848	7.5	50	双级固井,双级箍位置2000m±

注:1. 一开采用常规注水泥技术。
2. ϕ244.5mm技术套管和ϕ177.8mm回接套管采用双级固井工艺技术,建议选择使用优质双级箍,同时要求检验证明、合格证等证明齐全。
3. 油层尾管采用ϕ177.8mm×139.7mm复合尾管固井技术,ϕ177.8mm尾管与上层ϕ244.5mm重叠150m左右,水平段采用ϕ139.7mm套管射孔完井。
4. 为确保套管顺利下到位,在钻井液中应提前加入固体润滑剂(玻璃微珠)。

2. 注水泥浆设计参数

注水泥浆设计参数见表9-30。

表9-30 注水泥浆设计参数表

套管程序	封固井段 m	水泥浆主要性能			水泥计算			
		密度 g/cm^3	稠化时间 h:min	失水 mL	井径扩大率 %	附加量 %	型号	数量 t
导管	7.5~50	1.88	2:30	<250	20	—	阿克苏G级	24
表层套管	7.5~799	1.88	2:30	<250	10	—	阿克苏G级	104
技术套管	7.5~3998	1.85	4:00	<150	2	—	阿克苏G级	175
油层尾管	3848~5676	1.88	4:00	<50	5	—	嘉华G级	43
回接套管	7.5~3848	1.85	4:00	<150	—	—	阿克苏G级	107

(三)固井施工设计管理

(1)ϕ339.7mm固井设计由施工单位技术负责或总工审核,监理中心备案;

(2)ϕ244.5mm双级固井、一般情况下挤水泥和注水泥塞施工设计由施工单位技术负责或总工审核后交主管部门组织会审或签审;

(3)特殊井油层套管固井、特殊情况下(井漏、井涌)固井与注水泥塞施工设计必须交分公司组织审查。

八、钻井进度计划

(一)钻井速度预测

钻井速度预测见表9-31。

表9-31 钻井速度预测表

井眼尺寸 in	井段 m	钻速 m/h	纯钻时,h		钻进时间,d	
			单项	累计	单项	累计
17½	50~800	25.00	30	30	2	2
12¼	800~4000	8.77	365	395	28	31

续表

井眼尺寸 in	井段 m	钻速 m/h	纯钻时,h		钻进时间,d	
			单项	累计	单项	累计
8½	4000 ~ 5406(导眼)	3.11	452	847	35	65
	4867.21 ~ 5679.81	2.07	393	1240	42	107
合计	50 ~ 5679.81	4.54	1240	—	107	—

(二)施工进度安排

施工进度安排见表 9 - 32。

表 9 - 32 钻井进度表

序号	井段,m	施工项目		预计天数,d	累计天数,d
1	钻前	搬、迁、安,导管作业,焊出水口		18	18
2	50 ~ 800(一开)	钻进		3	21
		通井循环、测井、下套管、固井、候凝、装井口		4	25
3	800 ~ 4000(二开)	钻进、测斜、短起		28	53
		通井循环、测井、下套管、固井、候凝、装井口		8	61
4	4000 ~ 5679.81(三开)	导眼(4000 ~ 5406.0m)	钻进	35	96
			电测、导眼回填、候凝、钻塞	8	104
		造斜钻进(4867.21 ~ 5179.53m)	造斜钻进、测斜	20	124
		水平钻进(5179.53 ~ 5679.81m)	水平段钻进	22	146
		通井,电测,下套管,固井,候凝,扫塞,测声幅、回接套管、候凝,扫塞,测声幅		16	162
5	完井配合			15	177

注:上表完井时间为直接投产时完井设计时间。

(三)全井综合指标

全井综合指标见表 9 - 33。

表 9 - 33 全井综合指标表

钻井周期,d	建井周期,d	台月效率,m/mon	机械钻速,m/h	纯钻时间,h	纯钻时效,%
128	177	1329.88	4.54	1240	40.68

(四)施工进度计划图

施工进度计划图见图 9 - 13。

施工时间, d
10
20
30
40
50
60
70
80
90
100
110
120
130
140
150
160
170
井深, m
0
500
1000
1500
2000
2500
3000
3500
4000
4500
5000
5500
6000

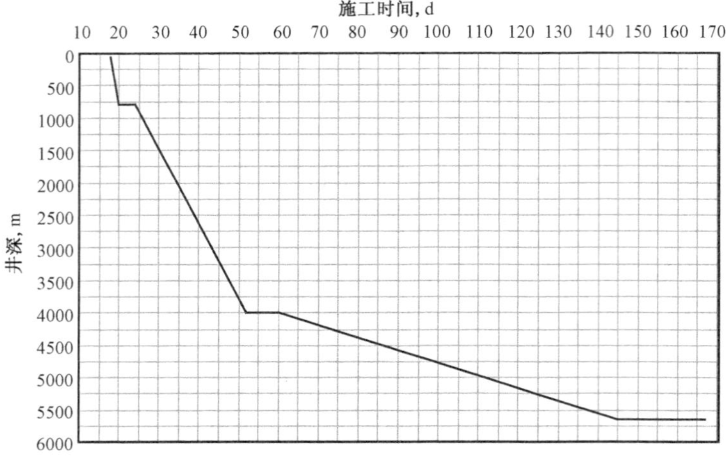

图 9－13　施工进度图

参考文献

[1] 陈庭根,管志川．钻井工程理论与技术．东营:石油大学出版社,2000.

[2] 钻井手册(甲方)编写组．钻井手册(甲方)．北京:石油工业出版社,1990.

[3] 谢南屏．钻井工程．北京:石油工业出版社,1997.

[4] 蒋希文．钻井事故与复杂问题．北京:石油工业出版社,2002.

[5] 孙明光．钻井、完井工程基础知识手册．北京:石油工业出版社,2002.

[6] 王德新．完井与井下作业．东营:石油大学出版社,1999.

[7] 周英操,翟洪军,等．欠平衡钻井技术与应用．北京:石油工业出版社,2003.

[8] 高德利,等．复杂地质条件下深井超深井钻井技术．北京:石油工业出版社,2004.

[9] 中国石油勘探与生产分公司工程技术与监督处．钻井监督．北京:石油工业出版社,2003.

[10] 董国永．钻井作业 HSE 风险管理．北京:石油工业出版社,2001.

[11] 陈平,等．钻井与完井工程．北京:石油工业出版社,2005.

[12] 韩志勇.定向井设计与计算.北京:石油工业出版社,1989.

[13] 苏义脑.水平井井眼轨道控制.北京:石油工业出版社,2000.

[14] 王清江．定向钻井技术．北京:石油工业出版社,2012.

[15] 胡湘炯,高德利.油气井工程.北京:石油工业出版社,2003.

[16] 刘修善.井眼轨道几何学.北京:石油工业出版社,2006.

[17] 吴翔,杨凯华,蒋国盛.定向钻进原理与应用.武汉:中国地质大学出版社,2006.

[18] 毛建华,王清江.MWD 磁干扰的分析判断方法探讨.钻采工艺,2008(3).

[19] 王清江,毛建华.定向井井眼轨迹预测与控制技术.钻采工艺,2008(4).

[20] 王清江,毛建华."井眼惯性"对水平井水平段轨迹控制的影响探讨.钻采工艺,2009(1).

[21] 周金葵,李效新．钻井工程．北京:石油工业出版社,2007.

[22] 中国石油天然气集团公司人事部．石油钻井技师培训教程．北京:石油工业出版社,2012.

[23] 杨伟,苗崇良,李建铭．油气井井控．北京:石油工业出版社,2012.

[24] 龙芝辉,于文平．井控技术．北京:石油工业出版社,2013.

[25] 金业权,刘刚．钻井装备与工具．北京:石油工业出版社,2012.

[26] 中国石油天然气集团公司．中石油天然气集团公司固井技术规范．北京:石油工业出版社,2008.

[27] 中国石油天然气集团公司职业技能鉴定指导中心．固井工．东营:石油大学出版社,2003.

[28] 谷风贤,刘桂和,周金葵．钻井作业．北京:石油工业出版社,2011.

[29] 王义洲．最新石油固井关键技术应用手册．北京:石油工业出版社,2007.

[30] 贾忠杰,刘桂和．钻井工程实训指导．北京:石油工业出版社,2007.

[31] 陈涛平,胡靖邦．石油工程．北京:石油工业出版社,2002.

[32] 何耀春,赵洪星．石油工业概论．北京:石油工业出版社,2006.

[33] 中国石油天然气集团公司 HSE 指导委员会．钻井作业 HSE 风险管理．北京:石油工业出版社,2001.

[34] 王建学,万建仓,沈慧．钻井工程．北京:石油工业出版社,2008.

[35] 董国永,赵朝成．健康安全与环境管理体系．北京:石油工业出版社,2000.

[36] 刘子春,张召平,石风岐．钻井工程事故预防与处理．北京:石油工业出版社,2000.